AF629970

8

Dreifach Mathe

Lösungen zum Arbeitsheft

Dreifach
Mathe

Erarbeitet von: Patrick Letschert, Martin Samol, Hanno Wieczorek, Mesut Yurt
Unter Mitarbeit der Verlagsredaktion
Redaktion: Matthias Felsch, Leif Harraß, Albrecht Kröner, Berit Kroschel, Alina Maas

Grafik/Zeichnung: Cornelsen/Christian Böhning: 18/oben rechts, 35–40, 41/Nr. 2 a) b) Tipp, 42/Nr.1 a) b) c) /oben rechts, 43/oben links, 44/Nr.1 links + Mitte + Nr.2 a) b) + Tipp, 45/oben rechts + Nr. 1, 46/Nr.1 links, 47, 48/oben rechts + Nr. 1, 49/Nr. 1 links, 50, 51/oben rechts + Nr. 1, 52/oben links, 53, 54, 89/Mitte rechts/unten Mitte, 90
Cornelsen/Detlef Seidensticker: 2–34, 41, 42, 43, 44, 45, 46, 47/Nr. 3 + Nr. 1 rechts, 48, 49, 50/unten links, 51, 52, 58, 64, 71–85, 92–109
Umschlaggestaltung: Rosendahl Berlin, Berlin
Technische Umsetzung: Straive und CMS – Cross Media Solutions GmbH, Würzburg
Layout: Klein & Halm Grafikdesign

Bildnachweis
45/Mitte rechts/Shutterstock.com/Alex Vog, 48/Mitte rechts/Shutterstock.com/Matt Oaks, 50/unten rechts/Shutterstock.com/Bumble Dee, 51/Mitte rechts/Shutterstock.com/Sabelskaya, 69/unten rechts/Shutterstock.com/maradaisy, 87/Mitte rechts/Shutterstock.com/George3973, 89/oben rechts/Shutterstock.com/Robert J. Bradshaw, 90/oben rechts/Shutterstock.com/Robert J. Bradshaw, 91/oben rechts/Shutterstock.com/kelifamily, 91 unten rechts/Shutterstock.com/art-sonik, 93/unten Mitte/Shutterstock.com/KikoStock, 94/unten links/Shutterstock.com/Ricardo Canino

Terme vereinfachen (Wdh.)

1 Kreuze die beiden Terme für den Umfang an.

a) 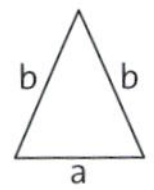
- [x] 2 · b + 1 · a
- [ ] 3 · a
- [x] a + b + b

b) 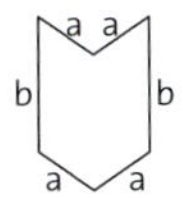
- [ ] 3 · a + 2 · b
- [x] 4a + 2b
- [x] a + a + b + a + a + b

Tipp
Zähle gleiche Variablen.

2 Addiere und subtrahiere.

a) a + a + a + a + a = 5a
b) b – b + b + b + b = 3b
c) 2c + c + 2c – c = 4c
d) 2a + d – d + 3d = 2a + 3d
e) 8e – 3e + e = 6e
f) 2f + 3e –2e + 5f = e + 7f
g) 5a + 7e – 4a + e = a + 8e
h) d + 7d – 2e + 5e – 8d = 3e

Tipp
Fasse die gleichen Variablen zusammen.

3 Ergänze die Additionsmauer.

a)
34a
21a | 13a
13a | 8a | 5a
8a | 5a | 3a | 2a

b)
47b
20b | 27b
10b | 10b | 17b
8b | 2b | 8b | 9b

Beispiel:
17b
 | 9b

zu **b)**
17b – 9b = 8b

4 Multipliziere.

a) 7a · 5 · 2 = 70a
b) 4 · 4b · 3 = 48b
c) 11 · 3c · 2 = 66c
d) –5d · 4 · 3 = –60d
e) –7 · 2c · (–2e) = 28ce
f) –5a · (–6) · (–3b) = –90ab

Tipp
① Sortiere.
② Multipliziere.

Beispiel:
2a · 2,5b = 5ab

5 Dividiere.

a) 8a : 2 = 4a
b) 16b : 4 = 4b
c) 24bc : 8 = 3bc
d) –30ad : 3 = –10ad

Beispiel:
12ab : 4 = 3ab

6 Ergänze die Multiplikationsmauer.

a)
24ab
–6b | –4a
3b | –2 | 2a
3b | 1 | –2 | –a

b)
0,16ab
0,8a | 0,2b
4a | 0,2 | b
2a | 2 | 0,1 | 10b

Beispiel:
b
0,1 | 10b

Terme vereinfachen (Wdh.)

- Nur gleiche Variablen darf man durch Addieren und Subtrahieren zusammenfassen.
- Beim Multiplizieren von Termen kann man zuerst die Zahlen multiplizieren und dann die Variablen, wenn nötig. Genauso kann man Terme dividieren.

Beispiele: x + x + x + x = 4 · x = 4x
a + a – b + 2b = 2a + b

$2 \cdot 5 \cdot c \cdot c = 10c^2$
2x · 5y = 10xy

10e : 2 = 5e

1 Kreuze je zwei Terme für den Umfang an.

a) 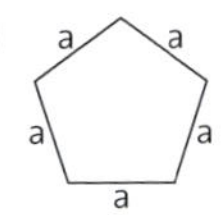
- [ ] $a + 2 \cdot a^2$
- [x] 5 · a
- [x] a + a + a + a + a

b) 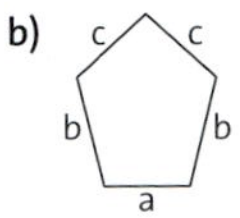
- [x] a + b + c + c + b
- [x] 2c + 2b + a
- [ ] 5a

2 Addiere und subtrahiere.

a) a – a + a + a + a + b + b = 3a + 2b
b) a – a – b + a – b + a – a = a – 2b
c) –2a – 3 + 5 – 3a + 7a + 5 = 2a + 7
d) $a^2 + 8a + a - 5a + 2a^2 = 4a + 3a^2$

3 Ergänze die Additionsmauer.

a)
29a
18,5a | 10,5a
11a | 7,5a | 3a
5a | 6a | 1,5a | 1,5a

b)
10,2b
5,5b | 4,7b
3b | 2,5b | 2,2b
3,7b | –0,7b | 3,2b | –b

4 Multipliziere.

a) 5b · 4a · 2 = 40ab
b) $\frac{1}{2}b \cdot \frac{3}{2}c \cdot 3 = \frac{9}{4}bc$
c) 7 · (–6c) · (–2d) = 84cd
d) $0{,}5 \cdot 0{,}2c \cdot 2d \cdot 2d = 0{,}4cd^2$

5 Ergänze die Multiplikationsmauer.

a)
–54ab
1,8a | –30b
–0,3a | –6 | 5b
0,1a | –3 | 2 | 2,5b

b)
$2{,}56a^3b^2$
16ab | $0{,}16a^2b$
4b | 4a | 0,04ab
2b | 2 | 2a | 0,02b

6 Unterstreiche alle Fehler und berichtige.
$0{,}5x + 2x - 3y + 0{,}5x + y \cdot y = \underline{1{,}5x} - 3y + y^2 = 1{,}5x \underline{- y}$ $3x - 3y + y^2$

Terme vereinfachen (Wdh.) ☒

1 Gleich lange Linien haben die gleiche Farbe.
Gib den Umfang mit einem vereinfachten Term an.

a) 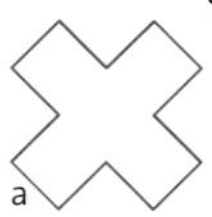

b) 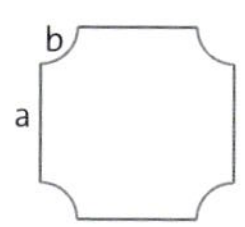

c) 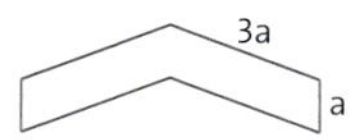

d) 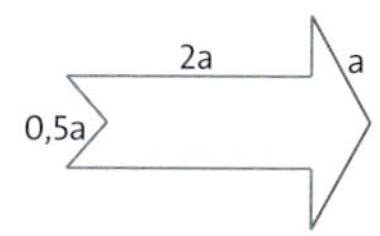

a)	b)	c)	d)
12a	*4a + 4b*	*14a*	*8a*

2 Verbinde gleichwertige Terme.

z + z − z + z + z + z − z − 2z	z + z + z + z + z − z − z − z − z
x + z + y − x − y − z − y − z + x	6x + z + 7y − 5x − 2y − 6y − 2z + x
x + 3y − z − z − x − 2y + z − x + x	−y + z
x + y − z − x − y − x + z − y + x + z	y − z
2x − y − z	x + x − x + y − y − y + z − z − z

3 Vervollständige die Additionsmauer.

a)

−x + 7y			
x + 6y	*−2x + y*		
2x + 3y	*−x + 3y*	*−x − 2y*	
2x	3y	−x	−2y

b)

−a − b			
3a − 4b	−4a + 3b		
5a − 2b	*−2a − 2b*	−2a + 5b	
5a	*−2b*	*−2a*	5b

4 Vervollständige die Multiplikationsmauer.

a)

$48x^3y$			
$-12x^2$	*−4xy*		
6x	*−2x*	*2y*	
3	2x	−1	−2y

b)

$-1{,}5a^2b^3$			
0,5ab	$-3ab^2$		
0,5a	*b*	−3ab	
−0,25a	*−2*	*−0,5b*	6a

5 Unterstreiche zuerst den Fehler und berichtige.
Gib dann einen Tipp zur Vermeidung des Fehlers. y + 0,15x − 0,25x − 5y + 0,5x + yy = 0,4x − 5y

y + 0,15x − 0,25x − 5y + 0,5x + yy = 0,4x + y − 5 · y + y · y = 0,4x − 4y + yy

Denke an den weggelassenen Malpunkt. (y · y ≠ y + y)

Plus-Klammern und Minus-Klammern (Wdh.)

1 Löse die Plus-Klammern auf.

a) 2b + (−4 + c) = *2b − 4 + c*

b) −5 + (−2y − 5x) = *−5 − 2y − 5x*

c) 6a + (5 + 2c) = *6a + 5 + 2c*

Tipp
Lass die Plus-Klammern weg.

Beispiele:
x + (−3 − y) = x − 3 − y   +(−3) = −3
x + (+3 − y) = x + 3 − y   Beachte: 3 = +3

2 Löse die Minus-Klammern auf.

a) 7 − (−2b + a) = *7 + 2b − a*

b) 4a − (−7 − 5c) = *4a + 7 + 5c*

c) 10b − (5 + 7c) = *10b − 5 − 7c*

Tipp
Lass die Minus-Klammern weg und ändere die Zeichen in der Klammer.

Beispiel:
6 − (−x − y) = 6 + x + y   −(−3) = 3
6 − (+x − y) = 6 − x + y   Beachte: x = +x

3 Verbinde die gleichwertigen Terme.

Tipp
Unterstreiche zuerst die Minus-Klammern.

a) Terme ohne Variablen

9 + (3 + 5)	9 + (3 − 5)	9 + (−3 + 5)	9 − (−3 + 5)	9 − (3 − 5)	−9 + (3 − 5)
9 + 3 + 5	9 + 3 − 5	9 − 3 + 5	9 + 3 − 5		−9 + 3 − 5

b) Terme mit Variablen

2x − (y + 3)	2x + (y − 3)	−(−y + 3)	−(y + 3)	2x − (y − 3)	−2x + (y − 3)
2x − y − 3	y − 3	2x + y − 3	−y − 3	−2x + y − 3	2x − y + 3

4 Löse zuerst die Klammern auf.
Fasse dann zusammen.

Beispiel:
6b − (4b − 3c) = 6b − 4b + 3c = 2b + 3c

a) 6a + (4 − 3a) = *6a + 4 − 3a* = *3a + 4*

b) 4b + (−3b + 5) = *4b − 3b + 5* = *b + 5*

c) 6a − (5b − 2a) = *6a − 5b + 2a* = *8a − 5b*

d) 5b − (3b − 4c) = *5b − 3b + 4c* = *2b + 4c*

e) 4b − (−2b + 7c) + 1 = *4b + 2b − 7c + 1* = *6b − 7c + 1*

f) 3b + (−6b + 9c) − 2 = *3b − 6b + 9c − 2* = *−3b + 9c − 2*

g) −4a − (−2b − 7) + 6a = *−4a + 2b + 7 + 6a* = *2a + 2b + 7*

Plus-Klammern und Minus-Klammern (Wdh.) ☒

- Wenn ein + vor einer Klammer steht, dann kann man die Klammer weglassen.
- Wenn ein – vor einer Klammer steht, dann kann man die Klammer weglassen und in der Klammer wird + zu – und – zu +.

Beispiele: $-5 + (-b - 3) = -5 - b - 3 = -8 - b$
$5 + (+b - 3) = 5 + b - 3$
Beachte: $b = +b$

$3a - (-b - 2a) = 3a + b + 2a = 5a + b$
$5b - (+7 + 2c) = 5b - 7 - 2c$
Beachte: $7 = +7$

1 Löse die Klammern auf.

a) $7 + (-a + b) =$ $7 - a + b$
b) $7 - (-a + b) =$ $7 + a - b$
c) $3a + (6 - b) =$ $3a + 6 - b$
d) $3a - (6 - b) =$ $3a - 6 + b$
e) $x + (7y + 8) =$ $x + 7y + 8$
f) $x - (7y + 8) =$ $x - 7y - 8$
g) $-7k + (-7 + z) =$ $-7k - 7 + z$
h) $-7k - (-7 + z) =$ $-7k + 7 - z$

2 Setze + oder – ein.

a) $3a + (4b - 5c) = 3a + 4b - 5c$
b) $5b - (6a - 7c) = 5b - 6a + 7c$
c) $3x - (-5y - 3z) = 3x + 5y + 3z$
d) $-2x + (3y + 4z) = -2x + 3y + 4z$
e) $5x - (-7y + 3z) = 5x + 7y - 3z$
f) $-9x - (7y + 3z) = -9x - 7y - 3z$
g) $13 + (5 - 12 - 3) = 13 + 5 - 12 - 3$
h) $-2{,}5 - (-1{,}5 + 4 - 1) = -2{,}5 + 1{,}5 - 4 + 1$

3 Löse zuerst die Klammern auf.
Fasse dann zusammen.

a) $6a + (4b - 3a) =$ $6a + 4b - 3a = 3a + 4b$
b) $5b + (2b - 3c) =$ $5b + 2b - 3c = 7b - 3c$
c) $6a - (5b - 2a) =$ $6a - 5b + 2a = 8a - 5b$
d) $5b - (3b - 4c) =$ $5b - 3b + 4c = 2b + 4c$
e) $4b + (-3b + 5c) =$ $4b - 3b + 5c = b + 5c$
f) $-b - (-2b + 7c) =$ $-b + 2b - 7c = b - 7c$
g) $-3x + (-x - x) =$ $-3x - x - x = -5x$
h) $-3x - (-3 - 3x) =$ $-3x + 3 + 3x = 3$

4 Ergänze.

a) $6a + (7b - 10c) = 6a + 7b - 10c$
b) $7x - (8y - 6z) = 7x - 8y + 6z$
c) $-(6a + 7b) - 10c = -6a - 7b - 10c$
d) $y - (-2y + 6z) = 3y - 6z$

5 Verbinde die gleichwertigen Terme.

$5a + (7b - 9a)$	$6{,}2b - (0{,}3b - c)$	$-(-0{,}3b - b)$	$+(1{,}7b - 3b)$	$\frac{1}{2}b - (b + c)$	$0{,}5b - (-c - b)$
$-1{,}3b$	$5{,}9b + c$	$-4a + 7b$	$1{,}3b$	$1{,}5b + c$	$-0{,}5b - c$

Plus-Klammern und Minus-Klammern (Wdh.) ☒

1 Verbinde die gleichwertigen Terme.

a) Terme mit Variablen

$5x + (7x - 2y)$	$-5x + (7x + 2y)$	$5x - (7x - 2y)$	$5x - (-7x - 2y)$	$-5x + (7x - 2y)$
$-5x + 7x + 2y$	$5x + 7x - 2y$	$5x - 7x + 2y$	$7x - 5x - 2y$	$5x + 7x + 2y$

b) Terme ohne Variablen

$1 + (1{,}4 - 0{,}6)$	$-1 + (1{,}4 + 0{,}6)$	$1 - (1{,}4 - 0{,}6)$	$1 - (-1{,}4 - 0{,}6)$	$-1 + (1{,}4 - 0{,}6)$
$-1 + 1{,}4 + 0{,}6$	$1 + 1{,}4 - 0{,}6$	$1 - 1{,}4 + 0{,}6$	$1{,}4 - 1 - 0{,}6$	$1 + 1{,}4 + 0{,}6$

2 Kreuze zuerst Zutreffendes an.
Widerlege dann eine falsche Aussage mit einem Gegenbeispiel.

a) Für rationale Zahlen und für Terme mit Variablen gelten die gleichen Regeln. ☒ wahr ☐ falsch
b) Wenn in gleichwertigen Termen die gleiche Variable durch die gleiche Zahl ersetzt wird, dann sind die Werte der Terme gleich. ☒ wahr ☐ falsch
c) Durch das Einsetzen von Zahlen kann man stets kontrollieren, ob Terme gleichwertig sind. ☐ wahr ☒ falsch

Für $x = 1$ und $y = 2$ gilt: $2x + y = 4$ und $3x + 0{,}5y = 4$ jedoch $2x + y \neq 3x + 0{,}5y$.

3 Unterstreiche zuerst die Minus-Klammern, wenn möglich.
Löse dann die Klammern auf und fasse zusammen.

a) $6{,}5b - (3{,}5b - 7c) =$ $6{,}5b - 3{,}5b + 7c = 3b + 7c$
b) $-3{,}2x + (-4y - 4{,}3x) =$ $-3{,}2x - 4y - 4{,}3x = -7{,}5x - 4y$
c) $4{,}5b - (-2{,}5b + 8c) =$ $4{,}5b + 2{,}5b - 8c = 7b - 8c$
d) $-3{,}2x - (-6y - 6{,}1x) =$ $-3{,}2x + 6y + 6{,}1x = 2{,}9x + 6y$
e) $10a - (7b - 5a) =$ $10a - 7b + 5a = 15a - 7b$
f) $9b + (4b - 6c) =$ $9b + 4b - 6c = 13b - 6c$
g) $9b - (10b - 6c) =$ $9b - 10b + 6c = -b + 6c$

4 Löse zuerst die Klammern auf.
Fasse dann zusammen.

a) $-10a + (6a - 5b) - (-15b - 12a) =$ $-10a + 6a - 5b + 15b + 12a = 8a + 10b$
b) $1{,}2a - [6 - (8a - 3b) - (-1{,}2b - 1{,}4a)] =$ $1{,}2a - [6 - 8a + 3b + 1{,}2b + 1{,}4a]$
$= 1{,}2a - [6 - 6{,}6a + 4{,}2b] = 1{,}2a - 6 + 6{,}6a - 4{,}2b = 7{,}8a - 4{,}2b - 6$

Terme ausmultiplizieren und ausklammern

1 Ergänze zuerst Flächeninhalte in den kleinen Rechtecken. Ermittle dann den gesamten Flächeninhalt.

Tipp
Länge mal Breite ($a \cdot b$)

a) Seiten: 5; y, 2 — Flächen: 5y | 10
$5 \cdot (y + 2) = 5y + 10$

b) Seiten: 2; x, 2y — Flächen: 2x | 4y
$2 \cdot (x + 2y) = 2x + 4y$

c) Seiten: x; 10, y — Flächen: 10x | xy
$x \cdot (10 + y) = 10x + xy$

2 Multipliziere zuerst aus.
Ergänze dann die Skizze passend.

Beispiel:
$10 \cdot (2d + 3) = 10 \cdot 2d + 10 \cdot 3$
$= 20d + 30$

a) $10 \cdot (2d + 3) = 20d + 30$ — Seiten: 10; 2d, 3 — Flächen: 20d | 30

b) $7a \cdot (2e + 4) = 14ae + 28a$ — Seiten: 7a; 2e, 4 — Flächen: 14ae | 28a

c) $f \cdot (9 + y) = 9f + fy$ — Seiten: f; 9, y — Flächen: 9f | fy

d) $x \cdot (y + 2) = xy + 2x$ — Seiten: x; y, 2 — Flächen: xy | 2x

e) $b \cdot (2c + 8) = 2bc + 8b$ — Seiten: b; 2c, 8 — Flächen: 2bc | 8b

f) $c \cdot (6d + 4) = 6cd + 4c$ — Seiten: c; 6d, 4 — Flächen: 6cd | 4c

3 Verbinde gleichwertige Terme.

$2 \cdot (a + 3b)$ | $a \cdot (30 - 6b)$ | $5a \cdot (6b + 8)$ | $13 \cdot (q - 3p)$ | $9 \cdot (3p - 5q)$ | $-7 \cdot (p + 2q)$

$30a - 6ab$ | $13q - 39p$ | $30ab + 40a$ | $2a + 6b$ | $-7p - 14q$ | $27p - 45q$

4 Multipliziere aus.

a) $7 \cdot (a + 3) = 7a + 21$
b) $8 \cdot (3b - 4) = 24b - 32$
c) $(11c + 7) \cdot 5 = 55c + 35$
d) $-6 \cdot (6d + 7) = -36d - 42$
e) $(2{,}5d - 9) \cdot 4 = 10d - 36$
f) $2 \cdot (2a + 3 - c) = 4a + 6 - 2c$

Tipp
Zeichne Pfeile.
Beispiel: $2 \cdot (3b - 7) = 6b - 14$

5 Klammere zuerst aus.
Multipliziere dann zur Kontrolle im Kopf.

a) $10 \cdot (a - 5) = 10a - 50$
b) $9 \cdot (6b + 8) = 54b + 72$
c) $(7c + 8) \cdot 6 = 42c + 48$
d) $(7 - 10d) \cdot 8e = 56e - 80de$
e) $4a \cdot (3c + 5) = 12ac + 20a$
f) $6 \cdot (g - 3h) = 6g - 18h$

Terme ausmultiplizieren und ausklammern

- Beim Ausmultiplizieren werden die einzelnen Summanden in der Klammer mit einem Faktor multipliziert.
- Gemeinsame Faktoren in Summen und Differenzen kann man ausklammern.

Beispiele: $3 \cdot (y + 4) = 3y + 12$
$y \cdot (x - 2) = x \cdot y - 2 \cdot y$
$x \cdot y - 2 \cdot y = y \cdot (x - 2)$
$2a + 6b = 2 \cdot (a + 3b)$

1 Ergänze die Flächeninhalte in den kleinen Rechtecken und die Seitenlängen.

a) $8 \cdot (2a + 3) = 16a + 24$ — Seiten: 8; 2a, 3 — Flächen: 16a | 24

b) $3b \cdot (2c + 4) = 6bc + 12b$ — Seiten: 3b; 2c, 4 — Flächen: 6bc | 12b

c) $(8 + 2y) \cdot h = 8h + 2hy$ — Seiten: h; 8, 2y — Flächen: 8h | 2hy

d) $0{,}5x \cdot (2y + 2) = xy + x$ — Seiten: 0,5x; 2y, 2 — Flächen: xy | x

e) $(0{,}2c + 0{,}8) \cdot 7 = 1{,}4c + 5{,}6$ — Seiten: 7; 0,2c, 0,8 — Flächen: 1,4c | 5,6

f) $(3a + 3) \cdot 3a = 9a^2 + 9a$ — Seiten: 3a; 3a, 3 — Flächen: $9a^2$ | 9a

2 Verbinde gleichwertige Terme.

$60a - 30b$ | $25x + 35x^2$ | $36y - 54x$ | $1{,}25a - 3{,}75b$ | $33c^2 + 22c$ | $0{,}5a + 0{,}5b$

$1{,}25 \cdot (a - 3b)$ | $30 \cdot (2a - b)$ | $(4y - 6x) \cdot 9$ | $5x \cdot (5 + 7x)$ | $\frac{1}{2} \cdot (a + b)$ | $(3c + 2) \cdot 11c$

3 Multipliziere aus.

a) $2 \cdot (6a + 2b) = 12a + 4b$
b) $-5 \cdot (1{,}2b - 6a) = -6b + 30a$
c) $1{,}5 \cdot (3c - 4b) = 4{,}5c - 6b$
d) $-16 \cdot (3c - 0{,}4b) = -48c + 6{,}4b$
e) $(4c + 6d + 1) \cdot 3{,}5 = 14c + 21d + 3{,}5$
f) $(2c - 0{,}4d + 2) \cdot (-2{,}5c) = -5c^2 + cd - 5c$

4 Klammere aus.

a) $81a + 225 = 9 \cdot (9a + 25)$
b) $105b - 85 = 5 \cdot (21b - 17)$
c) $49ac - 84a = 7a \cdot (7c - 12)$
d) $-72d - 48d^2 = -8d \cdot (9 + 6d)$
e) $1{,}6e - 4 + 4{,}4 = 0{,}4 \cdot (4e - 10 + 11)$
f) $2{,}1f - 3{,}6 + 9 = -3 \cdot (-0{,}7f + 1{,}2 - 3)$

5 Klammere aus. Finde verschiedene Möglichkeiten. z. B.

a) $-2{,}6a + 5{,}2ab = -a \cdot (2{,}6 - 5{,}2b) = -2{,}6 \cdot (a - 2ab) = -2{,}6a \cdot (1 - 2b)$
b) $3{,}6bc - 60b = b \cdot (3{,}6c - 60) = 6 \cdot (0{,}6bc - 10b) = 6b \cdot (0{,}6c - 10)$

Terme ausmultiplizieren und ausklammern

1 Ergänze die Flächeninhalte in den kleinen Rechtecken und die Seitenlängen.

a) $8 \cdot (0{,}25 + 3a) = 2 + 24a$

	0,25	3a
8	2	24a

b) $(2c + 4a) \cdot a = 2ac + 4a^2$

	2c	4a
a	2ac	$4a^2$

c) $(0{,}6 + 8y) \cdot 5h = 3h + 40hy$

	0,6	8y
5h	3h	40hy

2 Multipliziere aus.

a) $13 \cdot (-2a + 4b) = -26a + 52b$

b) $-1{,}2 \cdot (3b + 5c) = -3{,}6b - 6c$

c) $(1{,}5c - 1{,}2d + 7) \cdot 2 = 3c - 2{,}4d + 14$

d) $(64d - 16e) \cdot (-0{,}25c) = -16cd + 4ce$

3 Klammere aus.

a) $8{,}1ac - 45a = 9a \cdot (0{,}9c - 5)$

b) $-4{,}9d - 28d^2 = -7d \cdot (0{,}7 + 4d)$

c) $8e - 4ef + 4{,}4e^2 = 4e \cdot (2 - 1f + 1{,}1e)$

d) $-24f - 3{,}6 + 15{,}6 = 4 \cdot (-6f + 3)$

4 Multipliziere aus und fasse zusammen.

a) $0{,}2 \cdot (10a + 2b) - 5 \cdot (1{,}2b - 6a) = 2a + 0{,}4b - 6b + 30a = 32a - 5{,}6b$

b) $-15 \cdot (3c - 4b) - 16 \cdot (3c - 4b) = -45c + 60b - 48c + 64b = -93c + 124b$

c) $-5c \cdot (4c + 6) + 2{,}5 \cdot (2c - 4d) = -20c^2 - 30c + 5c - 10d = -20c^2 - 25c - 10d$

5 Markiere zuerst gleichwertige Terme mit der gleichen Farbe.
Schreibe dann zu den beiden übrigen Termen mehrere gleichwertige Terme auf.

$(-8b + 2a) \cdot (-0{,}5)$ A	$4ab + 8a^2$ B	$0{,}5a + 0{,}5b$ C	$\frac{1}{2} \cdot (a + b)$ C
$(-4b + a) \cdot (-1)$ A	$-a + 4b$ A	$(-2a - b) \cdot (-4a)$ B	$(2b - 0{,}8a) \cdot (-0{,}5)$
$-(a - 4b)$ A	$-1 : (-4b + a)$	$4a \cdot (2a + b)$ B	$8a \cdot (0{,}5b + a)$ B

z. B. $-1 : (-4b + a) = -1 : (a - 4b) = 1 : (-a + 4b) = \frac{-1}{-4b + a} = \frac{1}{4b - a} = \frac{10}{40b - 10a}$

$(2b - 0{,}8a) \cdot (-0{,}5) = -0{,}5 \cdot (-0{,}8a + 2b) = 0{,}4a - b = 0{,}2 \cdot (2a - 5b)$

6 Die Figur besteht aus Rechtecken.

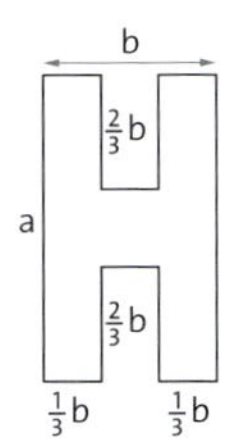

a) Kreuze alle zum Umfang u und Flächeninhalt A passenden Terme an.

- [x] $u = 2a + 2b + 4 \cdot \frac{2}{3}b$
- [x] $u = 2 \cdot \left(a + 2\frac{1}{3}b\right)$
- [x] $u = 2 \cdot \left(a + b + 2 \cdot \frac{2}{3}b\right)$
- [x] $A = a \cdot b - 2 \cdot \frac{2}{3}b \cdot \frac{1}{3}b$
- [x] $A = a \cdot b - \frac{4}{9}b^2$
- [ ] $A = b \cdot \left(a - \frac{4}{9}\right)$

b) Ermittle den Umfang u und den Flächeninhalt A für a = 5 und b = 1,8 cm.

u = 18,4 cm   A = $7{,}56\ cm^2$

Produkte von Summen und Differenzen berechnen

1 Ergänze zuerst die Flächeninhalte in den kleinen Rechtecken.
Ermittle dann den Flächeninhalt des gesamten Rechtecks.

Tipp (Rechteck mit Seiten a und b, Flächeninhalt $a \cdot b$)

a)

	b	3
a	$a \cdot b = ab$	$3 \cdot a = 3a$
5	$5 \cdot b = 5b$	$5 \cdot 3 = 15$

$(a + 5) \cdot (b + 3) = ab + 3a + 5b + 15$

b)

	x	5
y	$x \cdot y = xy$	$5 \cdot y = 5y$
6	$6 \cdot x = 6x$	$6 \cdot 5 = 30$

$(y + 6) \cdot (x + 5) = xy + 5y + 6x + 30$

c)

	b	5
2a	$2a \cdot b = 2ab$	$2a \cdot 5 = 10a$
6	$6 \cdot b = 6b$	$6 \cdot 5 = 30$

$(2a + 6) \cdot (b + 5) = 2ab + 10a + 6b + 30$

d)

	5x	1
8y	$8y \cdot 5x = 40xy$	$8y \cdot 1 = 8y$
7	$7 \cdot 5x = 35x$	$7 \cdot 1 = 7$

$(8y + 7) \cdot (5x + 1) = 40xy + 8y + 35x + 7$

2 Ergänze.

a) $(a + 6) \cdot (b + 5) = ab + 5a + 6b + 30$

	b	5
a	ab	5a
6	6b	30

b) $(8 + x) \cdot (y + 4) = 8y + 32 + xy + 4x$

	y	4
8	8y	32
x	xy	4x

c) $(a + 5) \cdot (b + 8) = ab + 8a + 5b + 40$

d) $(x + 4) \cdot (3 + y) = 3x + xy + 12 + 4y$

3 Setze „+“ oder „–“ ein.

a) $(6x + 4) \cdot (y + 5) = 6xy + 30x + 4y + 20$

b) $(6x - 4) \cdot (y + 5) = 6xy + 30x - 4y - 20$

c) $(3 - 2x) \cdot (4y - 5) = 12y - 15 - 8xy + 10x$

d) $(7x - 2) \cdot (2x - 6) = 14x^2 - 42x - 4x + 12$

e) $(5x + 2) \cdot (2 - 3x) = 10x - 15x^2 + 4 - 6x$

Tipp

	+	–
+	+	–
–	–	+

Beispiele:
$-2 \cdot (+b) = -2b$
$-2 \cdot (-7) = +14$
$(a - 2) \cdot (b - 7) = ab - 7a - 2b + 14$

4 Multipliziere aus.

a) $(4x + 5) \cdot (y + 3) = 4xy + 12x + 5y + 15$

b) $(2x + 1) \cdot (y - 2) = 2xy - 4x + y - 2$

c) $(x - 4) \cdot (5y - 2) = 5xy - 2x - 20y + 8$

Beispiel:
$(2x - 1) \cdot (y - 2) = 2xy - 4x - y + 2$

Produkte von Summen und Differenzen berechnen ☒

Beim Multiplizieren von zwei Summen wird jeder Summand der ersten Klammer mit jedem Summanden der zweiten Klammer multipliziert.
$(a + b) \cdot (c + d) = ac + ad + bc + bd$

Beispiele:
$(2a + 3) \cdot (5b + 7) = 10ab + 14a + 15b + 21$
$(a - 3) \cdot (-2a + 8) = -2a^2 + 8a + 6a - 24$
$= -2a^2 + 14a - 24$

1 Ergänze zuerst die Terme für die Flächeninhalte in den vier Teilflächen.
Ermittle dann den Flächeninhalt des gesamten Rechtecks.

a)

	2b	5
3a	$3a \cdot 2b = 6ab$	$5 \cdot 3a = 15a$
6	$6 \cdot 2b = 12b$	$6 \cdot 5 = 30$

$(3a + 6) \cdot (2b + 5) = 6ab + 15a + 12b + 30$

b)

	3x	2
9y	$9y \cdot 3x = 27xy$	$2 \cdot 9y = 18y$
7	$7 \cdot 3x = 21x$	$7 \cdot 2 = 14$

$(9y + 7) \cdot (3x + 2) = 27xy + 18y + 21x + 14$

2 Multipliziere aus.

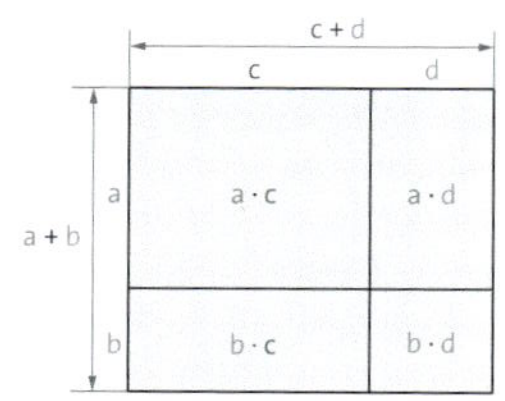

a) $(a + 8) \cdot (b + 5) =$ ab $+ 5a$ $+ 8b$ $+ 40$
b) $(3a + 5) \cdot (b + 5) =$ $3ab$ $+ 15a$ $+ 5b$ $+ 25$
c) $(3x + 8) \cdot (2y - 5) =$ $6xy$ $- 15x$ $+ 16y$ $- 40$
d) $(3a - 6) \cdot (6b + 5) =$ $18ab$ $+ 15a$ $- 36b$ $- 30$
e) $(7x - 9) \cdot (2y - 11) =$ $14xy$ $- 77x$ $- 18y$ $+ 99$

3 Multipliziere zuerst aus.
Fasse dann zusammen, wenn möglich.

a) $(a + 2) \cdot (3b + a) = 3ab + a^2 + 6b + 2a = a^2 + 2a + 3ab + 6b$
b) $(2a + 6) \cdot (11 - 5a) = 22a - 10a^2 + 66 - 30a = -10a^2 - 8a + 66$
c) $(2a - 6) \cdot (11 - 5a) = 22a - 10a^2 - 66 + 30a = -10a^2 + 52a - 66$
d) $(7 + 8x) \cdot (-x + 8) = -7x + 56 - 8x^2 + 64x = -8x^2 + 57x + 56$
e) $(-3a - 8) \cdot (2b - 5a) = -6ab + 15a^2 - 16b + 40a = 15a^2 + 40a - 6ab - 16b$

4 Unterstreiche die Fehler und korrigiere.

a) $(a + 2b) \cdot (2b + a) = 2ab + \underline{2a^2} + 4b^2 + \underline{a^2} = 3a^2 + 2ab + 4b^2$ — $a^2 + 4ab + 4b^2$
b) $(2a - 2b) \cdot (2a + 2b) = \underline{2a^2} + 4ab - 4ab - 4b^2 = 2a^2 + \underline{8ab} - 4b^2$ — $4a^2 - 4b^2$
c) $(a + 9b) \cdot (-2b + 9a) = -2ab + 81ab - 18b^2 + \underline{18ab} = \underline{-2ab + 81ab}$ — $9a^2 + 79ab - 18b^2$
d) $(a - 2b) \cdot (-2b - 9a) = \underline{2ab} + \underline{9a} - \underline{4b^2} + 18ab = \underline{42}$ — $-9a^2 + 16ab + 4b^2$
e) $-(2x + 2) \cdot (1{,}5 - 3y) = -3x + \underline{5xy} - 3 + 6y$ — $-3x + 6xy - 3 + 6y$

Produkte von Summen und Differenzen berechnen ☒

1 Ergänze zuerst die Terme für die Flächeninhalte im kleinen Rechteck.
Ermittle dann den Flächeninhalt des gesamten Rechtecks.

a)

	4b	8
5a	$20ab$	$40a$
10	$40b$	80

$(5a + 10) \cdot (4b + 8) = 20ab + 40a + 40b + 80$

b)

	3x	1	1
2y	$6xy$	$2y$	$2y$
4	$12x$	4	4

$(2y + 4) \cdot (3x + 2) = 6xy + 4y + 12x + 8$

2 Multipliziere. Fasse zusammen, wenn möglich.

a) $(9a + 5) \cdot (2b + 7) = 18ab + 63a + 10b + 35$
b) $(11a + 3) \cdot (4b - 7) = 44ab - 77a + 12b - 21$
c) $(9a - 5) \cdot (2b - 7) = 18ab - 63a - 10b + 35$
d) $(3x + 5) \cdot (2x - 2{,}5) = 6x^2 - 7{,}5x + 10x - 12{,}5 = 6x^2 + 2{,}5x - 12{,}5$
e) $\left(-\frac{3}{2}x - 4\right) \cdot \left(-\frac{3}{2}x - 4\right) = 2{,}25x^2 + 6x + 6x + 16 = 2{,}25x^2 + 12x + 16$

3 Unterstreiche die Fehler und korrigiere.

a) $(3x + 5) \cdot (y - 4) = 3xy \underline{- 7x} - 20$ — $3xy - 12x + 5y - 20$
b) $(7x - 3) \cdot (-2x - 3) = -14x^2 \underline{- 27x - 9}$ — $-14x^2 - 15x + 9$
c) $(-3a - 5) \cdot (-4a - 2) = \underline{12x^2} + \underline{26x} + 10$ — $12a^2 + 26a + 10$
d) $\left(-\frac{1}{2}x + \frac{1}{4}\right) \cdot (4x + 4) = -2x^2 \underline{- 2x} + 1$ — $-2x^2 - x + 1$

4 Ergänze.

a) $(2x + 7) \cdot (4 + 3y) = 8x + 6xy + 28 + 21y$
b) $(2{,}5x - 4) \cdot (6 + 2y) = 15x + 5xy - 24 - 8y$
c) $(0{,}5 - 4a) \cdot (-6c - 2b) = -3c - b + 24ac + 8ab$
d) $(3{,}5a - 1{,}3b) \cdot (6c - 2) = 21ac - 7a - 7{,}8bc + 2{,}6b$

0,5	1,3b	2	2b
2x	2y	2,5x	3y
3,5a	4	4	4a
6	−6c	6c	7

5 Ein rechteckiges Stück Pappe hat eine 4 cm längere und eine 3 cm kürzer Seite als ein quadratisches Stück. Die Flächeninhalte beider Stücken Pappe sind gleich groß.
Gib die Seitenlängen für beide Stücken Pappe an.

rechteckiges Stück: $A = (a + 4) \cdot (a - 3) = a^2 - 3a + 4a - 12 = a^2 + a - 12$

$a^2 + a - 12 = a^2$
$a - 12 = 0$
$a = 12$

Quadrat: 12 cm Rechteck: 16 cm und 9 cm

Binomische Formeln

1 Ergänze zuerst einen Term in der Tabelle. Kreuze dann Zutreffendes an.

Tipp Multipliziere jeden mit jedem.

a)

	a	b
a	a · a	a · b
b	b · a	b · b

$(a+b)\cdot(a+b) = \dots$

- [x] $a^2 + a\cdot b + a\cdot b + b^2$
- [x] $a^2 + 2\cdot ab + b^2$
- [ ] $a^2 + 2a + 2b + b^2$
- [x] $(a+b)^2$
- [x] $a^2 + 2ab + b^2$

b)

	a	−b
a	a · a	a · (−b)
−b	−b · a	−b · (−b)

$(a-b)\cdot(a-b) = \dots$

- [x] $a^2 - a\cdot b - a\cdot b + b^2$
- [x] $a^2 - 2\cdot ab + b^2$
- [ ] $a^2 - b^2$
- [x] $(a-b)^2$
- [x] $a^2 - 2ab + b^2$

c)

	a	−b
a	a · a	a · (−b)
b	b · a	b · (−b)

$(a+b)\cdot(a-b) = \dots$

- [x] $a^2 - a\cdot b + a\cdot b + b^2$
- [x] $a^2 - b^2$
- [ ] $b^2 + a^2$
- [ ] $2a + 2b$
- [ ] $a^2 - b$

2 Nutze die 1. binomische Formel.

Tipp $(a+b)^2 = a^2 + 2ab + b^2$

a) $(x+3)^2 = x^2 + 2\cdot 3x + 9 = x^2 + 6x + 9$

b) $(b+1)^2 = b^2 + 2\cdot 1b + 1 = b^2 + 2b + 1$

c) $(5b+c)^2 = 25b^2 + 2\cdot 5bc + c^2 = 25b^2 + 10bc + c^2$

d) $(b+3a)\cdot(b+3a) = b^2 + 2\cdot 3ab + 9a^2 = b^2 + 6ab + 9a^2$

3 Nutze die 2. binomische Formel.

Tipp $(a-b)^2 = a^2 - 2ab + b^2$

a) $(a-7)^2 = a^2 - 2\cdot 7a + 49 = a^2 - 14a + 49$

b) $(10-b)^2 = 100 - 2\cdot 10b + b^2 = b^2 - 20b + 100$

c) $(b-2c)^2 = b^2 - 2\cdot 2\cdot bc + 4c^2 = b^2 - 4bc + 4c^2$

d) $(2b-c)\cdot(2b-c) = 4b^2 - 2\cdot bc + c^2 = 4b^2 - 4bc + c^2$

4 Nutze die 3. binomische Formel.

Tipp $(a+b)\cdot(a-b) = a^2 - b^2$

a) $(a+4)\cdot(a-4) = a^2 - 16$

b) $(b-5)\cdot(b+5) = b^2 - 25$

c) $(c-7)\cdot(c+7) = c^2 - 49$

d) $(d+8)\cdot(d-8) = d^2 - 64$

5 Überlege zuerst, welche der drei Formeln passt. Nutze dann die binomische Formel.

a) $(a-2)^2 = a^2 - 4a + 4$

b) $(x+1)\cdot(x-1) = x^2 - 1$

c) $(3+z)^2 = z^2 + 6z + 9$

Binomische Formeln

1. binomische Formel: $(a+b)^2 = a^2 + 2ab + b^2$
2. binomische Formel: $(a-b)^2 = a^2 - 2ab + b^2$
3. binomische Formel: $(a+b)\cdot(a-b) = a^2 - b^2$

Beispiele:
$(a+5)^2 = a^2 + 10a + 25$
$(a-5)^2 = a^2 - 10a + 25$
$(a+5)\cdot(a-5) = a^2 - 25$

1 Markiere gleichwertige Terme mit der gleichen Farbe.

$(a+9)^2$ A	$(a-7)\cdot(a-7)$ B	$a^2 + 9a + 9a + 81$ A	$a^2 + 18a + 81$ A
$(a-7)^2$ B	$(a+9)\cdot(a+9)$ A	$a^2 - 7a - 7a + 49$ B	$a^2 - 14a + 49$ B
$a^2 - 49$ C	$(a+7)\cdot(a-7)$ C	$a^2 + 7a - 7a - 49$ C	$-49 + a^2$ C

2 Nutze die 1. binomische Formel.

a) $(a+3)^2 = a^2 + 6a + 9$

b) $(b+8)^2 = b^2 + 16b + 64$

c) $(4+c)^2 = 16 + 8c + c^2$

d) $(2a+b)^2 = 4a^2 + 4ab + b^2$

e) $(a+7)^2 = a^2 + 14a + 49$

f) $(b + 2s)^2 = b^2 + 4bs + 4s^2$

g) $(c + 0{,}2)^2 = c^2 + 0{,}4c + 0{,}04$

h) $(2c + 1{,}1)^2 = 4c^2 + 4{,}4c + 1{,}21$

3 Nutze die 2. binomische Formel.

a) $(a-3)^2 = a^2 - 6a + 9$

b) $(b-8)^2 = b^2 - 16b + 64$

c) $(9-x)^2 = 81 - 18x + x^2$

d) $(2y-z)^2 = 4y^2 - 4yz + z^2$

e) $(a-8)^2 = a^2 - 16a + 64$

f) $(b - 0{,}1s)^2 = b^2 - 0{,}2bs + 0{,}01s^2$

g) $(c - 0{,}4)^2 = c^2 - 0{,}8c + 0{,}16$

h) $(0{,}5c - b)^2 = 0{,}25c^2 - bc + b^2$

4 Nutze die 3. binomische Formel.

a) $(a+3)\cdot(a-3) = a^2 - 9$

b) $(b+8)\cdot(b-8) = b^2 - 64$

c) $(5+c)\cdot(5-c) = 25 - c^2$

d) $(z-7)\cdot(z+7) = z^2 - 49$

e) $(d + 0{,}3)\cdot(d-0{,}3) = d^2 - 0{,}09$

f) $(0{,}5e - 3f)\cdot(0{,}5e + 3f) = 0{,}25e^2 - 9f^2$

5 Verbinde passend.

$(6-x)^2$ | $(x-6)^2$ | $(6+x)^2$ | $(6-x)(6-x)$ | $(-x+6)(6-x)$ | $(x-6)(6+x)$

$36 + 12x + x^2$ | $36 - 12x + x^2$ | $36x + 12 + x^2$ | $x^2 - 36$

Binomische Formeln

1 Nutze die 1. binomische Formel.

a) $(x+y)^2 = x^2 + 2xy + y^2$
b) $(3+0{,}5b)^2 = 9 + 3b + 0{,}25b^2$
c) $(a+13)^2 = a^2 + 26a + 169$
d) $(2c+50)^2 = 4c^2 + 200c + 2500$
e) $(a+18)^2 = a^2 + 36a + 324$
f) $(b+11)^2 = b^2 + 22b + 121$
g) $(5x + 0{,}2y)^2 = 25x^2 + 2xy + 0{,}04y^2$
h) $(7c + 1{,}1)^2 = 49c^2 + 15{,}4c + 1{,}21$

2 Nutze die 2. binomische Formel.

a) $(x-y)^2 = x^2 - 2xy + y^2$
b) $(2c-5)^2 = 4c^2 - 20c + 25$
c) $(d - 14)^2 = d^2 - 28d + 196$
d) $(c - 22)^2 = c^2 - 44c + 484$
e) $(0{,}9x - 4y)^2 = 0{,}81x^2 - 7{,}2xy + 16y^2$
f) $(d - 1{,}6)^2 = d^2 - 3{,}2d + 2{,}56$

3 Nutze die 3. binomische Formel.

a) $(x+y)\cdot(x-y) = x^2 - y^2$
b) $(b+8)\cdot(b-8) = b^2 - 64$
c) $(c + 15)\cdot(c - 15) = c^2 - 225$
d) $(z-7)\cdot(z + 7) = z^2 - 49$
e) $(g + 12)\cdot(g - 12) = g^2 - 144$
f) $(0{,}6e - 3a)\cdot(3a + 0{,}6e) = 0{,}36e^2 - 9a^2$

4 Ergänze zuerst von links nach rechts. Notiere am Zeilenende, welche binomische Formel du genutzt hast. Überprüfe danach das Endergebnis mithilfe der Formel.

a) $(a+15)^2 = (a + 15)\cdot(a + 15) = a^2 + 15a + 15a + 225 = a^2 + 30a + 225$ 1.
b) $(a - 1{,}5)\cdot(a + 1{,}5) = a^2 + 1{,}5a - 1{,}5a - 2{,}25 = a^2 - 2{,}25$ 3.
c) $(d-0{,}5)^2 = (d - 0{,}5)\cdot(d - 0{,}5) = d^2 - 0{,}5d - 0{,}5d + 0{,}25 = d^2 - d + 0{,}25$ 2.
d) $(a + 2{,}5)\cdot(a - 2{,}5) = a^2 - 2{,}5a + 2{,}5a - 6{,}25 = a^2 - 6{,}25$ 3.

5

$2{,}5^2$ A	39^2 B	92^2 C	77^2 D	$22\cdot18$ E	$26\cdot34$ F	$8{,}3\cdot7{,}7$ G	$1{,}2\cdot2{,}1$ H
$(2+0{,}5)^2$ A	$(70+7)^2$ D	$49+980+4900$ D	$(3-0{,}5)^2$ A	$6{,}25$ A	5929 D	884 F	
$4+2+0{,}25$ A	$(20-2)\cdot(20+2)=396$ E	$9-3+0{,}25$ A	$1{,}2\cdot2+1{,}2\cdot0{,}1=2{,}52$ H				

a) Markiere gleichwertige Terme mit der gleichen Farbe. Rechne im Kopf.
b) Berechne mithilfe binomischer Formeln die fehlenden Produkte. Gib, wenn möglich, zwei Ansätze an.

$39^2 = (30+9)^2 = 900 + 540 + 81 = 1521$ und $(40-1)^2 = 1600 - 80 + 1$

$92^2 = (90+2)^2 = 8100 + 360 + 4 = 8464$ und $(100-8)^2 = 10000 - 1600 + 64$

$8{,}3\cdot7{,}7 = (8+0{,}3)\cdot(8-0{,}3) = 64 - 0{,}09 = 63{,}91$

Gleichungen lösen durch Äquivalenzumformungen

Beispiel:

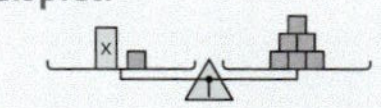

x + 1 = 6 | −1

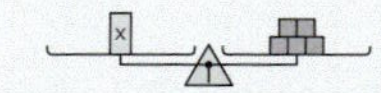

x = 5

linke Seite der Waage — rechte Seite der Waage

1 Löse die Gleichung mithilfe von Waagen.
Schreibe hinter den Strich die Rechenanweisung.

a)
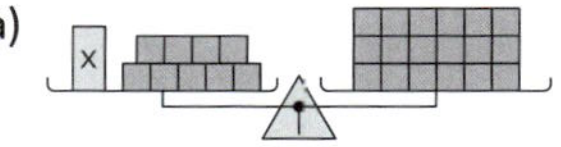

$x + 9 = 18$ | −9

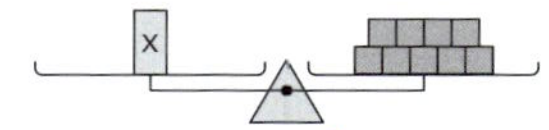

$x = 9$

b)
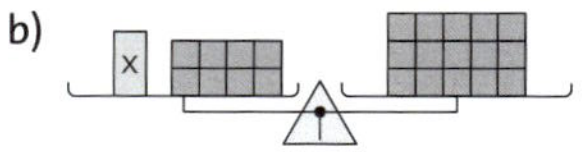

$x + 8 = 15$ | −8

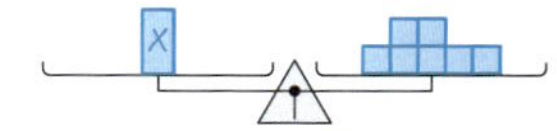

$x = 7$

c)
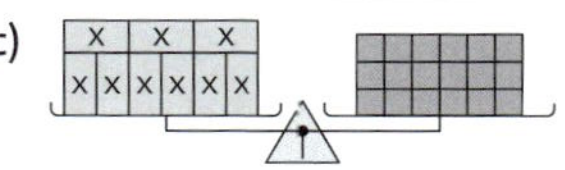

$x \cdot 9 = 18$ | : 9

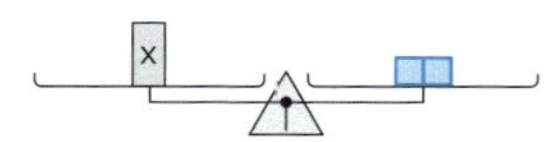

$x = 2$

d)
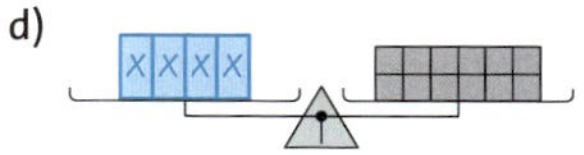

$4 \cdot x = 12$ | : 4

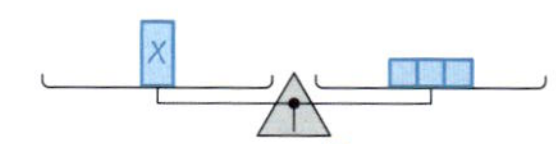

$x = 3$

e)
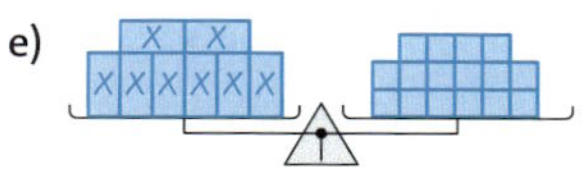

$8 \cdot x = 16$ | : 8

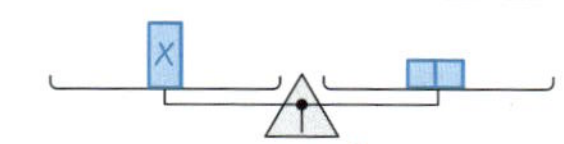

$x = 2$

f)
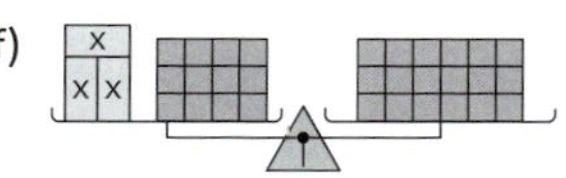

$3 \cdot x + 12 = 18$ | −12

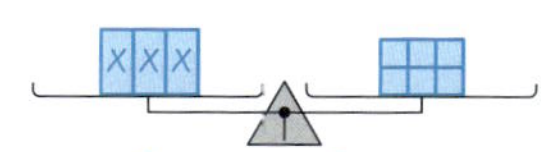

$3 \cdot x = 6$ | : 3

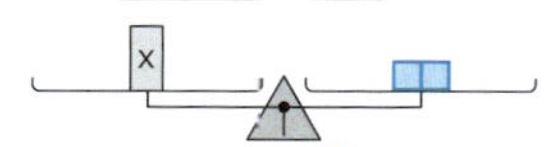

$x = 2$

g)
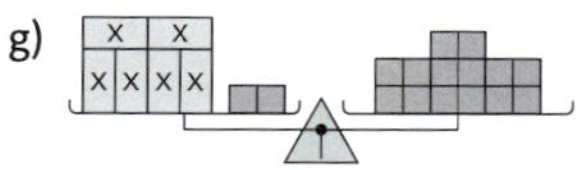

$x \cdot 6 + 2 = 14$ | −2

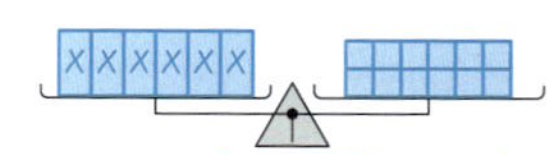

$x \cdot 6 = 12$ | : 6

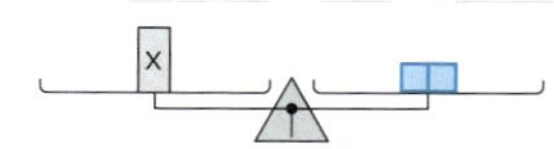

$x = 2$

h)
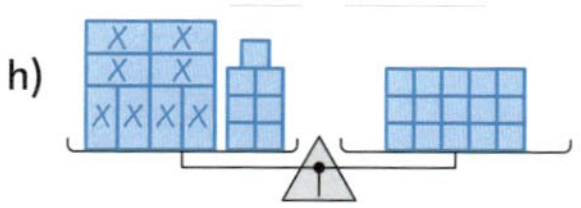

$8 \cdot x + 7 = 15$ | −7

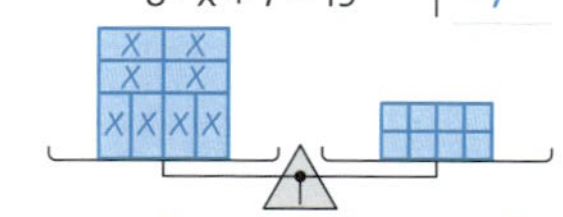

$8 \cdot x = 8$ | : 8

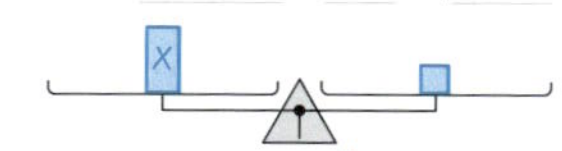

$x = 1$

2 Schreibe zuerst hinter den Strich die Rechenanweisung.
Löse dann die Gleichung.

Tipp

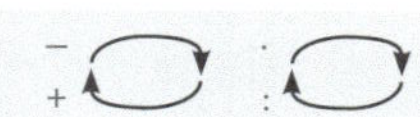

a) $10 + 2\cdot x = 16$ | −10
$2\cdot x = 6$ | : 2
$x = 3$

b) $29 + 3\cdot x = 50$ | −29
$3\cdot x = 21$ | : 3
$x = 7$

c) $7\cdot x + 43 = 57$ | −43
$7\cdot x = 14$ | : 7
$x = 2$

d) $2\cdot x - 10 = 12$ | +10
$2\cdot x = 22$ | : 2
$x = 11$

e) $5\cdot x - 15 = 10$ | +15
$5\cdot x = 25$ | : 5
$x = 5$

f) $6\cdot x - 13 = 47$ | +13
$6\cdot x = 60$ | : 6
$x = 10$

Gleichungen lösen durch Äquivalenzumformungen

- Forme die Gleichung so lange um, bis die Variable allein auf einer Seite steht.
  - Addiere oder subtrahiere denselben Term (z. B. eine Zahl) auf beiden Seiten.
  - Multipliziere oder dividiere mit dem selbem Term (z. B. einer Zahl, außer 0) auf beiden Seiten.
- Überprüfe das Ergebnis mit einer Probe.

Beispiel: $2x + 3 = 13 \quad | -3$
$2x = 10 \quad | :2$
$x = 5$

Probe: $2 \cdot 5 + 3 = 13$
$13 = 13$
Die Lösung ist 5.

1 Veranschauliche die Lösungsschritte und berechne die Lösung. Rechne danach die Probe im Kopf.

a)

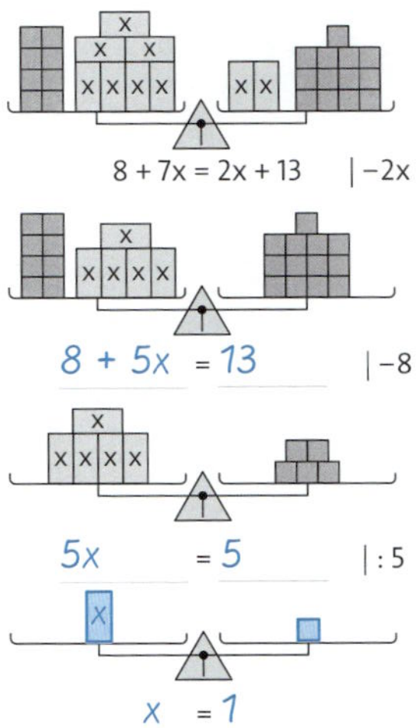

$8 + 7x = 2x + 13 \quad | -2x$
$8 + 5x = 13 \quad | -8$
$5x = 5 \quad | :5$
$x = 1$

b)

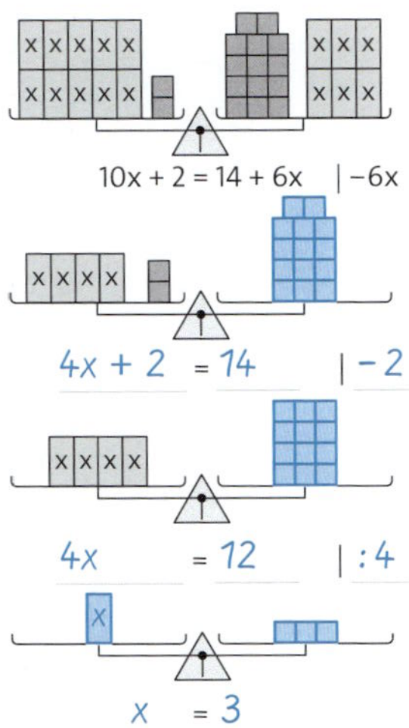

$10x + 2 = 14 + 6x \quad | -6x$
$4x + 2 = 14 \quad | -2$
$4x = 12 \quad | :4$
$x = 3$

c)

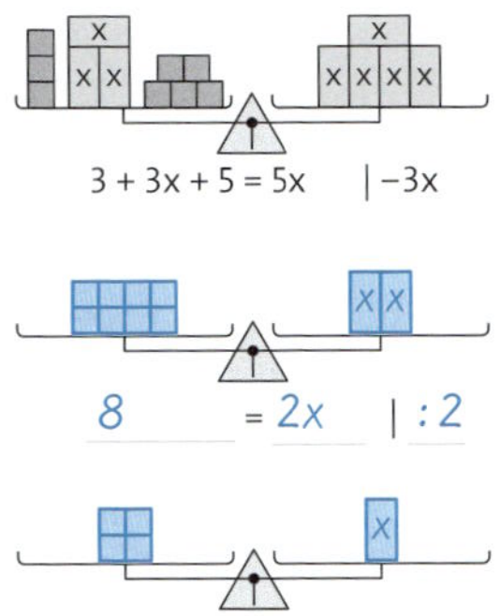

$3 + 3x + 5 = 5x \quad | -3x$
$8 = 2x \quad | :2$
$4 = x$

2 Löse zuerst die Gleichung. Rechne dann die Probe im Kopf.

a) $4x + 25 = 85 \quad | -25$
$4x = 60 \quad | :4$
$x = 15$

b) $6x - 13 = 47 \quad | +13$
$6x = 60 \quad | :6$
$x = 10$

c) $32 + 7x = 67 \quad | -32$
$7x = 35 \quad | :7$
$x = 5$

3 Löse zuerst die Gleichung. Rechne dann die Probe im Kopf.

a) $5x - 99 = x + 1 \quad | -x$
$4x - 99 = 1 \quad | +99$
$4x = 100 \quad | :4$
$x = 25$

b) $6x + 50 = 12x - 4 \quad | -6x$
$50 = 6x - 4 \quad | +4$
$54 = 6x \quad | :6$
$x = 9$

c) $4(x + 1) = 3(2 + x)$
$4x + 4 = 6 + 3x \quad | -3x$
$x + 4 = 6 \quad | -4$
$x = 2$

Gleichungen lösen durch Äquivalenzumformungen

1 Ergänze und veranschauliche die Lösungsschritte.

a)

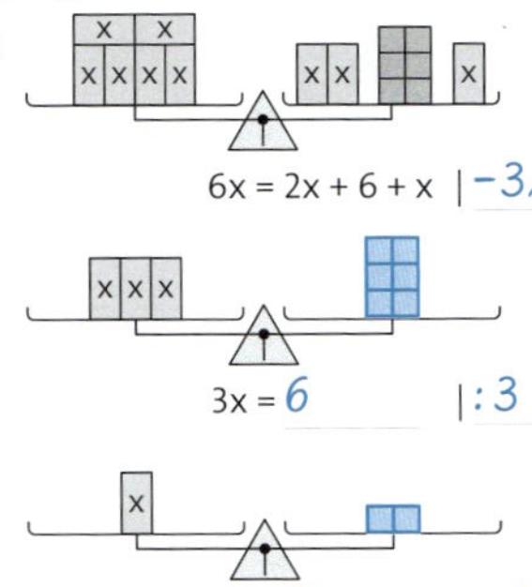

$6x = 2x + 6 + x \quad | -3x$
$3x = 6 \quad | :3$
$x = 2 \qquad L = \{2\}$

b)

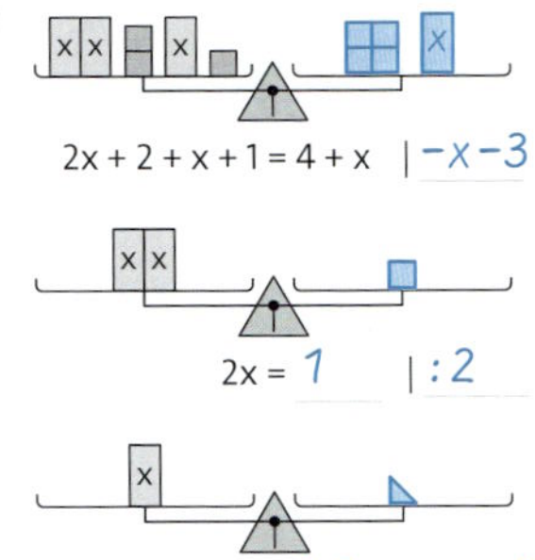

$2x + 2 + x + 1 = 4 + x \quad | -x-3$
$2x = 1 \quad | :2$
$x = 0{,}5 \qquad L = \{0{,}5\}$

c)

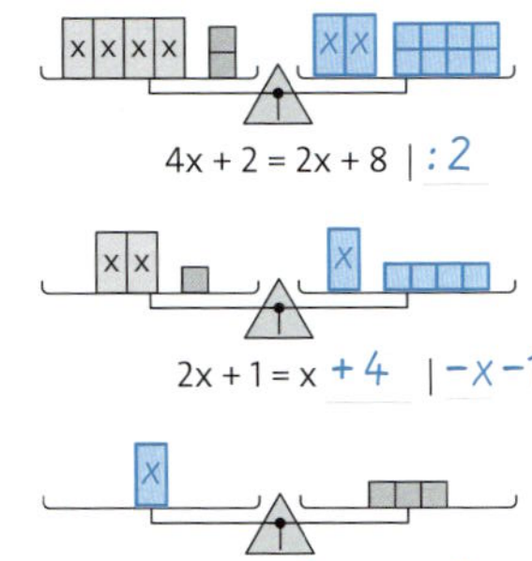

$4x + 2 = 2x + 8 \quad | :2$
$2x + 1 = x + 4 \quad | -x-1$
$x = 3 \qquad L = \{3\}$

2 Prüfe mithilfe einer Probe, ob die Zahl auf der Karte die Lösung der Gleichung ist. Korrigiere, falls notwendig, die Lösung auf der Karte.

a) $15x + 7 = 2x + 46$ [3]
$15 \cdot 3 + 7 = 2 \cdot 3 + 46$
$52 = 52$

b) $7(x - 5) = -3x + 35$ [10 7]
$7 \cdot (10 - 5) = -3 \cdot 10 + 35$
$35 \neq 5$

c) $-\frac{3}{4} = -4x - 3{,}5$ [$-\frac{11}{16}$]
$-\frac{3}{4} = -4 \cdot \left(-\frac{11}{16}\right) - 3{,}5$
$-0{,}75 = -0{,}75$

3 Löse die Gleichung.

a) $3x - 9 + 4x + 1 = 5(x + 4)$
$7x - 8 = 5x + 20 \quad | -5x$
$2x - 8 = 20 \quad | +8$
$2x = 28 \quad | :2$
$x = 14 \qquad L = \{14\}$

b) $3x + 8 + x^2 - 5 = (x + 6)^2 - 12x$
$3x + 3 + x^2 = x^2 + 36 \quad | -x^2$
$3x + 3 = 36 \quad | -3$
$3x = 33 \quad | :3$
$x = 11 \qquad L = \{11\}$

4 Unterstreiche zuerst die Fehler. Berechne dann rechts die Lösung. Rechne danach die Probe im Kopf.

$(-9 + 2x)^2 + 1 = (8 - 2x)^2$
$\underline{80} - 36x + 4x^2 = 64 - \underline{36x} + 4x^2$
$80 - \underline{32x} = 64 - \underline{32x}$
$80 = 64$ ist falsch.
Es gibt keine Lösung. $L = \{\ \}$

$(-9 + 2x)^2 + 1 = (8 - 2x)^2$
$82 - 36x + 4x^2 = 64 - 32x + 4x^2 \quad | -4x^2$
$82 - 36x = 64 - 32x \quad | +36x$
$82 = 64 + 4x \quad | -64$
$18 = 4x \quad | :4$
$4{,}5 = x \qquad L = \{4{,}5\}$

Sachaufgaben mit Gleichungen lösen

1 Löse die Aufgabe mit einer Gleichung.

a) Sima und Ilayda haben zusammen 30 €.
Sima hat viermal so viel Geld wie Ilayda.
Berechne, wie viel Geld jede hat.

① x steht für das Geld von *Ilayda.*
② $4x$ steht für das Geld von *Sima.*
③ $x + 4x = 30$
④ $5x = 30 \quad | : 5$
$x = 6$
⑤ $6\,€ + 4 \cdot 6\,€ = 30\,€$
$6\,€ + 24\,€ = 30\,€$
$30\,€ = 30\,€$ (wahr)
⑥ *Ilayda hat 6 €.*
Sima hat 24 €.

Tipp
⓪ Lies den Text.
Was ist gegeben?
Was ist gesucht?
① Lege die Variable fest.
② Stelle die Terme auf.
③ Stelle eine Gleichung auf.
④ Löse die Gleichung.
⑤ Prüfe die Lösung.
⑥ Formuliere die Antwort.

b) Gabriel hat 9 € mehr als Liam.
Zusammen haben sie 37 €.
Berechne, wie viel Geld jeder hat.

① x steht für das Geld von *Liam.*
② $x + 9$ steht für das Geld von *Gabriel.*
③ $x + (x + 9) = 37$
④ $2x + 9 = 37 \quad | -9$
$2x = 28 \quad | : 2$
$x = 14$
⑤ $14\,€ + (14\,€ + 9\,€) = 37\,€$
$14\,€ + 23\,€ = 37\,€$
$37\,€ = 37\,€$ (wahr)
⑥ *Liam hat 14 €.*
Gabriel hat 23 €.

c) Ein Dreieck hat 23 cm Umfang.
Die Seite a ist doppelt so lang wie b und c ist 3 cm länger als b.
Wie lang sind die Seiten?

① x steht für die Länge der Seite b.
② $2x$ steht für die Länge der Seite a.
$x + 3$ steht für die Länge der Seite c.
③ $x + 2x + x + 3 = 23$
④ $4x + 3 = 23 \quad | -3$
$4x = 20 \quad | : 4$
$x = 5$
⑤ $5\,cm + 2 \cdot 5\,cm + 5\,cm + 3\,cm = 23\,cm$
$5\,cm + 10\,cm + 8\,cm = 23\,cm$
$23\,cm = 23\,cm$ (wahr)
⑥ *Die Seiten des Dreiecks sind 5 cm, 10 cm und 8 cm lang.*

Sachaufgaben mit Gleichungen lösen

Schritte beim Lösen von Sachaufgaben:
⓪ Lies den Text.
Was ist gegeben?
Was ist gesucht?
① Lege die Variable fest.
② Stelle die Terme auf.
③ Stelle eine Gleichung auf.
④ Löse die Gleichung.
⑤ Prüfe die Lösung.
⑥ Formuliere die Antwort.

Beispiel:
Bea ist 5 Jahre älter als Cora. Wenn man das Alter von beiden erst addiert und dann verdoppelt, ist das Ergebnis 70. Wie alt ist Cora? Wie alt ist Bea?
① x steht für das Alter von Cora.
② $5 + x$ steht für das Alter von Bea.
③ $2(5 + x + x) = 70$
④ $10 + 4x = 70$
$x = 15$
⑤ $2(5 + 15 + 15) = 70$ (wahr)
⑥ Cora ist 15 Jahre alt. Bea ist 20 Jahre alt.

1 Löse die Aufgabe mit einer Gleichung.

a) Katja hat halb so viel Geld wie Svenja.
Zusammen haben sie 15 €.
Berechne, wie viel Geld jede hat.

① x steht für das Geld von *Svenja.*
② $0{,}5x$ steht für das Geld von *Katja.*
③ $x + 0{,}5x = 15\,€$
④ $1{,}5x = 15\,€ \quad | : 1{,}5$
$x = 10\,€$
⑤ $10\,€ + 0{,}5 \cdot 10\,€ = 15\,€$ (wahr)
⑥ *Katja hat 5 €. Svenja hat 10 €.*

b) Ayse ist 3 Jahre jünger als Ali. Harun ist 3 Jahre älter als Ali. Sie sind zusammen 39 Jahre alt.
Berechne, wie alt jeder der drei ist.

① x steht für das Alter von *Ali.*
② $x - 3$ steht für das Alter von *Ayse.*
$x + 3$ steht für das Alter von *Harun.*
③ $x + (x - 3) + (x + 3) = 39$
④ $3x = 39 \quad | : 3$
$x = 13$
⑤ $13 + 10 + 16 = 39$ (wahr)
⑥ *Ali ist 13, Ayse 10 und Harun 16.*

c) Zwei Seiten eines Rechtecks sind 3 cm länger als die anderen beiden Seiten.
Das Rechteck hat 38 cm Umfang.
Berechne die Seitenlängen.

① x steht für *die kürzere Seite.*
② $x + 3\,cm$ steht für *die längere Seite.*
③ $2(x + x + 3\,cm) = 38\,cm$
④ $4x + 6\,cm = 38\,cm \quad | -6\,cm$
$4x = 32\,cm \quad | : 4$
$x = 8\,cm$
⑤ $2(8\,cm + 11\,cm) = 38\,cm$ (w)
⑥ *Die Seiten sind 8 cm und 11 cm lang.*

d) In Tüte A sind zwei Bonbons mehr als in Tüte C.
In Tüte B sind 4-mal so viele Bonbons wie in Tüte A.
Insgesamt sind es 100 Bonbons.
Berechne die Anzahl der Bonbons in jeder Tüte.

① x steht für die Anzahl in Tüte *C.*
② $x + 2$ steht für die Anzahl in Tüte *A.*
$4(x + 2)$ steht für die Anzahl in Tüte *B.*
③ $(x + 2) + 4(x + 2) + x = 100$
④ $6x + 10 = 100 \quad | -10$
$6x = 90 \quad | : 6$
$x = 15$
⑤ $17 + 68 + 15 = 100$ (w)
⑥ *In Tüte A sind 17 Bonbons, in Tüte B 68 und in Tüte C 15.*

Sachaufgaben mit Gleichungen lösen

1 Unterstreiche die Fehler in der Lösung.

1 Liter Saft ist 1€ teurer als ein Liter Wasser. 12 Liter Wasser kosten so viel wie zwei Liter Saft. Berechne die Preise je Liter.

① *Variable festlegen:* *x steht für die Anzahl an Flaschen Saft.* Preis
② *Terme aufstellen:* *x − 1€ steht für den Preis einer Flasche Wasser.*
③ *Gleichung aufstellen:* $12(x - 1€) = 2x$ $12x - 12€ = 2x$
④ *Gleichung lösen:* $12x - 1€ = 2x$ und $x = 0{,}10€$ $x = 1{,}20€$
⑤ *Lösung überprüfen:* $1€ + 0{,}10€ = 1{,}10€$ $12 \cdot 0{,}20€ = 2 \cdot 1{,}20€$
⑥ *Antwort formulieren:* *Ein Liter Wasser kostet 0,10 € und Saft 1,10 €.*   0,20 €   1,20 €

2 Löse die Aufgabe mit einer Gleichung.

a) Maya hat halb so viele Stifte wie Olga. Zusammen sind es 48 Stifte. Berechne, wie viele Stifte jede hat.

① x steht für die Stifte von Maya.
② $2x$ steht für die Stifte von Olga.
③ $x + 2x = 48$
④ $3x = 48$ | : 3
$x = 16$
⑤ $16 + 2 \cdot 16 = 48$ (w)
⑥ Maya hat 16 Stifte und Olga 32.

b) Lauren hat 5 Fußballkarten mehr als Luka. Paolo hat doppelt so viele wie Lauren. Insgesamt sind es 75 Karten. Berechne, wie viele jeder hat.

① x steht für die Karten von Luka.
② $x + 5$ steht für die Karten von Lauren.
$2(x + 5)$ steht für die Karten von Paolo.
③ $x + (x + 5) + 2(x + 5) = 75$
④ $4x + 15 = 75$ | −15
$4x = 60$ | : 4
$x = 15$
⑤ $15 + 20 + 40 = 75$ (w)
⑥ Luka hat 15 Fußballkarten, Lauren 20 und Paolo 40.

c) In Tüte A sind 2,5-mal so viele Nägel wie in Tüte C. In Tüte C sind 20 Nägel mehr als in Tüte B. Insgesamt sind es 295 Nägel. Gib die Anzahl der Nägel in jeder Tüte an.

① x steht für die Nägel in B.
② $2{,}5(x + 20)$ steht für die Nägel in A.
$x + 20$ steht für die Nägel in C.
③ $2{,}5(x + 20) + x + (x + 20) = 295$
④ $4{,}5x + 70 = 295$ | −70
$4{,}5x = 225$ | : 4,5
$x = 50$
⑤ $175 + 50 + 70 = 295$ (w)
⑥ In Tüte A sind 175 Nägel, in B 50 Nägel und in C 70 Nägel.

d) Die Seiten eines Quadrats werden um 5 cm verlängert. Der Flächeninhalt wird dadurch 55 cm² größer. Berechne die Seitenlängen.

① x steht für die *alte Seitenlänge*.
② x^2 steht für die *alte Flächengröße*.
$(x + 5\,cm)^2$ steht für die *neue Flächengröße*.
③ $x^2 + 55\,cm^2 = (x + 5\,cm)^2$
④ $x^2 + 55\,cm^2 = x^2 + 10x + 25\,cm^2$
$30\,cm^2 = 10\,cm \cdot x$ | : 10 cm
$3\,cm = x$
⑤ $9\,cm^2 + 55\,cm^2 = (8\,cm)^2$ (w)
⑥ Die alte Seitenlänge ist 3 cm. Die neue Seitenlänge ist 8 cm.

Formeln umstellen

1 Berechne mithilfe der Winkelsumme oder des Umfangs.

Tipp
⓪ Schreibe die Formel auf.
① Setze das Gegebene ein.
② Löse nach der gesuchten Größe auf.

a) gegeben: $\beta = 55°$; $\gamma = 65°$
gesucht: α

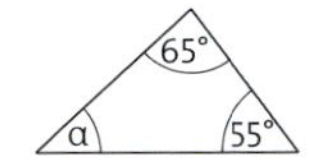

⓪ $\alpha + \beta + \gamma = 180°$
① $\alpha + 55° + 65° = 180°$
② $\alpha + 120° = 180°$ | − 120°
$\alpha = 60°$

Der Winkel α ist 60° groß.

b) gegeben: a = 14 cm; b = 9 cm; d = 8 cm; u = 48 cm
gesucht: c

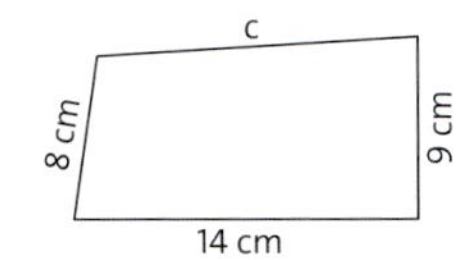

⓪ $a + b + c + d = u$
① $14\,cm + 9\,cm + c + 8\,cm = 48\,cm$
② $31\,cm + c = 48\,cm$ | −31 cm
$c = 17\,cm$

Die Seite c ist 17 cm lang.

2 Berechne mithilfe der Winkelsumme oder des Umfangs.

Tipp
⓪ Schreibe die Formel auf.
① Forme nach dem Gesuchten um.
② Setze das Gegebene ein und rechne.

a) gegeben: a = 12 cm; u = 60 cm
gesucht: b

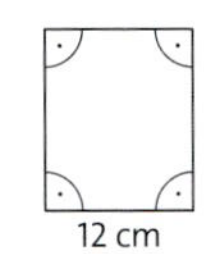

⓪ $2 \cdot a + 2 \cdot b = u$ | − 2 · a
① $2 \cdot b = u - 2a$ | : 2
$b = (u - 2a) : 2$
② $b = (60\,cm - 2 \cdot 12\,cm) : 2 = 18\,cm$

Die Seite b ist 18 cm lang.

b) gegeben: b = 8 cm; c = 6 cm; u = 22 cm
gesucht: a

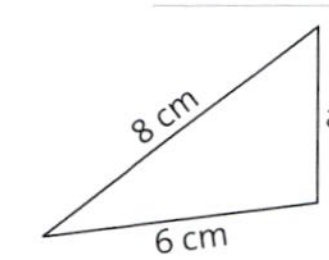

⓪ $a + b + c = u$ | − b − c
① $a = u - b - c$
② $a = 22\,cm - 8\,cm - 6\,cm = 8\,cm$

Die Seite a ist 8 cm lang.

c) gegeben: $\alpha = 40°$; $\beta = \gamma$
gesucht: β (und γ)

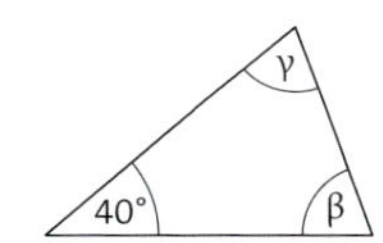

⓪ $\alpha + 2 \cdot \beta = 180°$ | − α
① $2 \cdot \beta = 180° - \alpha$ | : 2
$\beta = (180° - \alpha) : 2$
② $\beta = (180° - 40°) : 2 = 70°$

Die Winkel β und γ sind 70° groß.

Formeln umstellen ☒

Formeln werden wie Gleichungen umgestellt.
Man kann zuerst in die Formel einsetzen und dann umformen oder zuerst umformen und dann einsetzen.

Beispiel:
gegeben: b = 8 cm
A = 40 cm²
gesucht:

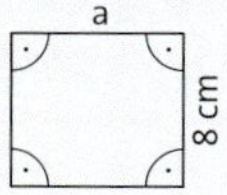

Methode A:
① Setze das Gegebene ein.
② Forme um und rechne.

a · b = A
a · 8 cm = 40 cm² | : 8 cm
a = 5 cm

Methode B:
① Forme nach dem Gesuchten um.
② Setze das Gegebene ein und rechne.

a · b = A | : b
a = A : b
a = 40 cm² : 8 cm = 5 cm

1 Methode A: Setze zuerst das Gegebene in die Formel ein. Berechne dann.

a) gegeben: β = γ = 75°
gesucht: α
α + β + γ = 180°
α + 75° + 75° = 180°
α + 150° = 180° | − 150°
α = *30°*

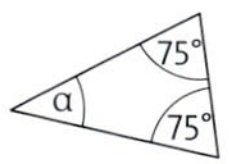

b) gegeben: a = 6 cm; A = 9 cm²
gesucht: b
(a · b) : 2 = A
(6 cm · b) : 2 = 9 cm² *| · 2*
6 cm · b = 18 cm² *| : 6 cm*
b = 3 cm

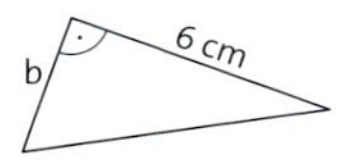

2 Methode B: Forme zuerst die Formel nach dem Gesuchten um. Berechne dann.

a) gegeben: α = γ = 65°
gesucht: β
2α + β = 180° | − 2α
β = *180° − 2α*
β = *180° − 2 · 65°*
β = *50°*

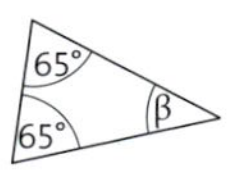

b) gegeben: a = 6 cm; A = 9 cm²
gesucht: b
(a · b) : 2 = A | · 2
(a · b) = 2A | : a
b = 2A : a
b = 2 · 9 cm² : 6 cm = 3 cm

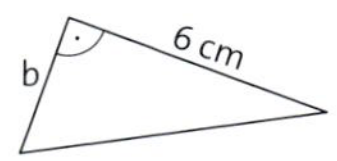

3 Gegeben ist das Drachenviereck ABCD mit A = 7 m², f = 2 m, α = 30° und γ = 40°.
Forme zuerst die Formel um.
Berechne dann.

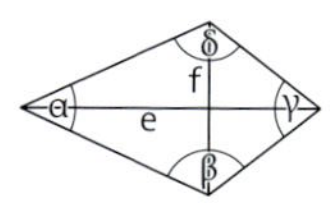

a) gesucht: e
(e · f) : 2 = A *| · 2*
e · f = 2A *| : f*
e = 2A : f
e = 2 · 7 m² : 2 m = 7 m

b) gesucht: β
α + 2β + γ = 360° *| − α − γ*
2β = 360° − α − γ *| : 2*
β = (360° − α − γ) : 2
β = (360° − 30° − 40°) : 2 = 145°

4 Alle Kanten x des Tetraeders sind zusammen 21 cm lang. Kreuze Zutreffendes an.

☒ 6x = 21 cm ☒ 6x = l ☐ x = 6 : l ☒ x = 21 cm : 6 ☐ l = 6 : x

l = 21 cm

Formeln umstellen ☒

1 Kreuze alle passenden Umformungen an.
Zeichne dann eine zu den Formeln ①, ② und ③ passende Fläche.

① u = 2a + c	☒ c = u − 2a	☒ a = (u − c) : 2
② 180° = 2α + γ	☐ 180° + 2α = γ	☒ 180° − 2α = γ
③ A = ab : 2	☒ 2A = ab	☒ b = 2A : a

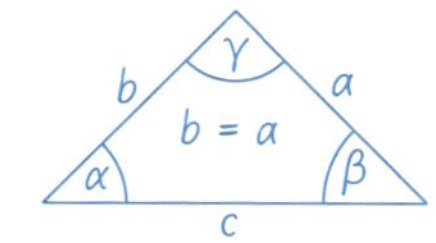

2 Die Fläche A eines Dreiecks ist 10,5 cm² groß. Die Höhe h des Dreiecks ist 3 cm.
Berechne zuerst die Länge der zugehörigen Grundseite g.
Zeichne dann drei passende Dreiecke unterschiedlicher Art.

A = (g · h) : 2 | · 2
2A = g · h | : h
2A : h = g
(2 · 10,5 cm²) : 3 cm = g
7 cm = g

z. B.

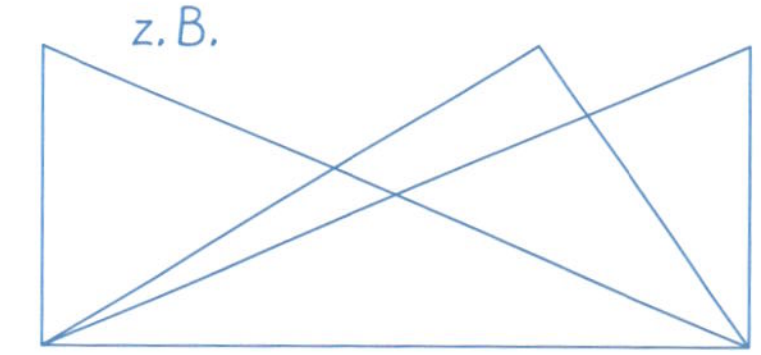

3 Gegeben ist ein Quader mit den Kanten a, b und h.

a) Kreuze alle Formeln an, die zum Oberflächeninhalt eines Quaders passen.
☒ O = 2 (a · b + a · h + b · h) ☐ O = 2 (a · a + b · b + h · h) ☒ O = 2ab + 2ah + 2bh

b) Gib an, wie h in drei Schritten ermittelt werden kann. Schreibe Sätze auf. *z. B.*
① *Wähle eine passende Formel.*
② *Setze die Längen von a und b ein. Forme nach h um.*
③ *Berechne h.*

c) Gegeben sind O = 432 cm², a = 12 cm und b = 6 cm. Berechne h.

O = 2 · a · b + 2 · a · h + 2 · b · h
432 cm² = 2 · 12 cm · 6 cm + 2 · 12 cm · h + 2 · 6 cm · h
432 cm² = 144 cm² + 24 cm · h + 12 cm · h
432 cm² = 144 cm² + 36 cm · h *| − 144 cm*
288 cm² = 36 cm · h *| : 36 cm*
8 cm = h

d) Gegeben ist ein Quader mit quadratischer Grundfläche und Höhe h.
Gib zuerst für den Oberflächeninhalt eine Formel an. Stelle die Formel dann nach h um.

O = 2 · a · a + 4 · a · h *| − 2a²*
O − 2a² = 4 · a · h *| : 4a*
(O − 2a²) : 4a = h

Winkel an Geradenkreuzungen

1 Nenne zuerst die Art der Winkelpaare.
Bestimme dann die Größe des zweiten Winkels.

Tipp
Nebenwinkel – ergeben zusammen 180°
Scheitelwinkel – gleich groß
Stufenwinkel – an Parallelen gleich groß

a) b) c)

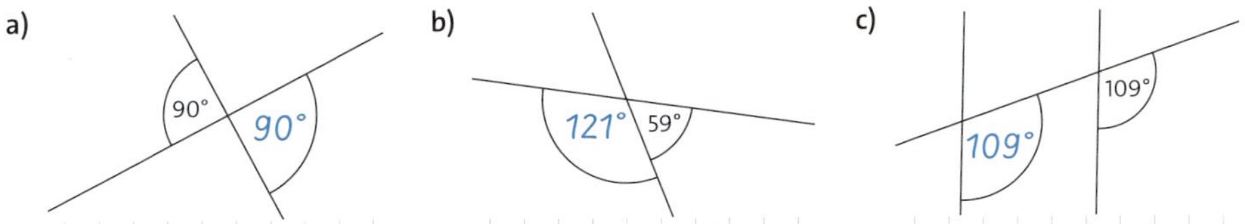

a) Scheitelwinkel

b) Nebenwinkel

c) Stufenwinkel

2 Berechne die Größen der markierten Winkel.

a) b) c) d) e) f) g) h) i)

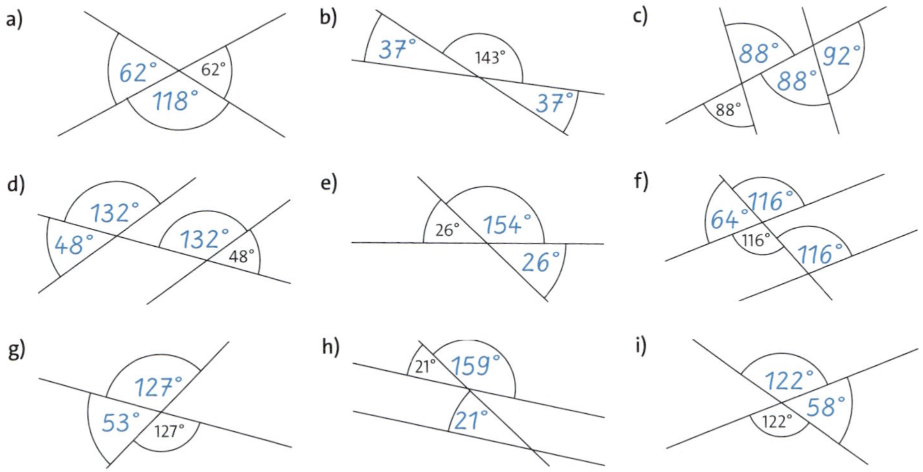

3 Pia hat mit dem Computer das Rautezeichen vergrößert und ausgedruckt. Einen Winkel hat sie gemessen. Wie viele andere Winkelgrößen können noch gemessen werden? Begründe.

Es ist nur noch ein Winkelmaß messbar, nämlich 102°.
z.B. Es sind Stufenwinkel, Scheitelwinkel und Nebenwinkel enthalten, also nur noch 180° – 78° = 102°.

Winkel an Geradenkreuzungen

Nebenwinkel: liegen nebeneinander; ergeben zusammen 180°
Scheitelwinkel: liegen gegenüber; gleich groß
Stufenwinkel: wie Stufen angeordnet; an Parallelen gleich groß
Wechselwinkel: Stufenwinkel und Scheitelwinkel zusammen; an Parallelen gleich groß

1 Kreuze an, ob die Aussage wahr oder falsch ist.

Aussage	wahr	falsch
Gegenüberliegende Winkel von gekreuzten Geraden nennt man Nebenwinkel.		×
Scheitelwinkel sind immer gleich groß.	×	
Die Summe von Nebenwinkelmaßen beträgt 180°.	×	
Bei geschnittenen Parallelen entstehen gleich große Stufenwinkelpaare.	×	
Stufenwinkel und Wechselwinkel sind das Gleiche, weil sie gleiche Maße haben.		×

2 Warum sind Wechselwinkel an Parallelen gleich groß?

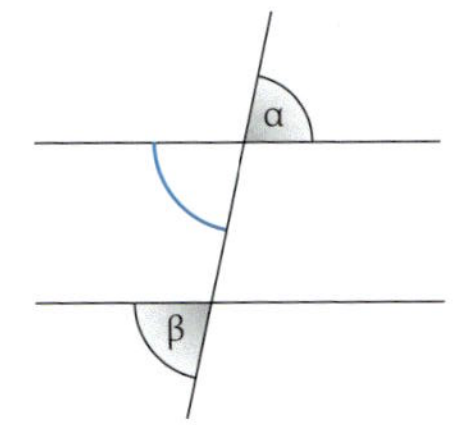

z.B. α hat den eingezeichneten gleich großen Scheitelwinkel und dieser ist Stufenwinkel zu β, die auch gleich groß sind. Deshalb ist α = β als Wechselwinkelpaar.

3 Die Geraden g und h sind parallel zueinander.
Wie groß ist der Winkel α? Berechne.
Um die Aufgabe zu lösen, benötigst du eine zusätzliche parallele Gerade.

z.B. $\alpha = 180° - 120° = 60°$

z.B.

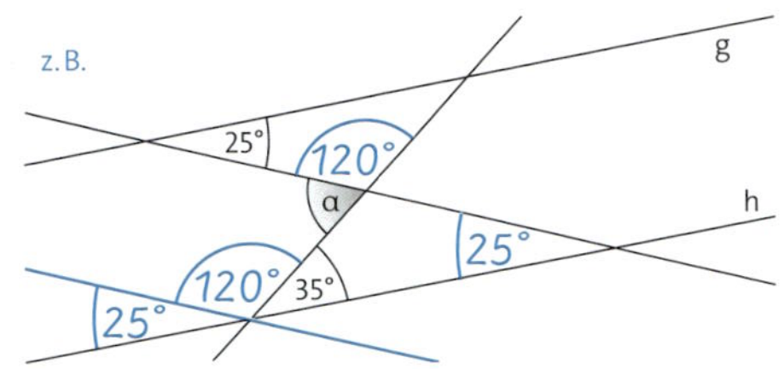

4 Hier gibt es zueinander parallele und senkrechte Geraden. Welche verschiedenen Winkelgrößen kommen vor?

Es gibt nur die Winkelgrößen 45°, 90° und 135°.

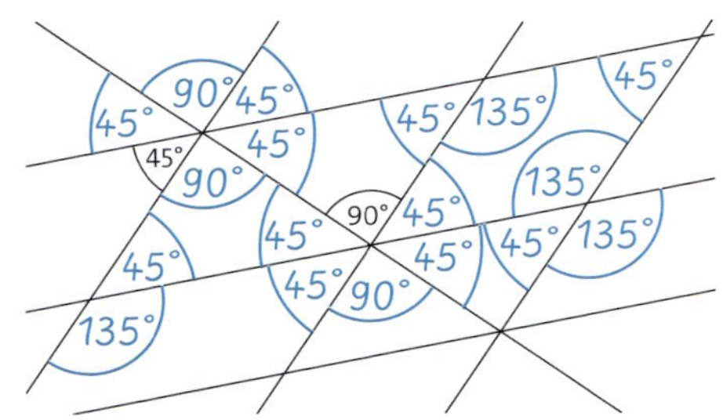

Winkel an Geradenkreuzungen ☒

1 Gib zu der Skizze rechts an, um welche Art von Winkelpaar es sich jeweils handelt. (g ∥ h)

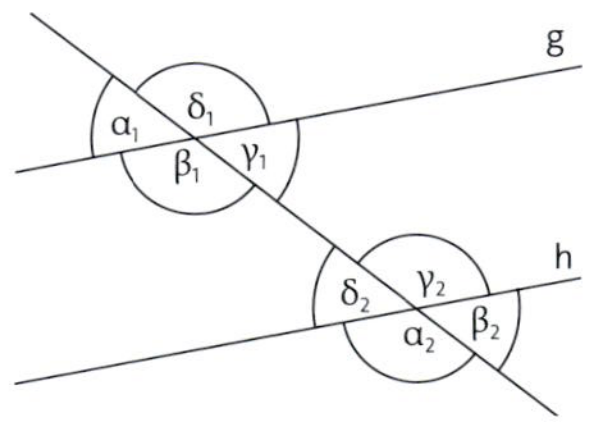

α_1 und β_1: *Nebenwinkel* — α_1 und γ_1: *Scheitelwinkel*

α_1 und δ_1: *Nebenwinkel* — α_1 und δ_2: *Stufenwinkel*

α_2 und δ_1: *Wechselwinkel* — α_2 und γ_2: *Scheitelwinkel*

β_2 und α_1: *Wechselwinkel* — δ_2 und γ_2: *Nebenwinkel*

2 Ergänze die Winkelmaße. Es sind zwei Paare zueinander paralleler Geraden.

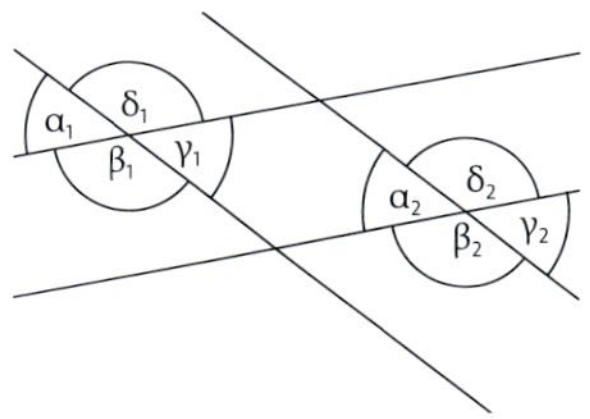

a) $\alpha_1 = 50°$; $\beta_1 =$ *130°*; $\gamma_1 =$ *50°*; $\delta_1 =$ *130°*

b) $\alpha_2 =$ *156°*; $\beta_2 = 24°$; $\gamma_2 =$ *156°*; $\delta_2 =$ *24°*

c) $\alpha_1 =$ *61°*; $\beta_2 =$ *119°*; $\gamma_1 = 61°$; $\delta_2 =$ *119°*

d) $\alpha_2 =$ *143°*; $\beta_1 =$ *37°*; $\gamma_2 =$ *143°*; $\delta_1 = 37°$

e) $\gamma_1 = 83°$; $\alpha_2 =$ *83°*; $\gamma_2 =$ *83°*; $\beta_2 =$ *97°*

f) $\delta_1 =$ *112°*; $\alpha_2 = 68°$; $\beta_2 =$ *112°*; $\delta_2 =$ *112°*

3 Überprüfe, ob die angegebenen Winkelmaße richtig sein könnten. Kreuze entsprechend an, wenn es stimmt.

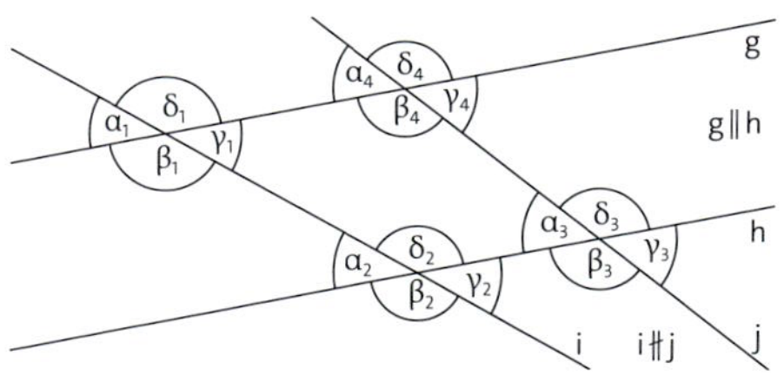

a) $\alpha_1 = 46°$; $\beta_1 = 134°$; $\gamma_1 = 46°$; $\delta_1 = 134°$ ☒

b) $\alpha_1 = 25°$; $\alpha_2 = 25°$; $\alpha_3 = 25°$; $\alpha_4 = 25°$ ☐

c) $\alpha_1 = 37°$; $\gamma_1 = 37°$; $\alpha_2 = 37°$; $\gamma_2 = 37°$ ☒

d) $\alpha_1 = 77°$; $\gamma_1 = 77°$; $\alpha_4 = 77°$; $\gamma_4 = 77°$ ☐

e) $\alpha_1 = 45°$; $\delta_2 = 125°$; $\alpha_2 = 45°$; $\beta_2 = 125°$ ☐

f) $\alpha_1 = 92°$; $\alpha_4 = 64°$; $\beta_1 = 88°$; $\beta_3 = 116°$ ☒

4 Mike fährt mit seinem Rennrad auf der Ebertstraße. Er biegt rechts in den Nordring ein. Kurz danach fährt er links in die Oberstraße. Dort trifft er Luisa. Er berichtet stolz, dass beide Kurven gleich waren und er sie scharf nehmen musste, um die Kurven zu schaffen. Luisa denkt kurz nach und meint, dass das gar nicht sein kann. Stimmst du Luisa zu? Begründe. Nutze die Skizze rechts.

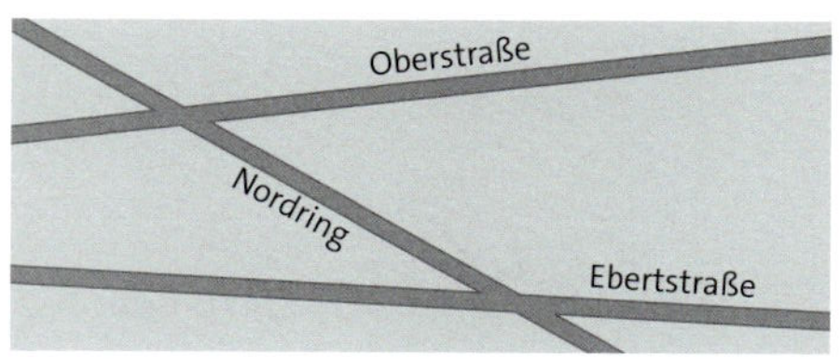

z.B. *Ja, Luisa kann zugestimmt werden. Erstens sind die Kurven nicht eng, sondern verlaufen im stumpfen Winkel. Zweitens waren die Kurven nicht gleich, weil Oberstraße und Ebertstraße nicht parallel zueinander verlaufen.*

Summe der Innenwinkel in Dreiecken

1 Ergänze fehlende Winkelgrößen im Dreieck und in der Rechnung.

22°	30°	45°	56°	59°	59°
60°	62°	68°	79°	90°	90°

Tipp
In jedem Dreieck beträgt die Summe der drei Innenwinkel 180°.
$\alpha + \beta + \gamma = 180°$

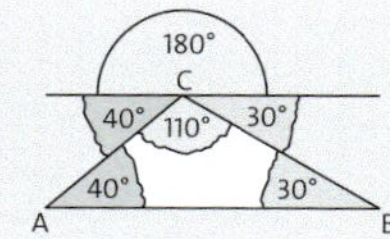

a)

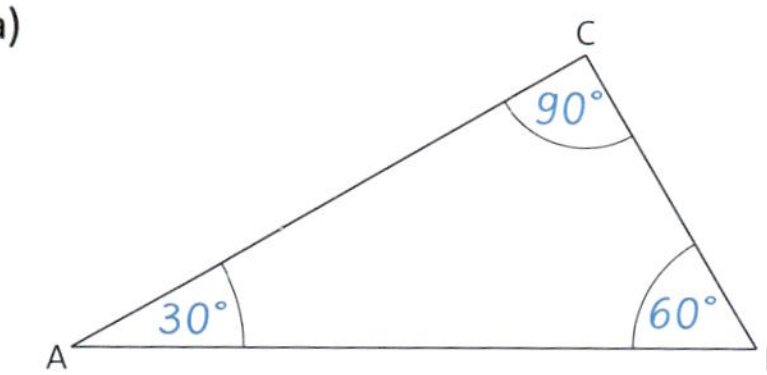

30° + *60°* + *90°* = *180°*

b)

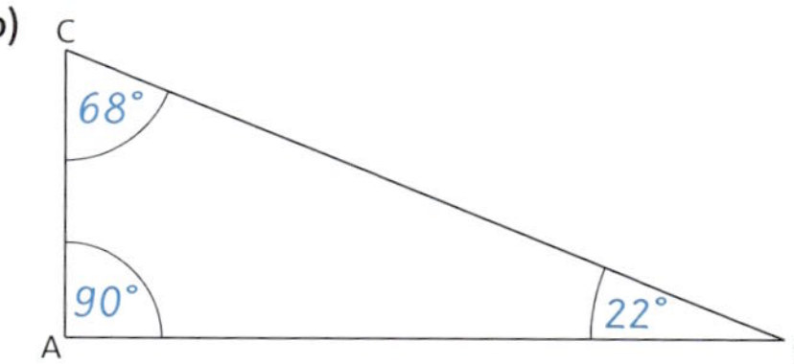

90° + *22°* + *68°* = 180°

c)

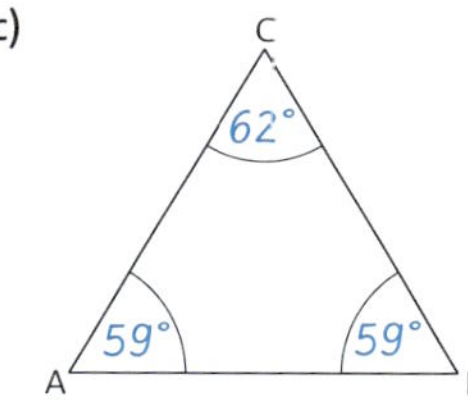

59° + *59°* + *62°* = 180°

d)

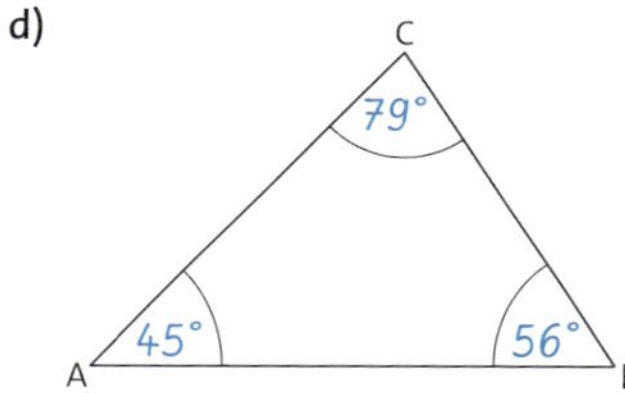

45° + *56°* + *79°* = 180°

2 Berechne die fehlende Winkelgröße.

Beispiel: $\gamma = 180° - 45° - 30° = 105°$

a) $\alpha = 90°$; $\beta = 45°$
$\gamma = 180° - 90° - 45° = 45°$

b) $\alpha = 71°$; $\gamma = 60°$
$\beta = 180° - 71° - 60° = 49°$

c) $\beta = 50°$; $\gamma = 35°$
$\alpha = 180° - 50° - 35° = 95°$

d) $\alpha = 55°$; $\gamma = 31°$
$\beta = 180° - 55° - 31° = 94°$

3 Gehören die drei Winkel zu einem Dreieck? Kreuze Zutreffendes an.

α	100°	100°	100°	100°	65°	11°	74°	109°
β	40°	40°	40°	30°	90°	99°	6°	33°
γ	40°	30°	50°	50°	25°	80°	90°	37°
	☒ ja	☐ ja	☐ ja	☒ ja	☒ ja	☐ ja	☐ ja	☐ ja

Summe der Innenwinkel in Dreiecken

In jedem Dreieck beträgt die Summe der Innenwinkel 180°.

Beispiel: $\alpha + \beta + \gamma = 180°$
$40° + 30° + 110° = 180°$

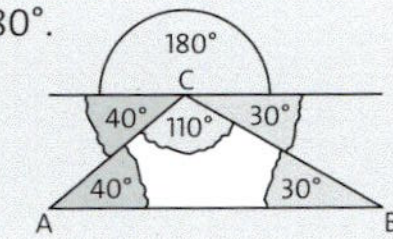

1 Miss zuerst die Innenwinkel.
Berechne dann die Summe.

a)

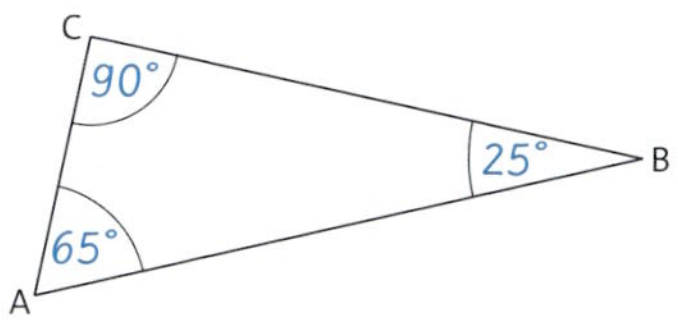

65° + 25° + 90° = 180°

b)

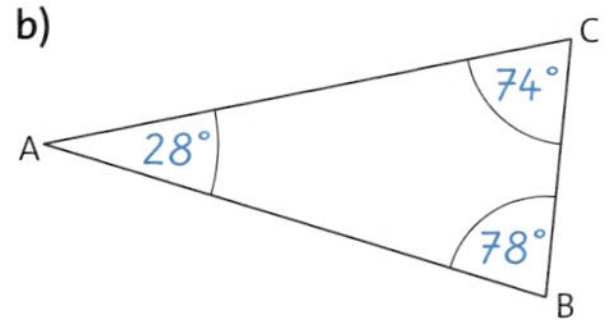

28° + 78° + 74° = 180°

2 Berechne die fehlende Winkelgröße vom Dreieck ABC.

α	15°	72°	18°	39°	19°	81°	15,5°	62,5°
β	120°	7°	50°	81°	90°	17°	120,5°	15,6°
γ	45°	101°	112°	60°	71°	82°	44°	101,9°

3 Gibt es ein Dreieck ABC mit den drei Winkelgrößen? Kreuze Zutreffendes an.

α	60°	100°	21°	110°	109°	109,7°	66,6°	11,1°
β	60°	29°	90°	99°	37°	37°	66,6°	88,2°
γ	60°	51°	25°	88°	34°	33,3°	46,7°	80,7°
	☒ ja	☒ ja	☐ ja	☐ ja	☒ ja	☒ ja	☐ ja	☒ ja

4 Berechne die fehlenden Winkelgrößen.

a)

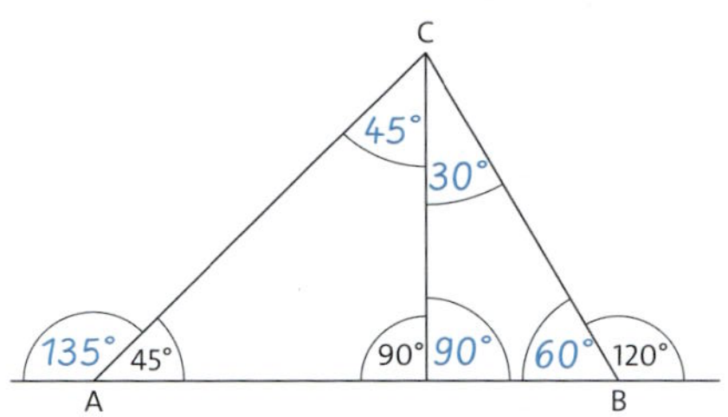

b)

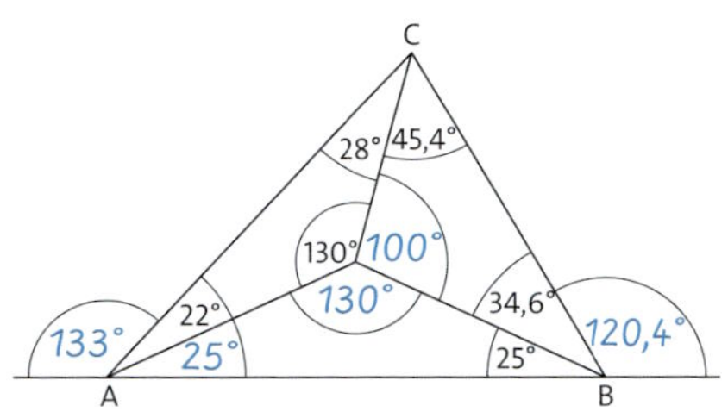

Summe der Innenwinkel in Dreiecken

1 Kann ein Dreieck mit den Winkelgrößen gezeichnet werden? Kreuze zuerst Zutreffendes an.
Begründe dann mit einer Zeichnung und einer Rechnung.

a) 70°; 70°; 10° ☐ ja ☒ nein

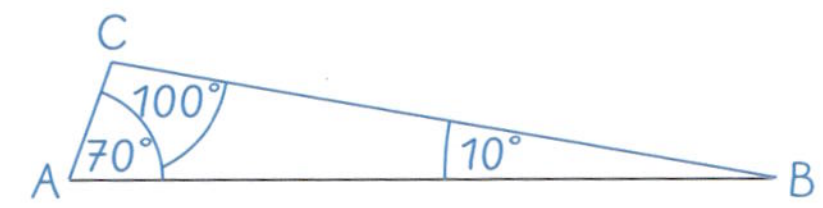

z. B. 70° + 70° + 10° = 150° < 180°

b) 79°; 77°; 24° ☒ ja ☐ nein

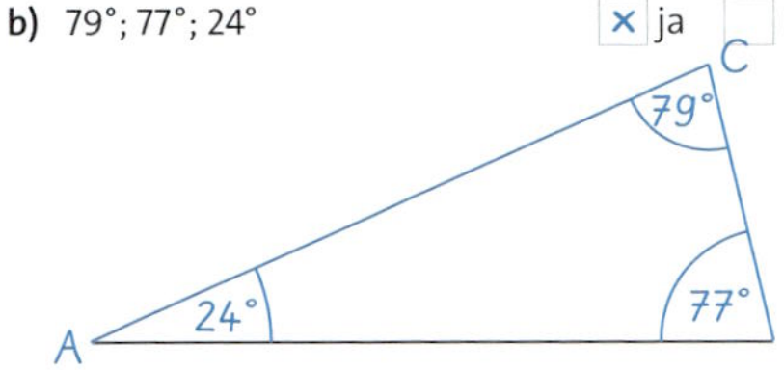

79° + 77° + 24° = 180°

c) 10°; 90°; 30°; 50° ☐ ja ☒ nein

z. B. Es sind mehr als drei Winkelgrößen.

d) 10°; 120°; 60° ☐ ja ☒ nein

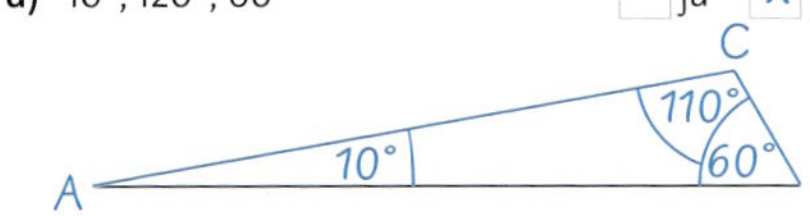

10° + 120° + 60° = 190° > 180°

2 Ist die Aussage wahr oder falsch? Kreuze an.

a) Wenn im Dreieck ein Winkel 60° groß ist, dann sind die anderen auch 60° groß. ☐ wahr ☒ falsch
b) Im Dreieck kann ein Winkel größer als 150° sein. ☒ wahr ☐ falsch
c) Ein Dreieck kann zwei stumpfe Winkel haben. ☐ wahr ☒ falsch
d) Ein rechtwinkliges Dreieck hat immer zwei 45° große Winkel. ☐ wahr ☒ falsch
e) Es gibt ein Dreieck mit 52°, 89° und 40° großen Winkeln. ☐ wahr ☒ falsch
f) In einem Dreieck kann der kleinste Winkel ein Fünftel des größten Winkels sein. ☒ wahr ☐ falsch

3 Berechne die fehlende Winkelgröße vom Dreieck ABC.

α	25°	52°	76°	147°	95°	33,5°	33,11°	94,99°
β	25°	48°	23°	18°	78°	94,1°	117,19°	13,11°
γ	130°	80°	81°	15°	7°	52,4°	29,70°	71,90°

4 Ermittle die fehlenden Winkelgrößen.
Die Zeichnung ist nicht maßstabsgerecht.

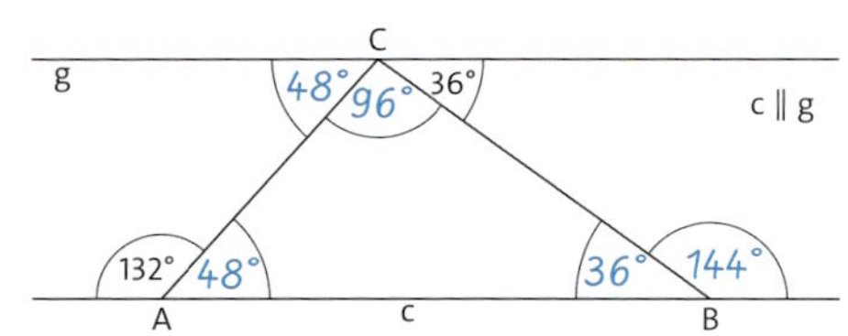

Summe der Innenwinkel in Vierecken

1 Ergänze die fehlende Winkelgröße.

70°   80°   110°   140°

Tipp

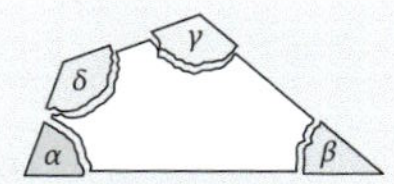

$\alpha + \beta + \gamma + \delta = 360°$

a)

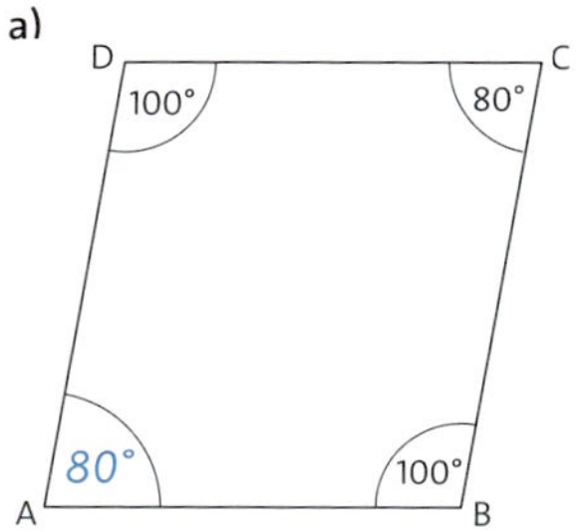

b)

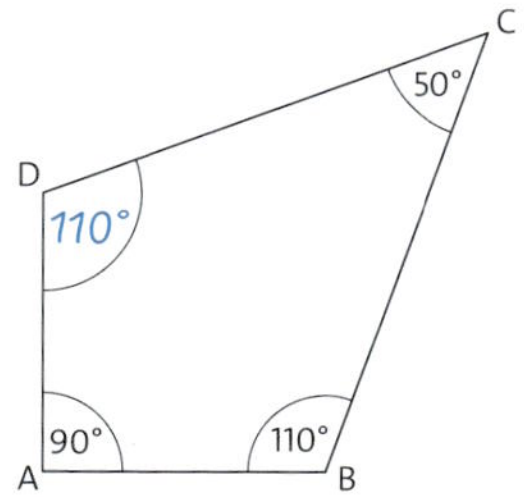

c)

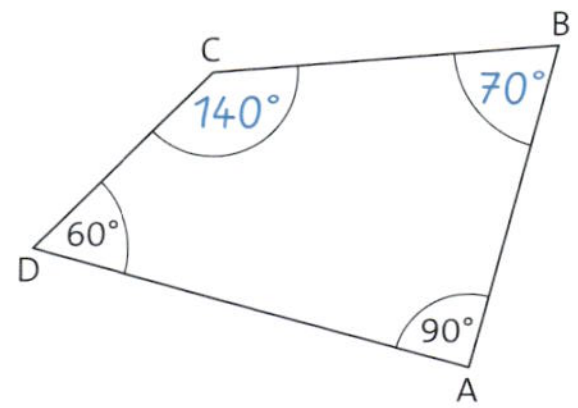

2 Berechne die fehlende Winkelgröße des Vierecks ABCD.

α	90°	100°	100°	50°	100°	89°	90°	127°
β	90°	90°	100°	100°	90°	49°	166°	94°
γ	90°	90°	100°	100°	45°	151°	24°	119°
δ	90°	80°	60°	110°	125°	71°	80°	20°

3 Ermittle die Innenwinkelsumme vom Viereck.
Zeichne dazu eine Diagonale ein.

Tipp

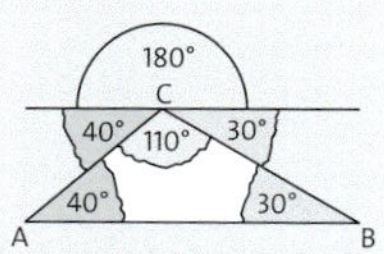

$\alpha + \beta + \gamma = 180°$

a)

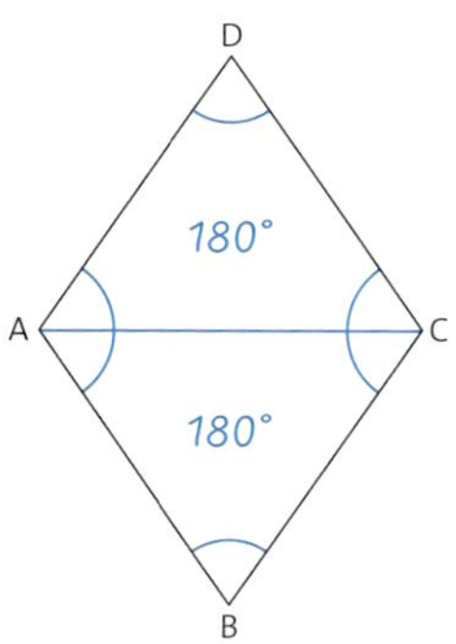

180° + 180° = 360°

b)

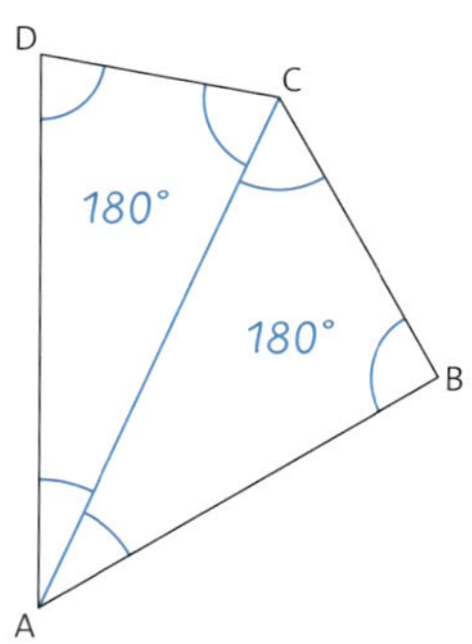

180° + 180° = 360°

Summe der Innenwinkel in Vierecken

In jedem Viereck beträgt die Summe der Innenwinkel 360°.

Beispiel: $\alpha + \beta + \gamma + \delta = 360°$
$70° + 40° + 120° + 130° = 360°$

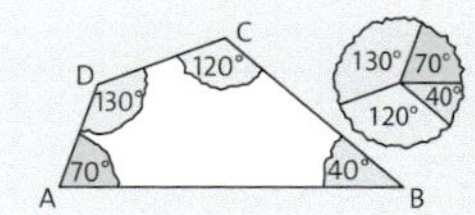

1 Verdeutliche die Aussage in der Zeichnung.

a) Die Diagonale teilt das Viereck in zwei Dreiecke.
Die Summe aller Winkelgrößen beider Dreiecke ist so groß wie die Innenwinkelsumme des Vierecks.
z. B.

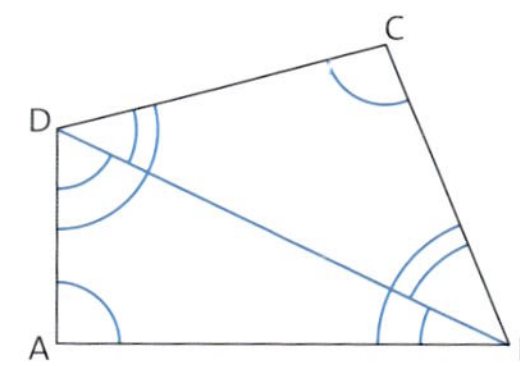

b) Mit den vier Ecken eines beliebigen Vierecks kann man einen Kreis legen, also beträgt die Summe aller vier Innenwinkel 360°.
z. B.

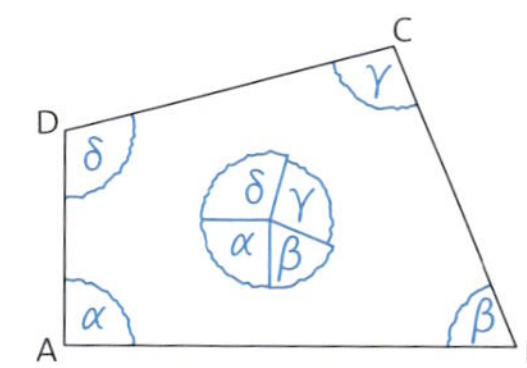

c) Eine Diagonale teilt das Viereck in zwei Dreiecke.
Die Innenwinkelsumme jedes Dreiecks ist 180°.
Beim Viereck sind es also 180° + 180° = 360°.
z. B.

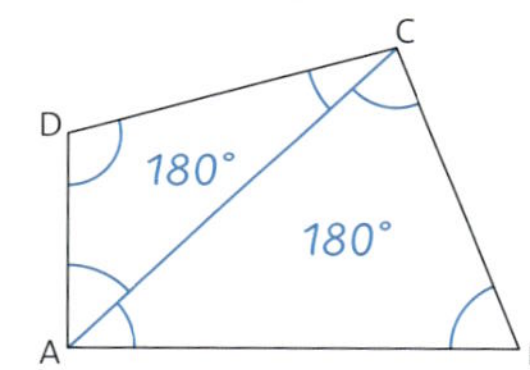

2 Berechne die fehlende Winkelgröße des Vierecks ABCD.

α	160°	100°	100°	50°	100°	89°	90°	127°
β	120°	90°	100°	100°	90°	49°	166°	94°
γ	40°	90°	100°	100°	45°	151°	24°	119°
δ	40°	80°	60°	110°	125°	71°	80°	20°

3 Ergänze die fehlenden Winkelgrößen.
Nutze dabei Innenwinkelsummen, Nebenwinkel, Scheitelwinkel, Stufenwinkel oder Wechselwinkel.
Die Zeichnung ist nicht maßstabsgerecht. (Die Winkel sind verzerrt.)

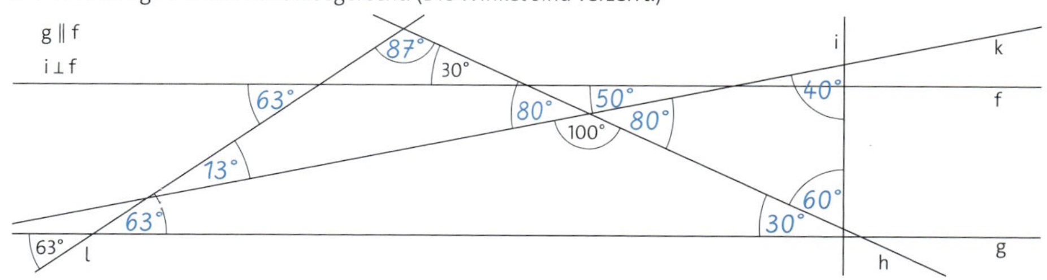

Summe der Innenwinkel in Vierecken

1 Ermittle die Innenwinkelsumme.
Nutze dabei, dass in jedem Dreieck die Innenwinkelsumme 180° beträgt.

a) Rechteck

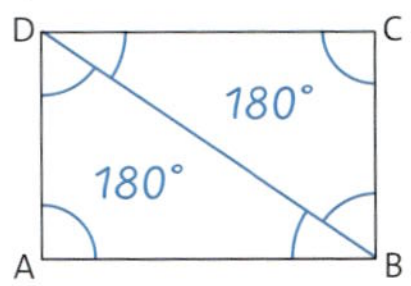

$2 \cdot 180° = 360°$

b) Viereck

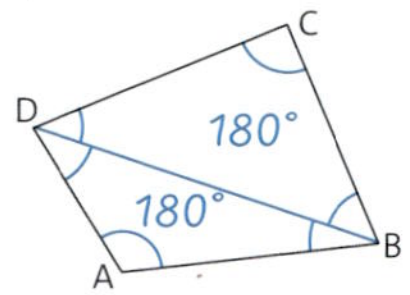

$2 \cdot 180° = 360°$

c) Fünfeck

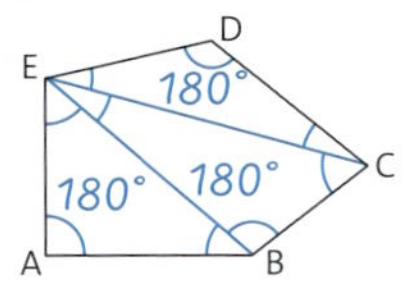

$3 \cdot 180° = 540°$

d) Sechseck

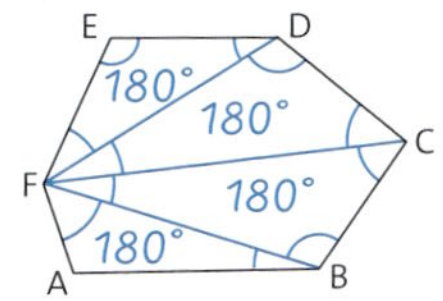

$4 \cdot 180° = 720°$

2 Ist die Aussage wahr oder falsch? Kreuze an.

a) In einem Viereck kann die Innenwinkelsumme größer als 360° sein. ☐ wahr ☒ falsch
b) Ist im Viereck ein Winkel 180° groß, dann sind die anderen Winkel kleiner. ☒ wahr ☐ falsch
c) Es gibt Vierecke mit drei stumpfen Winkeln. ☒ wahr ☐ falsch
d) Vierecke mit einem überstumpfen Winkel haben drei spitze Winkel. ☐ wahr ☒ falsch
e) Es gibt Vierecke mit zwei überstumpfen Winkeln. ☐ wahr ☒ falsch
f) Jedes Viereck kann in zwei Dreiecke zerlegt werden.
Die Innenwinkelsumme ist somit doppelt so groß wie bei Dreiecken. ☒ wahr ☐ falsch

3 Berechne die fehlende Winkelgröße des Vierecks ABCD.

α	160°	100°	100°	55°	32°	214°	110,1°	35,85°
β	120°	80°	100°	100°	123°	16,3°	27,4°	222,93°
γ	40°	90°	100°	100°	89°	76,8°	191,2°	29,30°
δ	40°	90°	60°	105°	116°	52,9°	31,3°	71,92°

4 Konkaves Viereck ABCD

a) Miss zuerst im Viereck die Winkelgrößen.
Berechne dann die Innenwinkelsumme.

$55° + 30° + 230° + 45° = 360°$

b) Zeige bei Punkt C, dass die Innenwinkelsumme im Viereck 360° beträgt.
Nutze dabei Stufenwinkel und Wechselwinkel an Parallelen, die geschnitten werden.

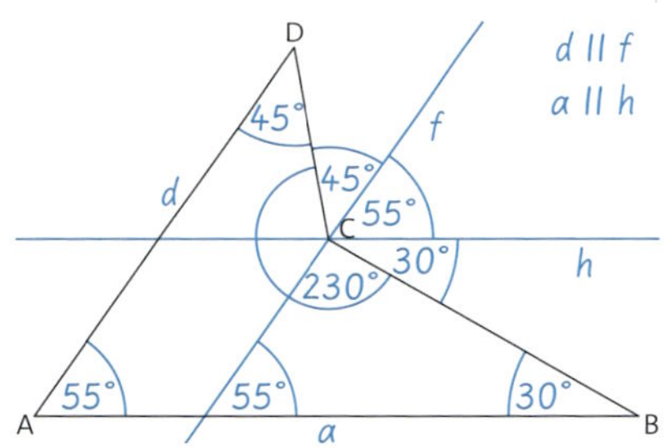

Mittelsenkrechte und Umkreis

1 Ist die Gerade m die Mittelsenkrechte der Strecke $\overline{AB}$?
Kreuze an.

Tipp

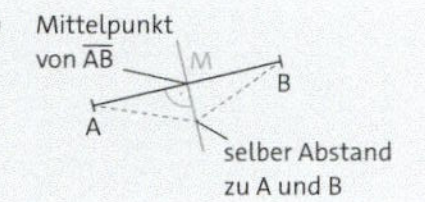

a)

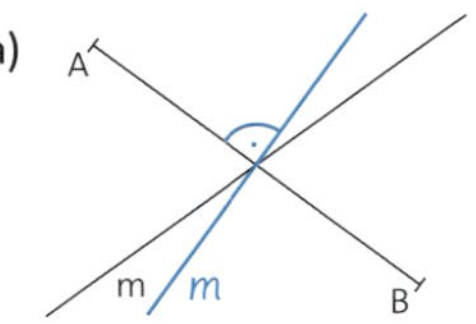

☐ ja ☒ nein

b)

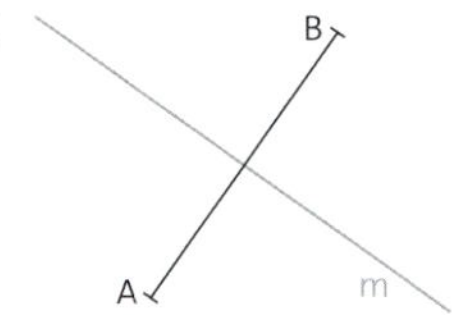

☒ ja ☐ nein

c)

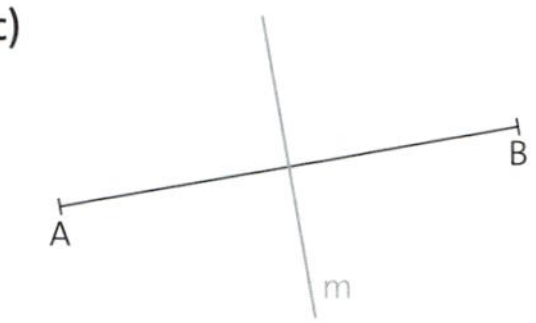

☒ ja ☐ nein

2 Konstruiere die Mittelsenkrechte m der Strecke $\overline{AB}$.

a)

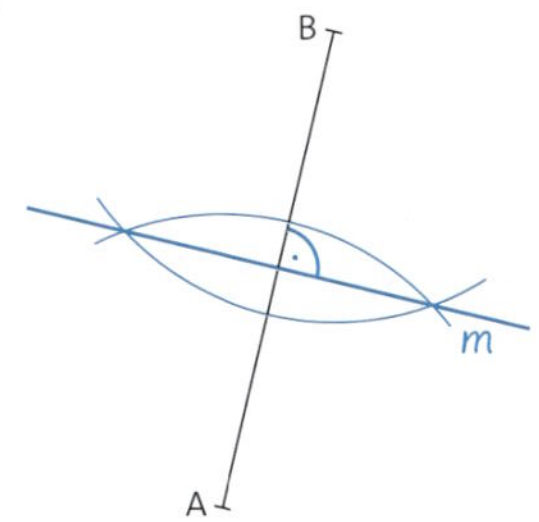

b)

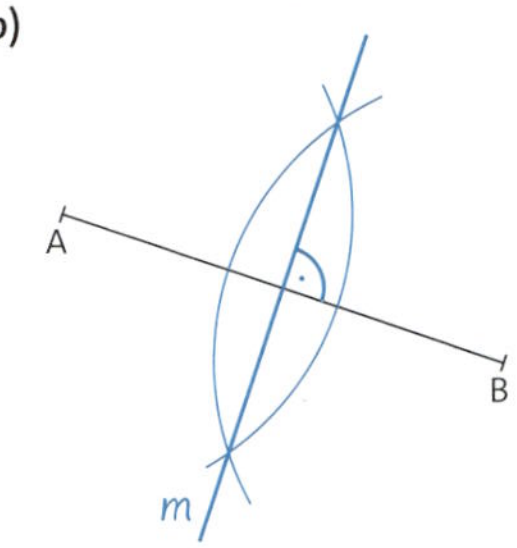

Tipp

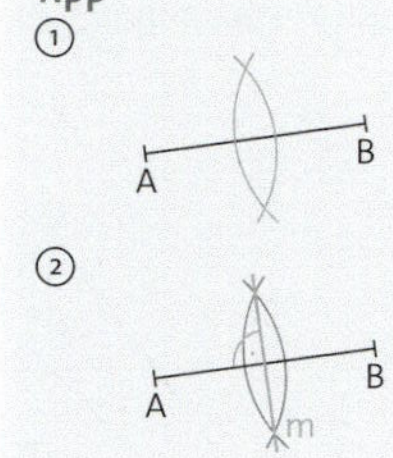

3 Die drei Mittelsenkrechten schneiden einander im Mittelpunkt des Umkreises.
Konstruiere zuerst die Mittelsenkrechten.
Zeichne dann den Umkreis des Dreiecks.

Tipp

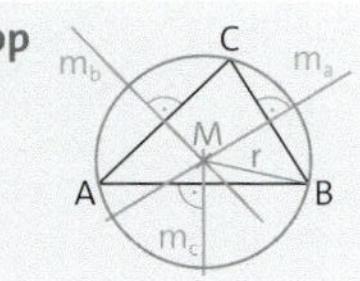

a)

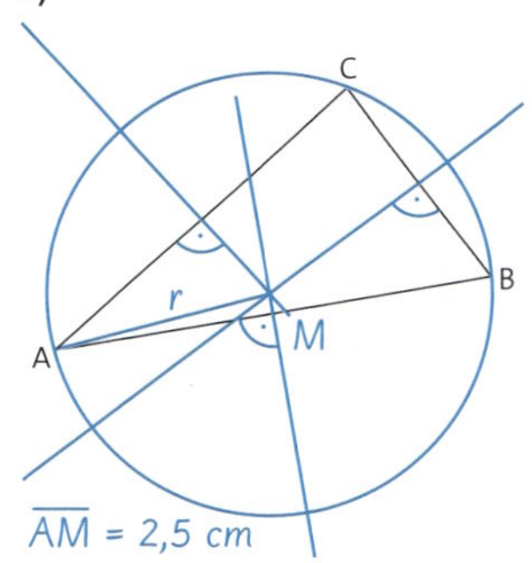

$\overline{AM} = 2{,}5$ cm

b)

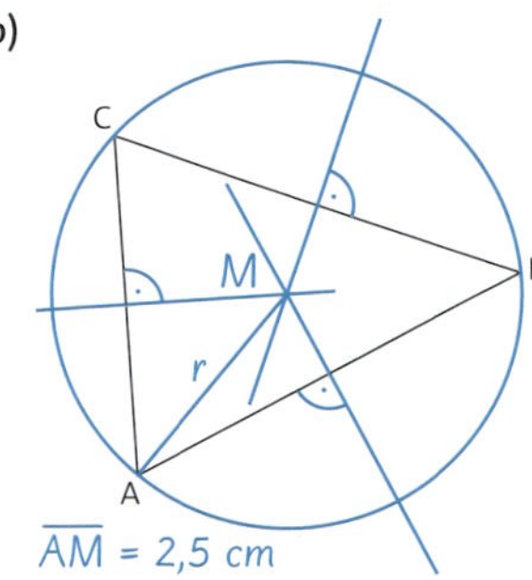

$\overline{AM} = 2{,}5$ cm

Mittelsenkrechte und Umkreis ☒

- Für die Mittelsenkrechte m einer Strecke $\overline{AB}$ gilt:
  - m ist eine Gerade.
  - m geht durch den Mittelpunkt der Strecke.
  - m verläuft senkrecht zur Strecke.
- Die drei Mittelsenkrechten eines Dreiecks schneiden einander in einem Punkt. Der Punkt ist der Mittelpunkt des Umkreises.

Beispiele:

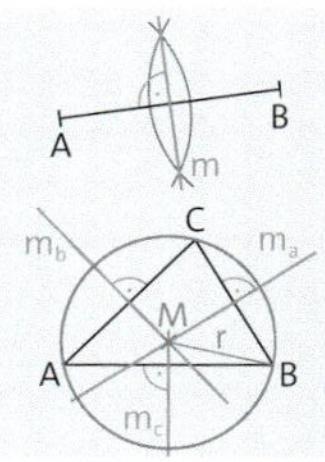

1 Konstruiere zuerst die Mittelsenkrechte m der Strecke $\overline{AB}$ mit Zirkel und Lineal. Überprüfe dann das Ergebnis mit dem Geodreieck.

a)

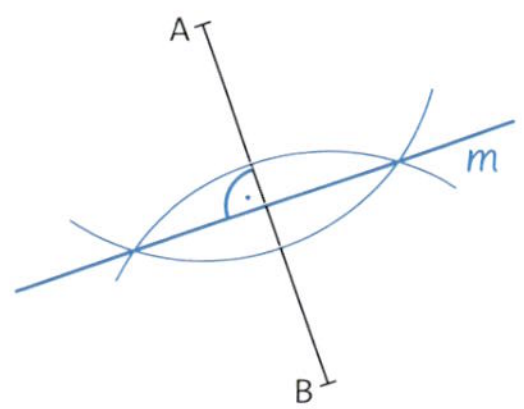

b)

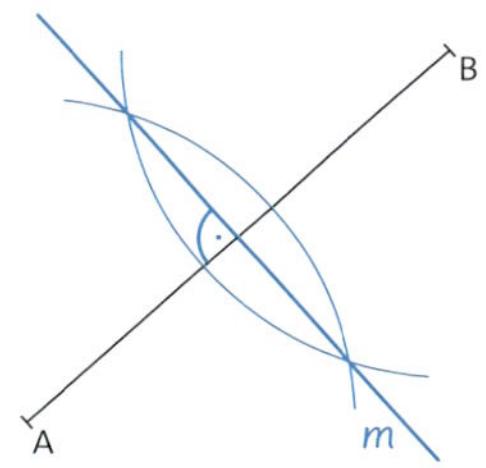

2 Konstruiere zuerst die Mittelsenkrechten und zeichne den Umkreis. Beschreibe kurz die Lage der Mittelpunkte der Umkreise.

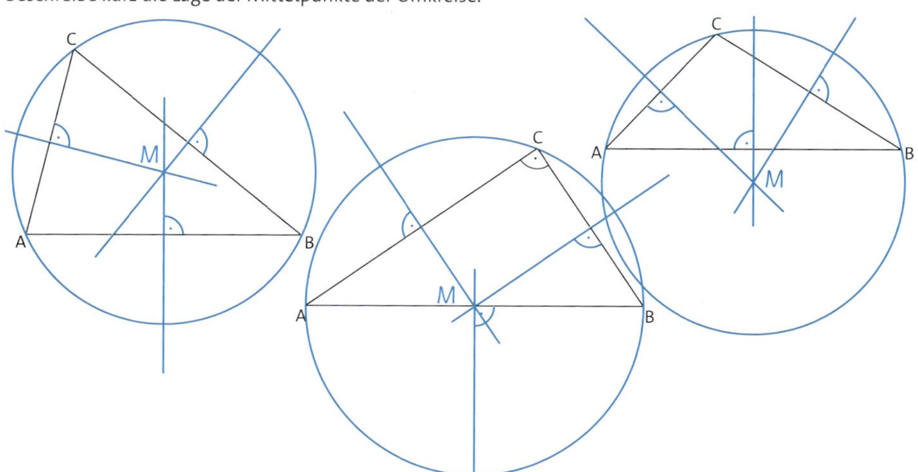

z.B. *Der Mittelpunkt des Umkreises kann in der Fläche (spitzwinkliges Dreieck), auf einer Seite (rechtwinkliges Dreieck) oder außerhalb der Fläche (stumpfwinkliges Dreieck) liegen.*

Mittelsenkrechte und Umkreis ☒

1 Kreuze Zutreffendes an.

		wahr	falsch
a)	Die Mittelsenkrechte schneidet die Strecke im Winkel von 90°.	☒	☐
b)	Die Mittelsenkrechte verläuft durch einen beliebigen Punkt der Strecke.	☐	☒
c)	Der Mittelpunkt des Umkreises ist Schnittpunkt der Mittelsenkrechten.	☒	☐
d)	Auf der Mittelsenkrechten ist der Abstand zum Punkt A kürzer als zu B.	☐	☒
e)	Eine Strecke hat immer zwei Mittelsenkrechten, eine nach oben und eine nach unten.	☐	☒

2 Gleichschenklige Dreiecke

a) Zeichne zuerst Punkte auf der Geraden g so ein, dass
- ein stumpfwinkliges Dreieck ABC_1,
- ein rechtwinkliges Dreieck ABC_2 und
- ein spitzwinkliges Dreieck ABC_3

entstehen. Nutze drei Farben.
Zeichne dann die Umkreise der Dreiecke.

b) Betrachte die Lage des Mittelpunktes des Umkreises. Was fällt auf?

z.B. *Er liegt im spitzwinkligen Dreieck, auf der längsten Seite des rechtwinkligen Dreiecks und außerhalb des stumpfwinkligen Dreiecks.*

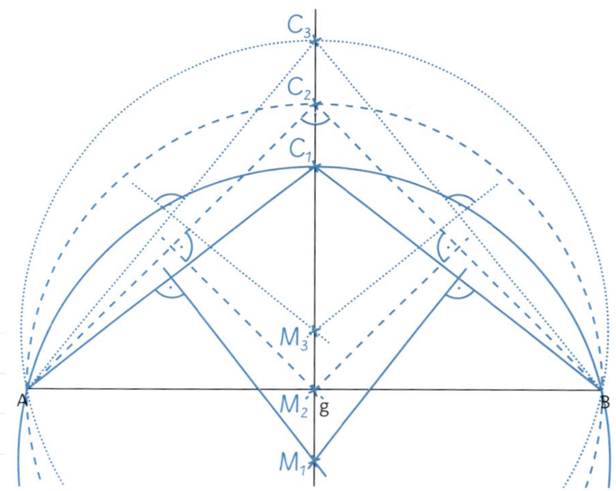

3 Der WLAN-Verstärker soll von den drei Punkten gleich weit entfernt sein.
Bestimme den besten Standort für den WLAN-Verstärker. Begründe deine Wahl mithilfe geeigneter Linien.

a)

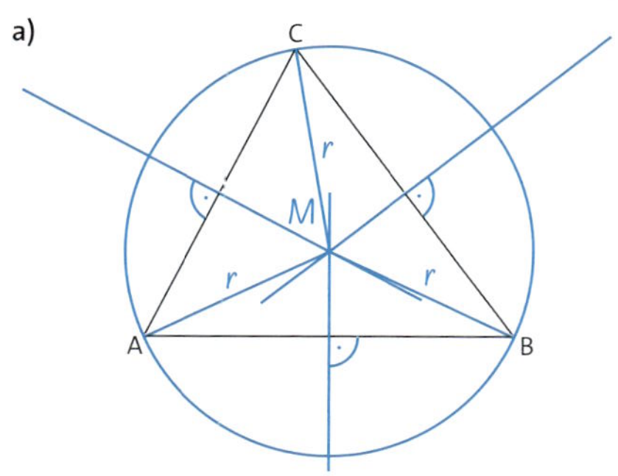

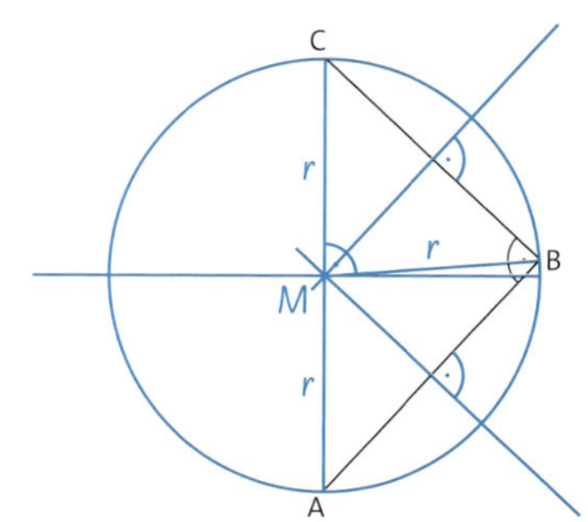

Winkelhalbierende und Inkreis

1 Ist der Strahl w die Winkelhalbierende des Winkels α?
Kreuze an.

Tipp
Miss die Größen beider Winkel.

a)

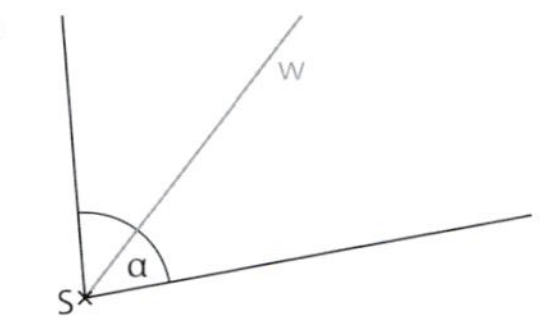

[x] ja [ ] nein

b)

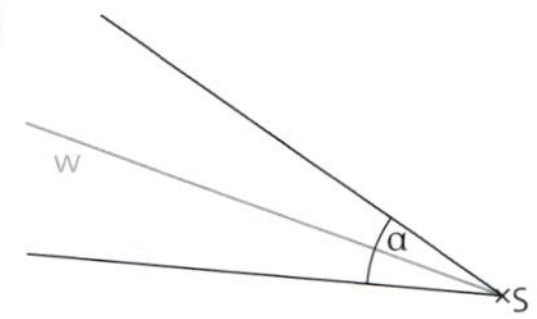

[x] ja [ ] nein

c)

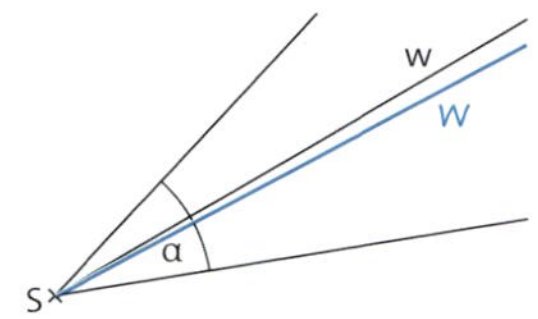

[ ] ja [x] nein

2 Konstruiere die Winkelhalbierende w des Winkels α.

a)

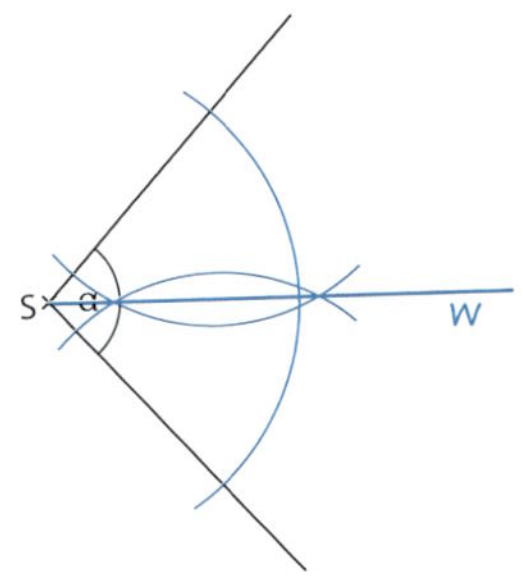

b)

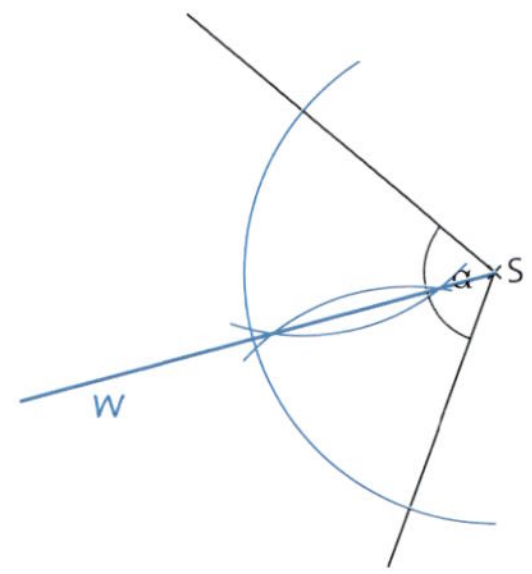

Tipp

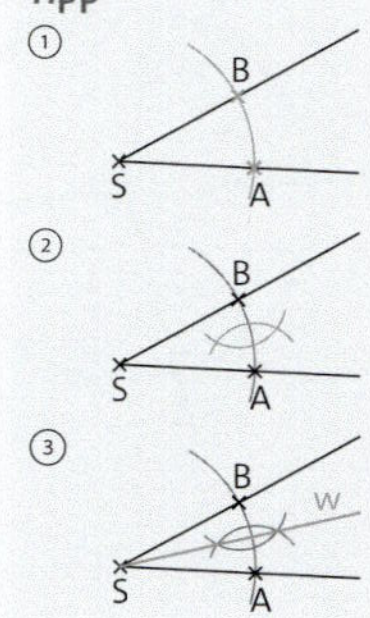

3 Die drei Winkelhalbierenden schneiden einander im Mittelpunkt des Inkreises.
Konstruiere zuerst die drei Winkelhalbierenden.
Zeichne dann den Inkreis des Dreiecks.

Tipp

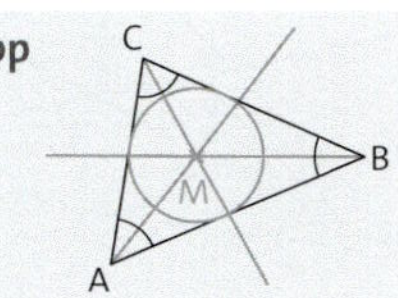

a)

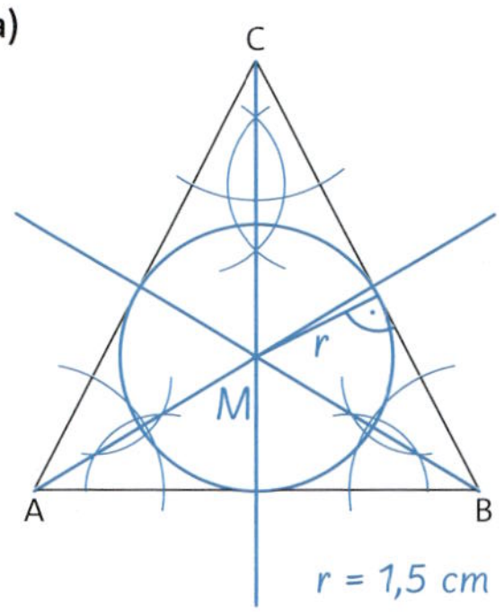

r = 1,5 cm

b)

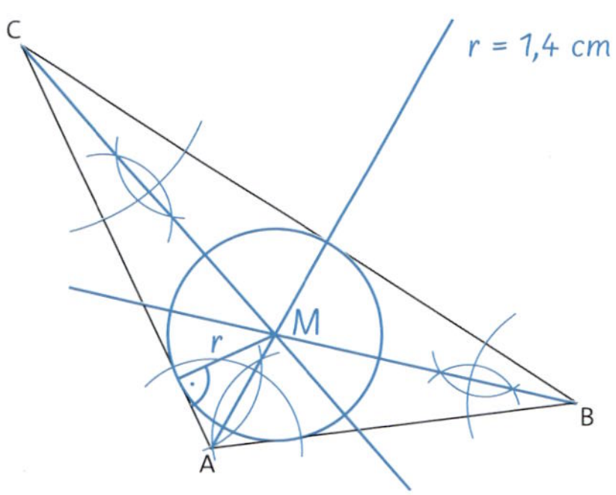

r = 1,4 cm

Winkelhalbierende und Inkreis

- Für die Winkelhalbierende w eines Winkels gilt:
  - w ist ein Strahl (eine Halbgerade).
  - w beginnt im Scheitelpunkt S des Winkels.
  - w halbiert den Winkel.
- Die drei Winkelhalbierenden eines Dreiecks schneiden einander in einem Punkt. Der Punkt ist der Mittelpunkt des Inkreises.

Beispiele:

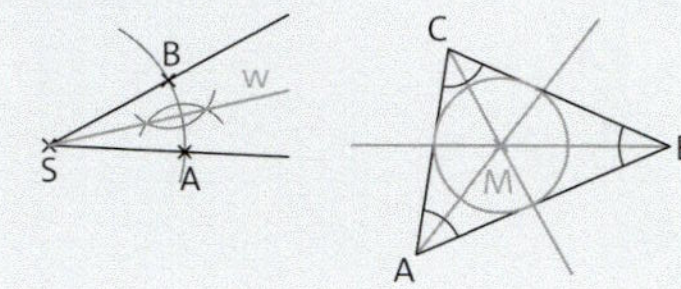

1 Ist der Strahl w die Winkelhalbierende des Winkels α?
Kreuze an. Korrigiere, wenn nötig.

a)

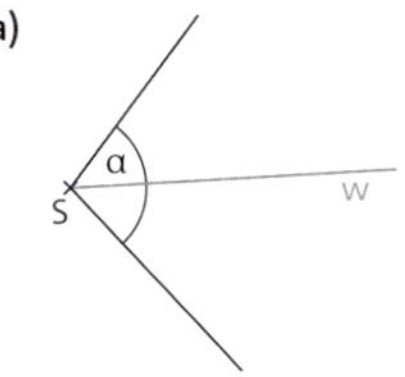

[x] ja [ ] nein

b)

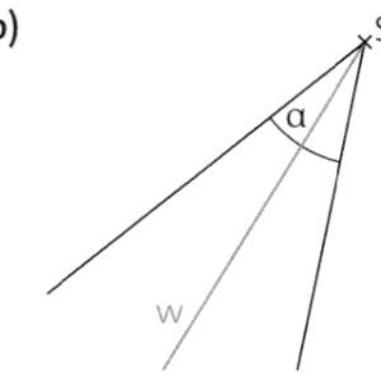

[x] ja [ ] nein

c)

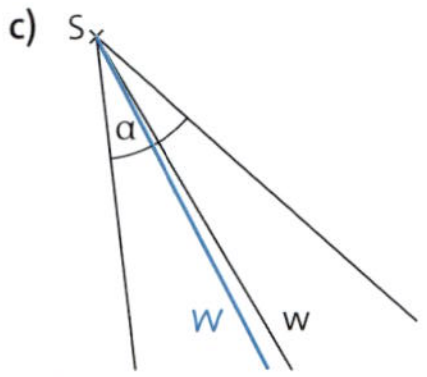

[ ] ja [x] nein

d)

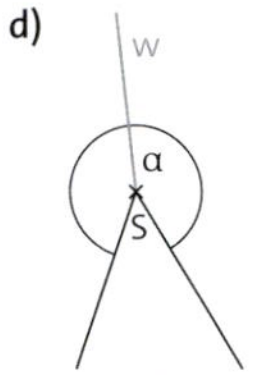

[x] ja [ ] nein

2 Konstruiere zuerst die drei Winkelhalbierenden.
Zeichne dann den Inkreis des Dreiecks ein.

a)

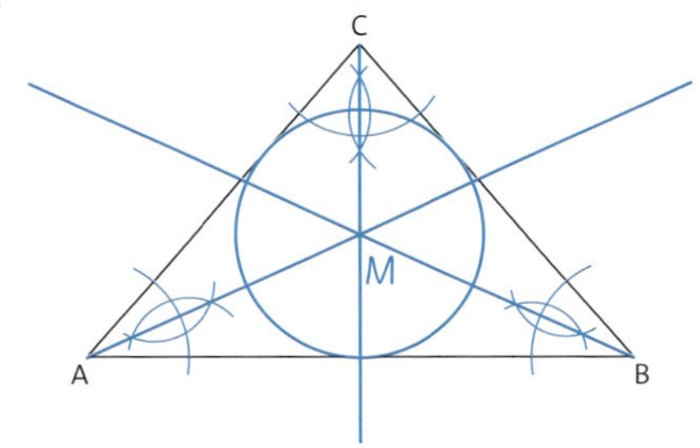

b)

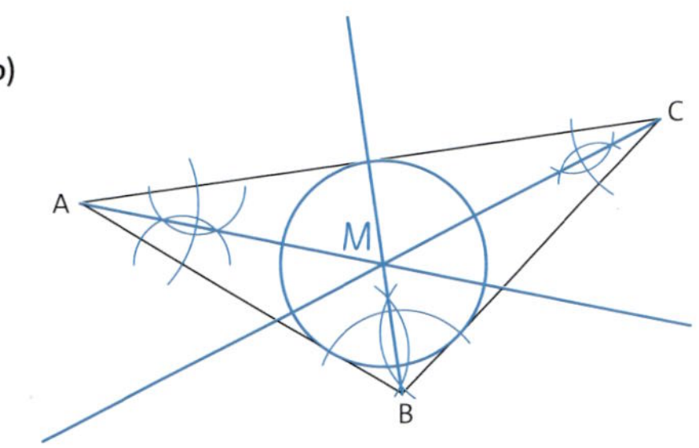

3 Ein Dreieck ABC hat die Eckpunkte A(1|1), B(5|1) und C(1|4).

a) Zeichne das Dreieck in das Koordinatensystem ein.

b) Konstruiere alle Winkelhalbierenden.

c) Gib die Koordinaten vom Mittelpunkt M des Inkreises an.

M(2 | 2)

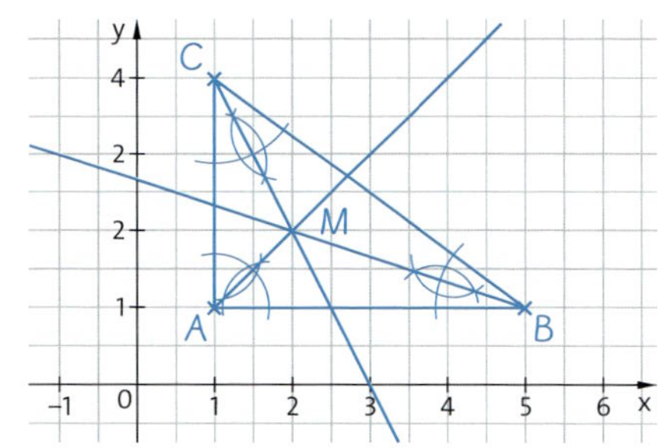

Winkelhalbierende und Inkreis

1 Kreuze Zutreffendes an.

a) Die Winkelhalbierende teilt einen Winkel in zwei Teile. Die zwei Teile können unterschiedlich groß sein.	☐ wahr	☒ falsch
b) Der Schnittpunkt der Winkelhalbierenden in einem Dreieck ist der Mittelpunkt des Inkreises.	☒ wahr	☐ falsch
c) Auf der Winkelhalbierenden eines Winkels liegen alle Punkte, die von den Schenkeln des Winkels den gleichen Abstand haben.	☒ wahr	☐ falsch
d) Die Winkelhalbierende kann nicht mit einem Geodreieck gezeichnet werden.	☐ wahr	☒ falsch

2 Konstruiere zuerst die drei Winkelhalbierenden. Zeichne dann den Inkreis des Dreiecks.

a)

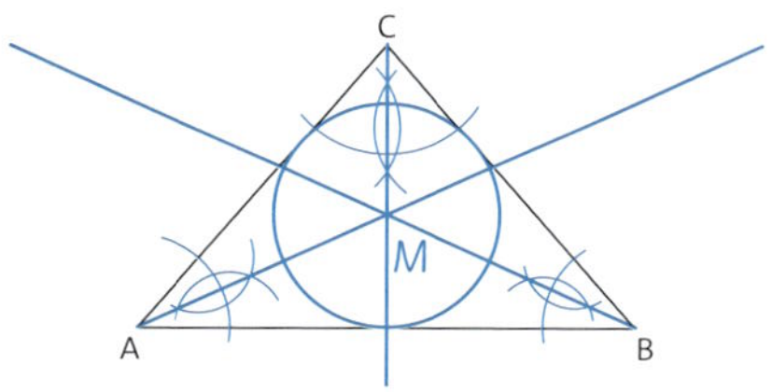

b)

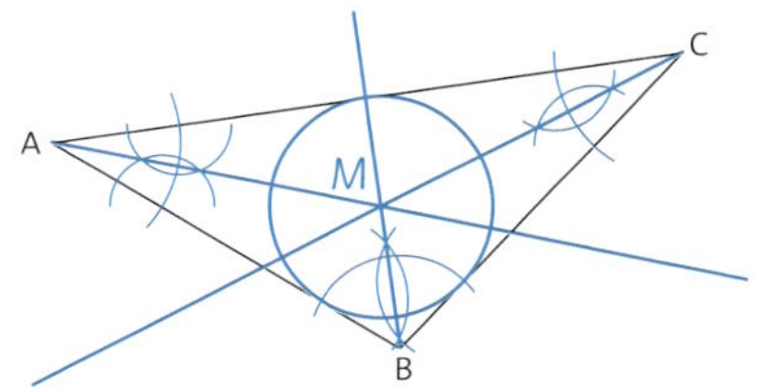

3 Zeichne zuerst die Winkelhalbierenden ein und den Inkreis, wenn möglich. Formuliere dann eine Vermutung, wann es einen Inkreis gibt.

a)

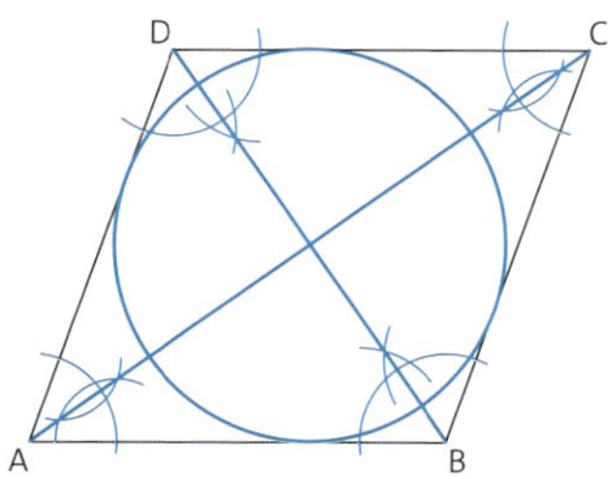

b)

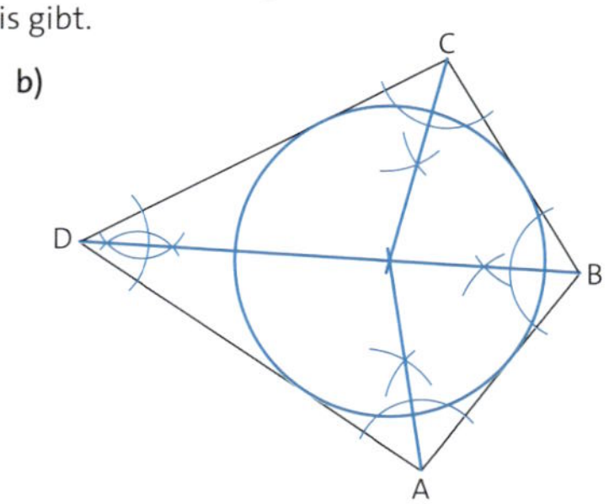

c)

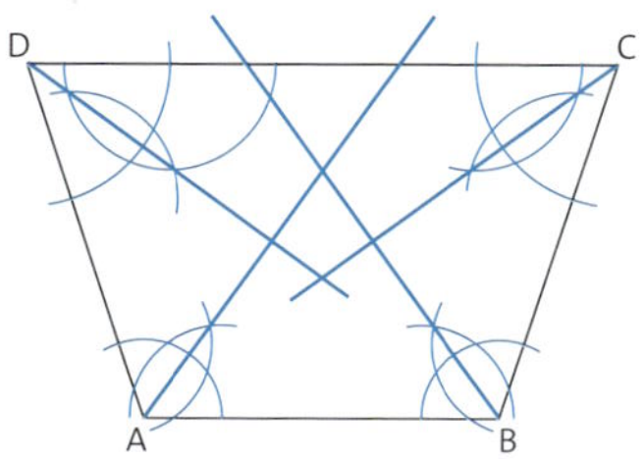

d)

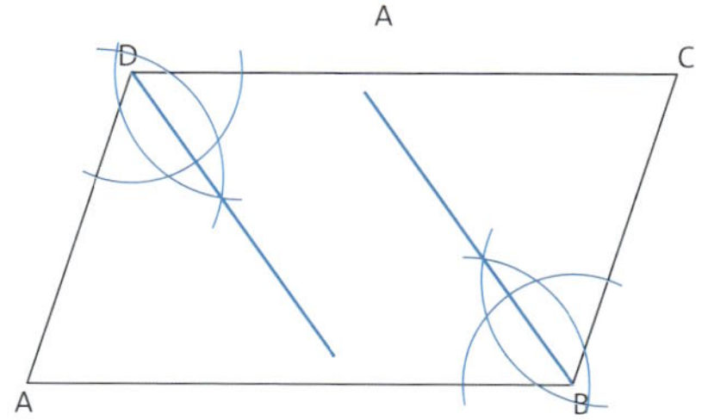

z.B. Wenn die vier Winkelhalbierenden eines Vierecks einander in einem Punkt schneiden, dann hat das Viereck einen Inkreis.

Dreiecke konstruieren mit SSS

1 Verbinde zuerst mit der Zeichnung.
Beschrifte dann die Ecken und die Seiten.

a = 1 cm b = 1 cm c = 1 cm	a = 2 cm b = 2 cm c = 3 cm	a = 3 cm b = 2 cm c = 2 cm	a = 3,0 cm b = 2,5 cm c = 2,0 cm	a = 2,0 cm b = 1,5 cm c = 3,0 cm

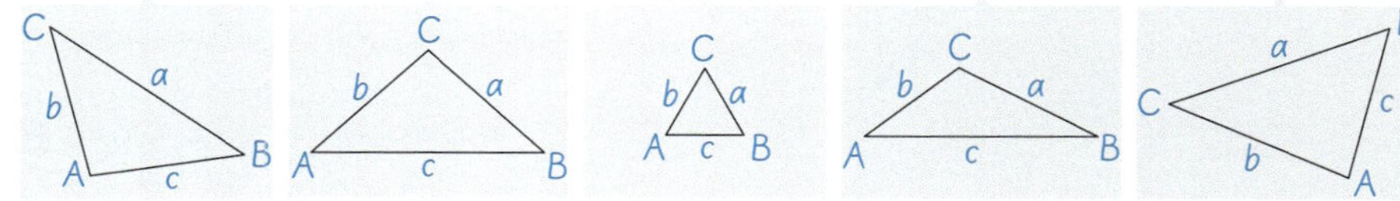

Tipp

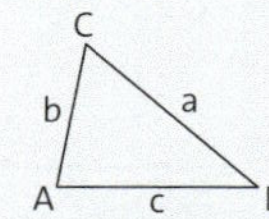

Achte auf gleichlange Seiten.

2 Markiere zuerst das Gegebene in der Planfigur.
Konstruiere dann das Dreieck ABC.

a) a = 3 cm; b = 3 cm; c = 5 cm

Planfigur

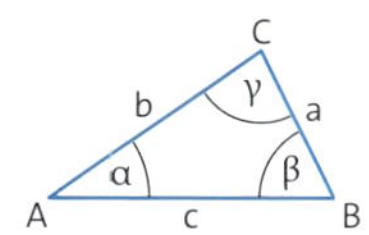

Konstruktion

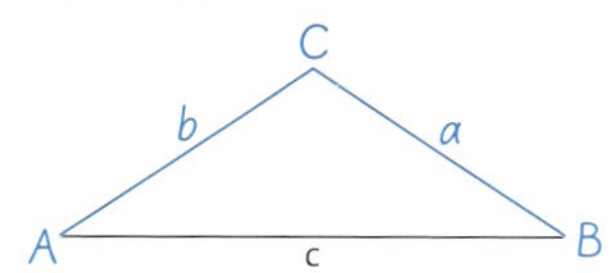

b) a = 4 cm; b = 3 cm; c = 5 cm

Planfigur

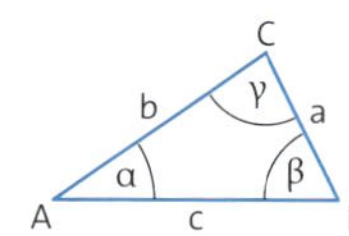

Konstruktion

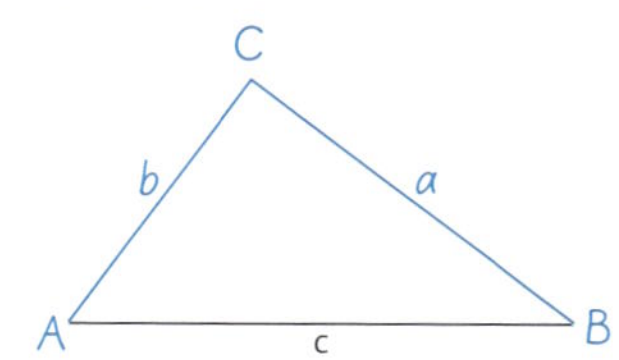

Tipp

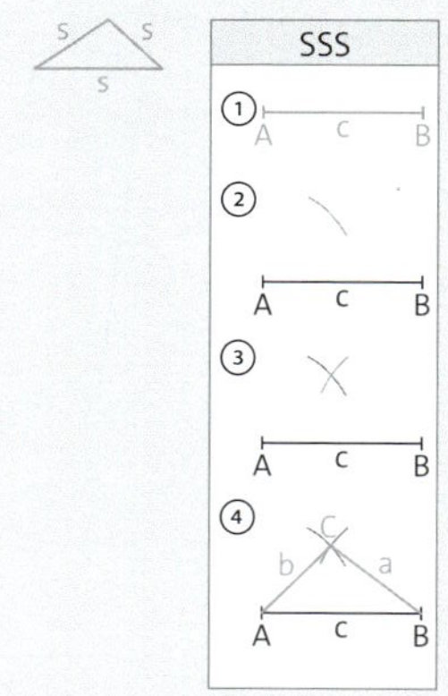

3 Wie hoch ist die Klappleiter?
Ergänze zuerst die Planfigur.
Ermittle dann die Höhe h mithilfe einer Konstruktion.

Planfigur

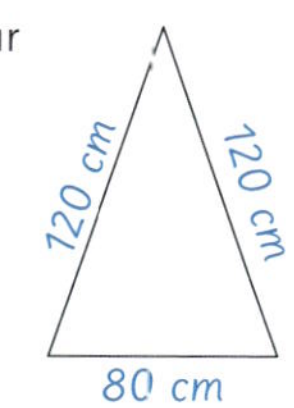

Konstruktion

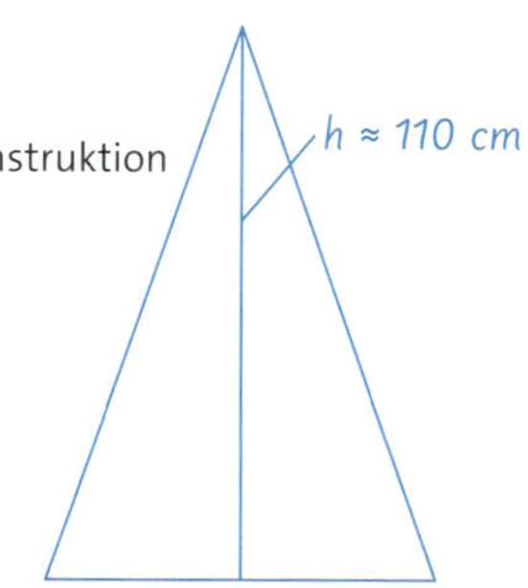

Tipp
Wähle 1 cm für 20 cm.

Beispiel:
Zeichne 6 cm für 120 cm.

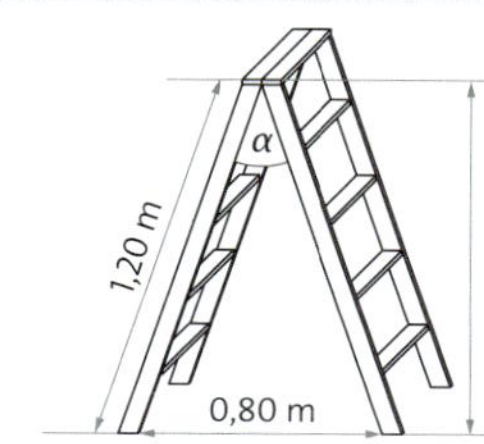

Dreiecke konstruieren mit SSS ☒

- Ein Dreieck kann eindeutig konstruiert werden, wenn alle drei Seiten gegeben sind. (SSS)
- Im Dreieck ist die Summe von zwei Seitenlängen größer als die dritte Seitenlänge. (Dreiecksungleichung)

Beispiele:

a = 1,1 cm; b = 1 cm; c = 1,5 cm

a = 0,5 cm; b = 0,5 cm; c = 1,5 cm

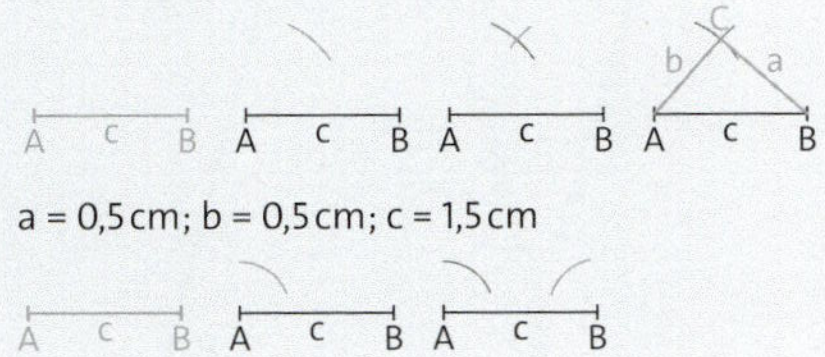

1 Markiere zuerst das Gegebene in der Planfigur.
Konstruiere dann das Dreieck ABC.

a) a = 3 cm; b = 3 cm; c = 4 cm

Planfigur

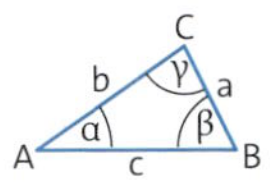

Konstruktion

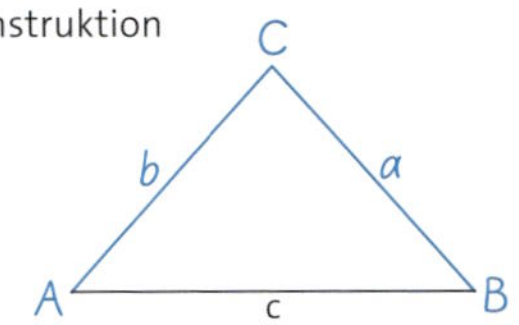

b) a = 4 cm; b = 5 cm; c = 3 cm

Planfigur

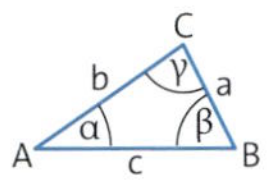

Konstruktion

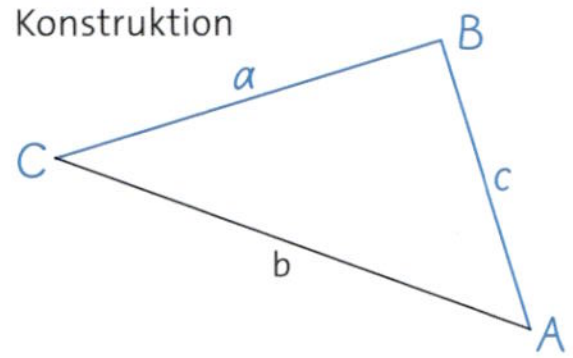

c) a = 3,3 cm; b = 6 cm; c = 4 cm

Planfigur

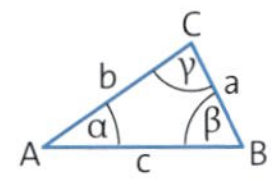

Konstruktion

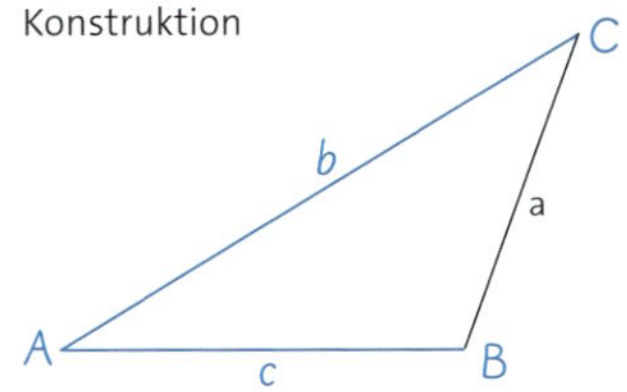

2 Ein Tischler sieht die Skizze und fragt sich, ob der Tisch gerade ist.
Was meinst du? Begründe deine Entscheidung mithilfe einer Konstruktion.

Wähle 1 cm für *10 cm.*

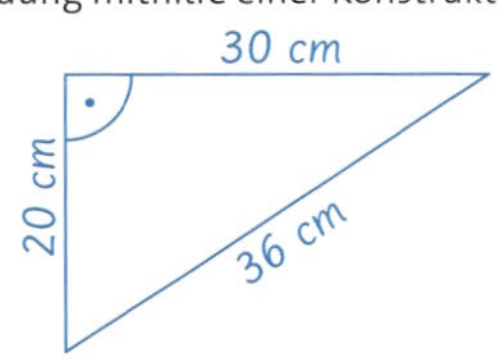

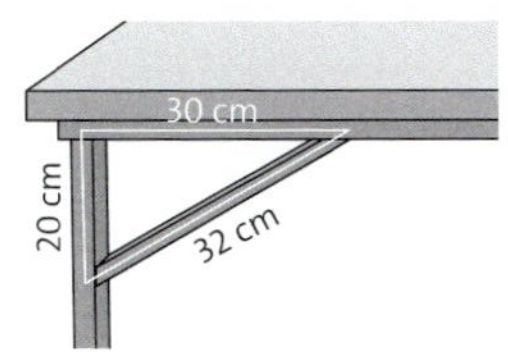

Der Tisch ist nicht gerade, da der Winkel rund 86,5° groß ist und nicht 90°.

3 Ein Dreieck hat 2 cm und 6 cm lange Seiten.
Welche Länge kann die dritte Seite haben? Kreuze an.

☐ 3 cm ☐ 4 cm ☒ 5 cm ☒ 6 cm ☒ 7 cm ☐ 8 cm

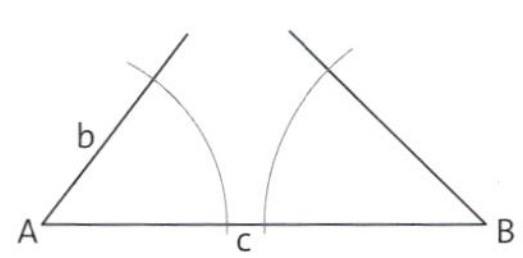

Dreiecke konstruieren mit SSS ☒

1 Von einem Dreieck ABC sind gegeben a = 3,2 cm, b = 4 cm und c = 4,5 cm.
Markiere zuerst das Gegebene in der Planfigur.
Konstruiere dann das Dreieck ABC.

Planfigur

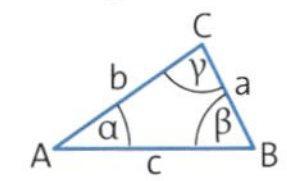

Konstruktion

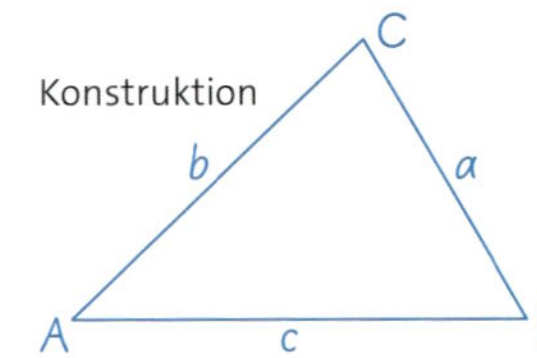

2 Konstruiere zuerst im Koordinatensystem das Dreieck ABC mit Punkt A(0 | −1), Punkt B(3 | 1), a = 1,6 cm und b = 3,8 cm. Ergänze dann die Konstruktionsbeschreibung.

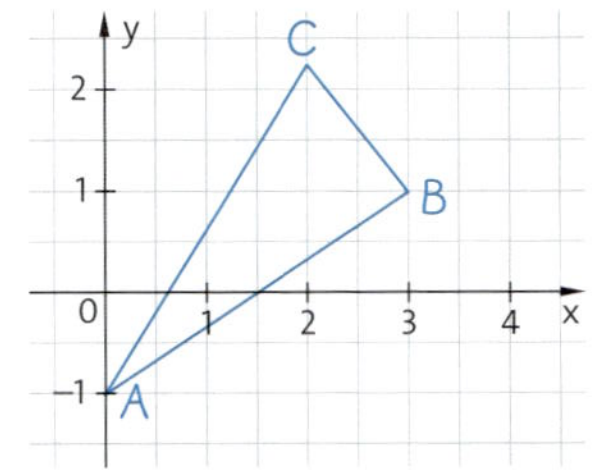

① Zeichne c = $\overline{AB}$.
② Zeichne um A einen Kreisbogen mit dem Radius *3,8* cm.
③ Zeichne um B einen Kreisbogen mit dem Radius *1,6* cm.
④ Beschrifte den Schnittpunkt mit *C* .
Er hat die Koordinaten (*2* | *2,2*).
⑤ Verbinde *C* mit A und B.

3 Um welchen Winkel wurde das Fenster beim Öffnen nach oben gekippt?
Ermittle den Winkel mithilfe einer Konstruktion.

Konstruktion

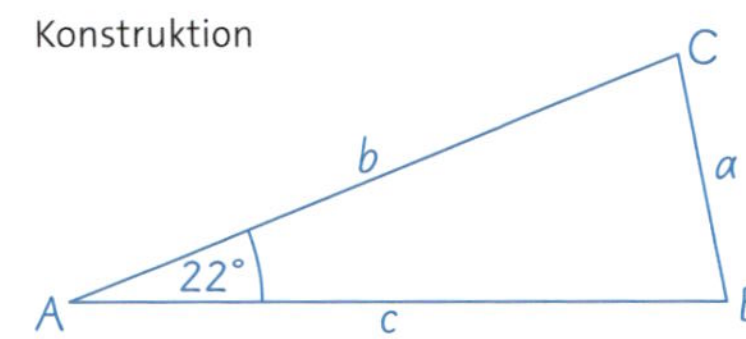

Wähle 1 cm für *10 cm.*

Das Fenster wurde beim Öffnen um rund 22° nach oben gekippt.

4 Ein Dreieck hat 2 cm und 7 dm lange Seiten.
Welche Länge kann die dritte Seite haben? Ergänze die Skizze und den Text.

Skizze: *z. B.*

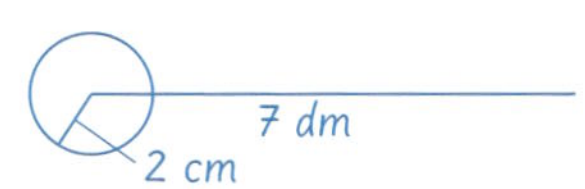

Die dritte Seite ist länger als *68* cm,
weil *70 cm − 2 cm = 68 cm. (Dreiecksungleichung)*
Die dritte Seite ist kürzer als *72* cm,
weil *70 cm + 2 cm = 72 cm. (Dreiecksungleichung)*

Dreiecke konstruieren mit SWS

1 Verbinde mit der Planfigur.

a = 4 cm c = 4 cm β = 60°	a = 4 cm c = 4 cm β = 30°	a = 4 cm c = 6 cm β = 90°	b = 4 cm c = 6 cm α = 90°	a = 7 cm b = 5 cm γ = 120°

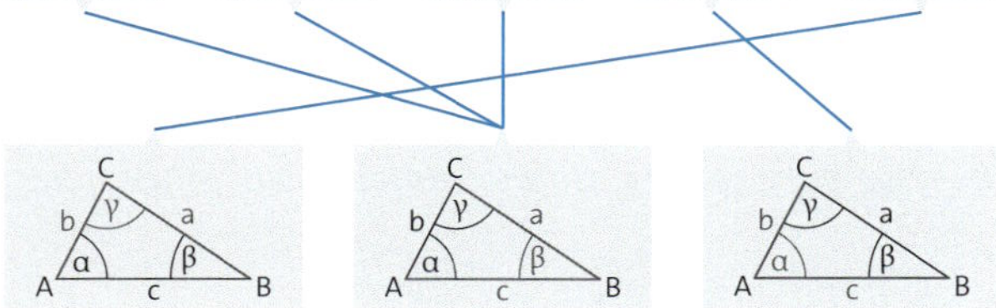

Tipp
Das Gegebene ist in der Planfigur eingefärbt.

2 Markiere zuerst das Gegebene in der Planfigur.
Konstruiere dann das Dreieck ABC.

a) a = 2 cm; c = 5 cm; β = 90°

Planfigur

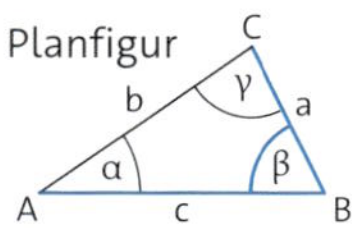

Konstruktion

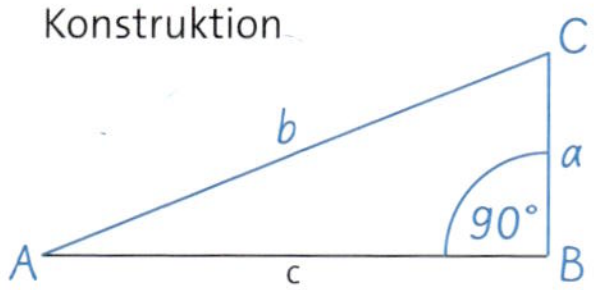

b) b = 5 cm; c = 6 cm; α = 30°

Planfigur

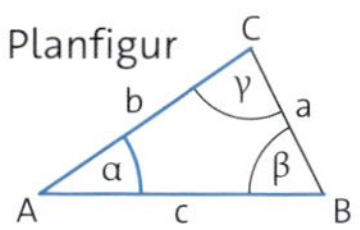

Konstruktion

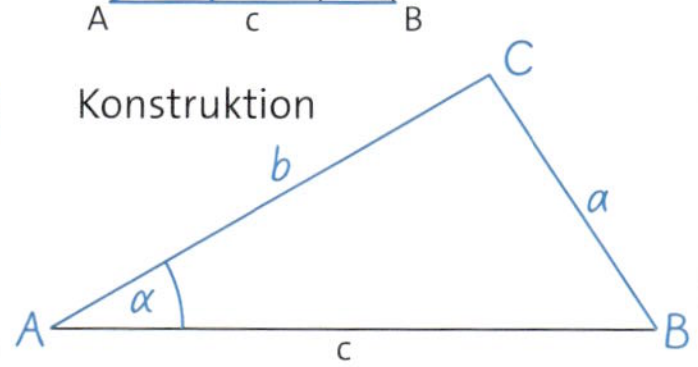

Tipp

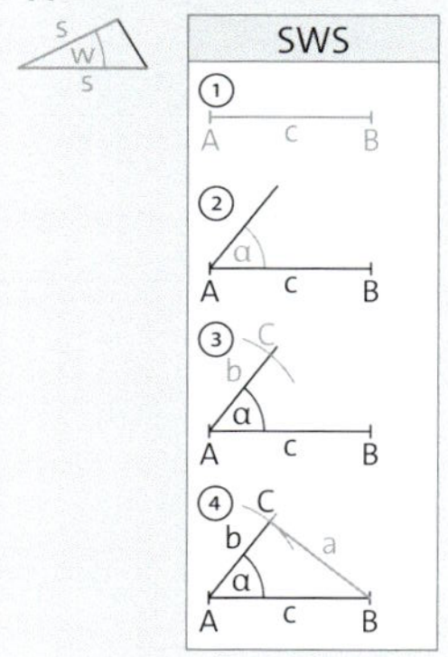

3 Wie lang ist der Abstand x zwischen den Zirkelspitzen?
Ergänze zuerst die Planfigur.
Ermittle dann den Abstand x mithilfe einer Konstruktion.

Planfigur

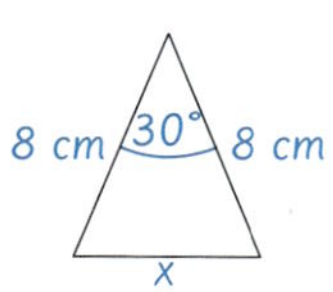

Konstruktion

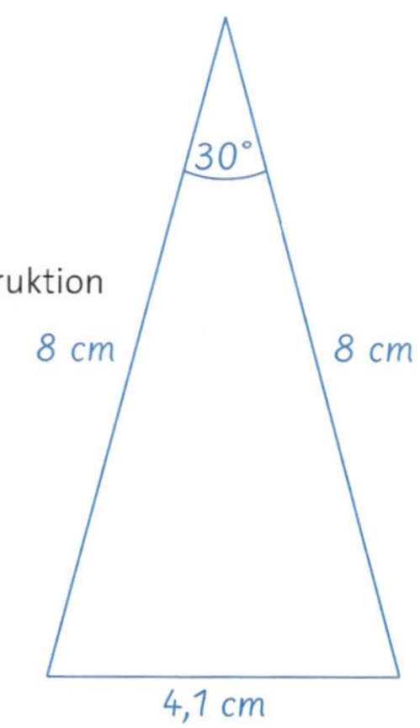

Tipp
Konstruiere ein Dreieck.
Miss den Abstand.

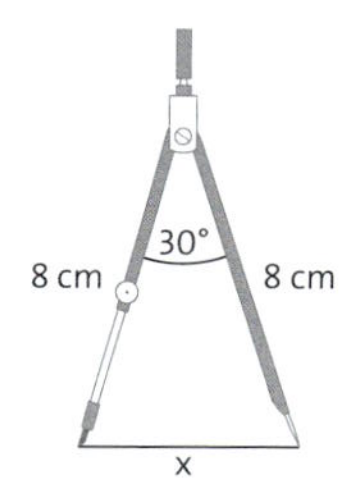

Dreiecke konstruieren mit SWS

Ein Dreieck kann eindeutig konstruiert werden, wenn zwei Seiten und der eingeschlossene Winkel gegeben sind. (SWS)

Beispiel:
b = 2 cm; c = 3 cm und α = 50°

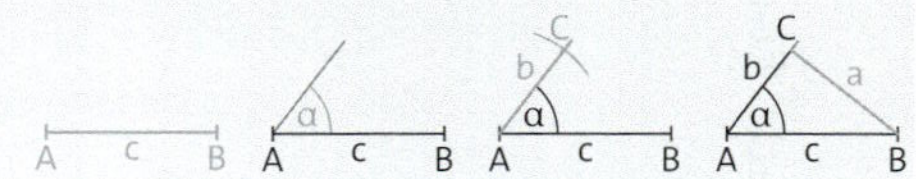

1 Markiere zuerst das Gegebene in der Planfigur.
Konstruiere dann das Dreieck ABC.

a) a = 4,5 cm; c = 5 cm; β = 40°

Planfigur

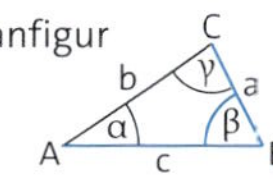

Konstruktion

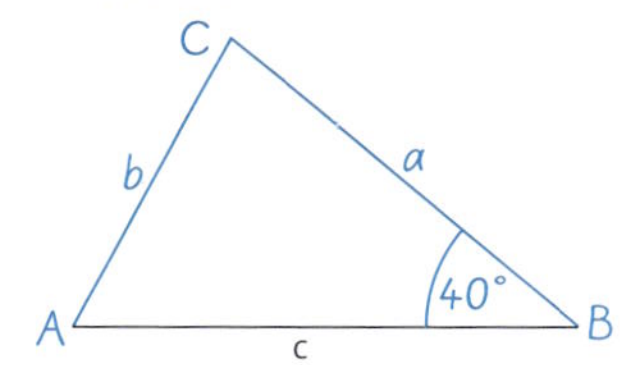

b) a = b = 4 cm; γ = 90°

Planfigur

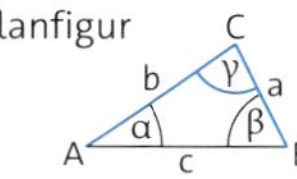

Konstruktion

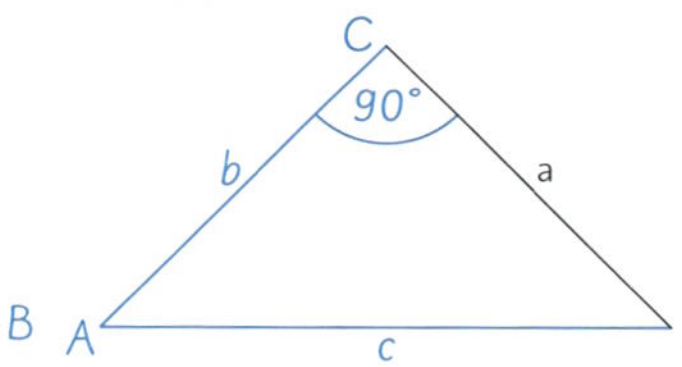

c) a = 4 cm; c = 3 cm; β = 120°

Planfigur

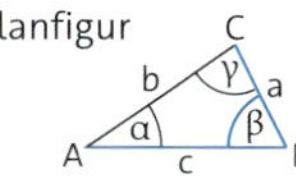

Konstruktion

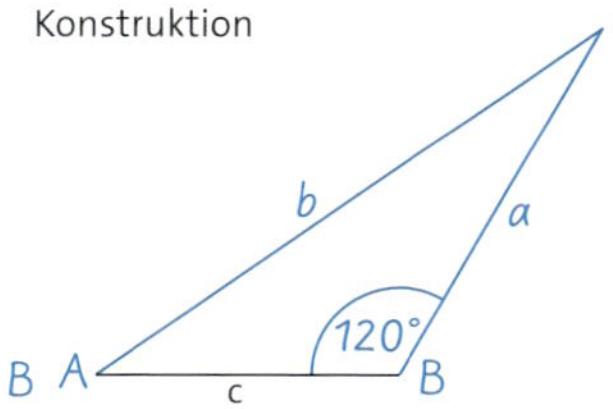

2 Dari hat einen Quadrokopter mit einer Reichweite von 50 m.
Soll Dari einen Flug über den Teich wagen?
Begründe deine Antwort mit einer maßstäblichen Konstruktion.

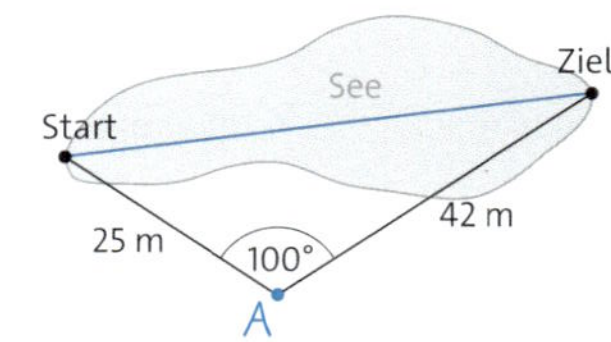

Wähle 1 cm für *10 m.*

Planfigur

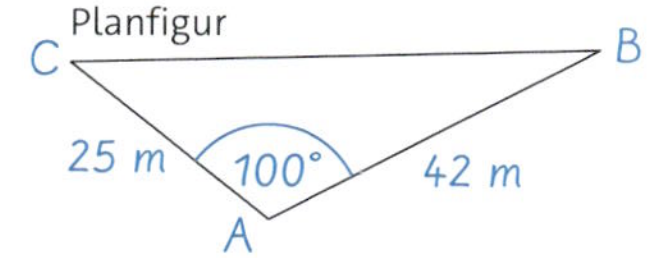

Konstruktion

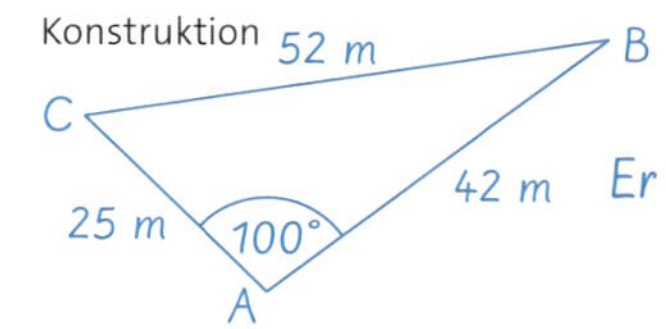

Er sollte es nicht wagen.

3 Konstruiere das Parallelogramm ABCD. Beginne wie bei Dreiecken.

Planfigur

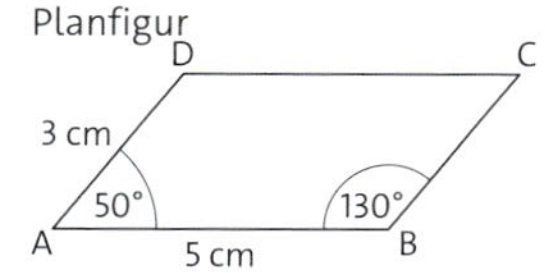

Konstruktion

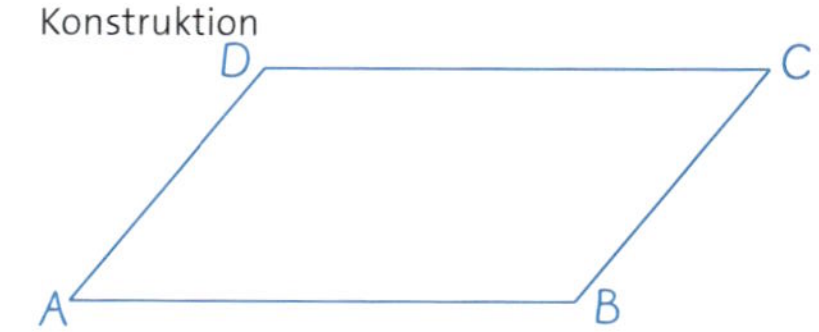

Dreiecke konstruieren mit SWS ☒

1 Von einem Dreieck ABC sind gegeben a = 4 cm, c = 6 cm und β = 30°.
Markiere zuerst das Gegebene in der Planfigur.
Konstruiere dann das Dreieck ABC.

Planfigur

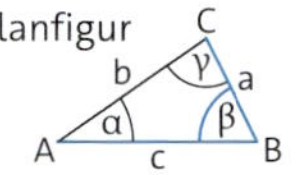

Konstruktion

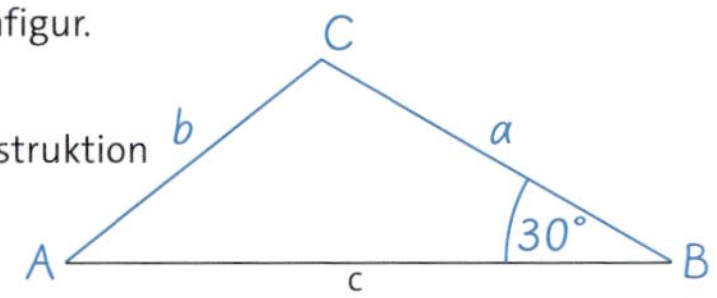

2 Konstruiere zuerst im Koordinatensystem das Dreieck ABC mit Punkt A(−2 | 2), Punkt B(2 | 1), α = 45° und b = 5,8 cm. Ergänze dann die Konstruktionsbeschreibung.

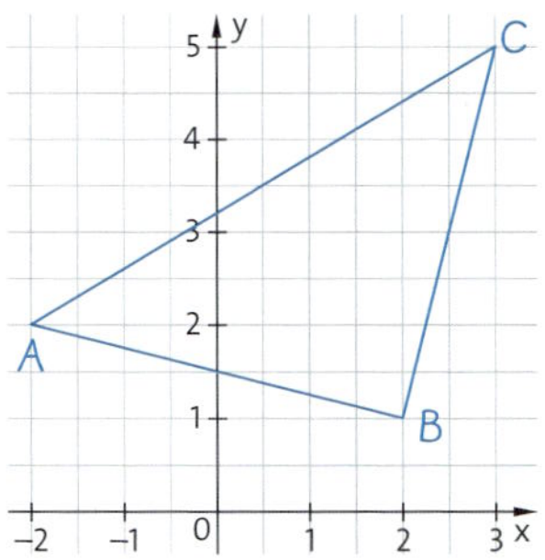

① Zeichne c = $\overline{AB}$.
② Zeichne α = 45°.
③ Trage b = 5,8 cm am Schenkel von α ab.
④ Beschrifte den Schnittpunkt mit C.
Er hat die Koordinaten (3 | 5).
⑤ Verbinde den Punkt C mit Punkt A und mit Punkt B.

3 Wie weit ist die Kapelle vom Turm entfernt?

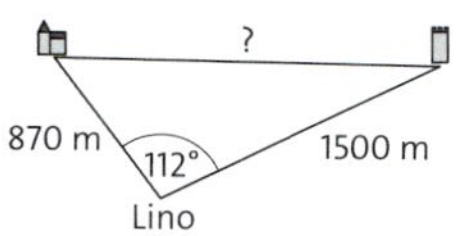

a) Kreuze alle zum Zeichnen geeigneten Maßstäbe an.

☒ 1 : 30000 ☒ 1 : 20000
☐ 1 : 3000 ☐ 1 : 2000
☐ 1 : 300 ☐ 1 : 200

b) Ermittle den Abstand mithilfe einer Konstruktion.

Konstruktion

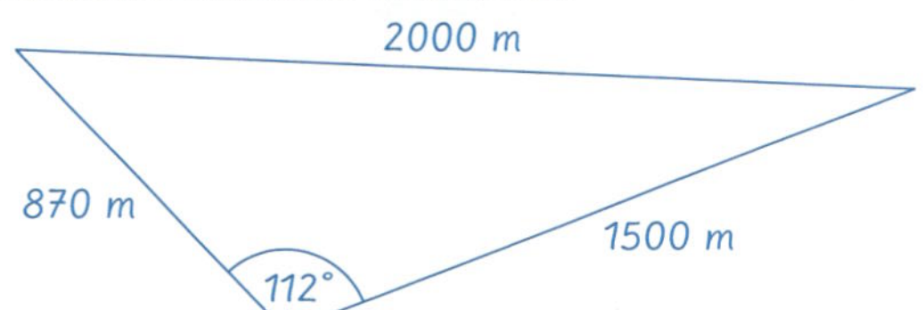

4 Konstruiere das Trapez ABCD. Beginne wie bei Dreiecken.

Planfigur

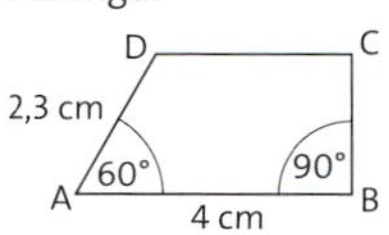

Konstruktion

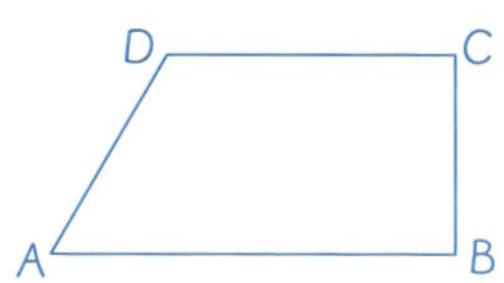

Dreiecke konstruieren mit WSW

1 Verbinde mit der Planfigur.

a = 6 cm	a = 6 cm	b = 4 cm	b = 4 cm	c = 4 cm
β = 30°	β = 45°	α = 50°	α = 70°	α = 70°
γ = 90°	γ = 45°	γ = 70°	γ = 50°	β = 50°

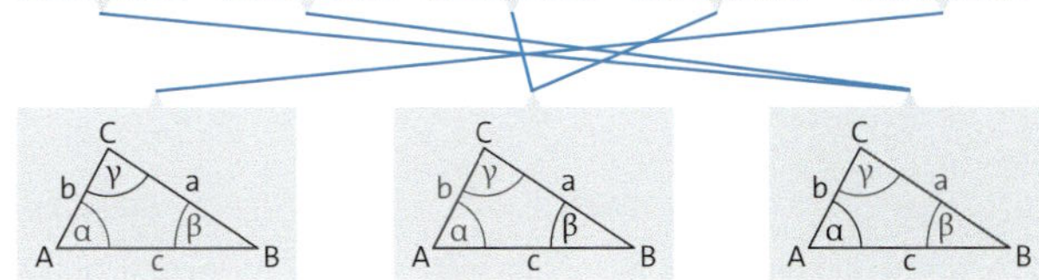

> **Tipp**
> Das Gegebene ist in der Planfigur eingefärbt.

2 Markiere zuerst das Gegebene in der Planfigur.
Konstruiere dann das Dreieck ABC.

a) c = 5 cm; α = 50°; β = 30°

Planfigur

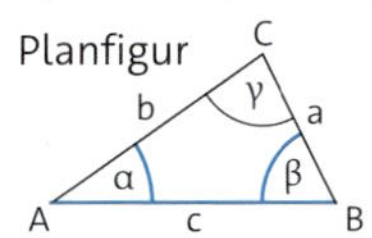

Konstruktion

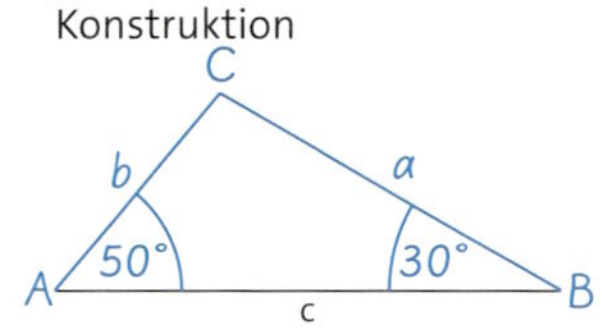

b) b = 6 cm; α = 65°; γ = 65°

Planfigur

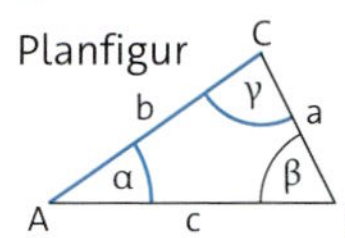

Konstruktion

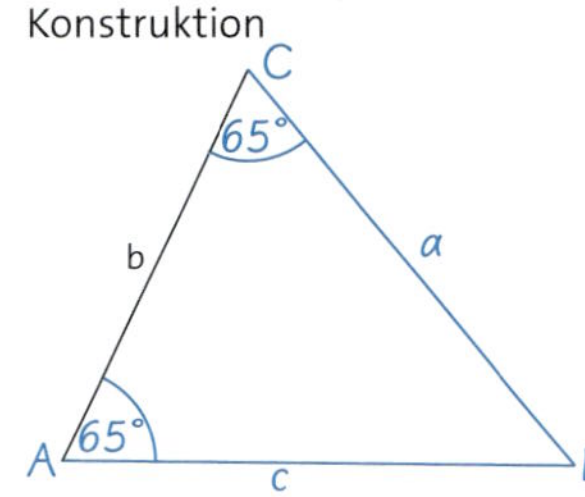

> **Tipp**

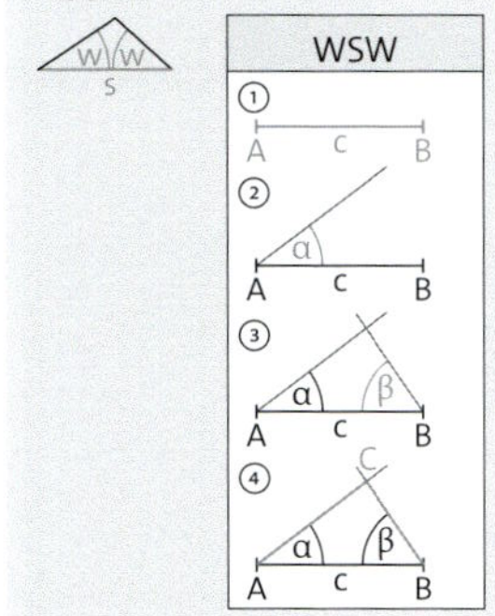

3 Der Baum hat einen 7,5 m langen Schatten.
Wie hoch ist der Baum?
Ergänze zuerst die Planfigur.
Ermittle dann die Höhe h mithilfe einer Konstruktion.

Planfigur

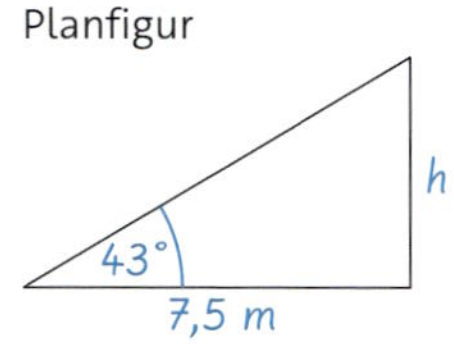

Konstruktion

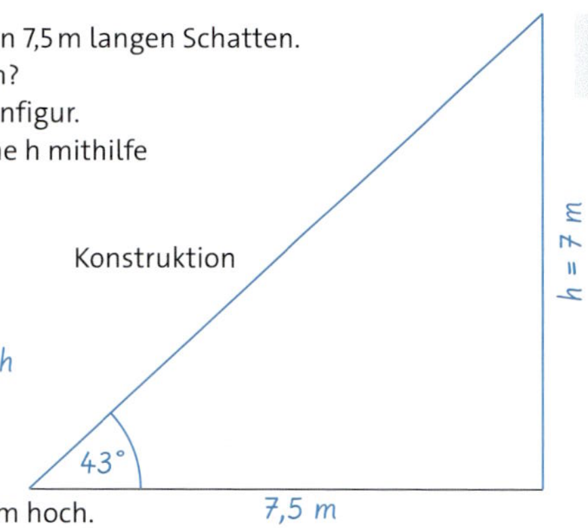

Der Baum ist 7 m hoch.

> **Tipp**
> Wähle 1 cm für 1 m.

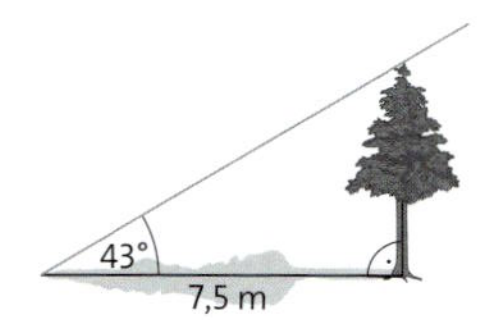

Dreiecke konstruieren mit WSW ☒

Ein Dreieck kann eindeutig konstruiert werden, wenn eine Seite und die zwei angrenzenden Winkel gegeben sind. (WSW)

Beispiele:
c = 1,7 cm; α = 34° und β = 60°

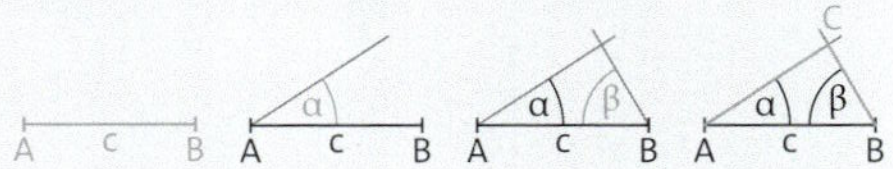

1 Markiere zuerst das Gegebene in der Planfigur. Konstruiere dann das Dreieck ABC.

a) c = 4 cm; α = 30°; β = 45°

Planfigur

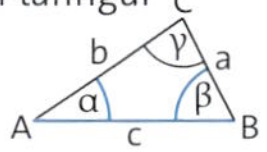

Konstruktion

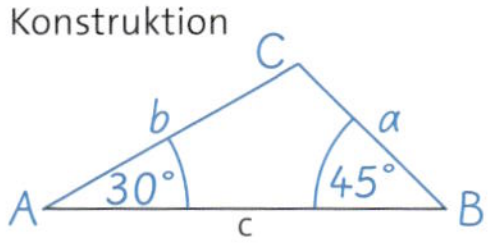

b) a = 2,5 cm; β = γ = 75°

Planfigur

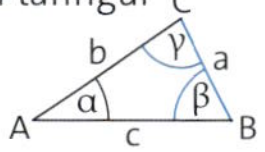

Konstruktion

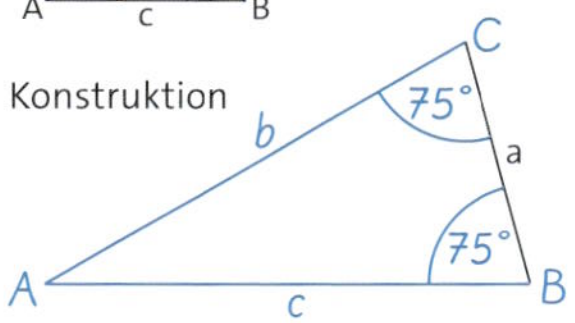

c) b = 3,7 cm; α = 25°; γ = 120°

Planfigur

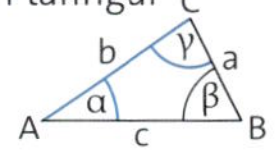

Konstruktion

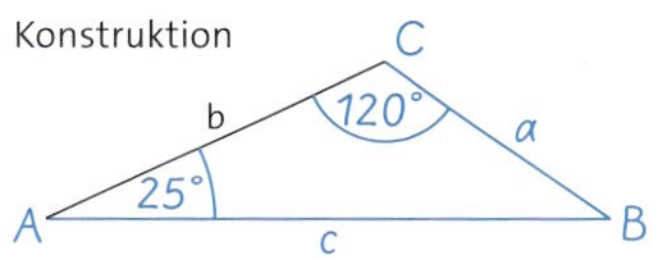

2 Der kegelförmige Sandhaufen ist 3,5 m hoch.
Wie breit ist der kegelförmige Sandhaufen?
Zeichne zuerst eine Planfigur und berechne einen Winkel.
Ermittle dann die Breite mithilfe einer Konstruktion.

Wähle 1 cm für *1 m.*

Planfigur
z. B.

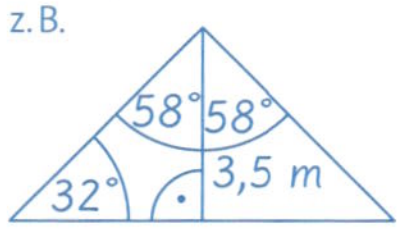

180° – *90° – 32° = 58°*

Konstruktion
z. B.

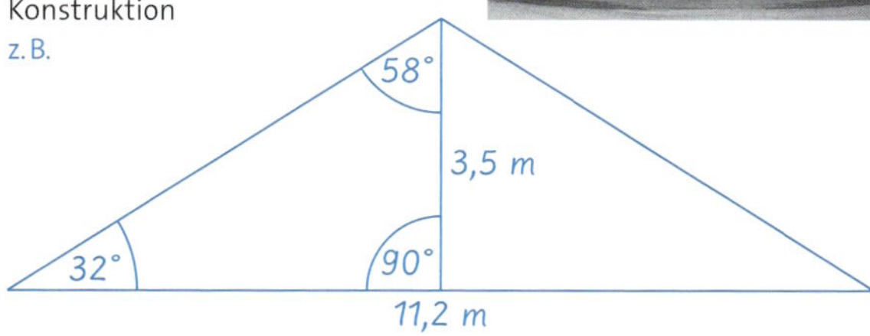

Der Sandhaufen ist *11,2* m breit.

3 Vom Dreieck ABC sind gegeben c = 5 cm und α = 30°.
Wie groß ist der Winkel β?

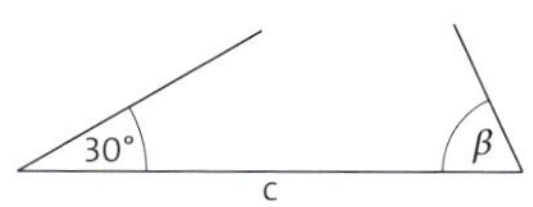

Der Winkel β ist größer als *0°.* Der Winkel β ist kleiner als *150°.*

Dreiecke konstruieren mit WSW ☒

1 Vom Dreieck ABC ist gegeben a = 7 cm, β = 50° und γ = 25°.
Markiere zuerst das Gegebene in der Planfigur.
Konstruiere dann das Dreieck ABC.

Planfigur

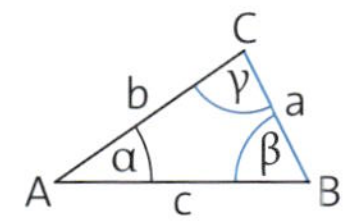

Konstruktion

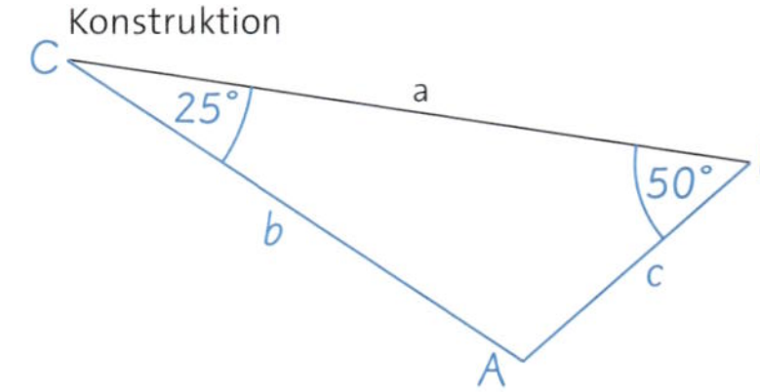

2 Konstruiere zuerst im Koordinatensystem das Dreieck ABC mit Punkt A(–1 | –1), Punkt B(3 | 1), α = 45° und β = 90°.
Ergänze dann die Konstruktionsbeschreibung.

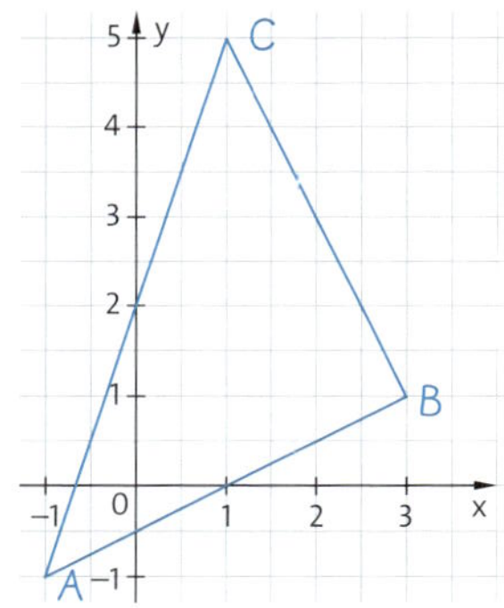

① Zeichne c = $\overline{AB}$.
② Zeichne *α = 45°.*
③ Zeichne *β = 90°.*
④ Beschrifte den Schnittpunkt der Schenkel mit *C.*
Er hat die Koordinaten (*1* | *5*).

3 Ein unbeladenes Flugzeug startet mit einer Geschwindigkeit von 55 Meter pro Sekunde im Winkel von 20°.
Wie viel Meter höher ist das Flugzeug nach 6 Sekunden?
Markiere zuerst das Gegebene in der Planfigur.
Ermittle dann den Höhenunterschied mithilfe einer Konstruktion.

Wähle 1 cm für 50 *m.* Das entspricht dem Maßstab *1 : 5000.*

Planfigur

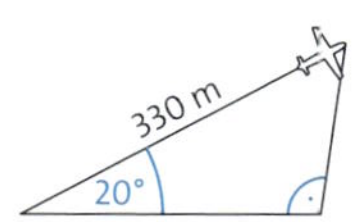

Konstruktion

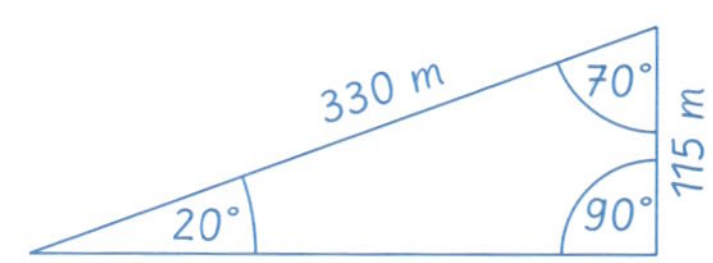

Nach 6 Sekunden ist das Flugzeug *etwa 115* m höher. *(2,3 cm · 5000 = 11500 cm = 115 m)*

Dreiecke konstruieren mit SsW

1 Ist das Dreieck ABC mit SsW konstruierbar?
Markiere zuerst das Gegebene in der Planfigur.
Kreuze dann an.

Tipp
Liegt der Winkel der längeren Seite gegenüber?

a) a = 4 cm; b = 6 cm; β = 50°

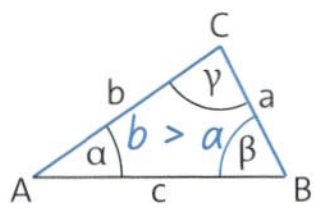

☒ ja ☐ nein

b) b = 3 cm; c = 4 cm; α = 90°

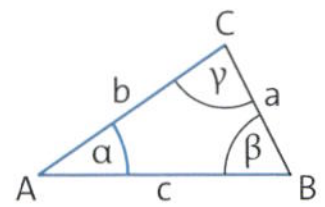

☐ ja ☒ nein

c) a = 3 cm; c = 7 cm; γ = 120°

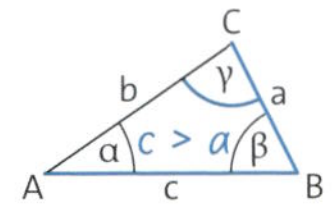

☒ ja ☐ nein

d) a = 5 cm; b = 6 cm; γ = 70°

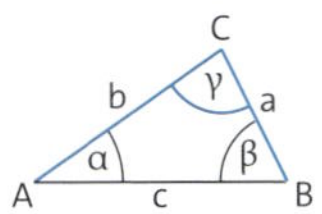

☐ ja ☒ nein

e) b = 2 cm; c = 1,2 cm; β = 72°

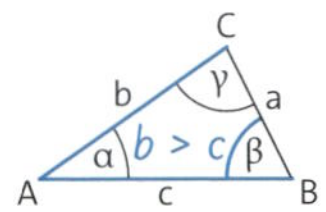

☒ ja ☐ nein

f) a = 9 cm; b = 6 cm; α = 27°

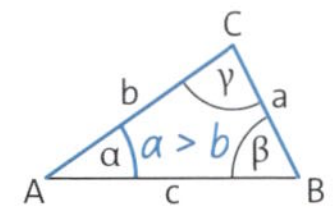

☒ ja ☐ nein

2 Markiere zuerst das Gegebene in der Planfigur.
Konstruiere dann das Dreieck ABC.

a) b = 6 cm; c = 4 cm; β = 120°

Planfigur

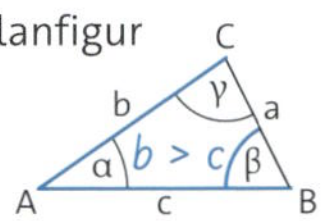

Konstruktion

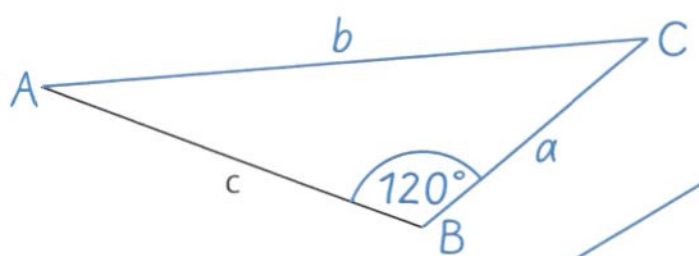

b) a = 3,5 cm; c = 7 cm; γ = 75°

Planfigur

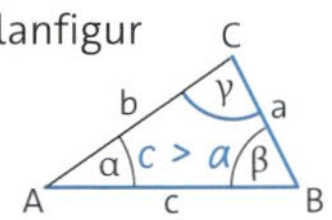

Konstruktion

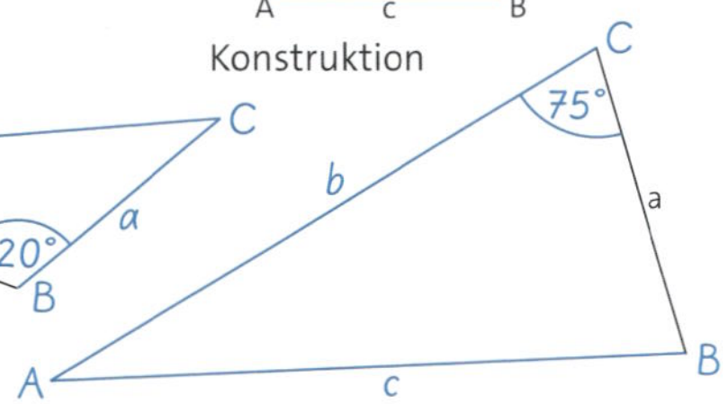

Tipp

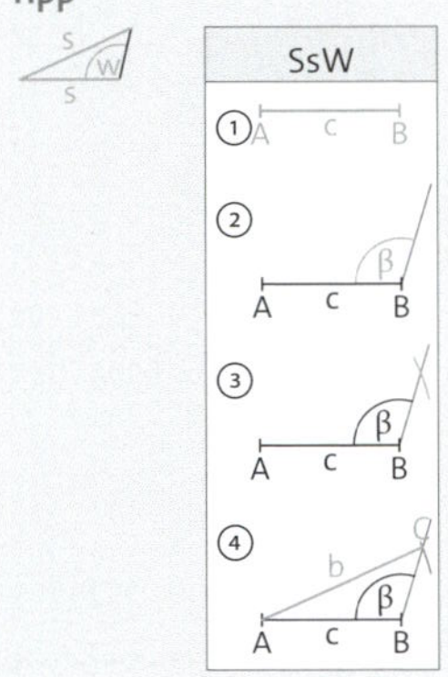

3 Wie groß ist der Abstand x zwischen Leiter und Hausecke?
Ergänze zuerst die Planfigur.
Ermittle dann den Abstand x mithilfe einer Konstruktion.

Planfigur

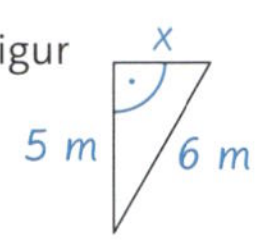

Konstruktion

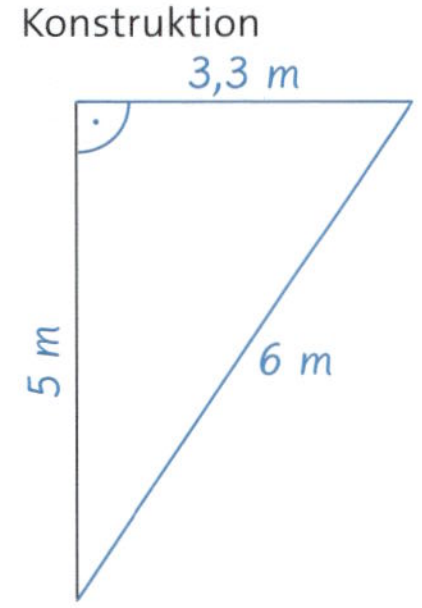

Der Abstand x beträgt rund 3,3 m.

Dreiecke konstruieren mit SsW

Ein Dreieck kann eindeutig konstruiert werden, wenn zwei Seiten und der Winkel gegenüber der längeren Seite gegeben sind. (SsW)

Beispiel:
b = 2 cm; c = 1,5 cm; β = 105°

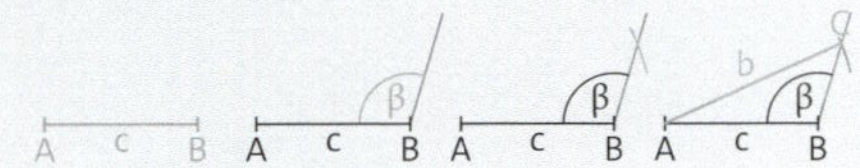

1 Markiere zuerst das Gegebene in der Planfigur.
Konstruiere dann das Dreieck ABC.

a) a = 2,5 cm; b = 5 cm; β = 42°

Planfigur

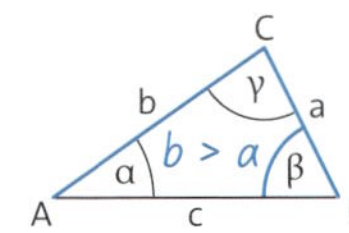

Konstruktion

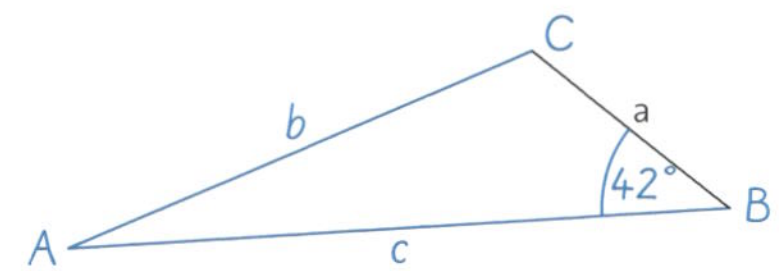

b) a = 6,5 cm; b = 3 cm; α = 120°

Planfigur

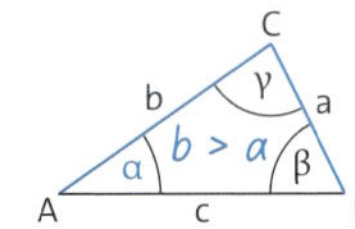

Konstruktion

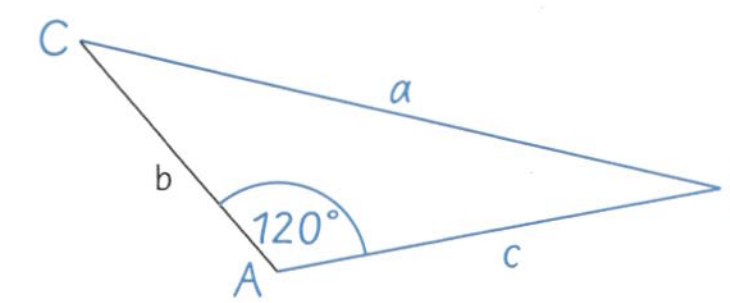

2 Die Rampe ist 2,5 m lang und 50 cm hoch.

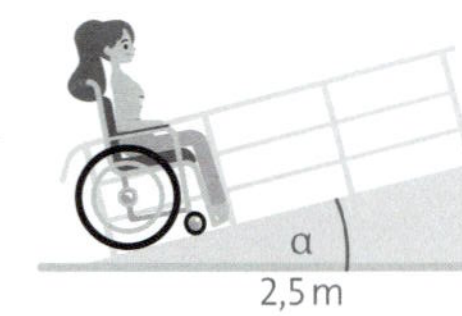

a) Schätze, in welchem Neigungswinkel die Rampe nach oben geht. 15°
b) Markiere zuerst das Gegebene in der Planfigur.
Ermittle dann den Neigungswinkel α der Rampe mithilfe einer Konstruktion.
Wähle 4 cm für 1 m.

Planfigur

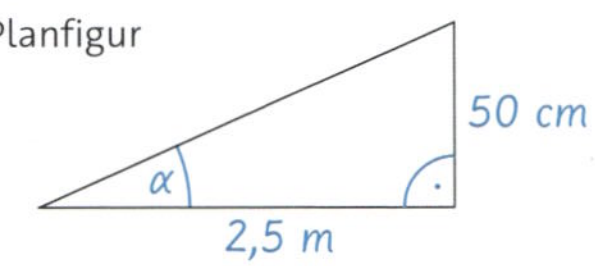

Konstruktion

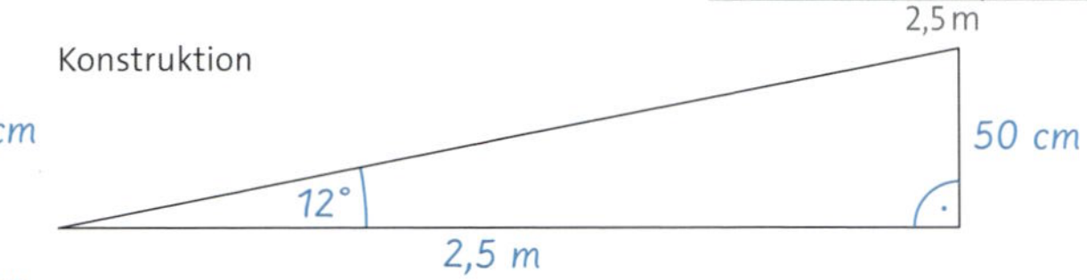

Der Neigungswinkel α beträgt 12°.

3 Von einem Dreieck ABC ist c = 4 cm und β = 40° bekannt.

a) Peer sagt: „Wenn b = 3 cm sein soll, dann können zwei unterschiedliche Dreiecke ABC gezeichnet werden."
Begründe die Aussage mit der Zeichnung.

b) Wie lang muss die Seite b sein, damit es genau ein Dreieck ABC gibt.

Die Seite b muss länger sein als 4 cm.

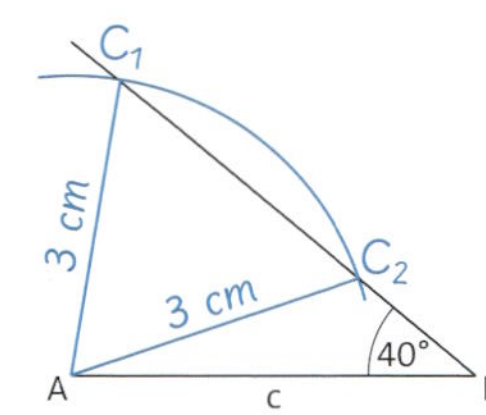

Dreiecke konstruieren mit SsW ☒

1 Von einem Dreieck ABC sind gegeben a = 3 cm, c = 5 cm und γ = 30°.
Markiere zuerst das Gegebene in der Planfigur. Konstruiere dann das Dreieck ABC.

Planfigur

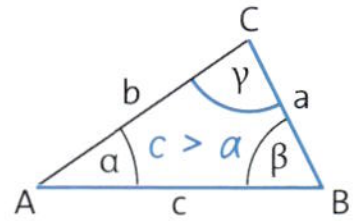

Konstruktion

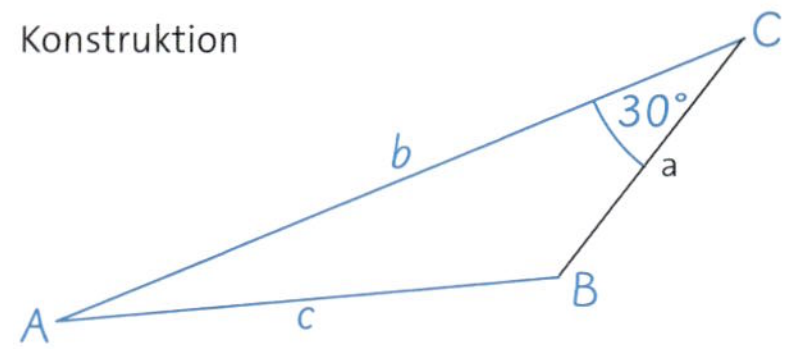

2 Konstruiere zuerst im Koordinatensystem das Dreieck ABC mit Punkt A(3 | –1), Punkt B(2 | 2), α = 45° und a = 4 cm. Ergänze dann die Konstruktionsbeschreibung.

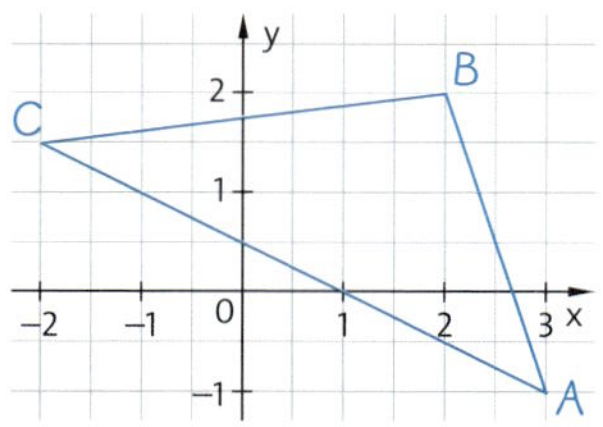

① Zeichne c = $\overline{AB}$.
② Zeichne *α = 45°.*
③ Zeichne um B einen Kreisbogen mit dem Radius *4* cm.
④ Beschrifte den Schnittpunkt von Kreis und Schenkel mit *C.*
Er hat die Koordinaten (*–2* | 1,5).
Verbinde den Punkt C mit *A und B.*

3 Das Dach hat die Form einer geraden Pyramide. Wie hoch ist es?

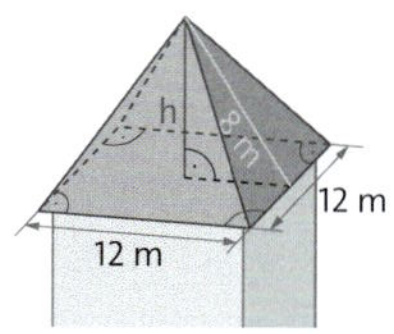

a) Erstelle zwei verschiedenartige Planfiguren.

Planfigur (SSS)

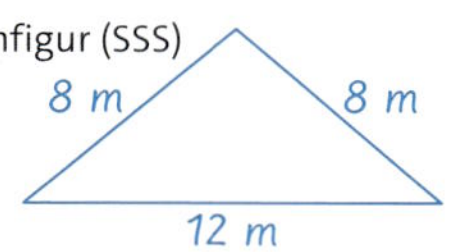

Planfigur (SsW)

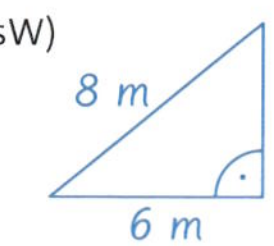

b) Ermittle die Höhe des Dachs mithilfe einer Konstruktion im Maßstab 1 : 100.

Das Dach ist *5,3* m hoch.

Konstruktion

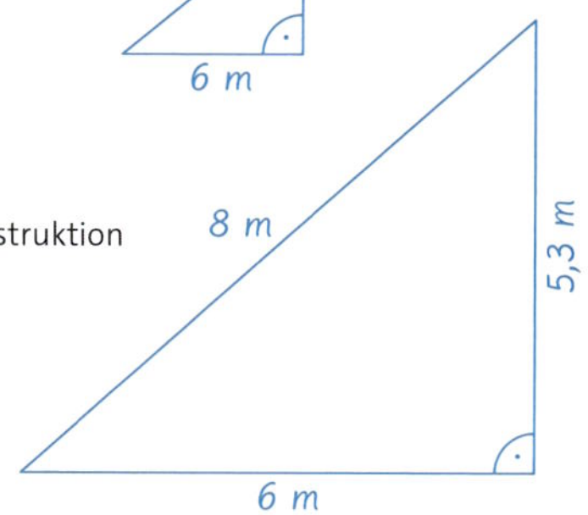

4 Zeige zuerst mithilfe der Zeichnung, dass es zwei verschiedene Dreiecke ABC mit a = 3 cm, c = 5 cm und α = 30° gibt. Ergänze dann den Satz.

Es gibt zwei verschiedene Dreiecke, weil der Winkel α gegenüber der kürzeren Seite liegt (a < c). Die Konstruktion ist nicht eindeutig.

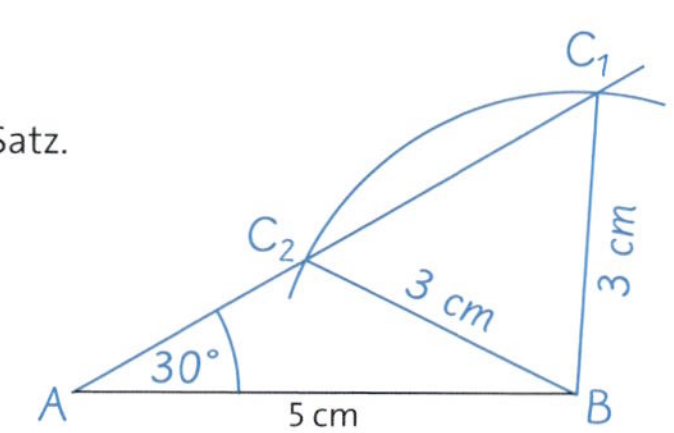

Prozentwert, Prozentsatz und Grundwert berechnen (Wdh.)

1 Berechne. Nutze dafür eine Formel.

a) G = 20 cm; p % = 80 %
W = *20 cm · 0,80 = 16 cm*

b) G = 300 m; p % = 7 %
W = *300 m · 0,07 = 21 m*

c) G = 500 mℓ; W = 200 mℓ
p % = *200 mℓ : 500 mℓ = 0,40 = 40 %*

d) G = 950 g; W = 19 g
p % = *19 g : 950 g = 0,02 = 2 %*

e) W = 84 €; p % = 21 %
G = *84 € : 0,21 = 400 €*

f) W = 12 cm; p % = 40 %
G = *12 cm : 0,40 = 30 cm*

Tipp
- Der Prozentwert W entspricht einem Teil vom Ganzen. W = G · p %
- Der Prozentsatz p % entspricht dem Anteil. p % = W : G
- Der Grundwert G ist das Ganze. Ein Ganzes entspricht 100 %. G = W : p %

Beispiel: 4 Stücke sind 50 % und 100 % sind 8 Stücke.

W = 4; p % = 50 % = 0,50
G = 4 : 0,50 = 8

2 Verbinde Grundwert, Prozentsatz und Prozentwert.

Tipp
W = G · p %   p % = W : G   G = W : p %

G = 100 €	G = 200 €	G = 90 €	G = 250 €	G = 40 €	G = 2000 €
p % = 3 %	p % = 15 %	p % = 20 %	p % = 60 %	p % = 95 %	p % = 90 %
W = 30 €	W = 1,20 €	W = 60 €	W = 1900 €	W = 50 €	W = 81 €

3 Unterstreiche zuerst links p %, W und G mit der gegebenen Farbe, wenn möglich. Berechne dann rechts die fehlende Angabe und ergänze.

a) 39 ℓ von 200 ℓ sind *19,5 %.*   *p % = 39 ℓ : 200 ℓ = 0,195 = 19,5 %*

b) 21 % von 900 km sind *189 km.*   *W = 900 km · 0,21 = 189 km*

c) 15 % von 220 g sind *33 g.*   *W = 220 g · 0,15 = 33 g*

d) 62 % sind 93 €, also sind 100 % *150 €.*   *G = 93 € : 0,62 = 150 €*

e) 72 mℓ sind 45 %, also ist das Ganze *160 mℓ.*   *G = 72 mℓ : 0,45 = 160 mℓ*

Prozentwert, Prozentsatz und Grundwert berechnen (Wdh.) ☒

- $W = G \cdot p\,\%$ ist die Formel der Prozentrechnung. Durch Umformen erhält man $p\,\% = W : G$ und $G = W : p\,\%$.
- Der Prozentwert W entspricht einem Teil vom Ganzen. Der Grundwert G ist das Ganze. Ein Ganzes entspricht 100 %. Der Prozentsatz p % entspricht dem Anteil des Ganzen.

Beispiel: 4 Stücke sind 50 %, also sind 100 % genau 8 Stücke.

$G \cdot p\,\% = W \quad |:p\,\%$
$G = W : p\,\%$
$G = 4 : 0{,}50 = 8$

1 Verbinde passend.

a) 25 % von 550 g Teig sind 137,5 g.

G W p%

(25 % – p%; 550 g Teig – G; 137,5 g – W)

b) 36 von 90 Mitgliedern sind 40 %.

G W p%

(36 – W; 90 Mitgliedern – G; 40 % – p%)

2 Unterstreiche zuerst links p %, W und G mit der gegebenen Farbe, wenn möglich. Berechne dann rechts die fehlende Angabe und ergänze.

a)	45 ℓ von 50 ℓ sind *90 %.*	*p % = 45 ℓ : 50 ℓ = 0,90 = 90 %*
b)	20 % von 45 km sind *9 km.*	*W = 45 km · 0,20 = 9 km*
c)	18 % sind 9 € und 100 % sind *50 €.*	*G = 9 € · 100 : 18 = 50 €*
d)	Von 16 Türen sind 25 % zu. Es sind *4 Türen.*	*W = 16 · 0,25 = 4*
e)	17 richtige Ergebnisse von 20 sind *85 %.*	*p % = 17 : 20 = 0,85 = 85 %*
f)	3 % sind 7,5 g. Das Ganze sind *250 g.*	*G = 7,5 g : 0,03 = 250 g*

3 Ergänze.

G	550 €	460 m	*500 ℓ*	*200 g*	445 €	72 kg
W	*330 €*	115 m	450 ℓ	65 g	89 €	*23,76 kg*
p%	60 %	*25 %*	90 %	32,5 %	*20 %*	33 %

4 Die Miete steigt um 9 % pro m². Der alte Mietpreis betrug 15 € pro m². Berechne die neue Miete.

a) Familie Sabbag hat eine 118 m² große Wohnung.

15 € + 15 € · 0,09 = 15 € + 1,35 € = 16,35 € Der neue Preis beträgt 16,35 € pro m².
16,35 € · 118 = 1929,30 € Die neue Miete beträgt 1929,30 €.

b) Familie Acar hat eine 89 m² große Wohnung.

16,35 € · 89 = 1455,15 € Die neue Miete beträgt 1455,15 €.

Prozentwert, Prozentsatz und Grundwert berechnen (Wdh.) ☒

1 Kreuze Zutreffendes an.

a) 100 % entspricht dem Ganzen. ☒ wahr ☐ falsch

b) Der Prozentwert W ist abhängig vom Prozentsatz p %. ☒ wahr ☐ falsch

c) Ist G = 100 € und p % = 25 %, dann ist W = 75 €. ☐ wahr ☒ falsch

d) Der Prozentsatz p % ist immer kleiner als 100 %. ☐ wahr ☒ falsch

2 Ergänze.

G	645,20 €	169 mg	*972 mℓ*	*258 m*	664 €	2440 kg
W	*32,26 €*	60,84 mg	923,4 mℓ	65,79 m	96,28 €	*31,72 kg*
p%	5 %	*36 %*	95 %	25,5 %	*14,5 %*	1,3 %

3 Übersicht zur Nutzung der Nachmittagsangebote der Konstantin-Werner-Schule

Schülerinnen (von insgesamt 373)		**Nachmittagsangebot**	**Schüler** (von insgesamt 412)	
Anteil	**Anzahl**		**Anteil**	**Anzahl**
7,51 %	28	Fußball	*8,25 %*	34
3,49 %	13	Schülerfirma	*1,70 %*	7
19,03 %	*71*	Rudern	16,02 %	*66*
12,33 %	46	Tanzen	2,91 %	*12*
6,97 %	26	Theater	3,40 %	*14*
49,33 %	*184*	*Summe*	*32,28 %*	*133*

a) Vervollständige.
Runde die Anteile auf Hundertstel Prozent. Gib sinnvolle Summen an.

b) *Mark sagt: „50,7 % der Schülerinnen und 67,7 % der Schüler der Konstantin-Werner-Schule nutzen kein Nachmittagsangebot. Dies sind 189 Schülerinnen und 279 Schüler."*
Beurteile die Aussage von Mark.

Die Aussage ist wahr, wenn niemand zwei Angebote nutzt.

4 Ein Stück Würfelzucker wiegt 3 g. Gib den Zuckergehalt mit sinnvoller Genauigkeit an.

150 g Chips enthalten 2,5 % Zucker.
Das entspricht *2 (1,75)* Stück Würfelzucker.

100 g Popcorn enthalten 9 % Zucker.
Das entspricht *3* Stück Würfelzucker.

225 g Schokolade enthalten 53 % Zucker.
Das entspricht *40 (39,75)* Stück Würfelzucker.

250 g Gummibärchen enthalten 46 % Zucker.
Das entspricht *38 (38,22)* Stück Würfelzucker.

Den Zinssatz berechnen

1 Für 200 € Kapital gibt es 5 € Zinsen. Kreuze an, in welchen Tabellen der Zinssatz berechnet wird.

Tipp
das Kapital K; der Zinssatz p%; die Zinsen Z
(Grundwert) (Prozentsatz) (Prozentwert)

☒

Betrag	Anteil
200 €	100 %
1 €	0,5 %
5 €	... %

☐

Anteil	Betrag
100 %	200 €
0,5 %	1 €
25 %	... €

☐

Anteil	Betrag
25 %	5 €
0,5 %	1 €
100 %	... €

☒

Betrag	Anteil
200 €	100 %
10 €	5 %
5 €	... %

2 Berechne den Zinssatz. Nutze den Dreisatz.

a) K = 800 €; Z = 160 €; p % = 20 %

	Betrag	Anteil	
	800 €	100 %	
:800	1 €	0,125 %	:800
·160	160 €	20 %	·160

b) K = 80 €; Z = 44 €; p % = 55 %

	Betrag	Anteil	
	80 €	100 %	
:80	1 €	1,25 %	:80
·44	44 €	55 %	·44

3 Berechne den Zinssatz p % mit der Formel.

Beispiel: Z = 80 €; K = 200 €
p % = Z : K
p % = 80 € : 200 € = 0,40 = 40 %

a) Z = 40 €; K = 200 €
p % = 40 € : 200 € = 0,20 = 20 %

b) K = 2000 €; Z = 80 €
p % = 80 € : 2000 € = 0,04 = 4 %

c) K = 400 €; Z = 12 €
p % = 12 € : 400 € = 0,03 = 3 %

d) Für 1600 € gibt es 40 € Zinsen.
p % = 40 € : 1600 € = 0,025 = 2,5 %

e) 18 € Zinsen gibt es für 45 €.
p % = 18 € : 45 € = 0,4 = 40 %

4 Ergänze und berechne den Zinssatz.

a) Klaudia hat 2500 € für ein Jahr angelegt. Sie erhält dafür 175 € Zinsen.
K = 2500 € Z = 175 € p % = 175 € : 2500 € = 0,07 = 7 %

b) Anuk hatte ein Jahr lang 1250 € auf dem Festgeldkonto. Danach waren es 1257,50 €.
K = 1250 € Z = 7,50 € p % = 7,50 € : 1250 € = 0,006 = 0,6 %

Den Zinssatz berechnen

Wenn die Zinsen Z und das Kapital K gegeben sind, kann man den Zinssatz p % mit der Formel berechnen.

p % = Z : K

Beispiel: Ugur bekam 15 € Zinsen für 500 €.
gegeben: Z = 15 €; K = 500 €
gesucht: p %
p % = Z : K
p % = 15 € : 500 € = 0,03 = 3 %

1 Berechne den Zinssatz.

a) Z = 36 €; K = 360 €
p % = 36 € : 360 € = 0,1 = 10 %

b) K = 1800 €; Z = 36 €
p % = 36 € : 1800 € = 0,02 = 2 %

c) Für 900 € gibt es 27 € Zinsen.
p % = 27 € : 900 € = 0,03 = 3 %

d) 168 € Zinsen gibt es für 3500 €.
p % = 168 € : 3500 € = 0,048 = 4,8 %

2 Berechne zuerst den Zinssatz mit dem Dreisatz. Überprüfe dann dein Ergebnis mit der Formel.

a) K = 800 €; Z = 120 €

	Betrag	Anteil	
	800 €	100 %	
:800	1 €	0,125 %	:800
·120	120 €	15 %	·120

p % = 120 € : 800 € = 0,15 = 15 %

b) K = 250 €; Z = 60 €

	Betrag	Anteil	
	250 €	100 %	
:250	1 €	0,4 %	:250
·60	60 €	24 %	·60

p % = 60 € : 250 € = 0,24 = 24 %

3 Verbinde mit dem Zinssatz.

Kapital: 200 € Zinsen: 13 €	Kapital: 600 € Zinsen: 9 €	Kapital: 1000 € Zinsen: 3 €	Kapital: 250 € Zinsen: 25 €	Kapital: 320 € Zinsen: 16 €	Kapital: 128 € Zinsen: 48 €	Kapital: 450 € Zinsen: 9 €	Kapital: 960 € Zinsen: 60 €
0,3 %	1,5 %	2 %	3,75 %	5 %	6,25 %	6,5 %	10 %

4 Veronika hat nach einem Jahr 1632 € auf ihrem Konto. Davon sind 32 € Zinsen. Berechne den Zinssatz.

1632 € – 32 € = 1600 €
p % = 32 € : 1600 € = 0,02 = 2 %

Den Zinssatz berechnen ☒

1 Unterstreiche zuerst in der Aufgabe das Kapital K, den Zinssatz p% und die Zinsen Z, wenn möglich. Ergänze dann.

a) Mike zahlt nach einem Jahr 125€ Zinsen. Das entspricht 4,6%. gesucht: K

b) Luisa legt 1600€ mit 2,5% Zinsen an. gesucht: Z

c) Ben legt 2520€ an und bekommt nach einem Jahr 22€ Zinsen. gesucht: p%

2 Berechne den Zinssatz mit der Formel.

a) Für ein Kapital von 7200€ gibt es 360€ Zinsen.
p% = 360€ : 7200€ = 0,05 = 5%

b) 21,28€ Zinsen gibt es für 665€.
p% = 21,28€ : 665€ = 0,032 = 3,2%

3 Berechne zuerst den Zinssatz mit dem Dreisatz. Kreuze dann darunter Zutreffendes an.

a) K = 500€; Z = 17,50€; p% = 3,5%

	Betrag	Anteil	
	500€	100%	
: 500	1€	0,2%	: 500
· 17,5	17,50€	3,5%	· 17,5

- [x] p% = 17,5€ : 500€
- [ ] p% = $\frac{175}{500}$
- [x] p% = $\frac{17{,}5 : 5}{500 : 5} = \frac{3{,}5}{100}$
- [x] p% = $\frac{1}{500} \cdot 17{,}5$

b) K = 250€; Z = 15,50€; p% = 6,2%

	Betrag	Anteil	
	250€	100%	
: 250	1€	0,4%	: 250
· 15,5	15,50€	6,2%	· 15,5

- [x] p% = $\frac{1}{K} \cdot Z$
- [x] p% = $\frac{Z}{K}$
- [ ] p% = K : Z
- [x] p% = $\frac{p}{100}$

4 Gib den Zinssatz an.

a) Frau Klaus leiht sich 300€. Sie zahlt dafür 18€ Zinsen für ein Jahr. p% = 6%

b) Herr Yuglou legt 4500€ an. Er bekommt dafür nach einem Jahr 90€ Zinsen. p% = 2%

c) Frau Maus verleiht 3200€. Sie erhält dafür 336€ Zinsen für ein Jahr. p% = 10,5%

d) Herr Buju leiht sich für ein Jahr 1800€ und zahlt insgesamt 1954,80€ zurück. p% = 8,6%

5 Ein Händler verlangt 3,75% Zinsen pro Jahr. Kreuze die Nummer des passenden Graphen an.

- [ ] ①
- [ ] ②
- [ ] ③
- [ ] ④
- [ ] ⑤
- [x] ⑥
- [ ] ⑦
- [ ] ⑧

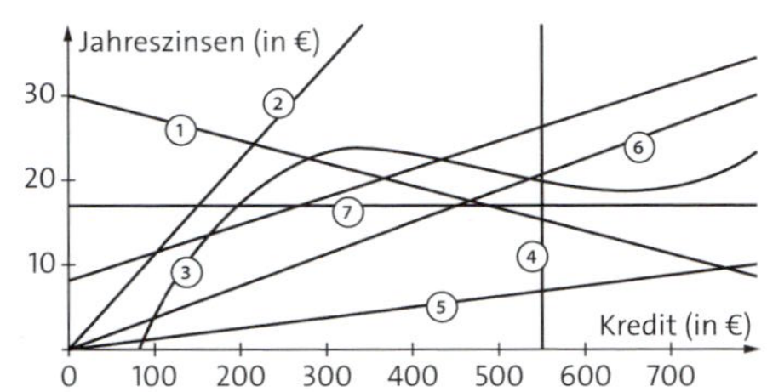

Die Zinsen berechnen

1 Ein Prozentsatz, ein Bruch und eine Dezimalzahl gehören zusammen. Markiere sie mit der gleichen Farbe und ergänze.

Beispiel: 3% = $\frac{3}{100}$ = 0,03

50%	5%	0,5%	0,05	0,005	$\frac{50}{100}$	$\frac{5}{100}$	0,5	$\frac{5}{1000}$
A	B	C	B	C	A	B	A	C

2 Berechne die Zinsen Z für ein Jahr.

Beispiele: K = 200€; p% = 3% = 0,03
Z = K · p%
Z = 200€ · 0,03 = 6€

a) K = 800€; p% = 7% = 0,07
Z = 800€ · 0,07 = 56€

b) K = 130€; p% = 15% = 0,15
Z = 130€ · 0,15 = 19,50€

c) K = 1400€; p% = 6,5% = 0,065
Z = 1400€ · 0,065 = 91€

3 Ergänze und berechne die Zinsen für ein Jahr.

Beispiel: Benni leiht sich 500€ zum Zinssatz von 2%.
gegeben: K = 500€; p% = 2%
gesucht: Z
Z = K · p%
Z = 500€ · 0,02 = 10€

a) Uwe legt 300€ mit 3% an.
gegeben: K = 300€; p% = 3% = 0,03
gesucht: Z
Z = 300€ · 0,03 = 9€

b) Verena leiht sich 1250€ für 14%.
gegeben: K = 1250€; p% = 14% = 0,14
gesucht: Z
Z = 1250€ · 0,14 = 175€

c) Wiktor leiht sich für 5% pro Jahr 42€.
gegeben: K = 42€; p% = 5% = 0,05
gesucht: Z
Z = 42€ · 0,05 = 2,10€

4 Gegeben sind das Kapital und der Zinssatz. Verbinde zuerst mit den Zinsen, wenn möglich. Ergänze dann die fehlenden Werte.

250€ zu 3% | 90€ zu 8% | 800€ zu 12% | 1700€ zu 7,5%

139,72€ | 5,50€ | 96€ | 7,20€ | 2,50€ | 127,50€ | 7,50€ | 86,80€

50€ für 5% | 22€ für 25% | 998€ mit 14% | 1400€ mit 6,2%

Die Zinsen berechnen ☒

Wenn das Kapital K und der Zinssatz p% pro Jahr gegeben sind, dann kann man die Zinsen Z pro Jahr mit der Formel berechnen.

Z = K · p%

Beispiel: Uarda legt 500 € mit 3 % an.

gegeben: K = 500 €; p % = 3 % = 0,03
gesucht: Z

Z = K · p%
Z = 500 € · 0,03 = 15 €

1 Berechne die Zinsen für ein Jahr.

a) K = 950 €; p % = 4 %
Z = 950 € · 0,04 = 38 €

b) K = 44 €; p % = 2,5 %
Z = 44 € · 0,025 = 1,10 €

c) K = 9000 €; p % = 12,2 %
Z = 9000 € · 0,122 = 1098 €

d) K = 340,50 €; p % = 2 %
Z = 340,50 € · 0,02 = 6,81 €

2 Ergänze und berechne die Zinsen für ein Jahr.

a) Frau Klosic leiht sich 3500 € zu einem Zinssatz von 7,5 %.
K = 3500 € p % = 7,5 % Z = 3500 € · 0,075 = 262,50 €

b) Herr Mars legt zu einem Zinssatz von 2,3 % für ein Jahr 15 500 € an.
K = 15 500 € p % = 2,3 % Z = 15 500 € · 0,023 = 356,50 €

c) Familie Kleist leiht sich 5400 €. Der Zinssatz ist pro Jahr 4,1 %.
K = 5400 € p % = 4,1 % Z = 5400 € · 0,041 = 221,40 €

3 Familie Falkenberg möchte für ein Jahr einen Kredit über 45 000 € aufnehmen.
Bei Bank A sollen sie dafür 5,6 % zahlen. Bei Bank B sind es 7,8 %.
Wie viel Euro teurer ist der Kredit von Bank B?

45 000 € · 0,078 – 45 000 € · 0,056 = 45 000 € · (0,078 – 0,056) = 990 €
Der Kredit für ein Jahr ist bei Bank B genau 990 € teurer.

4 Berechne zuerst die Jahreszinsen mit dem Dreisatz. Überprüfe dann das Ergebnis mit der Formel.

a) K = 800 €; p % = 4 %; Z = 32 €

	Anteil	Betrag	
: 100	100 %	800 €	: 100
· 4	1 %	8 €	· 4
	4 %	32 €	

Z = 800 € · 0,04 = 32 €

b) K = 250 €; p % = 24 %; Z = 60 €

	Anteil	Betrag	
: 100	100 %	250,00 €	: 100
· 24	1 %	2,50 €	· 24
	24 %	60,00 €	

Z = 250 € · 0,24 = 60 €

Die Zinsen berechnen ☒

1 Berechne die Zinsen Z für ein Jahr mit der Formel.

a) K = 50 €; p % = 36 %
Z = 50 € · 0,36 = 18 €

b) K = 942 €; p % = 2,5 %
Z = 942 € · 0,025 = 23,55 €

c) Jo legt 3500 € zu einem Zinssatz von 1,2 % an.
Z = 3500 € · 0,012 = 42 €

d) Ana leiht sich 7280 € für 3,4 % pro Jahr.
Z = 7280 € · 0,034 = 247,52 €

2 Berechne zuerst die Zinsen Z mit dem Dreisatz.
Kreuze dann darunter Zutreffendes an.

a) K = 850 €; p % = 7 %; Z = 59,50 €

	Anteil	Betrag	
: 100	100 %	850 €	: 100
· 7	1 %	8,50 €	· 7
	7 %€	59,50 €	

☒ Z = (850 € : 100) · 7
☒ Z = 850 € · 7 %
☒ Z = 850 € · 0,07
☒ Z = 850 € · $\frac{7}{100}$

b) K = 2040 €; p % = 11,5 %; Z = 234,60 €

	Anteil	Betrag	
: 100	100 %	2040 €	: 100
· 11,5	1 %	20,40 €	· 11,5
	11,5 %	234,60 €	

☒ Z = (K : 100) · p
☒ Z = K · p%
☐ Z = K · 0,0p
☒ Z = K · $\frac{p}{100}$

3 Verbinde passend.

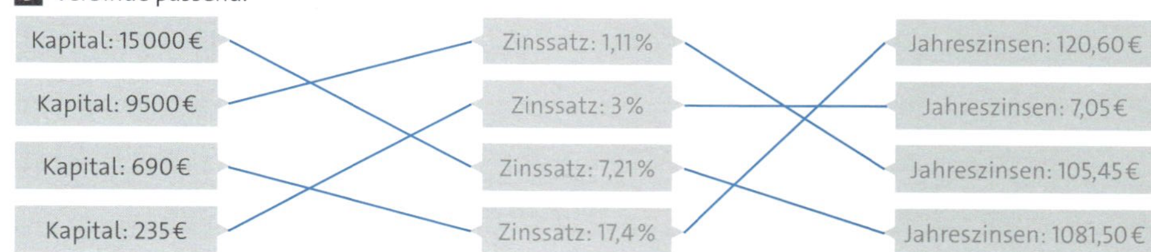

4 Familie Özkul hat 250 000 € gewonnen.
Sie legen für ein Jahr eine Hälfte bei „Capital" und die andere Hälfte bei „Rich" an.
Bei der Bank „Capital" bekommen sie für ein Jahr 2,27 % Zinsen.
Bei der Bank „Rich" bekommen sie für ein Jahr 2,31 %.
Berechne die Summe, die die Familie nach einem Jahr von den Banken überwiesen bekommt.

Bank „Capital": K + Z = 125 000 € + (125 000 € · 0,0227) = 127 837,50 €
Bank „Rich": K + Z = 125 000 € + (125 000 € · 0,0231) = 127 887,50 €
Summe: 255 725,00 €

Die Familie bekommt nach einem Jahr insgesamt 255 725,00 € von den Banken.

Mit Zinseszinsen rechnen

1 1000 € werden 3 Jahre mit 10 % p. a. mit Zinseszinsen angelegt.
Ergänze zuerst mithilfe der Kärtchen. Kreuze dann Zutreffendes an.

Jahr	Kapital	Zinsen
1	1000,00 €	100,00 €
2	1100,00 €	110,00 €
3	1210,00 €	121,00 €

Kärtchen: 100,00 € | 121,00 € | 1331,00 € | 1210,00 €

1331,00 € sind es nach 3 Jahren.

a) Am Ende werden 1331,00 € ausgezahlt. ☒ ja ☐ nein
b) Für das erste Jahr gibt es 100,00 € Zinsen. ☒ ja ☐ nein
c) Die Zinsen werden jährlich mehr. ☒ ja ☐ nein
d) Das Kapital am Anfang ist 1100,00 €. ☐ ja ☒ nein
e) Der Zinssatz ist 3,00 % p. a. ☐ ja ☒ nein
f) Das Kapital am Ende des 1. Jahres ist das Kapital am Ende des 2. Jahres. ☐ ja ☒ nein

2 Ergänze.

Tipp
$K_{\text{altes Jahr}} + Z = K_{\text{neues Jahr}}$ $(Z = K \cdot p\%)$

a) 500 € werden 2 Jahre mit 4 % p. a. mit Zinseszinsen angelegt.

Jahr	Kapital	Zinsen
1	500,00 €	20,00 €
2	520,00 €	20,80 €

540,80 € sind es nach 2 Jahren.

b) 650 € werden 3 Jahre mit 2 % p. a. mit Zinseszinsen angelegt.

Jahr	Kapital	Zinsen
1	650,00 €	13,00 €
2	663,00 €	13,26 €
3	676,26 €	13,53 €

689,79 € sind es nach 3 Jahren.

3 Das Kapital wird mit 3 % p. a. mit Zinseszinsen angelegt.
Berechne das Kapital nach n Jahren mit der Formel.

Tipp
$K_{neu} = K \cdot (1 + p\%)^n$
Beispiel: 1000 € werden 3 Jahre (n = 3) mit 10 % p. a. mit Zinseszinsen angelegt.
$K_{neu} = 1000\,€ \cdot (1 + 0{,}10)^3 = 1331{,}00\,€$

a) K = 200 €; n = 3 Jahre
$K_3 = 200\,€ \cdot (1 + 0{,}03)^3 = 218{,}55\,€$

b) K = 400 €; n = 4 Jahre
$K_4 = 400\,€ \cdot (1 + 0{,}03)^4 = 450{,}20\,€$

c) K = 550 €; n = 7 Jahre
$K_7 = 550\,€ \cdot (1 + 0{,}03)^7 = 676{,}43\,€$

Mit Zinseszinsen rechnen

Zinseszinsen bedeutet, dass das Kapital vom alten Jahr zusammen mit den Zinsen für das alte Jahr im neuen Jahr verzinst wird.

Beispiel: 400 € werden 3 Jahre mit 2 % p. a. mit Zinseszinsen angelegt.

Berechnung Jahr für Jahr:

Jahr	Kapital	Zinsen
1	400,00 €	8,00 €
2	408,00 €	8,16 €
3	416,16 €	8,32 €
	424,48 €	

Berechnung mit der Formel für n Jahre:
$K_{neu} = K \cdot (1 + p\%)^n$
$K_{neu} = 400\,€ \cdot (1 + 0{,}02)^3 = 424{,}48\,€$

424,48 € sind es nach 3 Jahren.

1 Berechne das Kapital bei Verzinsung mit Zinseszinsen Jahr für Jahr.

a) 350 € werden 3 Jahre mit 3 % p. a. angelegt.

Jahr	Kapital	Zinsen
1	350,00 €	10,50 €
2	360,50 €	10,82 €
3	371,32 €	11,14 €

382,46 € sind es nach 3 Jahren.

b) 1750 € werden 4 Jahre mit 2,5 % p. a. angelegt.

Jahr	Kapital	Zinsen
1	1750,00 €	43,75 €
2	1793,75 €	44,84 €
3	1838,59 €	45,96 €
4	1884,55 €	47,11 €

1931,66 € sind es nach 4 Jahren.

2 Berechne das Kapital bei Verzinsung mit Zinseszinsen mit der Formel.

Kapital	6000,00 €	3000,00 €	2000,00 €	2500,00 €	6000,00 €
Zinssatz p. a.	3 %	6 %	1,5 %	2,5 %	3 %
Laufzeit	5 Jahre	10 Jahre	4 Jahre	7 Jahre	2 Jahre
Kapital nach der Laufzeit	6955,64 €	5372,54 €	2122,73 €	2971,71 €	6365,40 €

3 15 000 € werden für 10 Jahre mit Zinseszinsen zu unterschiedlichen Zinssätzen angelegt.
Verbinde die Zinssätze mit dem Kapital nach der Laufzeit und ergänze fehlende Werte.

2,5 % | 2 % | 4 % | 3 % | 1,5 % | 3,5 % | 1,75 % | 2,25 %

20 158,75 € | 18 738,05 € | 19 201,27 € | 17 408,11 € | 17 841,67 €

18 284,92 € | 22 203,66 € | 21 158,98 €

Mit Zinseszinsen rechnen

1 Methoden zur Berechnung des Kapitals bei Verzinsung mit Zinseszinsen

a) 2000 € werden 4 Jahre mit 3 % p. a. mit Zinseszinsen angelegt.
Berechne das Kapital mit der Formel $K_{n+1} = K_n \cdot (1 + p\%)$ Jahr für Jahr.

Laufzeit in Jahren	1	2	3	4
Kapital nach der Zeit	2060,00 €	2121,80 €	2185,45 €	2251,02 €

b) Ergänze zuerst. Überprüfe dann mit dem letzten Term deine Ergebnisse bei Teilaufgabe **a)**.

$K_1 = K_0 \cdot (1 + p\%) = K_0 \cdot (1 + p\%)^1$

$K_2 = K_1 \cdot (1 + p\%) = K_0 \cdot (1 + p\%) \cdot (1 + p\%) = K_0 \cdot (1 + p\%)^2$

$K_3 = K_2 \cdot (1 + p\%) = K_0 \cdot (1 + p\%) \cdot (1 + p\%) \cdot (1 + p\%) = K_0 \cdot (1 + p\%)^3$

$K_n = K_{n-1} \cdot (1 + p\%) = K_{n-2} \cdot (1 + p\%) \cdot (1 + p\%) = \ldots = K_0 \cdot (1 + p\%)^n$

2 3500 € werden mit Zinseszinsen angelegt. Der Zinssatz beträgt entweder 2 %, 2,5 % oder 3 % p. a.

a) Ergänze zuerst in der Tabelle das Kapital am Ende der Jahre.
Stelle dann die Entwicklung des Kapitals für jeden Zinssatz im Koordinatensystem dar.

Zinssatz p. a.	5 Jahre	10 Jahre	20 Jahre	25 Jahre
2 %	3864,28 €	4266,48 €	5200,82 €	5742,12 €
2,5 %	3959,93 €	4480,30 €	5735,16 €	6488,80 €
3 %	4057,46 €	4703,71 €	6321,39 €	7328,22 €

b) Markiere im Koordinatensystem, ab welchem Jahr das Kapital größer als 5000 € ist.
Berechne jeweils das Kapital am Ende dieses Jahres.

$K_{13} = 3500 \cdot (1{,}03)^{13} = 5139{,}87$ €

$K_{15} = 3500 \cdot (1{,}025)^{15} = 5069{,}04$ €

$K_{19} = 3500 \cdot (1{,}02)^{19} = 5098{,}84$ €

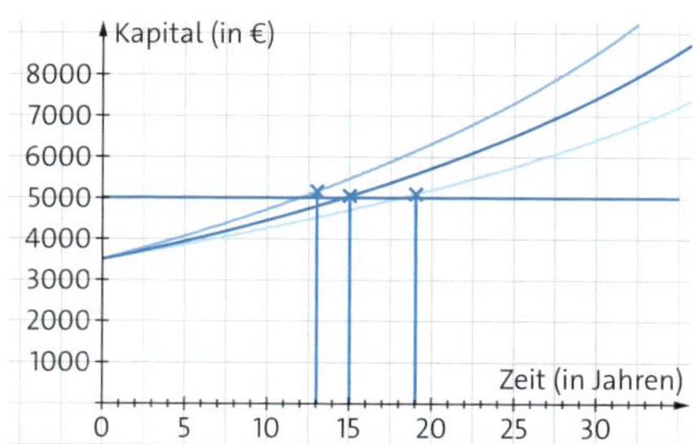

3 Valentin kann 5000 € für 4 Jahre anlegen.
Berate ihn bei der Wahl.

*Angebot A**
2,3 % p. a.
** mit Zinseszinsen*

*Angebot B**
1. Jahr: 1,5 % p. a.
2. Jahr: 2,0 % p. a.
3. Jahr: 2,5 % p. a.
4. Jahr: 3,0 % p. a.
** mit Zinseszinsen*

*Angebot C**
2,35 % p. a.
** ohne Zinseszinsen*

A: $K_4 = 5000\text{ €} \cdot (1{,}023)^4 = 5476{,}11$ €

B: $K_1 = 5075{,}00$ €; $K_2 = 5176{,}50$ €;

$K_3 = 5305{,}91$ € und $K_4 = 5465{,}09$ €

C: 5000 € + 4 · 117,50 € = 5470,00 €

Nimm Angebot A.

Das Kapital berechnen

1 Berechne das Kapital K.

Beispiel: Z = 6 €; p % = 2 % = 0,02
K = Z : p %
K = 6 € : 0,02 = 300 €

a) Z = 27 €; p % = 3 % = 0,03

K = 27 € : 0,03 = 900 €

b) Z = 35 €; p % = 14 % = 0,14

K = 35 € : 0,14 = 250 €

c) Z = 15,50 €; p % = 5 % = 0,05

K = 15,50 € : 0,05 = 310 €

2 Ergänze und berechne das Kapital.

Beispiel: Piotr zahlt 30 € Zinsen. Der Zinssatz ist 20 %.
gegeben: Z = 30 €; p % = 20 %
gesucht: K
K = Z : p %
K = 30 € : 0,20 = 150 €

a) Liu zahlt 3 € Zinsen. Das sind 25 %.
gegeben: Z = 3 €; p % = 25 % = 0,25
gesucht: K
K = 3 € : 0,25 = 12 €

b) Jaden bekommt 36 € Zinsen. Das sind 8 %.
gegeben: Z = 36 €; p % = 8 % = 0,08
gesucht: K
K = 36 € : 0,08 = 450 €

c) Cem zahlt 540 € Zinsen. Das sind 12 %.
gegeben: Z = 540 €; p % = 12 % = 0,12
gesucht: K
K = 540 € : 0,12 = 4500 €

3 Verbinde zuerst mit dem Kapital, wenn möglich.
Ergänze dann die fehlenden Angaben.

- 250 € sind 4 % — 6250 €
- 9 € sind 8 % — 112,50 €
- 30 % sind 300 € — 1000 €
- 18 € sind 7,5 % — 240 €

4 Ergänze. Nutze jedes Kärtchen.

① p % steht für p : 100 = $\frac{p}{100}$

② K ist Z : p %.

③ Also ist auch K = Z : (p : 100)

Kärtchen: Z : p % | K = Z : (p : 100) | $\frac{p}{100}$ | p : 100

Das Kapital berechnen ☒

Wenn die Zinsen Z und der Zinssatz p % gegeben sind, dann kann man das Kapital K mit der Formel berechnen.

K = Z : p %

Beispiel: Ulli bekam 15 € Zinsen bei einem Zinssatz von 3 %.

gegeben: Z = 15 €; p % = 3 % = 0,03
gesucht: K

K = Z : p %
K = 15 € : 0,03 = 500 €

1 Berechne das Kapital.

a) Z = 9 €; p % = 36 % (36 % = 0,36)
K = 9 € : 0,36 = 25 €

b) Z = 50 €; p % = 2,5 % (2,5 % = 0,025)
K = 50 € : 0,025 = 2000 €

2 Ergänze und berechne das Kapital.

a) Herr Bobic leiht sich Geld. Er zahlt 26 € Zinsen. Das entspricht 6,5 %.
Z = 26 € p % = 6,5 % K = 26 € : 0,065 = 400 €

b) Frau Merkur legt Geld auf einem Sparbuch an. Sie bekommt 1,50 € Zinsen. Das sind 2,4 %.
Z = 1,50 € p % = 2,4 % K = 1,50 € : 0,024 = 62,50 €

3 Berechne zuerst das Kapital mit dem Dreisatz. Überprüfe dann dein Ergebnis mit der Formel.

a) Jo bekommt 80 € Zinsen bei einem Zinssatz von 4 %.

	Anteil	Betrag	
: 4	4 %	80 €	: 4
· 100	1 %	20 €	· 100
	100 %	2000 €	

K = 80 € : 0,04 = 2000 €

b) Hung zahlt 12 € Zinsen beim Zinssatz von 5 %.

	Anteil	Betrag	
: 5	5 %	12 €	: 5
· 100	1 %	2,40 €	· 100
	100 %	240 €	

K = 12 € : 0,05 = 240 €

4 Der Zinssatz beträgt 12 %. Verbinde die Zinsen mit dem Kapital. Ergänze das leere Kärtchen.

Z = 9 €	Z = 1,20 €	Z = 6 €	Z = 7,50 €	Z = 12 €	Z = 0,36 €
K = 62,50 €	K = 10 €	K = 75 €	K = 100 €	K = 50 €	K = 3 €

Z = 9 € — K = 75 €; Z = 1,20 € — K = 10 €; Z = 6 € — K = 50 €; Z = 7,50 € — K = 62,50 €; Z = 12 € — K = 100 €; Z = 0,36 € — K = 3 €

5 Forme zuerst nach dem Zinssatz und dann nach dem Kapital um.

K · p % = Z | : K
p % = Z : K

K · p % = Z | : p %
K = Z : p %

Das Kapital berechnen ☒

1 Berechne das Kapital mit der Formel.

a) Z = 6,20 €; p % = 4 %
K = 6,20 € : 0,04 = 155 €

b) Z = 75,50 €; p % = 0,8 %
K = 75,50 € : 0,008 = 9437,50 €

c) Familie Werner erhielt bei einem Zinssatz von 1,74 % nach einem Jahr 52,20 € Zinsen.
K = 52,20 € : 0,0174 = 3000 €

d) Familie Saturn bekommt nach einem Jahr 92,82 € Zinsen. Das sind 0,35 %.
K = 92,82 € : 0,0035 = 26 520 €

2 Ergänze die Rechnung.

a) Z = 1,70 €; p % = 5 %
K = (1,70 € · 100) : 5 ≈ 34 €

b) Z = 32,60 €; p % = 0,4 %
K = (32,60 € · 1000) : 4 = 8150 €

3 Berechne das Kapital mit dem Dreisatz.

a) Z = 16 €; p % = 5 %

	Anteil	Betrag	
: 5	5 %	16 €	: 5
· 100	1 %	3,20 €	· 100
	100 %	320 €	

b) Z = 65 €; p % = 8 %

	Anteil	Betrag	
: 8	8 %	65 €	: 8
· 100	1 %	8,125 €	· 100
	100 %	812,50 €	

4 Unterstreiche in der Rechnung alle Fehler (außer Folgefehler).

a) Z = 16 €; p % = 5 %
Z : K = p % | · Z
K = p % · Z
K = 5 · 16 € = 80 €

b) Z = 65 €; p % = 8 %
K · p % = Z | : p %
K = Z : p %
K = 65 € : 8 % ≈ 8,13 €

5 Piet hat eine besondere Geldanlage. Jedes Jahr steigt der Zinssatz um 0,05 %.

Jahr	Kapital K	Zinssatz p %	Zinsen Z
1	650,00 €	0,80 %	5,20 €
2	655,20 €	0,85 %	5,57 €
3	660,77 €	0,90 %	5,95 €
4	666,72 €	0,95 %	6,33 €

a) Ergänze die Tabelle. Runde sinnvoll.
b) Betrachte das 3. Jahr. Kreuze Zutreffendes an.

☐ $K = 655{,}20\,€ \cdot \left(1 + \frac{0{,}8}{100}\right)$ ☒ 660,77 € = K + Z ☐ K = 650 € · 1,08 ☐ $K = K \cdot \left(1 \cdot \frac{p}{100}\right)$

Die Tageszinsen und Monatszinsen berechnen

1 Ergänze den Faktor t für die Monatszinsen.

Monate	3	9	2	11	4
Faktor t	$\frac{3}{12}$	$\frac{9}{12}$	$\frac{2}{12}$	$\frac{11}{12}$	$\frac{4}{12}$

Tipp
t ist der Anteil von einem Jahr (von 12 Monaten): $t = \frac{■}{12}$

Beispiel: Die Laufzeit ist 7 Monate. $t = \frac{7}{12}$

2 Berechne die Monatszinsen für 150 € beim Zinssatz von 8 % p. a.

a) 4 Monate $Z_t = 150\,€ \cdot 0{,}08 \cdot \frac{4}{12} = 4\,€$

b) 11 Monate $Z_t = 150\,€ \cdot 0{,}08 \cdot \frac{11}{12} = 11\,€$

Tipp
Multipliziere die Zinsen p. a. mit t.
(„p. a." steht für „pro Jahr".)
$Z_t = K \cdot p\,\% \cdot t$

3 Ergänze den Faktor t für die Tageszinsen.

Tage	20	65	330	18	37
Faktor t	$\frac{20}{360}$	$\frac{65}{360}$	$\frac{330}{360}$	$\frac{18}{360}$	$\frac{37}{360}$

Tipp
t ist der Anteil von einem Jahr (von „360 Tagen"): $t = \frac{■}{360}$

4 Berechne die Tageszinsen für 2000 € beim Zinssatz von 3 % p. a.

a) 60 Tage $Z_t = 2000\,€ \cdot 0{,}03 \cdot \frac{60}{360} = 10{,}00\,€$

b) 315 Tage $Z_t = 2000\,€ \cdot 0{,}03 \cdot \frac{315}{360} = 52{,}50\,€$

Beispiel: Zinsen für 400 € mit 3 % p. a. für 90 Tage
$Z_t = 400\,€ \cdot 0{,}03 \cdot \frac{90}{360} = 3\,€$

5 Verbinde das Kapital K und den Zinssatz p % mit den Zinsen Z für ein Jahr, mit der Laufzeit und mit den Zinsen Z_t.

Tipp $Z = K \cdot p\,\%$
$Z_t = K \cdot p\,\% \cdot t$

K = 700,00 € p % = 2 %	K = 500,00 € p % = 9 %	K = 10 000,00 € p % = 3 %	K = 2000,00 € p % = 7 %	K = 3500,00 € p % = 5 %
Z = 14,00 €	Z = 140,00 €	Z = 45,00 €	Z = 300,00 €	Z = 175,00 €
halbes Jahr	8 Monate	36 Tage	3 Monate	126 Tage
Z_t = 7,00 €	Z_t = 4,50 €	Z_t = 200,00 €	Z_t = 35,00 €	Z_t = 61,25 €

Die Tageszinsen und Monatszinsen berechnen

- Für Monats- und Tageszinsen gilt: $Z_t = K \cdot p\,\% \cdot t$
  Z_t sind die Zinsen für den Anteil t eines Jahres.
  K ist das Kapital und p % der Zinssatz p. a.
- Für Monatszinsen gilt: $t = \frac{■}{12}$
  (Ein Jahr hat 12 Monate.)
- Für Tageszinsen gilt: $t = \frac{■}{360}$
  (Ein Jahr hat im Bankwesen 360 Tage.)

Beispiel:
2000 € werden mit 6 % p. a. verzinst.

Laufzeit: 6 Monate
$Z_t = 2000\,€ \cdot 0{,}06 \cdot \frac{6}{12} = 60\,€$
Für 6 Monate gibt es 60 € Zinsen.

Laufzeit: 30 Tage
$Z_t = 2000\,€ \cdot 0{,}06 \cdot \frac{30}{360} = 10\,€$
Für 30 Tage gibt es 10 € Zinsen.

1 Ergänze.

a) Monatszinsen

Kapital K	80 €	150 €	700 €	1200 €	320 €
Zinssatz p% (p. a.)	3 %	5 %	6 %	9 %	2 %
Laufzeit in Monaten	4	6	7	11	3
Faktor t für die Laufzeit	$\frac{4}{12} = \frac{1}{3}$	$\frac{6}{12} = \frac{1}{2}$	$\frac{7}{12}$	$\frac{11}{12}$	$\frac{1}{4}$
Zinsen Z_t für die Laufzeit	0,80 €	3,75 €	24,50 €	99,00 €	1,60 €

b) Tageszinsen

Kapital K	80 €	700 €	1200 €	150 €	320 €
Zinssatz p% (p. a.)	9 %	8 %	7 %	4 %	2 %
Laufzeit in Tagen	60	225	12	120	315
Faktor t für die Laufzeit	$\frac{60}{360} = \frac{1}{6}$	$\frac{225}{360} = \frac{5}{8}$	$\frac{1}{30}$	$\frac{1}{3}$	$\frac{315}{360} = \frac{7}{8}$
Zinsen Z_t für die Laufzeit	1,20 €	35,00 €	2,80 €	2,00 €	5,60 €

2 Berechne. Runde sinnvoll.

a) Meike hat 12 500 €. Sie legt das Geld zu 3,5 % p. a. an. Berechne die Zinsen für 5 Monate.

$Z_t = 12\,500\,€ \cdot 0{,}035 \cdot \frac{5}{12} = 182{,}29\,€$ Sie bekommt 182,29 € Zinsen.

b) Fred sieht einen Fernseher, der 1450 € kostet. Er möchte den Fernseher erst in 60 Tagen bezahlen. Dafür muss er 1,5 % Zinsen p. a. zahlen. Berechne die Zinsen für die 60 Tage.

$Z_t = 1450\,€ \cdot 0{,}015 \cdot \frac{60}{360} = 3{,}63\,€$ Es fallen 3,63 € Zinsen an.

c) Die Firma OKA benötigt einen Kredit über 1,2 Mio. Euro vom 23. August bis zum 10. Oktober. Die Bank verleiht das Geld zu einem Zinssatz von 4,5 % p. a. Berechne die Zinsen für den Zeitraum.

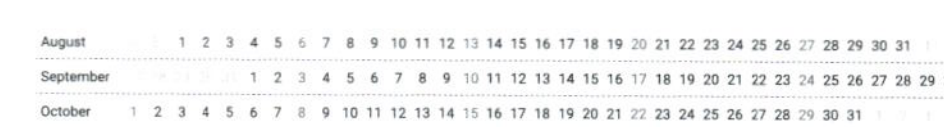

$Z_t = 1\,200\,000\,€ \cdot 0{,}045 \cdot \frac{49}{360} = 7350\,€$ Es sind 7350 € Zinsen.

1 Ergänze.

a) Berechne die Zinsen.

Kapital K	10 000 €	5000 €	2500 €	3400 €	620 €
Zinssatz p% (p.a.)	2 %	3,5 %	1,7 %	2,25 %	11,2 %
Laufzeit	4 Monate	50 Tage	7 Monate	352 Tage	$\frac{3}{4}$ Jahr
Zinsen Z_t für die Laufzeit	66,67 €	24,31 €	24,79 €	74,80 €	52,08 €

b) Berechne Zinsen und Laufzeiten.

Kapital K	15 500 €	4200 €	2140 €	1415 €	123 €
Zinssatz p% (p.a.)	4 %	1,1 %	0,95 %	2,42 %	1,73 %
Laufzeit	halbes Jahr	272 Tage	3 Monate	21 Tage	ein Jahr
Zinsen Z_t für die Laufzeit	310 €	34,91 €	5,08 €	2,00 €	2,13 €

2 Vivien legt 350 000 € mit einem Zinssatz von 1,25 % p.a. an.
Verbinde die Zeiträume mit den Zinsen.

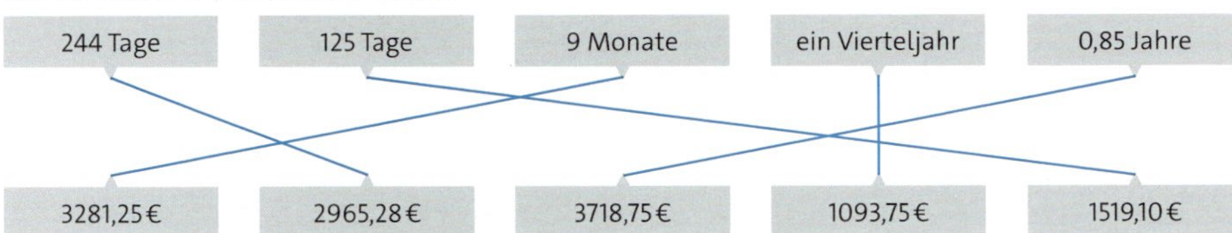

3 Michael hat ein Sparbuch mit gestaffelten Zinssätzen.
Am 1. Januar waren 4585 € auf dem Konto. Am 28. April hob er 770 € ab und am 15. Mai wurden 4570 € eingezahlt.
Am 23. August zahlte er zusätzlich 230 € und am 4. Oktober 1750 € ein. Am 23. Dezember hob er 2500 € ab.
Ermittle den Kontostand am 1. Januar des Folgejahres.

Zinssatz p.a.	Kontostand
1,50 %	unter 1000 €
2,00 %	von 1000 € bis 5000 €
2,50 %	von 5000 € bis 15 000 €
2,75 %	über 15 000 €

Zeitraum	Kapital	Anlagedauer	Zinssatz p.a.	Zinsen
1. Januar bis 27. April	4585,00 €	118 Tage	2,00 %	30,06 €
28. April bis 14. Mai	3815,00 €	17 Tage	2,00 %	3,60 €
15. Mai bis 22. August	8385,00 €	100 Tage	2,50 %	58,23 €
23. August bis 3. Oktober	8615,00 €	42 Tage	2,50 %	25,13 €
4. Oktober bis 22. Dezember	10 365,00 €	80 Tage	2,50 %	57,58 €
23. Dezember bis 31. Dezember	7865,00 €	9 Tage	2,50 %	4,92 €

Am 1. Januar des Folgejahres sind 8044,52 € (7865 € + 179,52 €) auf seinem Konto.

1 Kreuze zuerst an, wenn es ein Prisma ist. Notiere dann die Form der Grundfläche.

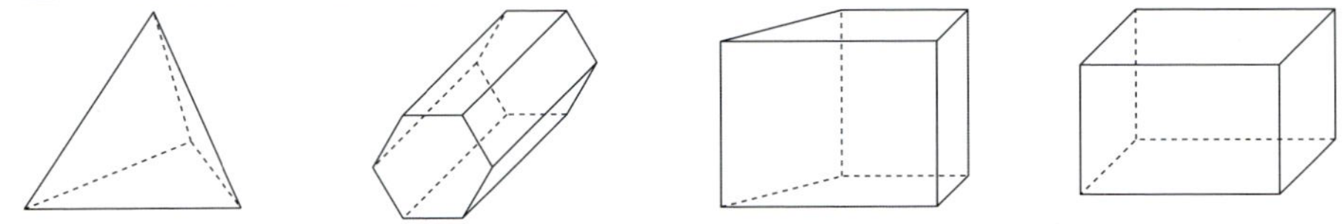

☐ Prisma	☒ Prisma	☒ Prisma	☒ Prisma
Grundfläche: –	Grundfläche: *Sechseck*	Grundfläche: *Trapez*	Grundfläche: *Rechteck*

2 Markiere die Grundflächen und die Deckflächen der Prismen mit der gleichen Farbe.
Markiere eine Körperhöhe in einer anderen Farbe.

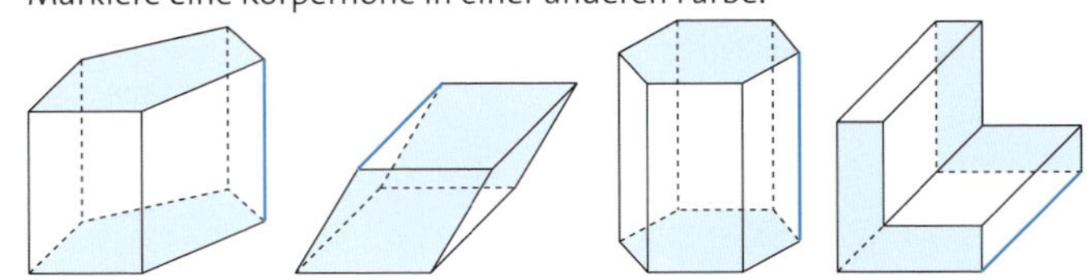

Tipp
Diese Prismen stehen auf der Grundfläche oder liegen auf einer Seitenfläche.

3 Verbinde die Prismen mit den passenden Namen.

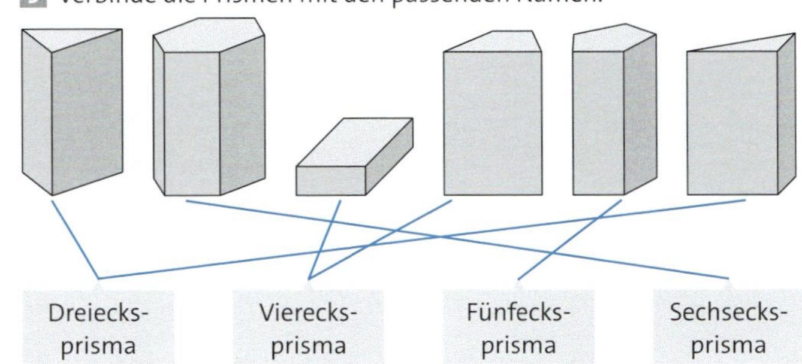

Beispiel:
Grundfläche Sechseck
→ Name: Sechsecksprisma.

4 Vervollständige zu Schrägbildern von Prismen.

a)

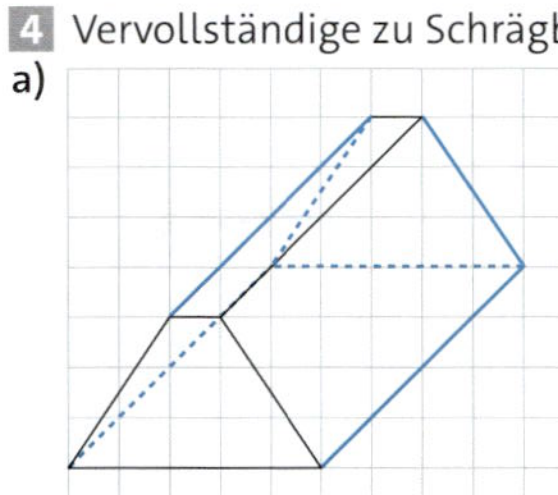

b)

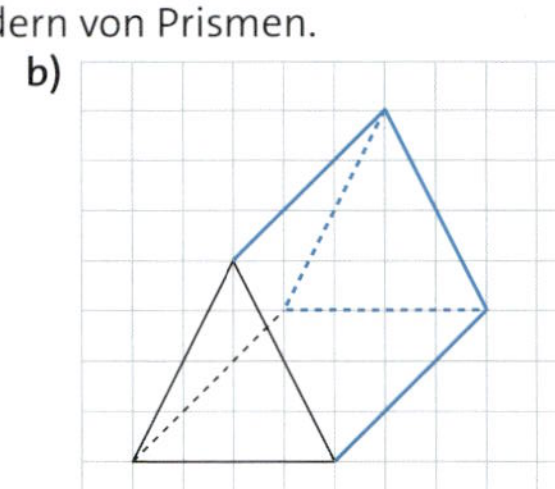

c)

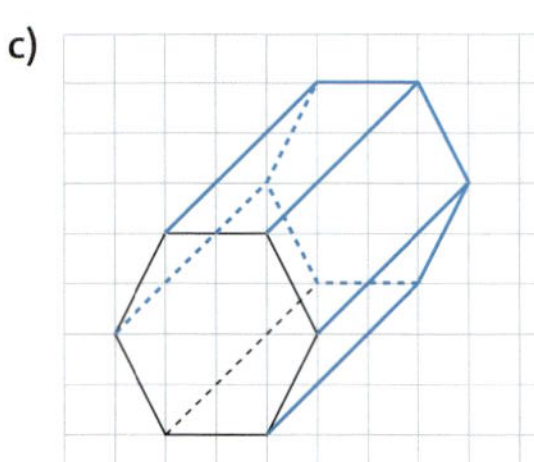

Prismen beschreiben und zeichnen ☒

Ein Prisma ist ein Körper mit diesen Eigenschaften:
① Die Grundfläche und die Deckfläche sind Vielecke. Sie sind deckungsgleich und parallel zueinander.
② Die Seitenflächen sind Rechtecke. Sie stehen bei geraden Prismen senkrecht auf der Grundfläche.
Der Abstand zwischen der Grundfläche und der Deckfläche ist die Körperhöhe h_K.

1 Verbinde die Prismen mit allen passenden Eigenschaften.

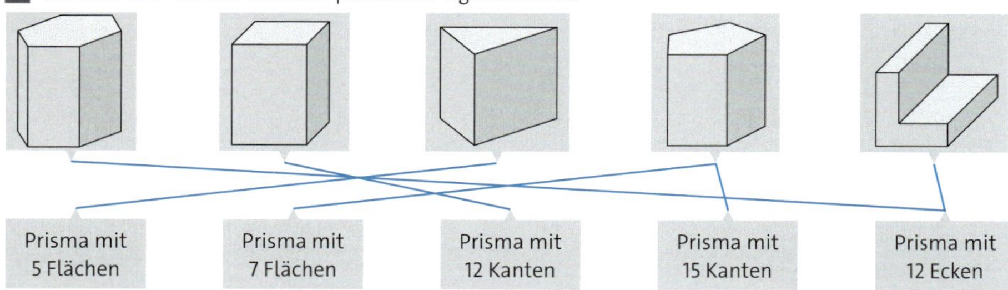

2 Hier ist die Grundfläche eines Prismas gezeichnet. Vervollständige das Schrägbild.
a) Körperhöhe 6 cm
b) Körperhöhe 5 cm
c) Körperhöhe 5 cm

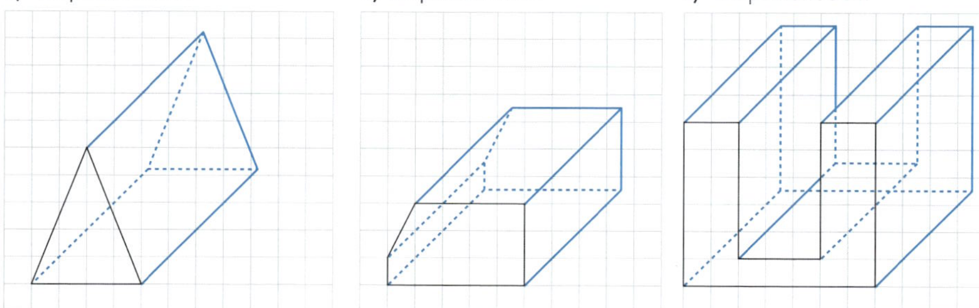

3 Gegeben ist ein Schrägbild eines Prismas.

a) Miss die markierten Längen. Trage sie im Bild ein.

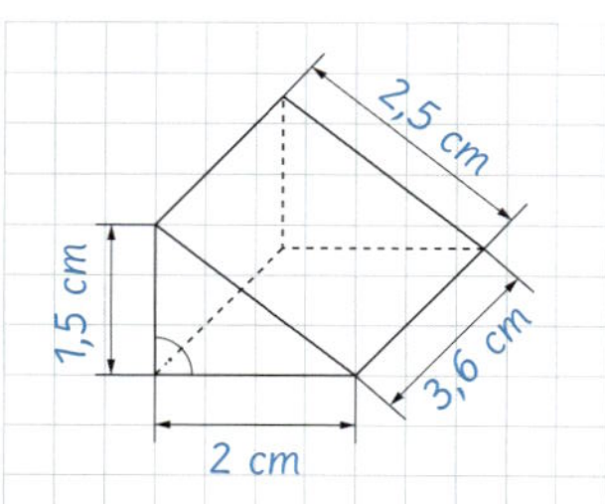

b) Vervollständige die Beschreibung des Prismas.

Grundfläche: rechtwinkliges Dreieck

Anzahl der Ecken: 6

Anzahl der Kanten: 9

Anzahl der Flächen: 5

c) Vervollständige das Schrägbild, bei dem das Prisma auf der Grundfläche steht.

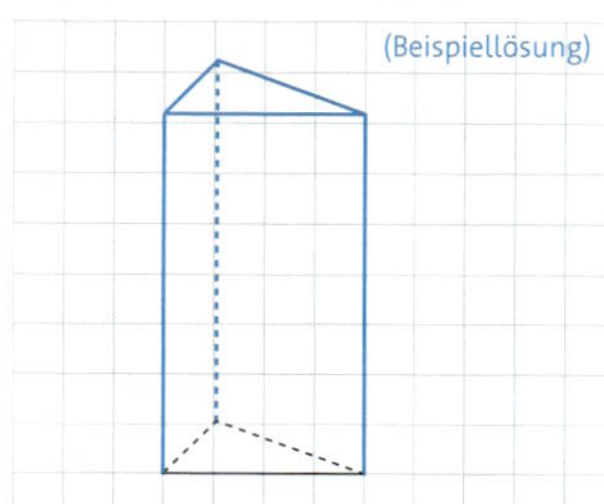

Prismen beschreiben und zeichnen ☒

1 Kreuze Zutreffendes für Prismen an.

		wahr	falsch
a)	Ein Prisma hat immer eine Grundfläche und eine Deckfläche.	☒	☐
b)	Die Seitenflächen sind immer quadratisch.	☐	☒
c)	Die Grundfläche und die Deckfläche sind immer Vierecke.	☐	☒
d)	Die Grundfläche und die Deckfläche sind immer deckungsgleich.	☒	☐
e)	Die Seitenflächen können unterschiedlich groß sein.	☒	☐

2 Korrigiere die falschen Aussagen aus Aufgabe 1.

zu b): Die Seitenflächen sind immer rechteckig.

zu c): Die Grundflächen und die Deckflächen sind immer Vielecke.

3 Vervollständige zwei verschiedene Schrägbilder des gegebenen Prismas (stehend und liegend).
gegeben:
Grundfläche:

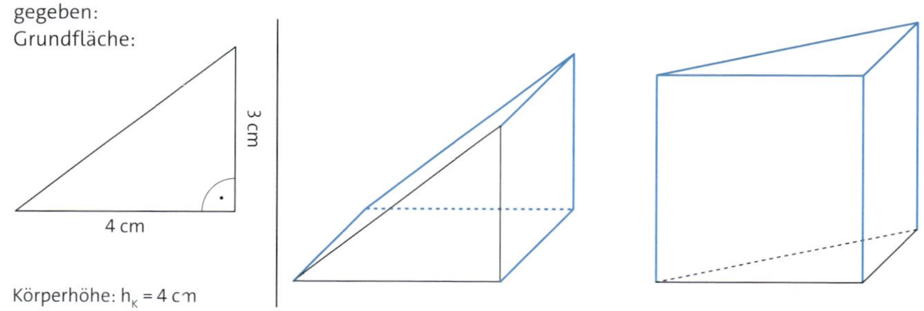

Körperhöhe: h_K = 4 cm

4 Würfel zerlegen
a) Zeichne in das Schrägbild des Würfels eine Zerlegung in vier gleiche Dreiecksprismen ein.
b) Miss und notiere rechts die Maße dieser Dreiecksprismen (Seitenlängen der Grundfläche und Körperhöhe). Notiere zur Grundfläche auch die passende Dreiecksart.

Lösungsmöglichkeiten:

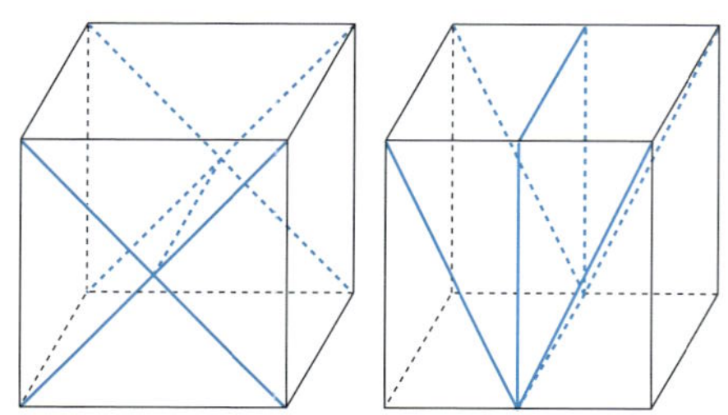

Seitenlängen 4 cm; 2,8 cm; 2,8 cm
Körperhöhe h_k = 4 cm
Grundfläche gleichschenkliges; rechtwinkliges Dreieck
ODER Seitenlängen 2 cm; 4 cm; 4,5 cm
Körperhöhe h_k = 4 cm
Grundfläche rechtwinkliges Dreieck

Netze von Prismen erkennen und zeichnen

1 Verbinde die Netze mit den passenden Namen.

Tipp
Achte auf die Grundflächen.

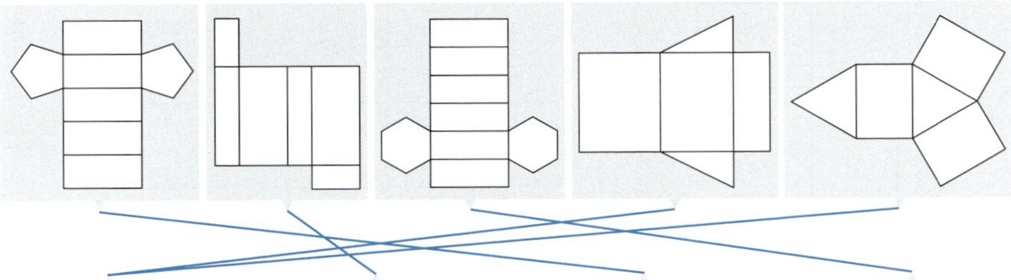

Dreiecksprisma | Vierecksprisma | Fünfecksprisma | Sechsecksprisma

2 Vervollständige zum Netz eines Dreiecksprismas.

Tipp
Dreiecksprismen haben fünf Flächen (Grundfläche, Deckfläche und drei Seitenflächen).

a)

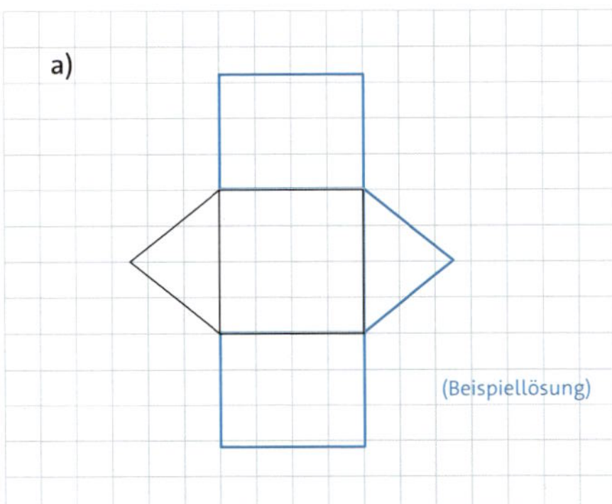

(Beispiellösung)

b)

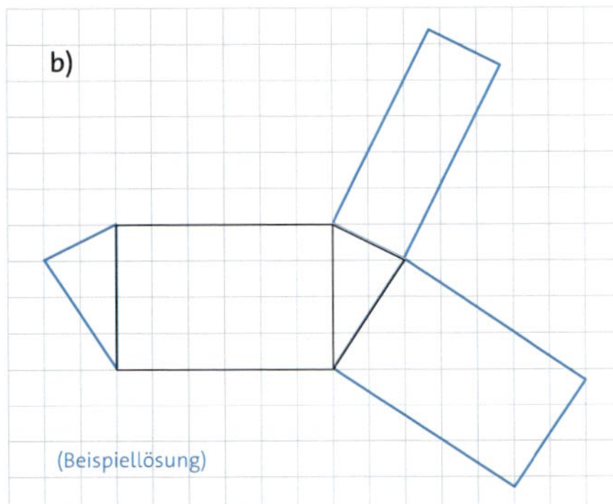

(Beispiellösung)

3 Kreuze an, wenn es ein Netz eines Prismas ist. Wenn ja, markiere die Mantelfläche farbig.

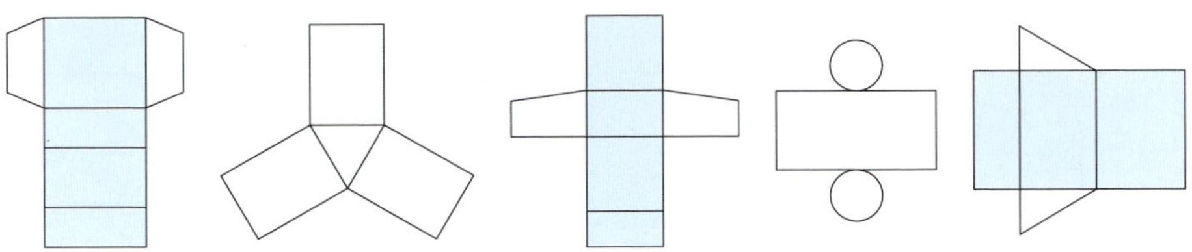

☒ Netz Prisma | ☐ Netz Prisma | ☒ Netz Prisma | ☐ Netz Prisma | ☒ Netz Prisma

Netze von Prismen erkennen und zeichnen

Wenn du ein Prisma auseinanderfaltest, dann ergeben die zusammenhängenden Flächen ein Netz des Prismas.

Das Netz besteht aus der Grundfläche, der Deckfläche und allen Seitenflächen.

Alle Seitenflächen zusammen ergeben die Mantelfläche.

Beispiel: Netz eines Dreiecksprismas

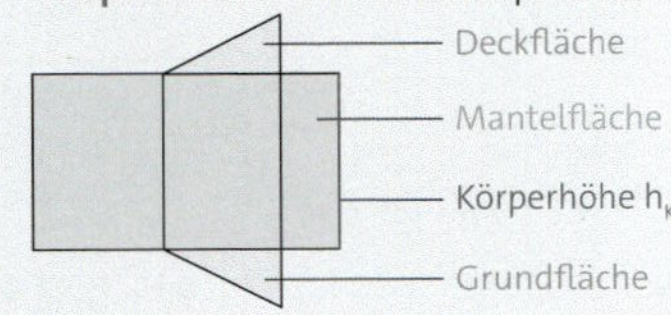

1 Kreuze Zutreffendes für Prismen an.

	wahr	falsch
Wenn in einem Netz alle Seitenlängen gleich lang sind, dann ist es ein Netz eines Prismas.	☐	☒
Alle Seitenflächen zusammen ergeben die Mantelfläche.	☒	☐
Die Grundfläche ist ein Teil der Mantelfläche.	☐	☒
Es gibt immer so viele Seitenflächen, wie die Grundfläche Kanten hat.	☒	☐
Grund- und Deckfläche sind immer deckungsgleich.	☒	☐

2 Gegeben ist ein Vierecksprisma mit der abgebildeten Grundfläche und der Körperhöhe 1 cm.
a) Miss die Kantenlängen der Grundfläche.
Schreibe sie an die Kanten.
b) Vervollständige die Grundfläche zu einem Netz.

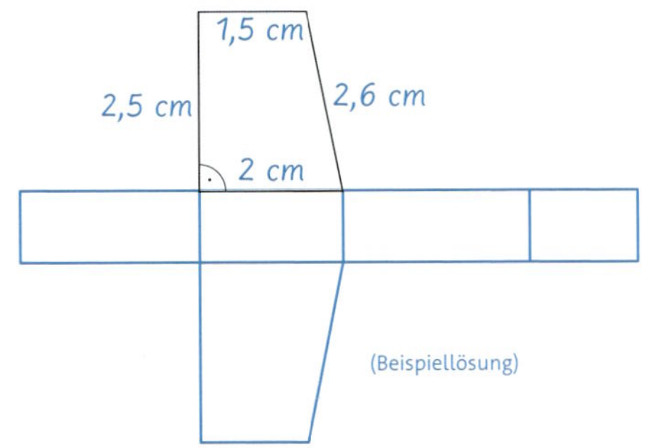

(Beispiellösung)

3 Gegeben ist die Mantelfläche eines Dreiecksprismas.
Vervollständige das Netz.

Tipp
Überlege, welche Strecken die Körperhöhen sind.
An den anderen Strecken kannst du die Seitenlängen der dreieckigen Grundfläche messen.
Nutze zum Vervollständigen des Netzes einen Zirkel.

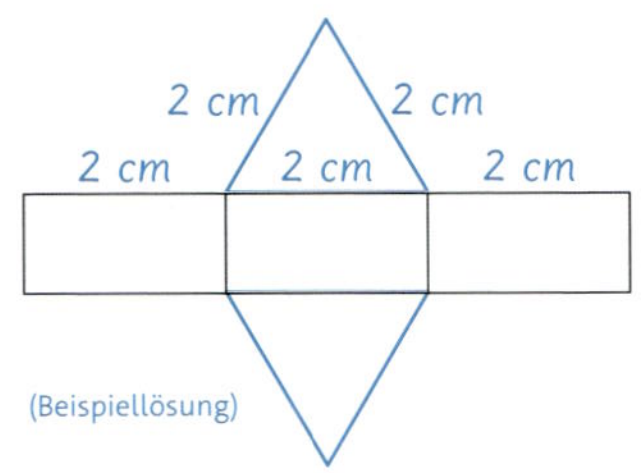

(Beispiellösung)

Netze von Prismen erkennen und zeichnen

1 Verbinde die Figuren mit den passenden Bezeichnungen.

Tipp
Bei Bandnetzen ist die Mantelfläche ein Rechteck, bei Sternnetzen dagegen nicht.

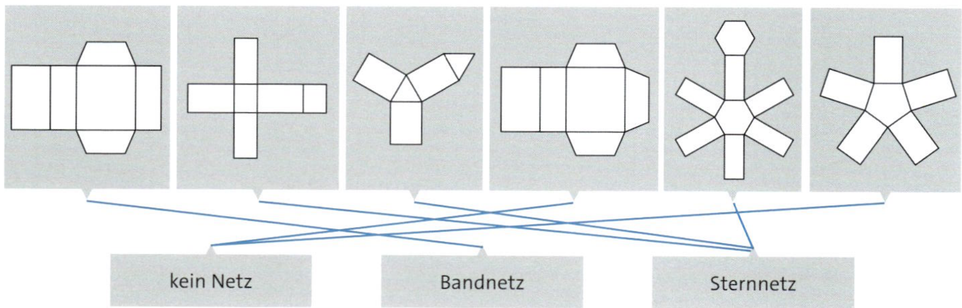

2 Hier siehst du die Mantelfläche eines Prismas.
Was kannst du daraus über das Prisma erfahren? Ergänze den Steckbrief.

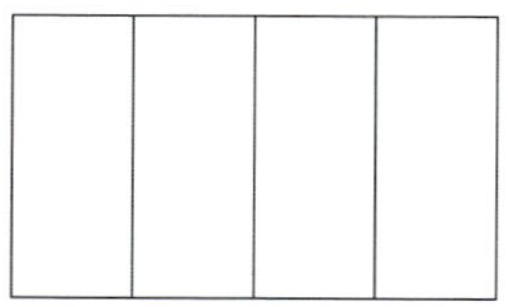

Steckbrief

Die Grundfläche ist ein *Viereck (Raute oder Quadrat)*.

Anzahl der Ecken: *8*

Anzahl der Kanten: *12*

Anzahl der Flächen: *6*

Die Seiten der Grundfläche sind *1,5* cm lang.

Das Prisma ist *2,8* cm hoch.

3 Zeichne ein Bandnetz und ein Sternnetz des abgebildeten Prismas. Nutze die Vorgaben.

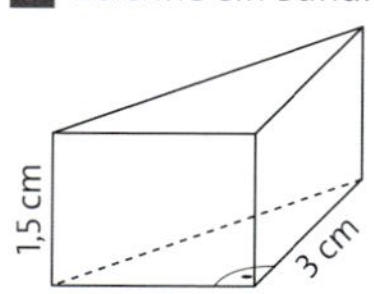

Bandnetz:

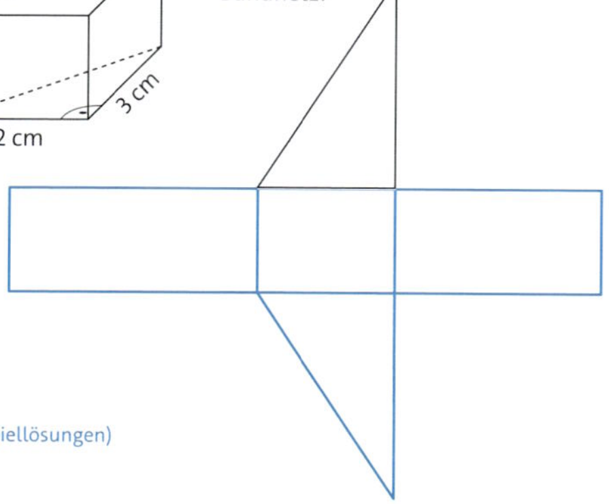

Sternnetz:

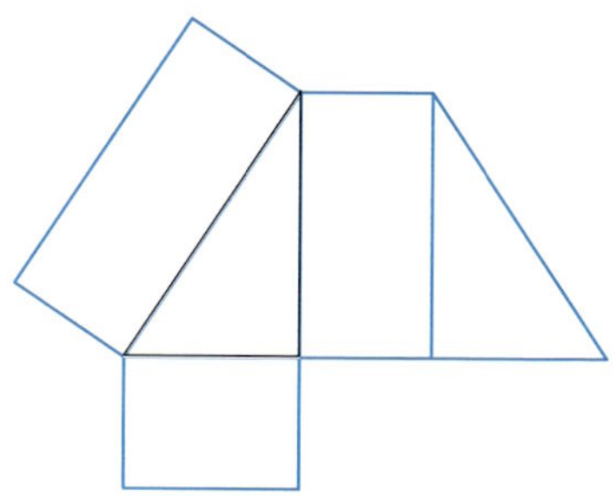

(Beispiellösungen)

Oberflächeninhalt von Prismen berechnen

1 Leon hat Oberflächeninhalte von Prismen berechnet.
Prüfe und korrigiere Leons Lösungen.

G	$10\,cm^2$	$40\,cm^2$	$30\,cm^2$	$50\,cm^2$	$25\,cm^2$	$70\,cm^2$
M	$90\,cm^2$	$70\,cm^2$	$65\,cm^2$	$57\,cm^2$	$33\,cm^2$	$21\,cm^2$
$O = 2 \cdot G + M$	$100\,cm^2$	$150\,cm^2$	$95\,cm^2$	$107\,cm^2$	$83\,cm^2$	$161\,cm^2$
	☐ wahr ☒ falsch	☒ wahr ☐ falsch	☐ wahr ☒ falsch	☐ wahr ☒ falsch	☒ wahr ☐ falsch	☒ wahr ☐ falsch
Korrektur	$110\,cm^2$		$125\,cm^2$	$157\,cm^2$		

2 Berechne mit den Schritten ① bis ③ den Oberflächeninhalt O des Prismas.

Tipp ① M berechnen
② G berechnen
③ O berechnen mit $O = 2 \cdot G + M$

a)

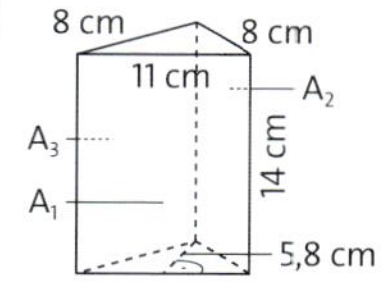

① $A_1 = 11\,cm \cdot 14\,cm = 154\,cm^2$

$A_2 = 8\,cm \cdot 14\,cm = 112\,cm^2$

$A_3 = A_2 = 112\,cm^2$

$\mathbf{M = A_1 + A_2 + A_3}$

$M = 378\,cm^2$

② $G = \frac{11\,cm \cdot 5{,}8\,cm}{2}$

$G = 31{,}9\,cm^2$

③ $\mathbf{O = 2 \cdot G + M}$

$O = 2 \cdot 31{,}9\,cm^2 + 378\,cm^2$

$O = 441{,}8\,cm^2$

b)

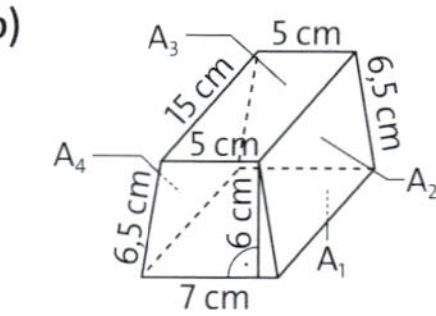

① $A_1 = 7\,cm \cdot 15\,cm = 105\,cm^2$

$A_2 = 6{,}5\,cm \cdot 15\,cm = 97{,}5\,cm^2$

$A_3 = 5\,cm \cdot 15\,cm = 75\,cm^2$

$A_4 = A_2 = 97{,}5\,cm^2$

$\mathbf{M = A_1 + A_2 + A_3 + A_4}$

$M = 375\,cm^2$

② $G = \frac{(7\,cm + 5\,cm)}{2} \cdot 6\,cm$

$G = 36\,cm^2$

③ $\mathbf{O = 2 \cdot G + M}$

$O = 2 \cdot 36\,cm^2 + 375\,cm^2$

$O = 447\,cm^2$

Oberflächeninhalt von Prismen berechnen ☒

Der Mantelflächeninhalt M eines Prismas ist die Summe aller Seitenflächeninhalte.

Der Oberflächeninhalt O eines Prismas ist die Summe aus dem doppelten Grundflächeninhalt und dem Mantelflächeninhalt.

Formel: $O = 2 \cdot G + M$

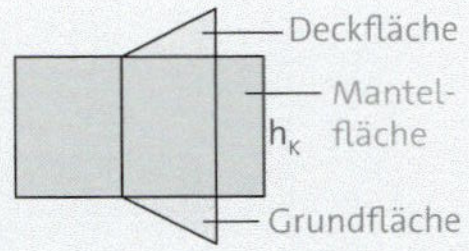

1 Ein Baustein hat die Form eines Dreiecksprismas. Seine Oberfläche soll eine Lackschicht bekommen.

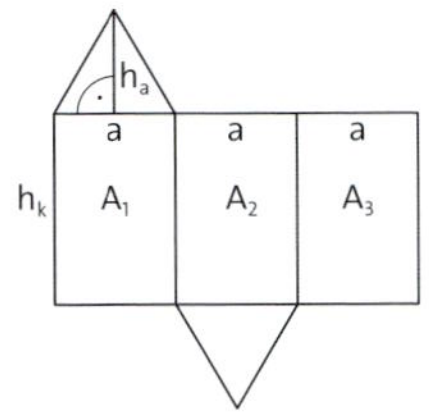

a = 20 cm
h_k = 32 cm
h_a = 17,3 cm

a) Berechne den Grundflächeninhalt G.

$G = \frac{20\,cm \cdot 17{,}3\,cm}{2}$

$G = 173\,cm^2$

b) Berechne den Mantelflächeninhalt M.

$A_1 = 20\,cm \cdot 32\,cm = 640\,cm^2$

$A_2 = A_3 = A_1$

$M = 3 \cdot A_1$

$M = 3 \cdot 640\,cm^2 = 1920\,cm^2$

c) Prüfe, ob eine Dose Lack für 1500 cm² reicht, um die Oberfläche neu zu beschichten. Begründe.

$O = 2 \cdot G + M$

$O = 2 \cdot 173\,cm^2 + 1920\,cm^2$

$O = 2266\,cm^2$

Antwort: Eine Dose Lack reicht nicht (Oberflächeninhalt größer als 1500 cm²).

2 Die Raute und das gleichschenklige Dreieck sind die Grundflächen von Prismen mit der gleichen Körperhöhe h_K = 15 cm.
Zekiye behauptet: „Die Mantelflächeninhalte der beiden Prismen stimmen überein, da ihre Körperhöhen gleich lang sind."
Prüfe mit einer Rechnung, ob Zekiye recht hat.

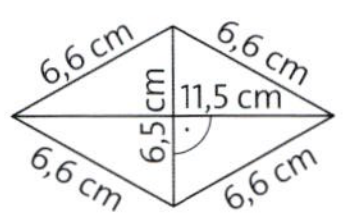

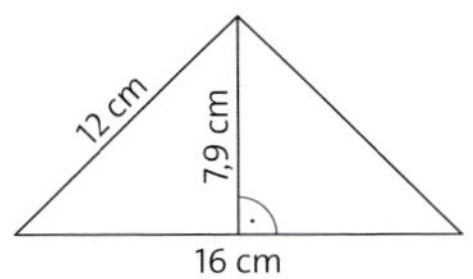

Raute:

$A = 6{,}6\,cm \cdot 15\,cm = 99\,cm^2$

$M = 4 \cdot A = 4 \cdot 99\,cm^2 = 396\,cm^2$

Dreieck:

$A_1 = 12\,cm \cdot 15\,cm = 180\,cm^2$

$A_2 = 16\,cm \cdot 15\,cm = 240\,cm^2$

$M = 2 \cdot A_1 + A_2 = 600\,cm^2$

Antwort: Es stimmt nicht. Die Mantelflächeninhalte sind unterschiedlich.

Oberflächeninhalt von Prismen berechnen ☒

1 Berechne die fehlenden Werte von Prismen.

G	20 cm²	26,0 cm²	90 cm²	140 cm²	150 cm²	75 cm²
M	180 cm²	171,6 cm²	360 cm²	340 cm²	84,5 cm²	72,8 cm²
O	220 cm²	223,6 cm²	540 cm²	620 cm²	384,5 cm²	222,8 cm²

2 Von einem Prisma mit einem rechtwinkligen Dreieck als Grundfläche sind einige Größen bekannt.
Berechne den Oberflächeninhalt O des Prismas.

Körperhöhe: $h_k = 2{,}5\,cm$

Seitenflächen: $A_1 = 12{,}5\,cm^2$
$A_2 = 30{,}0\,cm^2$
$A_3 = 32{,}5\,cm^2$

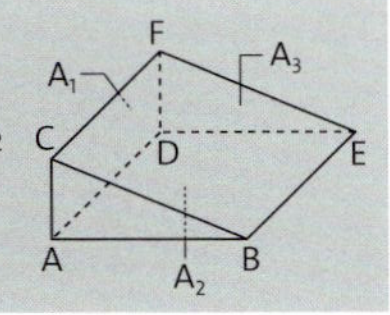

① Mantelflächeninhalt: $M = A_1 + A_2 + A_3 = 75\,cm^2$

Aus A_1 und A_2 lassen sich die Seiten b und c der Grundfläche berechnen:

$b = 12{,}5\,cm^2 : 2{,}5\,cm = 5\,cm$ $\quad c = 30{,}0\,cm^2 : 2{,}5\,cm = 12\,cm$

② Grundflächeninhalt: $G = \frac{5\,cm \cdot 12\,cm}{2} = 30\,cm^2$

③ Oberflächeninhalt: $O = 2 \cdot G + M = 60\,cm^2 + 75\,cm^2 = 135\,cm^2$

3 Berechne den Oberflächeninhalt O des Prismas mit der Körperhöhe h_K = 11,5 cm.
Die Grundfläche ist ein rechtwinkliges Trapez mit a = 7 cm; b = 5,7 cm; c = 4,5 cm und d = 5,1 cm.
Die Seiten a und b sind parallel zueinander.
Die Seite d ist zugleich auch die Höhe des Trapezes.

Tipp
Berechne den Mantelflächeninhalt M mit der Formel $M = u_{Grundfläche} \cdot h_K$.
Dies ist einfacher, als zuerst A_1 bis A_4 einzeln zu berechnen und dann die Ergebnisse zu addieren.

① Mantelflächeninhalt: $u_{Grundfläche} = 7{,}0\,cm + 5{,}7\,cm + 4{,}5\,cm + 5{,}1\,cm$

$u_{Grundfläche} = 22{,}3\,cm$

$M = u_{Grundfläche} \cdot h_K$

$M = 22{,}3\,cm \cdot 11{,}5\,cm = 256{,}45\,cm^2$

② Grundflächeninhalt: $G = \frac{(7{,}0\,cm + 4{,}5\,cm)}{2} \cdot 5{,}1\,cm = 29{,}325\,cm^2$

③ Oberflächeninhalt: $O = 2 \cdot G + M$

$O = 58{,}65\,cm^2 + 256{,}45\,cm^2 = 315{,}1\,cm^2$

Volumen von Prismen berechnen

1 Pia hat Volumina von Prismen berechnet. Prüfe ihre Lösungen. Korrigiere, wenn nötig.

Tipp
Formel für das Volumen eines Prismas:
$V = G \cdot h_K$

G	$6{,}5\,cm^2$	$8\,cm^2$	$7{,}5\,cm^2$	$15\,cm^2$	$13\,cm^2$	$25\,cm^2$
h_K	2 cm	13 cm	4 cm	10 cm	7 cm	8 cm
$V = G \cdot h_K$	$13\,cm^3$	$104\,cm^3$	$29\,cm^3$	$150\,cm^3$	$81\,cm^2$	$225\,cm^3$
	☒ wahr ☐ falsch	☒ wahr ☐ falsch	☐ wahr ☒ falsch	☒ wahr ☐ falsch	☐ wahr ☒ falsch	☐ wahr ☒ falsch
Korrektur			$30\,cm^3$		$91\,cm^3$	$200\,cm^3$

2 Notiere zuerst die Form der Grundfläche und ihre Maße.
Berechne dann den Grundflächeninhalt G und das Volumen V des Prismas.

Tipp
① Form und Maße von G
② G berechnen
③ V berechnen mit $V = G \cdot h_K$

a)

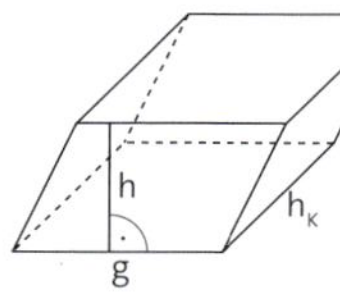

g = 8 cm
h = 5 cm
h_K = 12 cm

① Grundfläche
Parallelogramm
mit g = *8 cm* und h = *5 cm*

② $G = g \cdot h$

G = *8* cm · *5* cm

G = *40* cm^2

③ $V = G \cdot h_K$

V = *40* cm^2 · *12* cm

V = *480* cm^3

b)

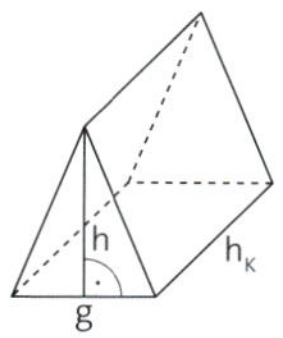

g = 7 cm
h = 8,4 cm
h_K = 16 cm

① Grundfläche
Dreieck
mit g = *7 cm* und h = *8,4 cm*

② $G = \frac{g \cdot h}{2}$

$G = \frac{7\,cm \cdot 8{,}4\,cm}{2}$

G = *29,4* cm^2

③ $V = G \cdot h_K$

V = *29,4* cm^2 · *16* cm

V = *470,4* cm^3

Volumen von Prismen berechnen

Für das Volumen V eines Prismas multiplizierst du den Grundflächeninhalt G mit der Körperhöhe h_K des Prismas.

Formel:
$V = G \cdot h_K$

1 Berechne die fehlenden Werte.

G	$14{,}5\,cm^2$	$37{,}5\,cm^2$	$12{,}5\,cm^2$	$26\,cm^2$	$9\,cm^2$	$25\,cm^2$
h_K	2 cm	8 cm	4 cm	12 cm	13 cm	17 cm
$V = G \cdot h_K$	$29\,cm^3$	$300\,cm^3$	$50\,cm^3$	$312\,cm^3$	$117\,cm^3$	$425\,cm^3$

2 Von einem Prisma sind die Grundfläche und die Körperhöhe bekannt.
Berechne das Volumen V des Prismas.

Grundfläche:
Trapez

Körperhöhe:
h_K = 140 mm

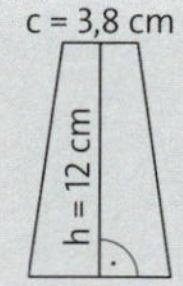

Schritt ①: Berechne den Grundflächeninhalt.

$G = \frac{(a + c)}{2} \cdot h$

$G = \frac{(7{,}2\,cm + 3{,}8\,cm)}{2} \cdot 12\,cm$

$G = 5{,}5\,cm \cdot 12\,cm = 66\,cm^2$

Schritt ②: Berechne das Volumen.

Umrechnen in cm: $h_K = 140\,mm = 14\,cm$

$V = G \cdot h_K$

$V = 66\,cm^2 \cdot 14\,cm = 924\,cm^3$

3 Kreuze Zutreffendes für Prismen an.

Wenn man die Körperhöhe verdoppelt, so verdoppelt sich auch das Volumen.	☒ wahr	☐ falsch
Wenn man die Grundfläche verdreifacht, so verdreifacht sich auch das Volumen.	☒ wahr	☐ falsch
Wenn man die Grundfläche halbiert, so halbiert sich auch das Volumen.	☒ wahr	☐ falsch

Volumen von Prismen berechnen

1 Berechne die fehlenden Werte von Prismen.

G	400 cm²	37,5 cm²	4500 dm²	360 cm²	290 dm²	700 cm²
h_K	35 mm	32 mm	22 dm	0,02 m	500 dm	700 cm
$V = G \cdot h_K$	1400 cm³	120 cm³	99 m³	720 cm³	145 m³	0,49 m³

2 Berechne das Volumen V des abgebildeten Prismas.

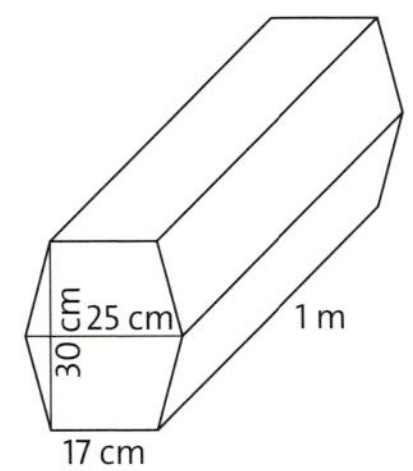

Die Grundfläche ist ein Sechseck, das in zwei deckungsgleiche Trapeze zerlegt werden kann.

$A_{Trapez} = \frac{(25\,cm + 17\,cm)}{2} \cdot 15\,cm = 315\,cm^2$

Grundfläche: $G = 2 \cdot A_{Trapez}$

$G = 2 \cdot 315\,cm^2 = 630\,cm^2$

Volumen: $V = G \cdot h_K$

$V = 630\,cm^2 \cdot 100\,cm = 63\,000\,cm^3$

3 Luisa möchte mit einer Tabellenkalkulation Volumina von Prismen berechnen. Kreuze an, welche Formel in die gelb markierte Zelle passt.

a) Vierecksprisma, Grundfläche Rechteck

	A	B	C
1	a =	7	cm
2	b =	12	cm
3	hK =	20	cm
4	V =		cm³
5			

- [ ] = A1*A2*A3
- [ ] = B1*C2*A3
- [x] = B1*B2*B3
- [ ] = B1*B2*B1
- [ ] = A1*B2*B1

b) Dreiecksprisma

	A	B	C
1	g =	5	cm
2	h =	3	cm
3	hK =	8	cm
4	V =		cm³
5			

- [ ] = A1*A2/2*A3
- [x] = (B1*B2)/2*B3
- [ ] = (B1*A2)/2*C3
- [ ] = (B1*C1*D1)/2
- [ ] = B3*B2*B1

c) Vierecksprisma, Grundfläche Trapez

	A	B	C
1	a =	14	cm
2	c =	8	cm
3	h =	5	cm
4	hK =	50	cm
5	V =		cm³

- [ ] = A1+A2/2*A3*A4
- [ ] = ((B1*B2)/2)*B3*B4
- [ ] = ((B1*B2)/2)+B3*B4
- [ ] = ((B1+B1+B3)/2)*B4
- [x] = ((B1+B2)/2)*B3*B4

Zusammengesetzte Prismen

1 Kreuze Zutreffendes an.

a)
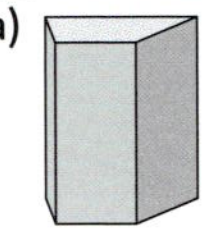

- [ ] kein Prisma
- [x] Vierecksprisma
- [ ] Prisma, Grundfläche zusammengesetzt

b)
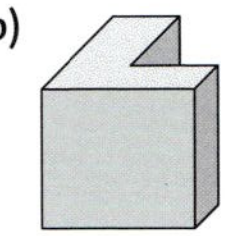

- [ ] kein Prisma
- [ ] Vierecksprisma
- [x] Prisma, Grundfläche zusammengesetzt

c)
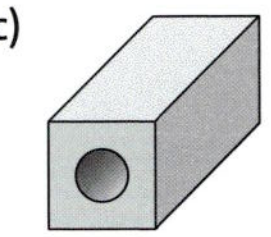

- [x] kein Prisma
- [ ] Vierecksprisma
- [ ] Prisma, Grundfläche zusammengesetzt

d)
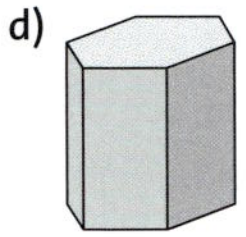

- [ ] kein Prisma
- [ ] Vierecksprisma
- [x] Prisma, Grundfläche zusammengesetzt

2 Berechne das Volumen V des Prismas mit der abgebildeten Grundfläche und der Körperhöhe 8 cm.

① 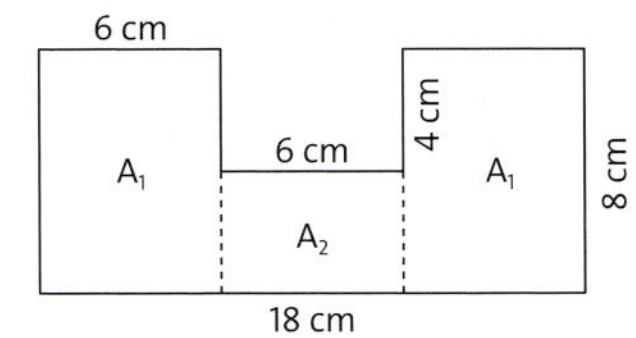

② $A_1 = a \cdot b$ $\quad A_2 = a \cdot b$

$A_1 = 6\,cm \cdot 8\,cm$ $\quad A_2 = 6\,cm \cdot 4\,cm$

$A_1 = 48\,cm^2$ $\quad A_2 = 24\,cm^2$

③ $G = 2 \cdot A_1 + A_2$

$G = 2 \cdot 48\,cm^2 + 24\,cm^2 = 120\,cm^2$

④ $V = G \cdot h_K$

$V = 120\,cm^2 \cdot 8\,cm = 960\,cm^3$

Tipp
① Grundfläche zerlegen
② Flächeninhalte der Teilflächen A_1 und A_2 berechnen
③ Grundflächeninhalt G berechnen
④ V berechnen mit $V = G \cdot h_K$

3 Das Prisma hat eine zusammengesetzte Grundfläche und die Körperhöhe $h_K = 14\,cm$.

a) Zerlege die abgebildete Grundfläche in ein Rechteck und ein Dreieck. Miss die Seitenlängen der Teilflächen und schreibe sie im Bild an die Seiten.

b) Berechne die Flächeninhalte A_1 und A_2, den Grundflächeninhalt G und das Volumen V.

① 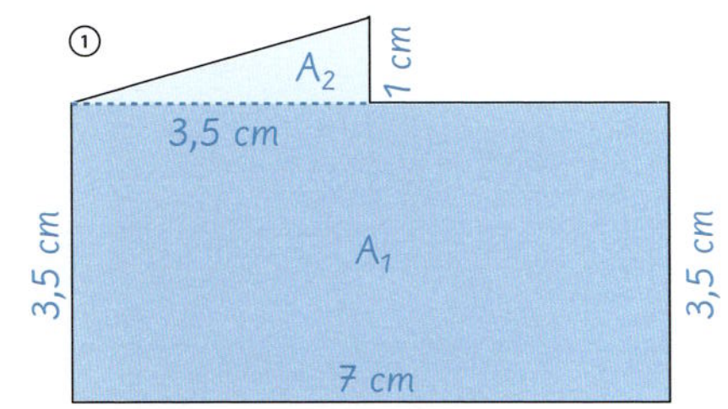

② Rechteck: $A_1 = a \cdot b$

$A_1 = 7\,cm \cdot 3{,}5\,cm$

$A_1 = 24{,}5\,cm^2$

Dreieck: $A_2 = \frac{a \cdot b}{2}$

$A_2 = \frac{3{,}5\,cm \cdot 1\,cm}{2}$

$A_2 = 1{,}75\,cm^2$

③ $G = A_1 + A_2$

$G = 24{,}5\,cm^2 + 1{,}75\,cm^2 = 26{,}25\,cm^2$

④ $V = G \cdot h_K$

$V = 26{,}25\,cm^2 \cdot 14\,cm = 367{,}5\,cm^3$

Zusammengesetzte Prismen ☒

Das Volumen von Prismen mit zusammengesetzter Grundfläche berechnen:
① **Zerlege** die Grundfläche in Teilflächen, deren Flächeninhalte du berechnen kannst.
② Berechne diese **Flächeninhalte**.
③ **Addiere** die Flächeninhalte aus ②, um den Grundflächeninhalt G zu erhalten.
④ Berechne das Volumen V des Prismas mit der Formel **$V = G \cdot h_K$**.

1 Der Grundflächeninhalt soll berechnet werden. Kreuze mögliche Zerlegungen an. Zeichne sie ein.

a)

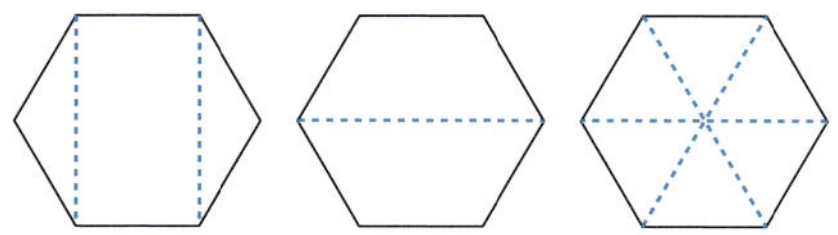

- [x] Rechteck und zwei Dreiecke
- [ ] Quadrat und zwei Dreiecke
- [x] zwei Trapeze
- [x] sechs Dreiecke

b)

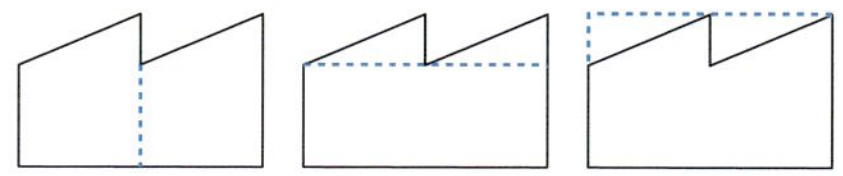

- [x] Rechteck und zwei Dreiecke
- [ ] Quadrat und zwei Dreiecke
- [x] zwei Trapeze
- [x] Rechteck, zwei Dreiecke herausgeschnitten

2 Das Prisma hat eine zusammengesetzte Grundfläche (siehe Bild) und die Körperhöhe $h_K = 8{,}4\,cm$.
a) Zerlege die abgebildete Grundfläche in ein Rechteck und ein Dreieck.
b) Berechne zuerst die Flächeninhalte der beiden Teilflächen, dann den Grundflächeninhalt G und dann das Volumen V.

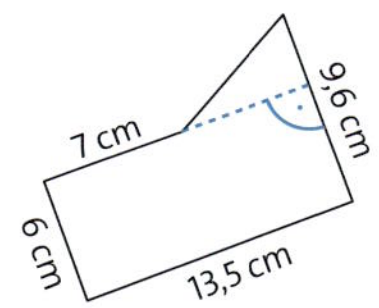

Rechteck: $A_1 = a \cdot b$
$A_1 = 13{,}5\,cm \cdot 6\,cm$
$A_1 = 81\,cm^2$

Dreieck: $A_2 = \frac{a \cdot b}{2} \left(= \frac{g \cdot h}{2}\right)$
$A_2 = \frac{6{,}5\,cm \cdot 3{,}6\,cm}{2}$
$A_2 = 11{,}7\,cm^2$

Grundfläche: $G = A_1 + A_2$
$G = 81\,cm^2 + 11{,}7\,cm^2 = 92{,}7\,cm^2$

Volumen: $V = G \cdot h_K$
$V = 92{,}7\,cm^2 \cdot 8{,}4\,cm = 778{,}68\,cm^3$

3 Ein Holzstab hat die Form eines Prismas mit zusammengesetzter Grundfläche ($G = 6{,}5\,cm^2$; $h_K = 32\,cm$). Der Stab besteht aus Holz mit der Dichte $\rho \approx 0{,}8\,\frac{g}{cm^3}$. Berechne sein Volumen V und seine Masse m.

Volumen: $V = G \cdot h_k$
$V = 6{,}5\,cm^2 \cdot 32\,cm = 208\,cm^3$

Masse: $m = V \cdot \rho$
$m \approx 208\,cm^3 \cdot 0{,}8\,\frac{g}{cm^3} \approx 166{,}4\,g$

Tipp
Masse = Volumen · Dichte
$m = V \cdot \rho$

Zusammengesetzte Prismen ☒

1 Berechne das Volumen des abgebildeten Hauses. Zerlege dafür die Giebelfläche in ein Rechteck und ein Trapez.

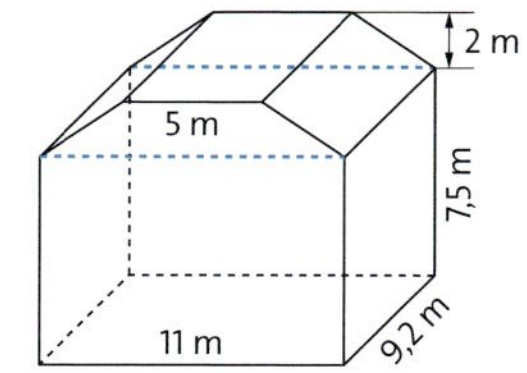

Rechteck: $A_1 = a \cdot b$
$A_1 = 11\,m \cdot 7{,}5\,m$
$A_1 = 82{,}5\,m^2$

Trapez: $A_2 = \frac{(a + c)}{2} \cdot h$
$A_2 = \frac{(11\,m + 5\,m)}{2} \cdot 2\,m$
$A_2 = 16\,m^2$

Grundfläche: $G = A_1 + A_2$
$G = 82{,}5\,m^2 + 16\,m^2 = 98{,}5\,m^2$

Volumen: $V = G \cdot h_k$
$V = 98{,}5\,m^2 \cdot 9{,}2\,m = 906{,}2\,m^3$

2 Ein Profilstab mit der abgebildeten Grundfläche ist 2,50 m lang. Er besteht aus Stahl mit einer Dichte von $\rho = 7{,}86\,\frac{g}{cm^3}$. Ermittle die Masse des Profilstabs in kg. Runde das Ergebnis sinnvoll.

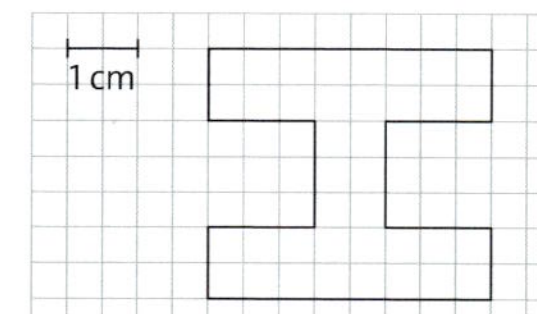

Grundfläche: $G = 9{,}5\,cm^2$
Volumen: $V = G \cdot h_k$
$V = 9{,}5\,cm^2 \cdot 250\,cm = 2375\,cm^3$
Masse: $m = V \cdot \rho$
$m = 2375\,cm^3 \cdot 7{,}86\,\frac{g}{cm^3}$
$m = 18\,667{,}5\,g \approx 18{,}67\,kg$

3 Skizziere ein Schrägbild eines Prismas mit zusammengesetzter Grundfläche, das zu der angegebenen Zerlegung der Grundfläche passt.

a) $A_{Rechteck} + 2 \cdot A_{Dreieck}$

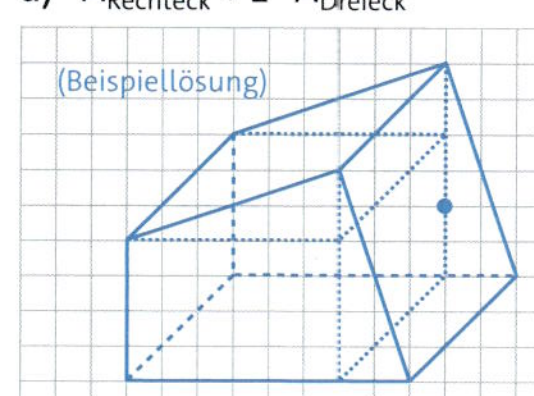

b) $A_{Rechteck} - A_{Dreieck}$

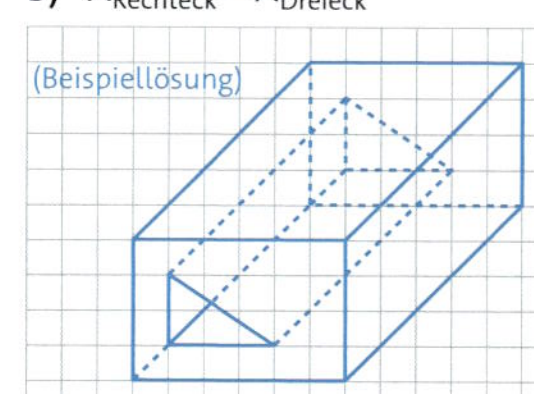

c) $A_{Rechteck\,1} - A_{Rechteck\,2}$

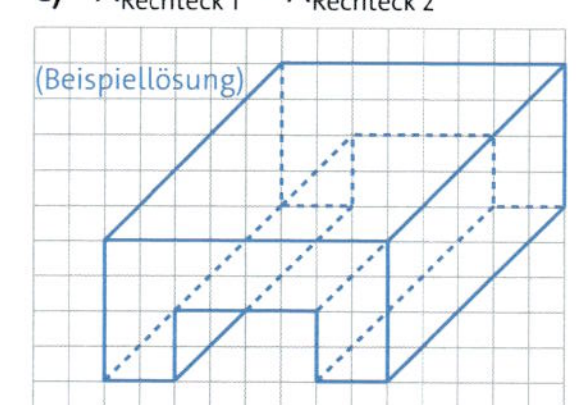

Zufallsexperimente und Wahrscheinlichkeit

1 Notiere alle möglichen Ergebnisse.

a) Werfen eines normalen Spielwürfels — *1; 2; 3; 4; 5; 6*

b) Farben bei Verkehrsampeln — *Rot; Gelb; Grün*

c) die 5 Vokale in unserem Alphabet — *A; E; I; O; U*

d) die 3 Grundfarben bei Fotos — *Rot; Grün; Blau*

2 Wie wahrscheinlich ist es?
Kreuze Zutreffendes an.

Tipp
unmöglich — 0 % | 50 % | sicher — 100 %

	unmöglich	50 %	sicher
a) Deine Mitschüler sind älter als 2 Jahre.			×
b) Das Werfen einer Münze ergibt Wappen.		×	
c) Nächstes Jahr ist Nikolaus am 1. Mai.	×		
d) Du wächst bis morgen um 2 cm.	×		
e) Du würfelst eine gerade Zahl.		×	
f) Die nächste Geburt wird ein Mädchen.		×	
g) Eine Stunde nach 11 Uhr ist es 12 Uhr.			×

3 Wie wahrscheinlich ist es?
Kreuze Zutreffendes an.

Tipp
unmöglich — 0 % | selten | 50 % | häufig | sicher — 100 %

	selten	häufig
a) Das nächste vorbeifahrende Auto ist gelb.	×	
b) In deiner Schule sind die Kinder älter als 12 Jahre.		×
c) Im Winter ist es kalt.		×
d) Aus Zahlenkarten mit 1 bis 10 zieht man die 3.	×	

4 Schreibe an die Pfeile den zutreffenden Buchstaben.

A Nach dem Monat April kommt der Mai.
B Ich ziehe eine rote Karte aus einem Skatspiel.
C Im Sommer scheint die Sonne.
D Alle Schüler schreiben eine 1.

unmöglich — 0 % | selten | 50 % | häufig | sicher — 100 %

Pfeile: selten: *D*; 50 %: *B*; häufig: *C*; 100 %: *A*

Zufallsexperimente und Wahrscheinlichkeit

Wahrscheinlichkeiten liegen zwischen 0 % und 100 %.

unmöglich — 0 % | selten | 50 % | häufig | sicher — 100 %

Bei einer großen Anzahl von Versuchen bei einem Zufallsexperiment kann die relative Häufigkeit als Schätzwert für die Wahrscheinlichkeit verwendet werden.

1 Notiere alle möglichen Ergebnisse.

a) Jahreszeit — *Frühling; Sommer; Herbst; Winter*

b) Jahrgangsstufen in der Grundschule — *1; 2; 3; 4*

2 Kreuze an, welche Wahrscheinlichkeiten die beschriebenen Ereignisse haben, wenn das Glücksrad sehr viele Male gedreht wird.

Ereignis	0 %	selten	50 %	häufig	100 %
Das Feld ist blau.			×		
Das Feld ist grün.		×			
Das Feld ist gelb.	×				
Man erhält eine Zahl kleiner als 9.					×
Man erhält eine Zahl größer als 2.				×	
Das Feld ist rot.		×			
Man erhält eine gerade Zahl.			×		

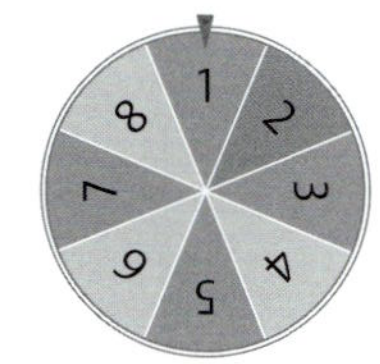

3 Paul behauptet: Wenn ich eine Reißzwecke hochwerfe, dann bleibt sie häufiger seitlich liegen als auf dem Kopf. Er wirft 50 Reißzwecken nacheinander 5-mal und notiert die folgenden Gesamtergebnisse.

Anzahl geworfener Reißzwecken	50	100	150	200	250
absolute Häufigkeit seitliche Lage	26	58	84	116	150
relative Häufigkeit seitliche Lage	*52 %*	*58 %*	*56 %*	*58 %*	*60 %*

absolute Häufigkeit Kopflage	24	42	66	84	100
relative Häufigkeit Kopflage	*48 %*	*42 %*	*44 %*	*42 %*	*40 %*

a) Ergänze die relativen Häufigkeiten in der Tabelle.

b) Nimm die relativen Häufigkeiten am Ende des Experimentes als Wahrscheinlichkeiten an. Begründe damit, ob Paul recht hat.

Paul hat recht, denn zu 60 % fallen die Reißzwecken auf die Seite. Das ist mehr.

Zufallsexperimente und Wahrscheinlichkeit

1 Notiere mögliche Ergebnisse.

a) Der nächste Bus fährt ab. *z. B. nach links; nach rechts; geradeaus*

b) Hiske hat in die Klassenkasse 5 € eingezahlt. *z. B. ja; nein*

c) Das Turnier ist am Wochenende. *z. B. Samstag; Sonntag*

2 Ein Würfel mit dem dargestellten Netz wird gewürfelt. Kreuze die Wahrscheinlichkeiten an.

Ereignis	0 %	selten	50 %	häufig	100 %
Die rote Fläche liegt oben.				×	
Eine Zahl liegt oben.					×
Die grüne Fläche liegt oben.	×				
Die blaue Fläche liegt oben.		×			
Eine Zahl kleiner als 1 liegt oben.	×				
Die Zahlen 1, 2 oder 3 liegen oben.			×		
Eine Zahl größer als 2 liegt oben.				×	

3 Ordne jedem gegebenen Ereignis eine der Wahrscheinlichkeiten zu. Ergänze die Wörter genau oder ungefähr.

100 % | 80 % | 0 % | 20 %

Nach dem Kämmen sind Haare in der Bürste. *ungefähr 80 %*

Du würfelst mit einem normalen Würfel eine 6. *ungefähr 20 %*

Nach dem Werfen eines 10-€-Scheins sieht man eine Zahl. *genau 100 %*

Die Fußgänger-Ampel zeigt lila. *genau 0 %*

4 Die Tabelle enthält die Ergebnisse für das Würfeln der 3. Es wurde ein normaler Spielwürfel geworfen.

Anzahl der Würfe	50	100	150	200	300	500	1000
absolute Häufigkeit	6	12	24	31	42	80	161
relative Häufigkeit	*12 %*	*12 %*	*16 %*	*15,5 %*	*14 %*	*16 %*	*16,1 %*

a) Ergänze die relativen Häufigkeiten in der Tabelle.

b) Bestimme die Wahrscheinlichkeit für das Ergebnis 3.

z. B. *Nach 1000 Würfen kann gesagt werden, sie beträgt ca. 16,1 %.*

3 ist eines von 6 Ergebnissen: $\frac{1}{6}$; 1 : 6 ≈ 0,167, also ca. 16,7 %

Laplace-Experimente

1 Ist das Experiment ein Laplace-Experiment? Kreuze an.

Tipp
Wenn alle Ergebnisse gleich wahrscheinlich sind, dann ist es ein Laplace-Experiment.

a) Ein Schultag in einer Woche ohne Feiertage wird zufällig ausgewählt. [×] ja [ ] nein
mögliche Ergebnisse: Montag; Dienstag; Mittwoch; Donnerstag; Freitag

b) Es gibt 9 Lose, darunter sind 2 Hauptgewinne. Ein Los wird gezogen. [ ] ja [×] nein
mögliche Ergebnisse: Hauptgewinn; kein Hauptgewinn

2 Gib die Wahrscheinlichkeit P für das Ergebnis zuerst als Bruch und dann in Prozent an.

Tipp
$\frac{1}{\text{Anzahl aller möglichen Ergebnisse}}$

a) Auf einem Würfel stehen die Zahlen 1 bis 20. Es wird eine 7 gewürfelt. P(7) = $\frac{1}{20}$ = 5 %

b) Eine Münze fällt. Zahl liegt oben. P(Zahl) = $\frac{1}{2}$ = 50 %

c) Der beste Freund hat im Winter Geburtstag. P(Winter) = $\frac{1}{4}$ = 25 %

3 Auf einem Spielwürfel stehen die Augenzahlen von 1 bis 4
Gib Wahrscheinlichkeit P in Prozent an.

Tipp
$\frac{\text{Anzahl der günstigen Ergebnisse}}{\text{Anzahl aller möglichen Ergebnisse}}$

a) Es wird eine 2 gewürfelt.

günstige Ergebnisse: *2* Anzahl: *1* P(2) = $\frac{1}{4}$ = 25 %

b) Es wird eine 1 oder eine 2 gewürfelt.

günstige Ergebnisse: *1; 2* Anzahl: *2* P(1 oder 2) = $\frac{2}{4} = \frac{1}{3}$ = 50 %

c) Es wird eine ungerade Augenzahl gewürfelt.

günstige Ergebnisse: *1; 3* Anzahl: *2* P(ungerade Zahl) = $\frac{2}{4} = \frac{1}{3}$ = 50 %

4 Berechne die Wahrscheinlichkeit für das Ereignis mit dem Gegenereignis.

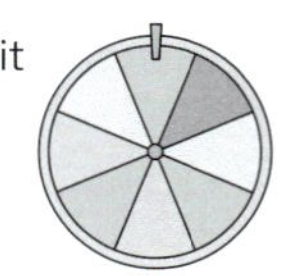

Tipp
$\overline{E}$ enthält alle möglichen Ergebnisse, die für E nicht günstig sind. $P(E) = 1 - P(\overline{E})$
Beispiel:
P(kein rotes Feld) = 1 – P(rotes Feld) = $1 - \frac{1}{8} = \frac{7}{8}$

a) P(nicht blau) = 1 – P(*blau*) = 1 – $\frac{3}{8}$ = $\frac{5}{8}$

b) P(nicht gelb) = 1 – P(*gelb*) = 1 – $\frac{2}{8}$ = $\frac{6}{8} = \frac{3}{4}$

c) P(gelb oder rot) = 1 – P(*grün oder blau*) = 1 – $\frac{5}{8}$ = $\frac{3}{8}$

d) P(grün, gelb oder rot) = 1 – P(*blau*) = 1 – $\frac{3}{8}$ = $\frac{5}{8}$

Laplace-Experimente ☒

- Wenn bei einem Zufallsexperiment jedes Ergebnis gleich wahrscheinlich ist, dann ist es ein Laplace-Experiment.

  $P(\text{Ergebnis}) = \frac{1}{\text{Anzahl aller möglichen Ergebnisse}}$

- Ein Ereignis besteht aus mehreren Ergebnissen.

  $P(\text{Ereignis}) = \frac{\text{Anzahl der günstigen Ergebnisse}}{\text{Anzahl aller möglichen Ergebnisse}}$

- $\overline{E}$ enthält alle möglichen Ergebnisse, die für E nicht günstig sind.

  $P(\text{Ereignis}) = 1 - P(\text{Gegenereignis})$

Beispiel: Auf einem Spielwürfel stehen die Zahlen von 0 bis 9.

$P(9) = \frac{1}{10} = 10\,\%$

$P(\text{gerade}) = \frac{5}{10} = 50\,\%$

$P(\text{kleiner 9}) = 1 - P(9) = 1 - \frac{1}{10} = \frac{9}{10} = 90\,\%$

1 Ist das Experiment ein Laplace-Experiment? Kreuze an.

a) Frau Stein bekommt morgen ein Paket.
mögliche Ergebnisse: Vormittag; Mittag; Nachmittag; Abend — ☐ ja ☒ nein

b) In einer Tüte sind 3 Bonbons. Einer davon fällt heraus.
mögliche Ergebnisse: Himbeere; Kirsche; Zitrone — ☒ ja ☐ nein

2 Vier Glücksräder stehen zur Wahl. Grün gewinnt.
Welches Glücksrad würdest du wählen? Kreuze an und begründe.

☐ ☐ ☒ ☐

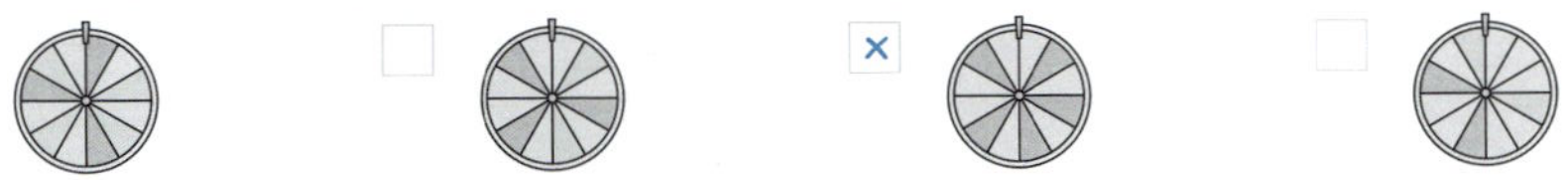

z. B. *Ich würde das dritte Glücksrad wählen, da die Wahrscheinlichkeit für Grün am höchsten ist:* $P(E) = \frac{5}{12} \approx 41{,}67\,\%$.

3 Gegeben ist das Glücksrad.
Gib die Wahrscheinlichkeit des Ereignisses zuerst als Bruch und dann in Prozent an.

a) $P(\text{blau}) = \frac{4}{8} = \frac{1}{2} = 50\,\%$

b) $P(\text{grün}) = \frac{3}{8} = 37{,}5\,\%$

c) $P(\text{größer als 1}) = \frac{7}{8} = 87{,}5\,\%$

d) $P(\text{kleiner als 2}) = \frac{2}{8} = \frac{1}{4} = 25\,\%$

4 Berechne die Wahrscheinlichkeit für das Ereignis mit dem Gegenereignis.

a) P(nicht rot) = 1 – P(*rot*) = $1 - \frac{1}{8} = \frac{7}{8}$

b) P(nicht grün) = 1 – P(*grün*) = $1 - \frac{3}{8} = \frac{5}{8}$

c) P(größer 3) = 1 – P(*1; 2; 3*) = $1 - \frac{3}{8} = \frac{5}{8}$

d) P(kleiner 7) = 1 – P(*7; 8*) = $1 - \frac{2}{8} = \frac{6}{8} = \frac{3}{4}$

Laplace-Experimente ☒

1 Kreuze Zutreffendes an.

a) Wenn bei einem Zufallsexperiment jedes Ergebnis unterschiedlich wahrscheinlich ist, dann ist es ein Laplace-Experiment.	☐ wahr	☒ falsch
b) Die Wahrscheinlichkeit für ein Ergebnis ist immer größer als 1.	☐ wahr	☒ falsch
c) Mehrere Ergebnisse zusammen sind ein Ereignis.	☒ wahr	☐ falsch
d) Die günstigen Ergebnisse sind alle möglichen Ergebnisse.	☐ wahr	☒ falsch
e) Die Wahrscheinlichkeit für ein sicheres Ereignis ist 100 %.	☒ wahr	☐ falsch
f) P(Ereignis) + P(Gegenereignis) = 100 %	☒ wahr	☐ falsch

2 Ein Skatspiel besteht aus 32 Karten (8 Kreuz, 8 Pik, 8 Herz und 8 Karo).
Maylin zieht davon eine Karte. Gib die Wahrscheinlichkeit in Prozent an.

a) $P(\text{Dame}) = \frac{4}{32} = \frac{1}{8} = 12{,}5\,\%$

b) $P(\text{Herz 9}) = \frac{1}{32} = 3{,}1\,\%$

c) $P(\text{schwarze Karte}) = \frac{16}{32} = \frac{1}{2} = 50\,\%$

d) $P(\text{Herz oder Kreuz}) = \frac{1}{2} = 50\,\%$

e) $p(\text{kein Herz}) = 1 - \frac{8}{32} = \frac{24}{32} = \frac{3}{4} = 75\,\%$

f) $P(\text{keine Dame}) = 1 - \frac{4}{32} = \frac{28}{32} = \frac{7}{8} = 87{,}5\,\%$

3 Beim Roulette gibt es ein Rad mit Feldern von 0 bis 36.
Eine Kugel wird geworfen. Die Zahl, bei der die Kugel liegen bleibt, gewinnt.
18 Felder sind rot. 18 Felder sind schwarz. Ein Feld ist grün.

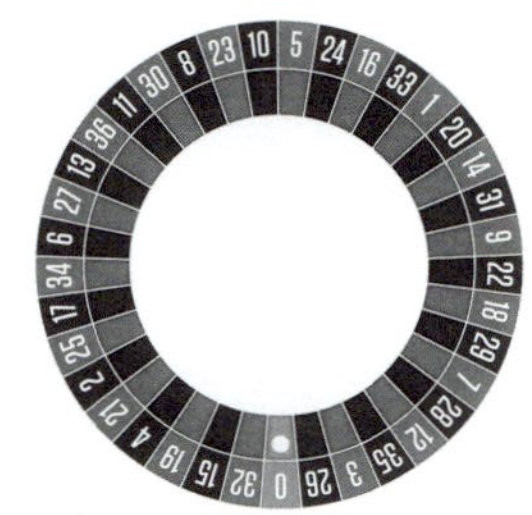

a) Gib die Wahrscheinlichkeit in Prozent an. Runde auf Zehntel.

$P(\text{rot}) = \frac{18}{37} \approx 48{,}6\,\%$

$P(\text{grün}) = \frac{1}{37} \approx 2{,}7\,\%$

$P(13; 14; 16; 17) = \frac{4}{37} \approx 10{,}8\,\%$

$P(\text{größer 3}) = 1 - P(0; 1; 2; 3) = 1 - \frac{4}{37} = \frac{33}{37} \approx 89{,}18\,\%$

$P(\text{größer 2 und kleiner 35}) = 1 - P(0; 1; 2; 36; 37) = 1 - \frac{32}{37} = \frac{32}{37} \approx 86{,}49\,\%$

b) Beim Roulette wird Geld auf Zahlen gesetzt.
Der Gewinn bei „grün“ ist der eingesetzte Wert mal 36. Bei „rot“ nur mal 2. Nenne einen Grund.

z. B. *Die Wahrscheinlichkeit, ein rotes Feld (rund 48,6 %) zu treffen, ist viel höher als die für ein grünes Feld (rund 2,7).*

Zweistufige Zufallsexperimente

1 Eine Jacke und eine Mütze werden aus einer Waschmaschine genommen.
Stelle alle möglichen Ergebnisse dar.
Färbe dazu die Teile ein.

Tipp
① Färbe die Jacke in einer Farbe ein.
② Färbe die Mütze je Jacke in einer Farbe ein.

a) Es gibt eine rote und eine blaue Jacke. Es gibt eine rote Mütze und eine blaue Mütze.

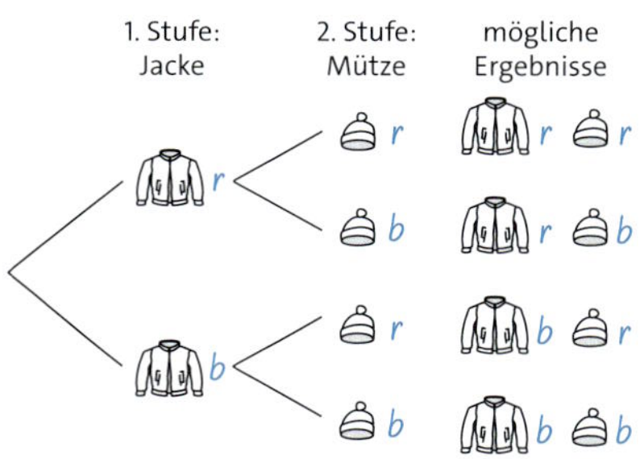

b) Es gibt eine rote, eine blaue und eine schwarze Jacke. Es gibt eine rote und eine gelbe Mütze.

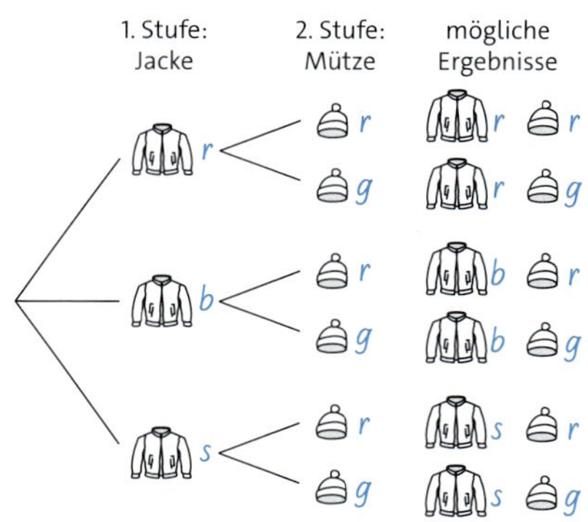

2 Verbinde zuerst mit dem Baumdiagramm. Ermittle dann die Anzahl aller möglichen Ergebnisse.

Tipp
Zähle rechts die Ergebnisse.

Das Glücksrad wird 2-mal gedreht.

In einer Tüte sind ein rotes und drei gelbe Bonbons. Jan isst zwei der Bonbons.

Eine 1-Euro-Münze wird 2-mal geworfen.

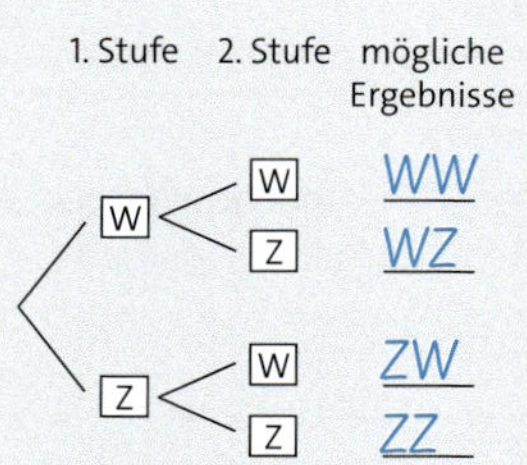

Anzahl aller möglichen Ergebnisse: 4

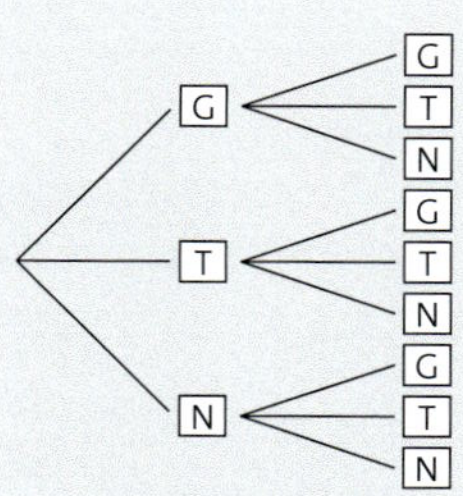

Anzahl aller möglichen Ergebnisse: 9

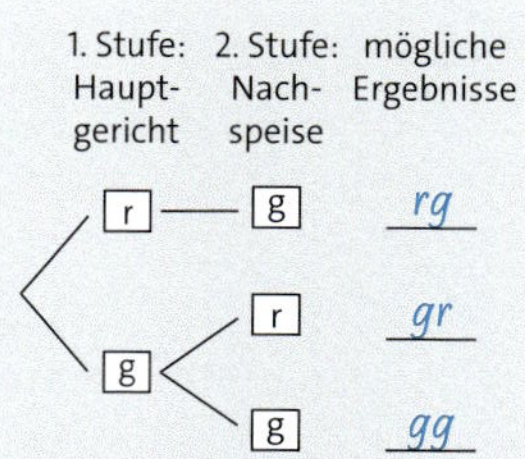

Anzahl aller möglichen Ergebnisse: 3

Zweistufige Zufallsexperimente

- Die Baumdiagramme zu zweistufigen Zufallsexperimenten bestehen aus zwei Stufen.
- Die Ergebnisse zweistufiger Zufallsexperimente sind geordnete Paare. Die Anzahl aller möglichen Ergebnisse ist das Produkt aus den Anzahlen der Möglichkeiten jeder Stufe.

Beispiel: Beim Italiener kann man zwischen den Hauptgerichten Pizza (P) und Nudeln (N) wählen.
Als Nachspeise werden Eis (E), Tiramisu (T) und Pannacotta(P) angeboten.

Anzahl der möglichen Ergebnisse: $2 \cdot 3 = 6$

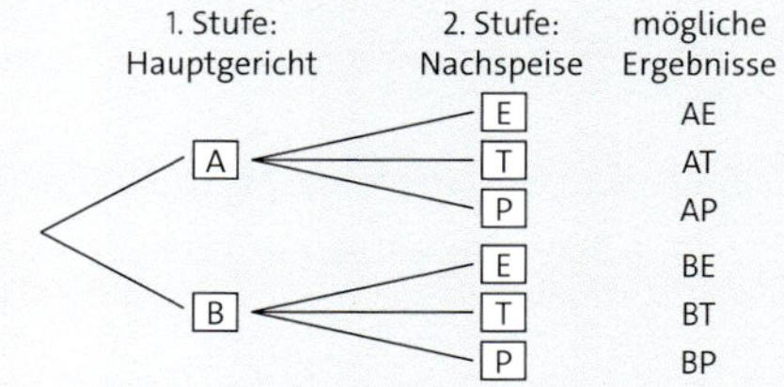

1 Leonid kann im Online-Shop die Farbe vom Cappy und die Farbe vom Schirms wählen. Stelle alle möglichen Ergebnisse dar. Färbe dazu die Teile ein.

a) Bei Cappy und Schirm darf er jeweils Rot, Blau oder Gelb wählen.

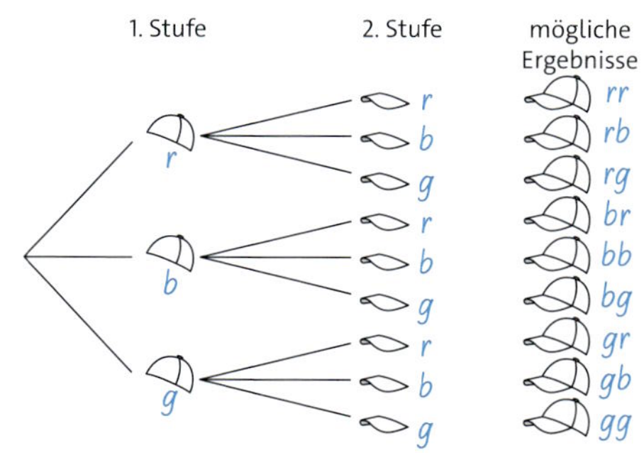

b) Bei Cappy und Schirm darf er Rot, Blau oder Gelb wählen. Verboten sind gleiche Farben.

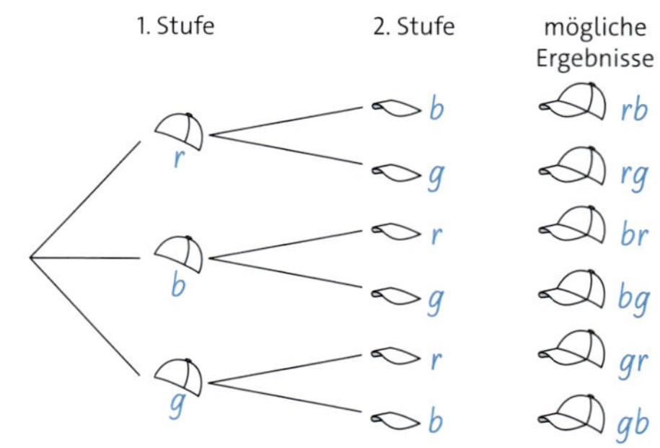

2 Ein Poker-Blatt besteht aus Zahlkarten (Z), Bildkarten (B) und Assen (A).

Zu Beginn erhält jeder Spieler zwei Karten.
Ergänze zuerst die Buchstaben im Baumdiagramm.
Gib dann die Anzahl der möglichen Ergebnisse an. 9

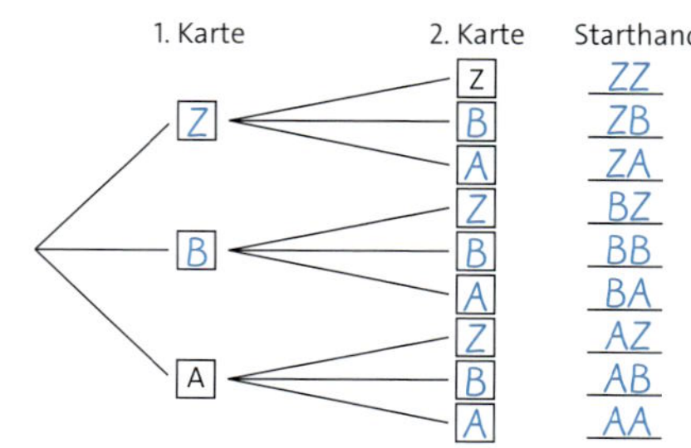

3 Berechne die Anzahl aller möglichen Ergebnisse.

a) Würfeln mit zwei verschiedene sechsseitigen Würfeln $6 \cdot 6 = 36$

b) zwei verschiedene von vier Socken auswählen $4 \cdot 3 = 12$

c) zufälliges Auswählen von zwei verschiedenen Wochentagen $7 \cdot 6 = 42$

Zweistufige Zufallsexperimente

1 Ella möchte aus Steinen einen Turm bauen.
Stelle alle möglichen Ergebnisse dar. Färbe dazu die Steine ein.

a) Für die ersten beiden Stockwerke stehen rote und blaue Steine zur Verfügung.

1. Stockwerk	2. Stockwerk	mögliche Ergebnisse
r	r	rr
	b	rb
b	r	br
	b	bb

b) Für die ersten beiden Stockwerke stehen ein roter, ein gelber und ein blauer Stein zur Verfügung.

1. Stockwerk	2. Stockwerk	mögliche Ergebnisse
r	b	rb
	g	rg
g	r	gr
	b	gb
b	r	br
	g	bg

c) Für die ersten drei Stockwerke stehen rote und gelbe Steine zur Verfügung.

1. Stockwerk	2. Stockwerk	3. Stockwerk	Turm
g	r	g	grg
		r	grr
	g	g	ggg
		r	ggr
r	r	g	rrg
		r	rrr
	g	g	rgg
		r	rgr

d) Für die ersten drei Stockwerke stehen ein roter, ein gelber und ein blauer Stein zur Verfügung.

1. Stockwerk	2. Stockwerk	3. Stockwerk	Turm
r	g	b	rgb
	b	g	rbg
g	r	b	grb
	b	r	gbr
b	r	g	brg
	g	r	bgr

2 Vier leere Stühle stehen nebeneinander.
Ludwig setzt sich neben Clara, weil er sie mag.

Ergänze zuerst die Buchstaben im Baumdiagramm.
Gib dann die Anzahl der dementsprechend möglichen Sitzanordnungen an. 6

Stuhl von Clara	Stuhl von Ludwig	Sitzordnung
A	B	AB
B	A	BA
	C	BC
C	B	CB
	D	CD
D	C	DC

3 Es gibt genau 12 mögliche Farbkombinationen für die ersten beiden Stockwerke eines Turms.

a) Jedes der beiden Stockwerke hat eine andere Farbe.
Ermittle die Anzahl der Farben. $4 \cdot 3 = 12$ Es sind 4 Farben.

b) Das erste Stockwerk ist entweder blau oder rot.
Ermittle die Mindestanzahl der Farben. $2 \cdot 6 = 12$ Es sind 6 Farben.

Produktregel und Summenregel

Beispiel:
- Wahrscheinlichkeit am Pfad:
$P(G) = \frac{2}{8}$ $\left(p = \frac{\text{Anzahl der günstigen Ergebnisse}}{\text{Anzahl der möglichen Ergebnisse}}\right)$
- Wahrscheinlichkeit vom Ergebnis:
$P(GG) = \frac{2}{8} \cdot \frac{2}{8}$ (Multipliziere entlang des Pfades.)

1 Ergänze zuerst die Wahrscheinlichkeiten an den Pfaden.
Berechne dann die Wahrscheinlichkeiten der Ergebnisse.

a) Nia dreht am Glücksrad 2-mal.

1. Drehung	2. Drehung	mögliche Ergebnisse	
G ($\frac{2}{8}$)	G ($\frac{2}{8}$)	GG	$P(GG) = \frac{2}{8} \cdot \frac{2}{8} = \frac{1}{16}$
	N ($\frac{6}{8}$)	GN	$P(GN) = \frac{2}{8} \cdot \frac{6}{8} = \frac{3}{16}$
N ($\frac{6}{8}$)	G ($\frac{2}{8}$)	NG	$P(NG) = \frac{6}{8} \cdot \frac{2}{8} = \frac{3}{16}$
	N ($\frac{6}{8}$)	NN	$P(NN) = \frac{6}{8} \cdot \frac{6}{8} = \frac{9}{16}$

b) Zwei der Lose werden zufällig gezogen.

1. Los	2. Los	mögliche Ergebnisse	
G ($\frac{2}{8}$)	G ($\frac{1}{7}$)	GG	$P(GG) = \frac{2}{8} \cdot \frac{1}{7} = \frac{1}{28}$
	N ($\frac{6}{7}$)	GN	$P(GN) = \frac{2}{8} \cdot \frac{6}{7} = \frac{3}{14}$
N ($\frac{6}{8}$)	G ($\frac{2}{7}$)	NG	$P(NG) = \frac{6}{8} \cdot \frac{2}{7} = \frac{3}{14}$
	N ($\frac{5}{7}$)	NN	$P(NN) = \frac{6}{8} \cdot \frac{5}{7} = \frac{15}{28}$

c) Berechne die Wahrscheinlichkeiten der Ereignisse.
Nutze dafür die Wahrscheinlichkeiten aus **b)**.

Tipp
Addiere die Wahrscheinlichkeiten der zugehörigen Ergebnisse.

A: Genau ein G wird gezogen. $P(A) = P(GN) + P(NG) = \frac{3}{14} + \frac{3}{14} = \frac{6}{14} = \frac{3}{7}$

B: Mindestens ein G wird gezogen. $P(B) = P(GG) + P(GN) + P(NG) = \frac{1}{28} + \frac{3}{14} + \frac{3}{14}$

C: Mindestens ein N wird gezogen. $P(C) = P(GN) + P(NG) + P(NN) = \frac{3}{14} + \frac{3}{14} + \frac{15}{28} = \frac{27}{28}$

D: Zwei Gleiche werden gezogen. $P(D) = P(GG) + P(NN) = \frac{1}{28} + \frac{15}{28} = \frac{4}{7}$

Produktregel und Summenregel ☒

- Produktregel: Die Wahrscheinlichkeit für ein Ergebnis ist das Produkt der Wahrscheinlichkeiten entlang des Pfades.
- Summenregel: Die Wahrscheinlichkeit für ein Ereignis ist die Summe der Wahrscheinlichkeiten der zugehörigen Ergebnisse.

Beispiel: Von 10 Zügen kommen 7 pünktlich (p) und 3 unpünktlich (u). Ana fährt mit zwei Zügen zur Ostsee.

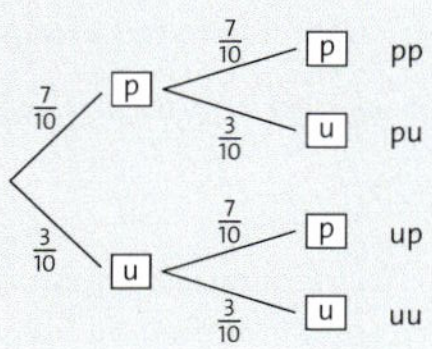

$P(pp) = \frac{7}{10} \cdot \frac{7}{10} = \frac{49}{100} = 49\,\%$

$P(pn) = \frac{7}{10} \cdot \frac{3}{10} = \frac{21}{100} = 21\,\%$

$P(up) = \frac{3}{10} \cdot \frac{7}{10} = \frac{49}{100} = 21\,\%$

$P(uu) = \frac{3}{10} \cdot \frac{3}{10} = \frac{9}{100} = 9\,\%$

E: Genau ein Zug ist pünktlich.
$P(E) = 21\,\% + 21\,\% = 42\,\%$

1 Ergänze zuerst die Wahrscheinlichkeiten im Baumdiagramm.
Berechne dann die Wahrscheinlichkeiten.

a) Martin trifft beim Elfmeter in 3 von 4 Fällen das Tor.
Er schießt 2-mal.

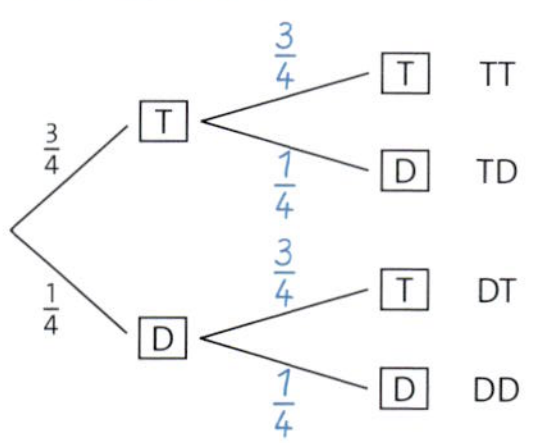

$P(TT) = \frac{3}{4} \cdot \frac{3}{4} = \frac{9}{16}$

$P(TD) = \frac{3}{4} \cdot \frac{1}{4} = \frac{3}{16}$

$P(DT) = \frac{1}{4} \cdot \frac{3}{4} = \frac{3}{16}$

$P(DD) = \frac{1}{4} \cdot \frac{1}{4} = \frac{1}{16}$

A: Es gibt mindestens einen Treffer.
$P(A) = P(TT) + P(TD) + P(DT)$
$= \frac{9}{16} + \frac{3}{16} + \frac{3}{16}$
$= \frac{15}{16}$

b) Zu Fasching sind 2 von 10 Pfannkuchen mit Senf statt Marmelade gefüllt. Alle sehen gleich aus.
Jenny legt auf einen Teller 2 Pfannkuchen.

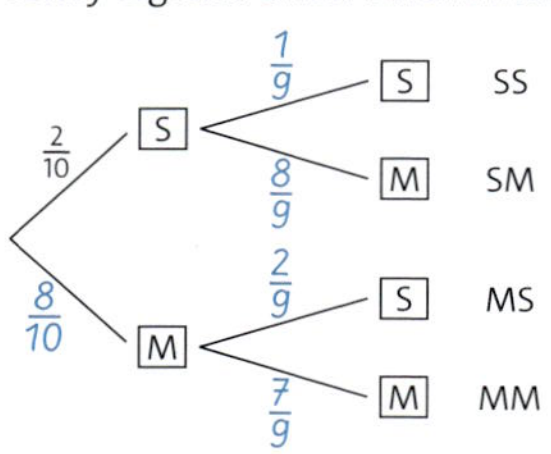

$P(SS) = \frac{2}{10} \cdot \frac{1}{9} = \frac{1}{45}$

$P(SM) = \frac{2}{10} \cdot \frac{8}{9} = \frac{8}{45}$

$P(MS) = \frac{8}{10} \cdot \frac{2}{9} = \frac{8}{45}$

$P(MM) = \frac{8}{10} \cdot \frac{7}{9} = \frac{28}{45}$

B: Höchstens einer ist mit Senf.
$P(B) = P(SM) + P(MS) + P(MM)$
$= \frac{8}{45} + \frac{8}{45} + \frac{28}{45}$
$= \frac{44}{45}$

c) In einer Dose sind 3 gelbe und 1 rotes Bonbon.
Eileen nimmt, ohne hinzusehen, zwei Bonbons.

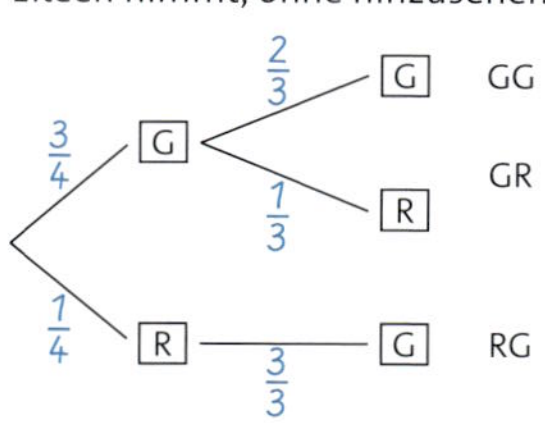

$P(GG) = \frac{3}{4} \cdot \frac{2}{3} = \frac{1}{2}$

$P(GR) = \frac{3}{4} \cdot \frac{1}{3} = \frac{1}{4}$

$P(RG) = \frac{1}{4} \cdot \frac{3}{3} = \frac{1}{4}$

C: Genau ein Bonbon ist gelb.
$P(C) = P(GR) + P(RG)$
$= \frac{1}{4} + \frac{1}{4}$
$= \frac{1}{2}$

Produktregel und Summenregel ☒

1 In einer Tüte sind 3 rote und 5 gelbe Gummibärchen. Romano nimmt zufällig zwei davon.
Ergänze zuerst die Wahrscheinlichkeiten im Baumdiagramm.
Berechne dann die Wahrscheinlichkeiten.

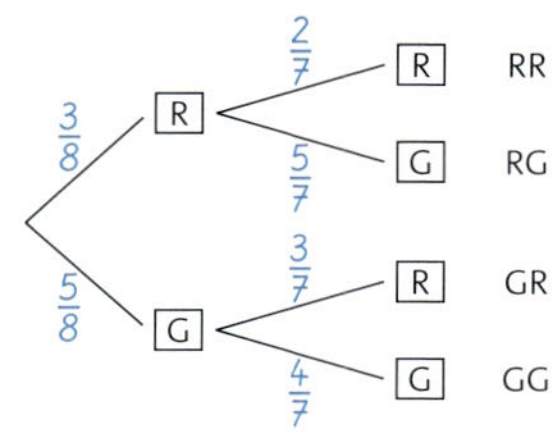

$P(RR) = \frac{3}{8} \cdot \frac{2}{7} = \frac{3}{28}$

$P(RG) = \frac{3}{8} \cdot \frac{5}{7} = \frac{15}{56}$

$P(GR) = \frac{5}{8} \cdot \frac{3}{7} = \frac{15}{56}$

$P(GG) = \frac{5}{8} \cdot \frac{4}{7} = \frac{5}{14}$

E: Die Farben sind verschieden.
$P(E) = P(RG) + P(GR)$
$= \frac{15}{56} + \frac{15}{56}$
$= \frac{30}{56} = \frac{15}{28}$

2 Robert möchte am Wochenende wandern.
Für Samstag beträgt die Regenwahrscheinlichkeit 10 % und für Sonntag 25 %.

a) Ermittle mit dem Baumdiagramm die Wahrscheinlichkeiten der Möglichkeiten in Prozent.

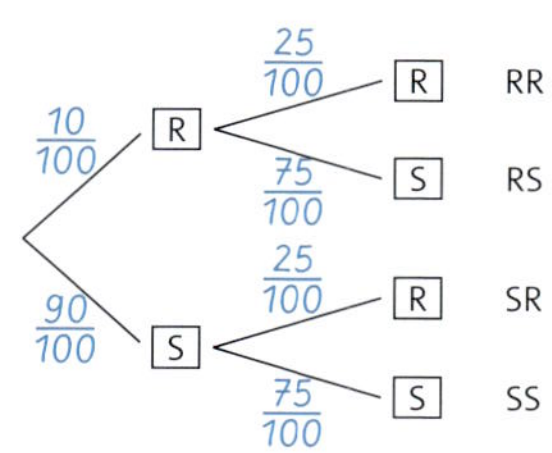

$P(RR) = \frac{10}{100} \cdot \frac{25}{100} = 2{,}5\,\%$

$P(RS) = \frac{10}{100} \cdot \frac{75}{100} = 7{,}5\,\%$

$P(SR) = \frac{90}{100} \cdot \frac{25}{100} = 22{,}5\,\%$

$P(SS) = \frac{90}{100} \cdot \frac{75}{100} = 67{,}5\,\%$

b) Berechne die Wahrscheinlichkeiten der Ereignisse A, B und C mithilfe von Teilaufgabe **a)**.

A: An genau einem Tag regnet es.

$P(A) = P(RS) + P(SR) = 7{,}5\,\% + 22{,}5\,\% = 30\,\%$

B: An höchstens einem Tag regnet es.

$P(B) = P(RS) + P(SR) + P(SS) = 7{,}5\,\% + 22{,}5\,\% + 67{,}5\,\% = 97{,}5\,\%$

C: An mindestens einem Tag regnet es.

$P(C) = P(RR) + P(RS) + P(SR) = 2{,}5\,\% + 7{,}5\,\% + 22{,}5\,\% = 32{,}5\,\%$

3 Die Wahrscheinlichkeit, bei zwei Drehungen beide Male einen Gewinn zu erzielen, beträgt $\frac{1}{100}$.
Berechne zuerst die Wahrscheinlichkeit p, dass sie bei einmaligem Drehen einen Gewinn erzielt.
Berechne dann den Winkel des Gewinn-Sektors in Grad.

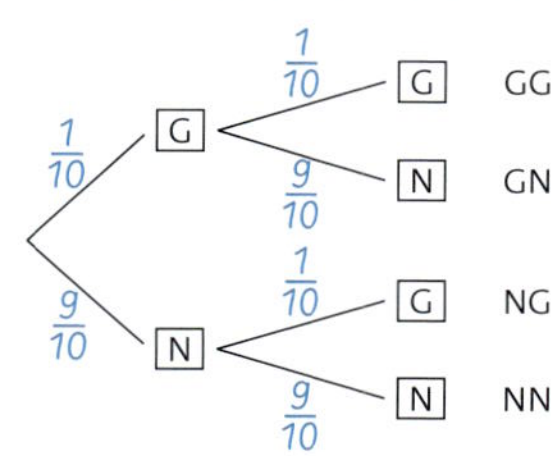

$P(GG) = p \cdot p = p^2 = \frac{1}{10}$

$P(G) = p = \frac{1}{10}$

Winkel: $360° \cdot \frac{1}{10} = 36°$

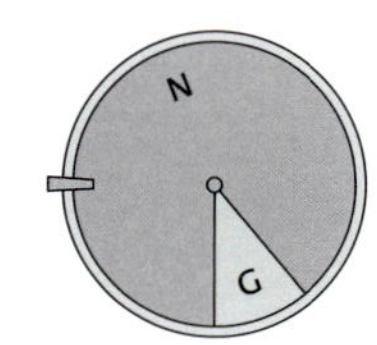

Funktionen erkennen und darstellen

1 Ergänze die Aussagen zur Zuordnung.

a) *Anzahl der Eiskugeln* → *Preis (in €) mit Waffel*

Eine Eiskugel mit Waffel kostet 3 €.

Drei Eiskugeln mit Waffel kosten 7 €.

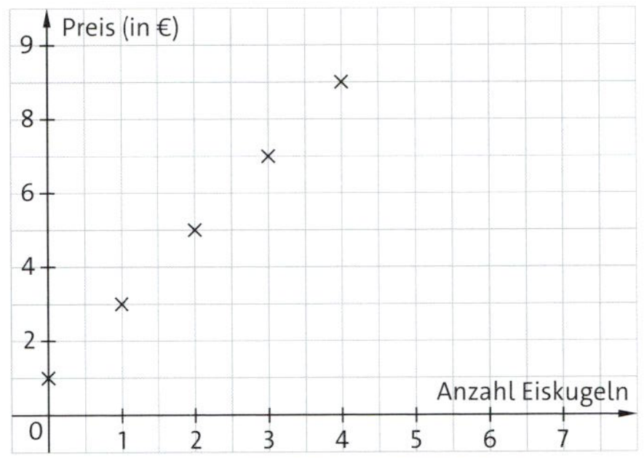

Tipp
Jedem x-Wert (Anzahl Eiskugeln) wird ein y-Wert (Preis (in €)) zugeordnet. Diese Werte kannst du an den Koordinaten der Punkte ablesen.

b) *Monat* → *Temperatur*

Monat	Januar	März	Mai	Juli	September	November	Dezember
Temperatur	3 °C	6 °C	14 °C	19 °C	15 °C	7 °C	4 °C

Im Monat Juli ist es am wärmsten. Im September ist die Temperatur 15 °C.

2 Frau Sahin hat Wertetabellen von zwei Zuordnungen notiert. Stelle sie als Graph dar. Entscheide, ob es eine Funktion ist oder nicht. Ergänze dann den Text unten.

a) *Note* → *Anzahl*

Note	1	2	3	4	5	6
Anzahl	3	6	5	2	2	1

b) *Anzahl* → *Note*

Anzahl	1	2	2	3	5	6
Note	6	4	5	1	3	2

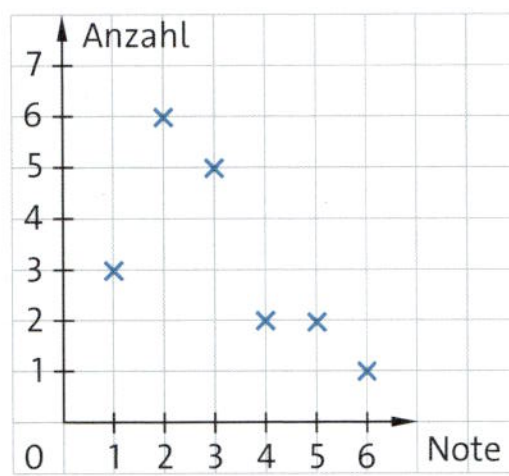

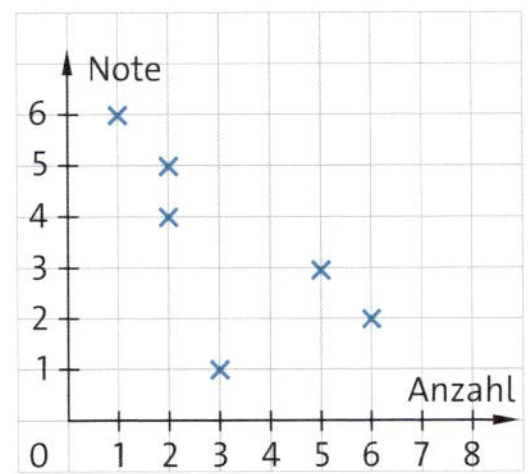

In a) ist die Zuordnung eine Funktion, in b) ist die Zuordnung keine Funktion.

3 Gegeben ist die Funktionsgleichung $y = 2 \cdot x - 1$.

a) Ergänze die Wertetabelle.

x	0	1	2	2,5	3
y	−1	1	3	4	5

b) Zeichne den Graphen der Funktion.

c) Lies den x-Wert zu y = 2 am Graphen ab.

x = 1,5

d) Lies den x-Wert zu y = 4,5 am Graphen ab.

x = 2,75

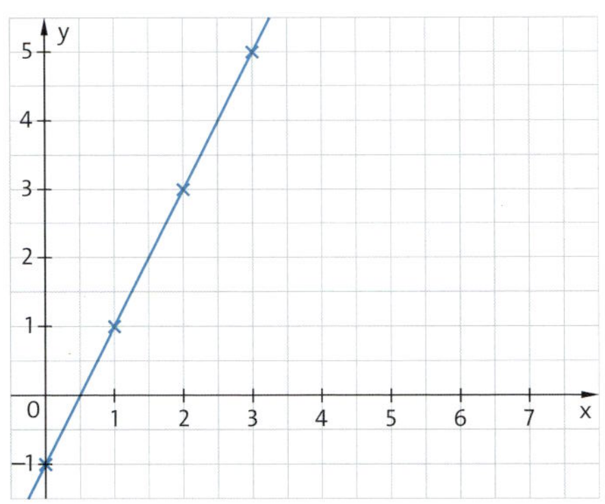

Funktionen erkennen und darstellen

Wenn jedem x-Wert genau ein y-Wert zugeordnet wird, dann ist eine Zuordnung eindeutig und heißt Funktion. Funktionen können in Wortform, durch Funktionsterme, Funktionsgleichungen, Wertetabellen und Graphen dargestellt werden.

Wortform: Eine Eiskugel kostet 1,50 €. Eine Waffel kostet 1 €.

Funktionsgleichung: $y = 1{,}50 \cdot x + 1$

Funktionsterm: $1{,}50 \cdot x + 1$

Wertetabelle:

Anzahl Eiskugeln	0	1	2	3
Preis (in €)	1,00	2,50	4,00	5,50

Graph:

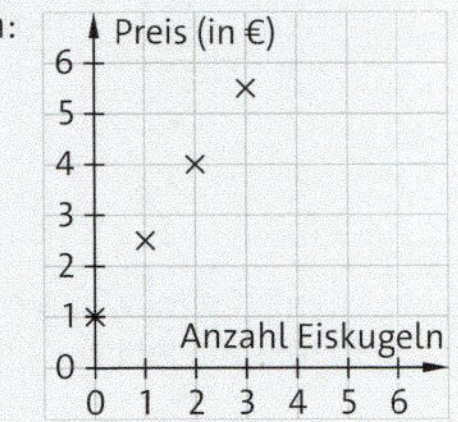

1 Beantworte die Fragen zu den Funktionen.

a) *Fallhöhe h (in m)* → *Fallzeit t (in s)*

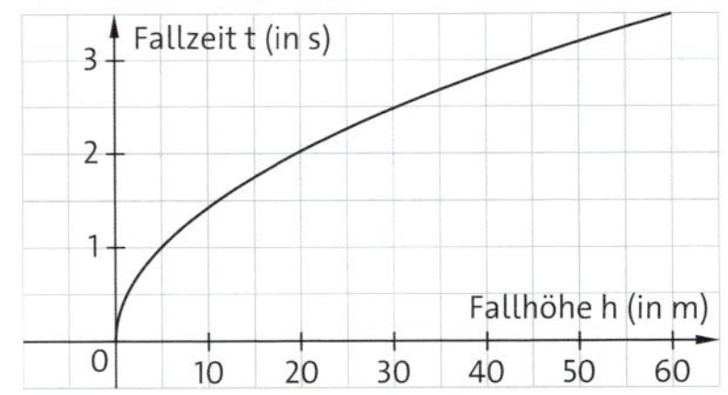

Wie lang ist die Fallzeit bei einer Fallhöhe von 20 m? ≈ 2 s

Wie groß ist die Fallhöhe bei einer Fallzeit von 2,5 s? ≈ 30 m

b) *Kind* → *Taschengeld je Monat*

Name	Nia	Sina	Kemal	Lea
Taschengeld (in €)	15	30	25	20

Name	Omran	Kevin	Tim	Ben
Taschengeld (in €)	20	15	15	20

Wer bekommt das meiste Taschengeld?

Es ist Sina. Sie erhält 30 €.

Wie viele Kinder erhalten 20 € oder mehr?

Es sind fünf Kinder (Sina, Kemal, Lea, Omran, Ben).

2 Gegeben ist die Funktionsgleichung $y = -0{,}5 \cdot x + 1$.

a) Ergänze die Wertetabelle.

x	−1	0	1	2	3
y	1,5	1	0,5	0	−0,5

b) Zeichne den Graphen der Funktion.

c) Lies den x-Wert zu y = 2 am Graphen ab.

x = −2

d) In welchem Punkt schneidet der Graph die x-Achse?

S(2|0)

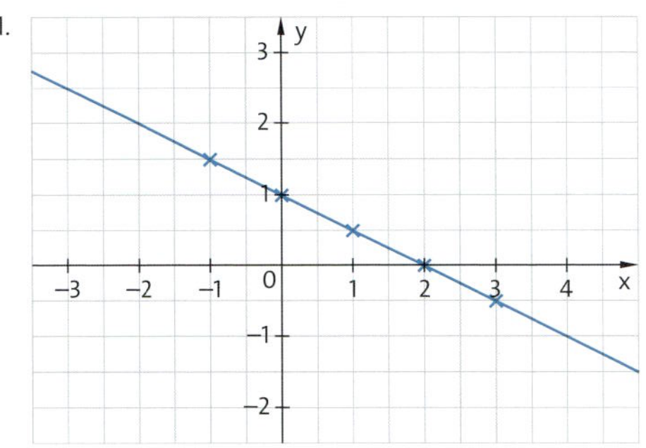

Funktionen erkennen und darstellen ☒

1 Kreuze an, ob die Zuordnung eine Funktion ist oder nicht. Begründe, wenn sie keine Funktion ist.

Verein	Platz	Punkte	Tore	Siege
Blau-Weiß	1	34	49	10
Borussia	6	25	25	8
Eintracht	13	17	21	4
1. FC	11	18	22	5
Rot-Weiß	12	18	25	5

a) *Anzahl Tore → Anzahl Siege*
☐ Funktion ☒ keine Funktion

b) *Verein → Anzahl Punkte*
☒ Funktion ☐ keine Funktion

c) *Platz → Anzahl Siege*
☒ Funktion ☐ keine Funktion

d) *Anzahl Siege → Verein*
☐ Funktion ☒ keine Funktion

Begründungen: *Bei a) und d) sind die Zuordnungen nicht eindeutig.*
Bei a) werden dem Wert 25 Tore die Werte 8 Siege und 5 Siege zugeordnet.
Bei d) werden dem Wert 5 Siege zwei Vereine zugeordnet (1. FC, Rot-Weiß).

2 Gegeben ist die Funktionsgleichung y = 1,5 · x − 2.
a) Ergänze die Wertetabelle.

x	−2	0	2	3	4
y	*−5*	*−2*	*1*	*2,5*	*4*

b) Zeichne den Graphen der Funktion.
c) Lies den x-Wert zu y = −0,5 am Graphen ab.

x = 1

d) Prüfe das Ergebnis aus c) rechnerisch. Setze dafür den abgelesenen x-Wert in die Funktionsgleichung ein.

y = 1,5 · 1 − 2 = 1,5 − 2 = −0,5

e) Zeichne auch den Graphen der Funktion mit der Funktionsgleichung y = −1,5 · x ein. Nutze die Wertetabelle.

x	*−2*	*−1*	*0*	*1*	*2*
y	*3*	*1,5*	*0*	*−1,5*	*−3*

(Wertetabelle: Beispiellösung)

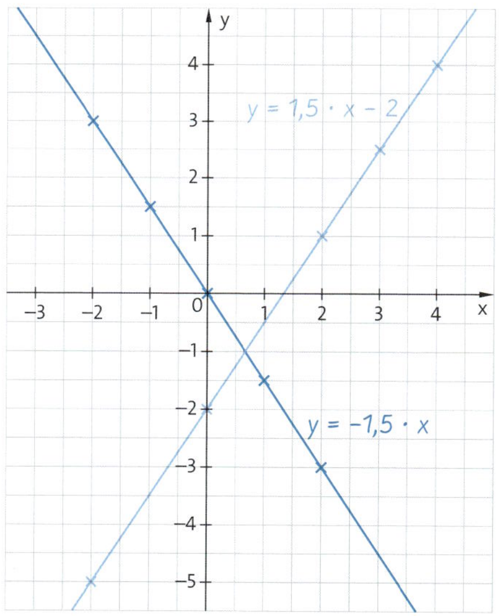

3 Die Funktion *Seitenlänge eines gleichseitigen Dreiecks → Umfang des Dreiecks* wird betrachtet.
Ergänze zuerst die Wertetabelle zur Funktion. Kreuze dann Zutreffendes für gleichseitige Dreiecke an.

Seitenlänge (in cm)	1	2	3	*5*	*7*	*8*	*15*	20	30	*100*
Umfang (in cm)	*3*	*6*	*9*	15	21	24	45	*60*	*90*	300

Die Zuordnung *Seitenlänge → Umfang* ist eine Funktion. ☒ wahr ☐ falsch

Die Zuordnung *Umfang → Seitenlänge* ist keine Funktion. *(ist Funktion)* ☐ wahr ☒ falsch

Steigung von Geraden

1 Ordne die Geraden nach ihrer Steigung.

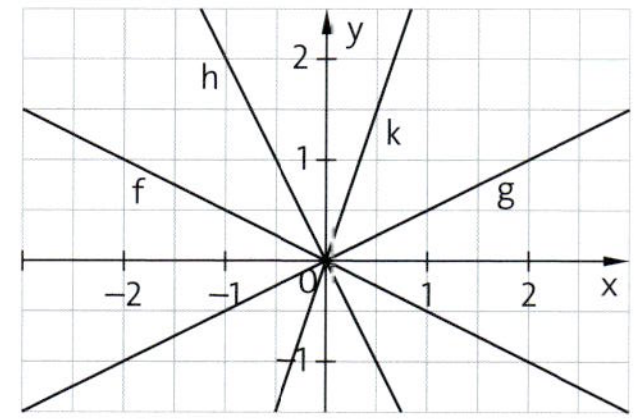

positive Steigung	negative Steigung
Gerade g	*Gerade f*
Gerade k	*Gerade h*

Tipp
Verläuft eine Gerade von links nach rechts gesehen …
- nach oben, dann ist es eine steigende Gerade. Die Steigung m ist positiv.
- nach unten, dann ist es eine fallende Gerade. Die Steigung m ist negativ.

2 Tom macht eine Bergwanderung. Notiere zu den einzelnen Abschnitten ① bis ⑦, ob die Steigung positiv, gleich null oder negativ ist.

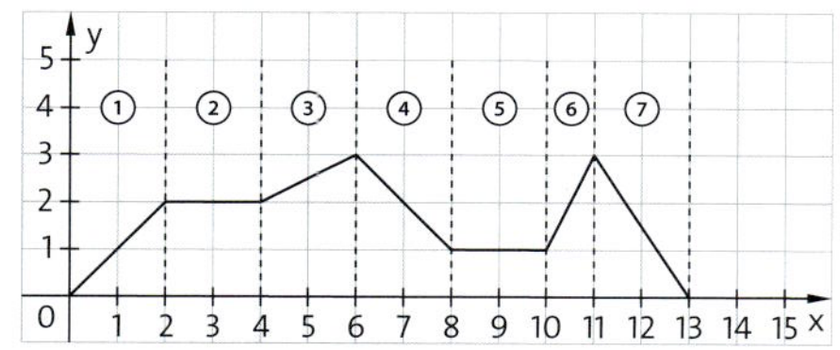

Tipp
Wenn eine Gerade parallel zur x-Achse verläuft, dann ist die Steigung gleich null.

Abschnitt	Steigung
①	*positiv*
②	*gleich null*
③	*positiv*
④	*negativ*
⑤	*gleich null*
⑥	*positiv*
⑦	*negativ*

3 Verbinde die Geraden f, g, h und k mit der passenden Steigung. Eine Steigung bleibt übrig.

f g h k

m = 2 m = 3 m = 1 m = 0,5 m = −2

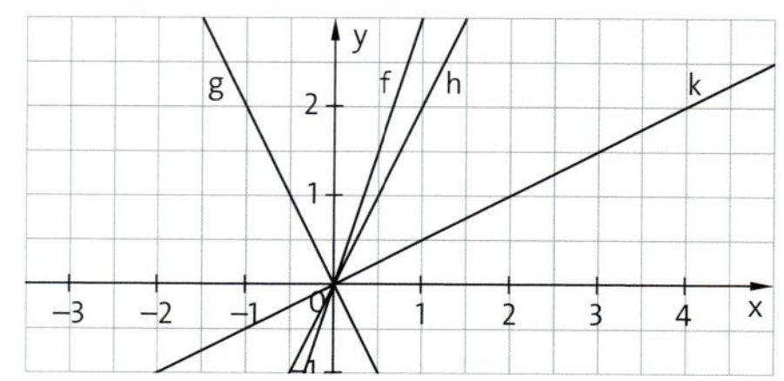

4 Ergänze zuerst die Koordinaten von P_2 und Q_2.
Berechne dann die Steigungen der Geraden f und g.

Gerade f: Punkte $P_1(0|1)$ und $P_2($ *1* | *3* $)$,
$m = \frac{y_2 - y_1}{x_2 - x_1} = \frac{3-1}{1-0} = 2$

Gerade g: Punkte $Q_1(0|4)$ und $Q_2($ *1* | *1* $)$,
$m = \frac{y_2 - y_1}{x_2 - x_1} = \frac{1-4}{1-0} = -3$

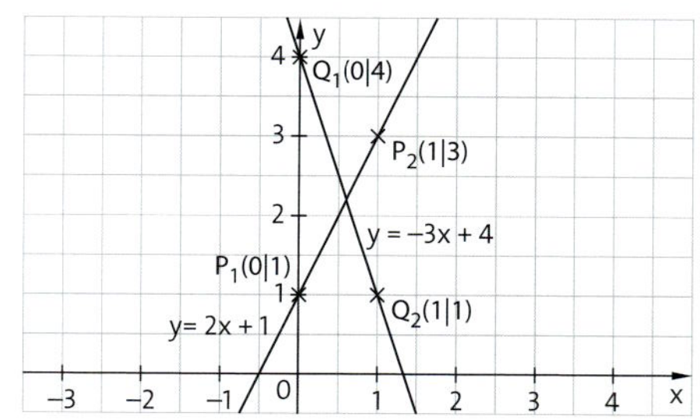

Steigung von Geraden ☒

Verläuft eine Gerade von links nach rechts gesehen nach oben, dann ist es eine steigende Gerade. Die Steigung m der Geraden ist positiv.

Beispiel:

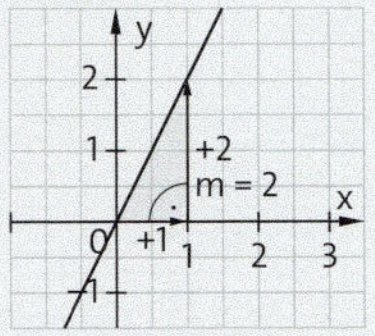

Verläuft eine Gerade von links nach rechts gesehen nach unten, dann ist es eine fallende Gerade. Die Steigung m der Geraden ist negativ.

Beispiel:

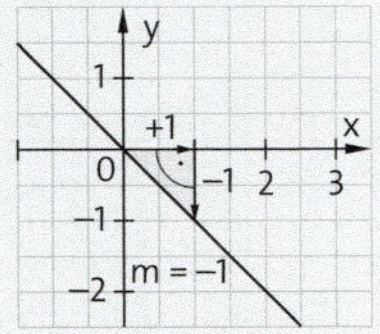

Mit den Koordinaten von zwei verschiedenen Punkten $P_1(x_1|y_1)$ und $P_2(x_2|y_2)$ auf der Geraden g lässt sich die Steigung m berechnen: $m = \frac{y_2 - y_1}{x_2 - x_1}$.

1 Zeichne zuerst je ein Steigungsdreieck ein. Verbinde dann mit der dazugehörigen Steigung.

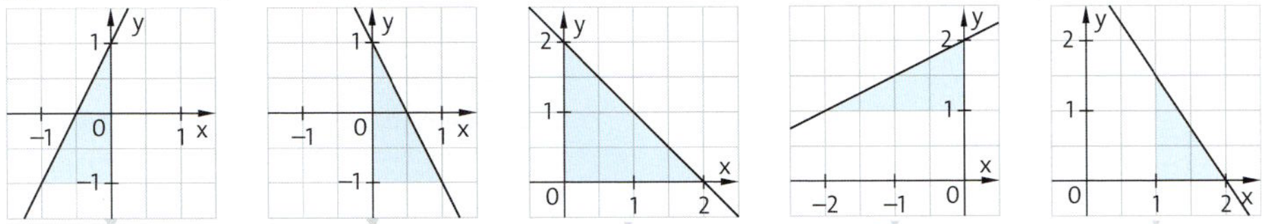

m = 0,5 | m = 2 | m = −2 | m = 1 | m = −1 | m = −1,5 | m = 3

2 Kreuze Zutreffendes für Geradensteigungen an.

Wenn eine Gerade steigt, dann ist m < 0. *(Es ist m > 0.)*	☐ wahr	☒ falsch
Tim geht bei einem Steigungsdreieck 1 Einheit nach rechts und 3 Einheiten nach unten. Die Steigung m beträgt −3.	☒ wahr	☐ falsch
Eine Gerade verläuft durch die Punkte A(3|3) und B(5|1). Die Steigung m ist gleich 1. *(Es ist m = −1.)*	☐ wahr	☒ falsch
Eine Ursprungsgerade verläuft durch den Punkt C(3|6). Dann ist die Steigung m = 2.	☒ wahr	☐ falsch
Es gibt keine Gerade mit der Steigung m = 0. *(Beispiel y = 2)*	☐ wahr	☒ falsch

3 Die Skizze zeigt vereinfacht den Anlauf einer Skisprungschanze. Berechne die Steigung des Anlaufs. Runde auf zwei Nachkommastellen.

$P_1(0|50)$; $P_2(120|0)$

$m = \frac{y_2 - y_1}{x_2 - x_1} = \frac{0 - 50}{120 - 0} = \frac{-50}{120} = -\frac{5}{12} \approx -0{,}42$

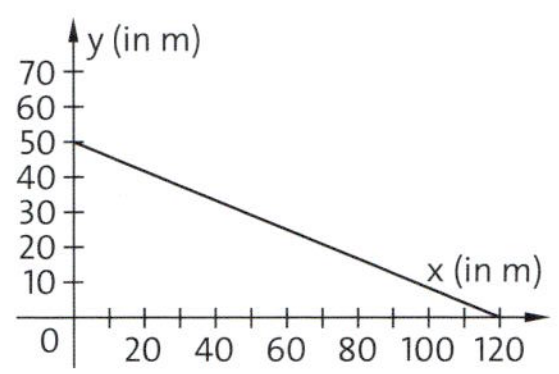

Steigung von Geraden ☒

1 Zeichne zuerst zu jeder Geraden ein Steigungsdreieck ein.
Verbinde dann mit der passenden Steigung.

f | g | h | i | k

m = −2 | m = −1,5 | m = −0,5 | m = 2 | m = 3

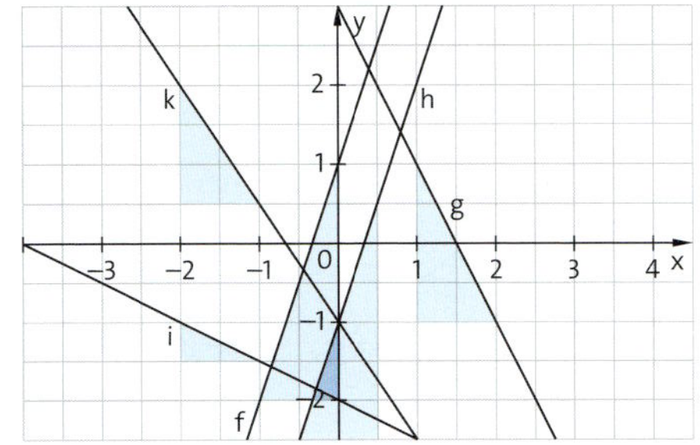

2 Kreuze die Steigungsdreiecke mit der Steigung $m = -\frac{4}{3}$ an.

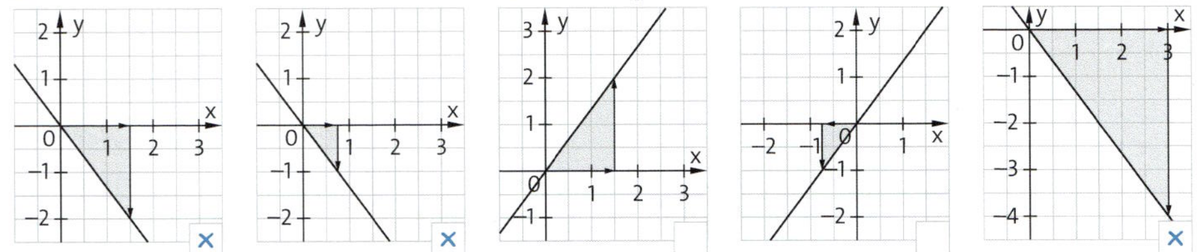

3 Berechne die Steigung der Geraden, die durch die Punkte P_1 und P_2 verläuft.

a) $P_1(3|4)$ und $P_2(4|3)$

$m = \frac{y_2 - y_1}{x_2 - x_1}$

$m = \frac{3 - 4}{4 - 3}$

$m = \frac{-1}{1} = -1$

b) $P_1(2|5)$ und $P_2(4|6)$

$m = \frac{y_2 - y_1}{x_2 - x_1}$

$m = \frac{6 - 5}{4 - 2}$

$m = \frac{1}{2} = 0{,}5$

c) $P_1(-4|-3)$ und $P_2(-2|-7)$

$m = \frac{y_2 - y_1}{x_2 - x_1}$

$m = \frac{-7 - (-3)}{-2 - (-4)}$

$m = \frac{-4}{2} = -2$

d) $P_1(0|0)$ und $P_2(5|-2)$

$m = \frac{y_2 - y_1}{x_2 - x_1}$

$m = \frac{-2 - 0}{5 - 0}$

$m = \frac{-2}{5} = -0{,}4$

4 Ergänze die Tabelle, sodass die Steigung immer gleich ist.

$y_2 - y_1$	200	*10*	120	5	30	*1*
$x_2 - x_1$	800	40	*480*	*20*	*120*	4

5 Die Skizze zeigt eine Skiabfahrt. Berechne die durchschnittliche Steigung. Runde auf zwei Nachkommastellen.

1. Schritt: Der Höhenunterschied beträgt
1287 m − 2315 m = −1028 m.
2. Schritt: Steigung $m = -\frac{1028\,m}{4480\,m} \approx -0{,}23$.

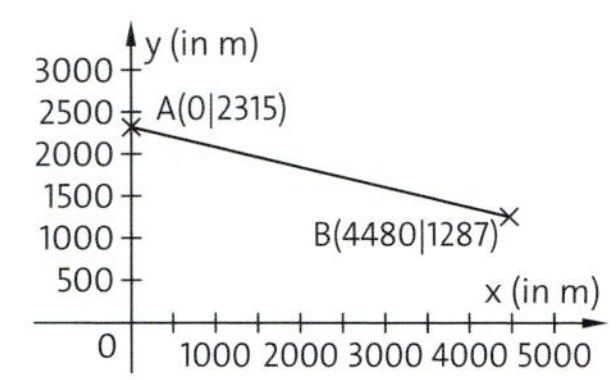

Proportionale Funktionen

1 Ergänze zuerst die Wertetabelle. Zeichne dann den Graphen in das Koordinatensystem.

a) $y = 2{,}5x$

x	−1	0	1	2
y	−2,5	0	2,5	5

b) $y = -1{,}5x$

x	−1	0	1	2
y	1,5	0	−1,5	−3

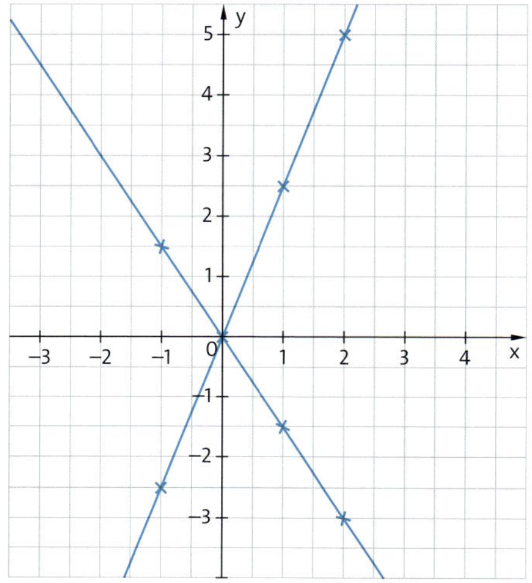

Tipp
Setze den x-Wert in die Funktionsgleichung ein. Berechne dann den y-Wert.

$y = 2 \cdot x$ und $x = 5$
$y = 2 \cdot 5 = 10$

2 Notiere zuerst die Steigung der proportionalen Funktion. Zeichne dann den Graphen mithilfe eines Steigungsdreiecks.

a) $y = 3{,}5x$ m = 3,5

b) $y = -x$ m = −1

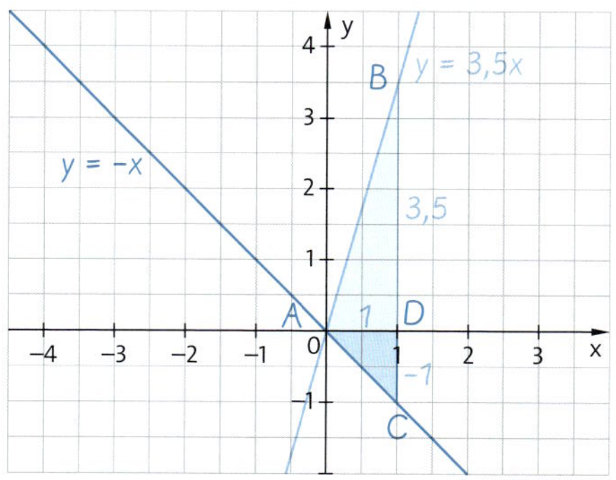

Tipp
Starte beim Ursprung (0|0).
- Ist die Steigung m > 0, gehe eine Einheit nach rechts und m Einheiten nach oben.
- Ist die Steigung m < 0, gehe eine Einheit nach rechts und m Einheiten nach unten.

3 Zeichne für die Geraden zuerst je ein Steigungsdreieck. Berechne dann ihre Steigungen.

f: $m = \frac{y_2 - y_1}{x_2 - x_1}$, $m = \frac{2{,}5 - 0}{1 - 0}$, $m = 2{,}5$

g: $m = \frac{y_2 - y_1}{x_2 - x_1}$, $m = \frac{-0{,}5 - 0}{2 - 0}$, $m = \frac{-0{,}5}{2} = -0{,}25$

(Beispiellösungen)

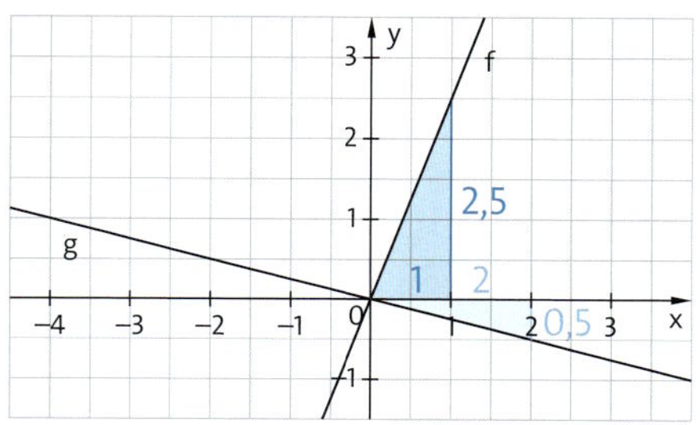

Proportionale Funktionen

Eine proportionale Funktion hat eine Gleichung der Form $y = m \cdot x$. m heißt Steigung.

Der Graph ist eine Gerade. Die Gerade verläuft immer durch den Ursprung (0|0).

Beispiel:
Funktionsgleichung:
$y = -2 \cdot x$

Wertetabelle:

x	−1	0	1	3
y	2	0	−2	−6

Graph:

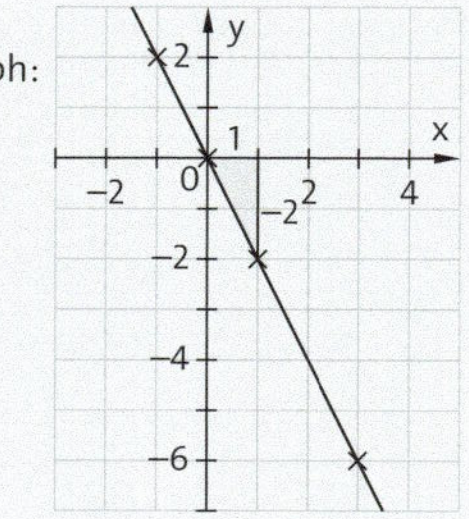

Aus den Koordinaten zweier Punkte $P_1(x_1|y_1)$ und $P_2(x_2|y_2)$ lässt sich die Steigung m berechnen und die Funktionsgleichung aufstellen:

$m = \frac{y_2 - y_1}{x_2 - x_1}$ → $y = m \cdot x$.

1 Graphen mithilfe von Wertetabellen zeichnen

a) Ergänze zuerst die Wertetabelle. Zeichne dann den Graphen in das Koordinatensystem.
Funktionsgleichung: $y = 0{,}5x$

x	−2	0	2	4
y	−1	0	1	2

Funktionsgleichung: $y = -1{,}5x$

x	−2	0	2	3
y	3	0	−3	−4,5

b) Zeichne zu den Geraden je ein Steigungsdreieck ein.

c) Prüfe zeichnerisch, auf welchem Graphen die Punkte A(3|1,5) und B(5|2,5) liegen.

Beide Punkte liegen auf dem Graphen zu y = 0,5x.

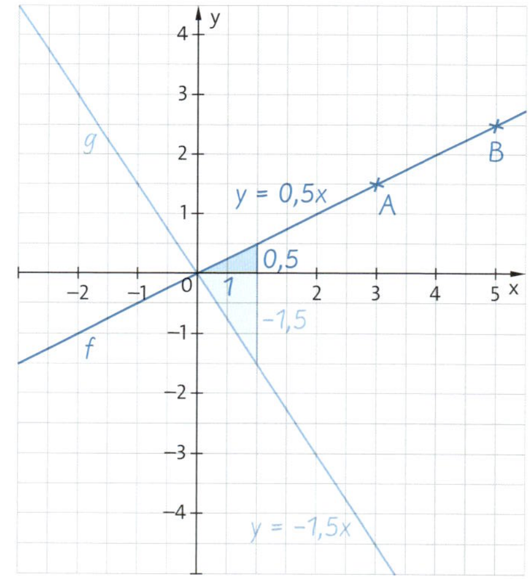

2 Graphen mithilfe weiterer Punkte zeichnen

a) Zeichne die Graphen mithilfe der Punkte.
proportionale Funktion f: Q(4|−3)
proportionale Funktion g: R(−3|−1)

b) Bestimme zu den Funktionen f und g die Steigungen m. Stelle die Funktionsgleichungen auf.

f: $m = \frac{y_2 - y_1}{x_2 - x_1}$, $m = \frac{-3 - 0}{4 - 0}$, $m = -\frac{3}{4} = -0{,}75$, $y = -0{,}75x$

g: $m = \frac{y_2 - y_1}{x_2 - x_1}$, $m = \frac{-1 - 0}{-3 - 0}$, $m = \frac{-1}{-3} = \frac{1}{3}$, $y = \frac{1}{3}x$

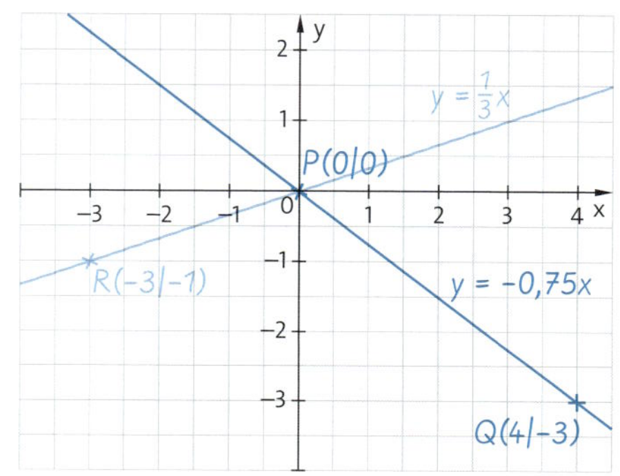

Proportionale Funktionen ☒

1 Vervollständige zuerst die Funktionsgleichungen. Zeichne dann die Graphen.

a) Die proportionale Funktion f hat die Steigung $m = \frac{1}{4}$. Die Steigung der proportionalen Funktion g ist doppelt so groß.

f: $y = \frac{1}{4}x$ g: $y = \frac{1}{2}x$

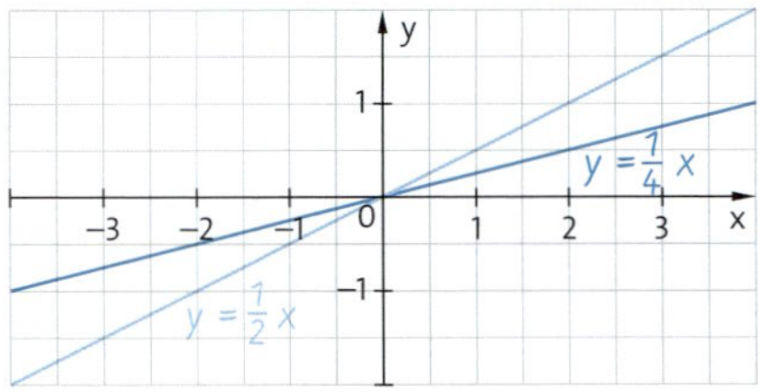

b) Die proportionale Funktion h hat die Steigung $m = -\frac{3}{2}$. Die Steigung der proportionalen Funktion i ist halb so groß.

h: $y = -\frac{3}{2}x$ i: $y = -\frac{3}{4}x$

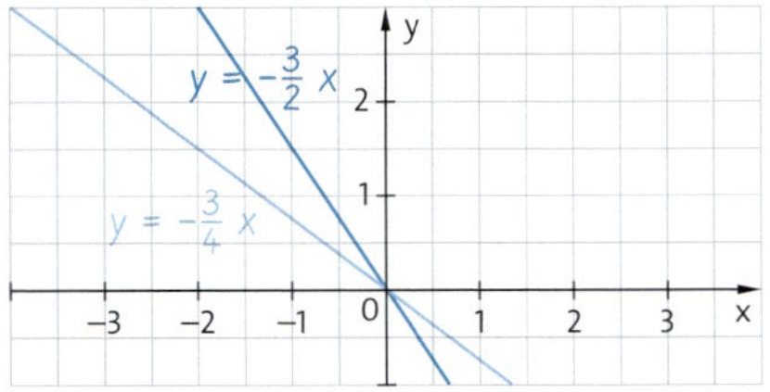

2 Kreuze Zutreffendes für die abgebildeten Graphen an.
Zeichne Steigungsdreiecke und Punkte in das Bild ein, wenn nötig.

	wahr	falsch
Die Funktion f hat die Steigung m = 1,5.	☐	☒
Der Punkt P(−2 | 3) liegt auf dem Graph von f.	☒	☐
Der Punkt Q(1 | 1,5) liegt auf dem Graph von h.	☒	☐
Die Steigung von g ist größer als die von h.	☒	☐
Die Funktion f hat eine negative Steigung.	☒	☐
Die Funktion h hat eine Steigung von 0,5.	☐	☒

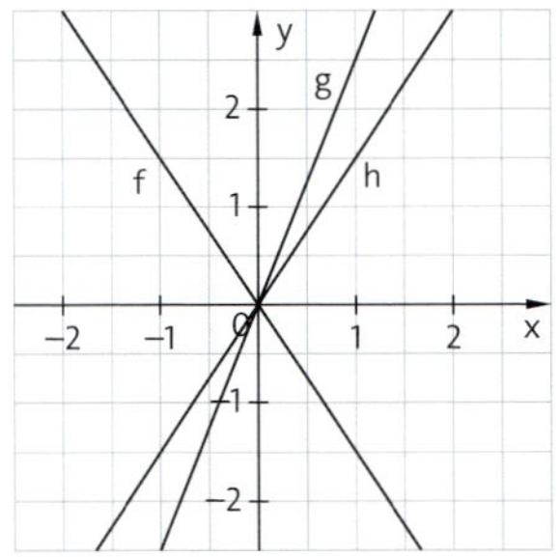

3 Ein Fisch schwimmt an der Wasseroberfläche.
Er taucht pro Sekunde 0,50 m tief.

a) Stelle den Sachverhalt im Koordinatensystem dar.

b) Notiere die Funktionsgleichung.

y = −0,5x

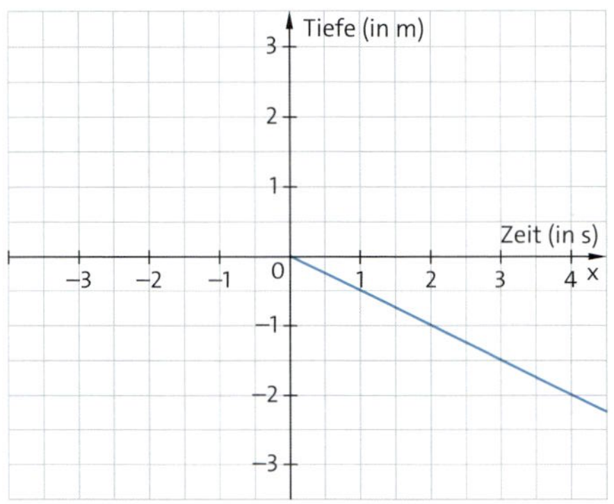

c) Bestimme, wie tief der Fisch nach 4 Sekunden getaucht ist.

Die Tiefe nach 4 s beträgt −2 m.

d) Bestimme, wann der Fisch eine Tiefe von −3 m erreicht hat.

−3 m Tiefe sind nach 6 s erreicht

e) Begründe, warum der y-Wert zu x = −2 in dieser Situation keine sinnvolle Bedeutung hat.

Der Fisch wäre dann 1 m hoch über dem Wasser. Das ist für einen Fisch in der Regel nicht möglich.

Lineare Funktionen

1 Kreuze an, ob der Graph eine lineare Funktion darstellt.
Wenn ja, markiere den Schnittpunkt mit der y-Achse und notiere den y-Achsenabschnitt.

a)

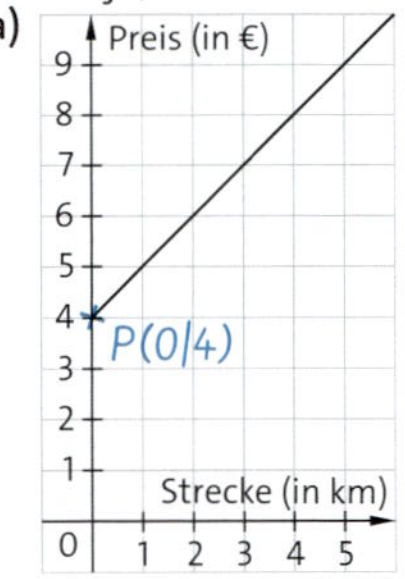

☒ linear, b = *4*
☐ nicht linear

b)

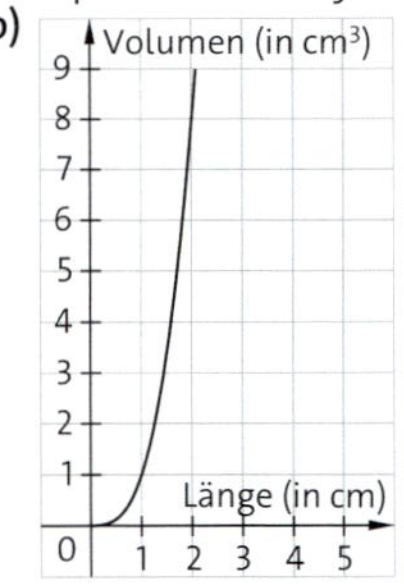

☐ linear, b =
☒ nicht linear

c)

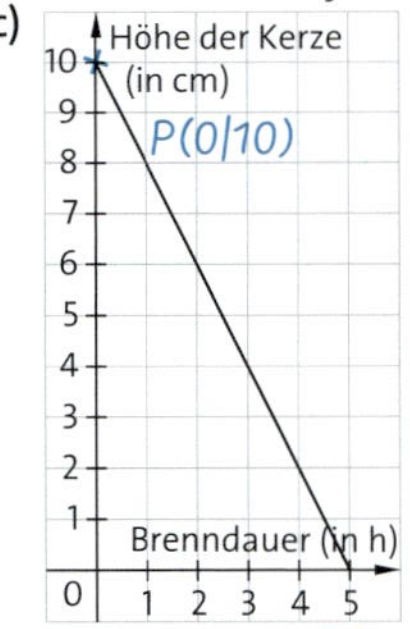

☒ linear, b = *10*
☐ nicht linear

Tipp
Wenn bei einer Funktion alle Punkte des Graphen auf einer Geraden liegen, dann ist die Funktion linear.

2 Gegeben sind die Wertetabellen von zwei linearen Funktionen.

a) Zeichne die Graphen. Finde dann die fehlenden Werte in der Wertetabelle.

①

Zeit (in h)	0	1	2	3	4	*5*
Höhe (in cm)	5	5,5	6	6,5	*7*	7,5

②

Zeit (in h)	0	1	2	3	4	*5*
Höhe (in cm)	10	8	6	4	*2*	0

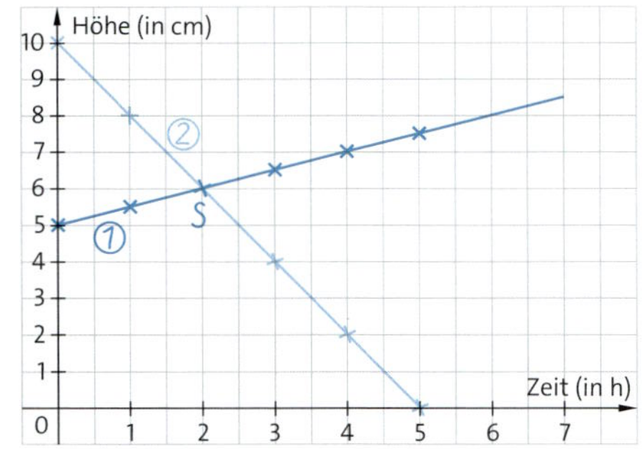

b) Notiere den Schnittpunkt der Graphen.

S(2 | 6)

3 Verbinde die Graphen mit den passenden Funktionsgleichungen. Eine Gleichung bleibt übrig.

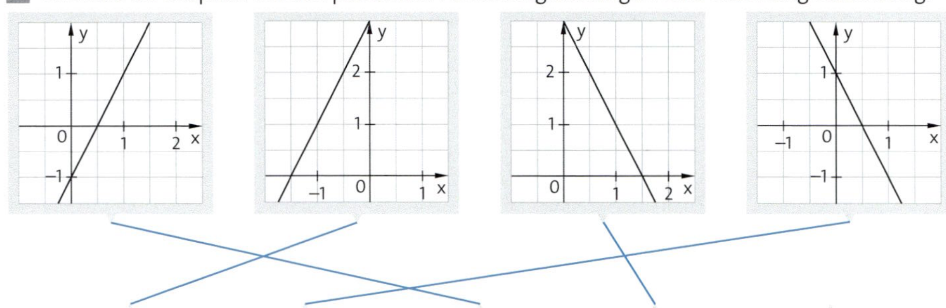

y = 2x + 3 y = −2x + 1 y = 2x − 1 y = −2x + 3 y = 2x − 3

Lineare Funktionen ☒

Eine lineare Funktion hat die Funktionsgleichung $y = m \cdot x + b$.
m heißt Steigung, b heißt y-Achsenabschnitt.
Alle Punkte des Graphen liegen auf einer Geraden. Die Gerade muss nicht durch den Ursprung (0 | 0) gehen. Den Graphen einer linearen Funktion kannst du zeichnen:
- mit einer Wertetabelle,
- einem Steigungsdreieck oder
- dem y-Achsenabschnitt b und einem weiteren Punkt.

Beispiel:
Funktionsgleichung
$y = 0{,}5 \cdot x - 1$
(Steigung m = 0,5 und y-Achsenabschnitt b = –1)

x	–1	0	1
y	–1,5	–1	–0,5

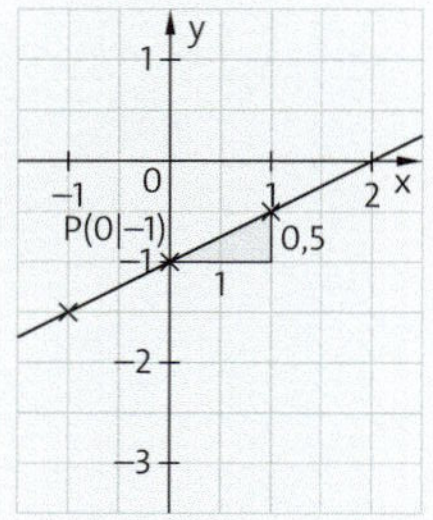

1 Kreuze an, ob der Graph eine lineare Funktion oder eine nicht lineare Funktion.

a) 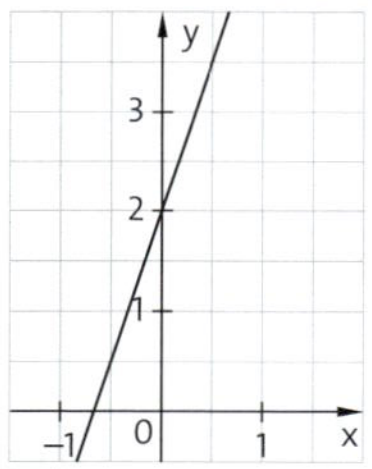
☒ linear
☐ nicht linear

b) 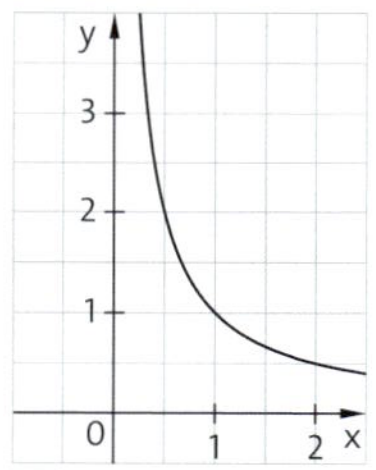
☐ linear
☒ nicht linear

c) 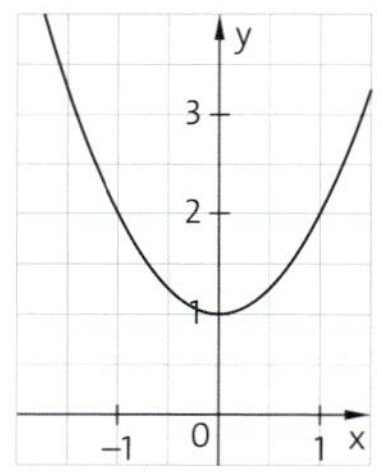
☐ linear
☒ nicht linear

d) 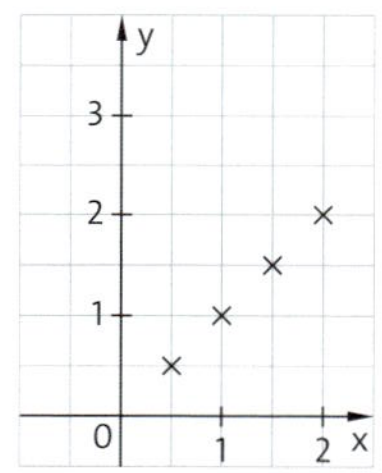
☒ linear
☐ nicht linear

2 Kreuze zuerst Zutreffendes zur Funktionsgleichung $y = 2x - 5$ an.
Wenn Aussagen falsch sind, dann begründe, warum dies so ist.

a) Die Funktion ist proportional. ☐ wahr ☒ falsch
b) Die Funktion ist linear. Die Steigung ist m = 5. ☐ wahr ☒ falsch
c) Der y-Achsenabschnitt ist –5. ☒ wahr ☐ falsch
d) Der Graph ist eine Gerade. ☒ wahr ☐ falsch

Begründungen: *zu a): Die Funktionsgleichung hat nicht die Form y = m · x (da b = 5).*
zu b): Die Steigung ist m = 2, nicht m = –5.

3 Kreuze die passende Funktionsgleichung zur Situation an.

a) Nica hat 10 € in der Spardose. Er spart jede Woche 2 €. ☒ $y = 2x + 10$ ☐ $y = 10x + 2$ ☐ $y = 2x + 2$
b) Lena hat 25 € in der Spardose. Sie gibt jede Woche 3 € aus. ☐ $y = 3x + 25$ ☐ $y = 3x - 25$ ☒ $y = 25 - 3x$
c) Eine Kerze ist 45 cm lang. Jede Stunde brennen 5 cm ab. ☐ $y = 45 - 5$ ☒ $y = 45 - 5x$ ☐ $y = 45 + 5x$

Lineare Funktionen ☒

1 Kreuze Zutreffendes zu den abgebildeten Graphen an (Funktionsgleichung $y = m \cdot x + b$).

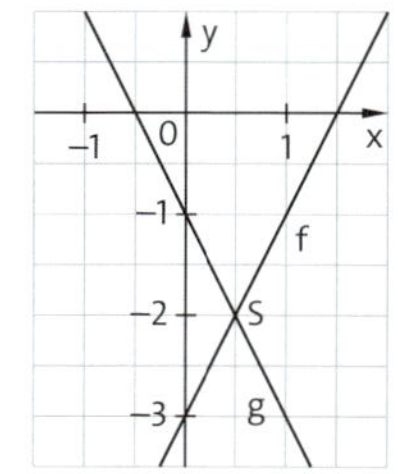

Für die Funktion f ist b = –3. ☒ wahr ☐ falsch
Für die Funktion f ist m = 2. ☒ wahr ☐ falsch
Für Funktion g ist b = –1. ☒ wahr ☐ falsch
Für Funktion g ist m = –2. ☒ wahr ☐ falsch
Die Graphen schneiden sich im Punkt S(0,5 | –2). ☒ wahr ☐ falsch

2 Gegeben sind Wertetabellen von zwei linearen Funktionen.
a) Zeichne die Graphen und ergänze die Wertetabellen.

①

x	0	1	2,5	4
y	4	6	*9*	*12*

②

x	0	1	4	7
y	12	*11*	8	*5*

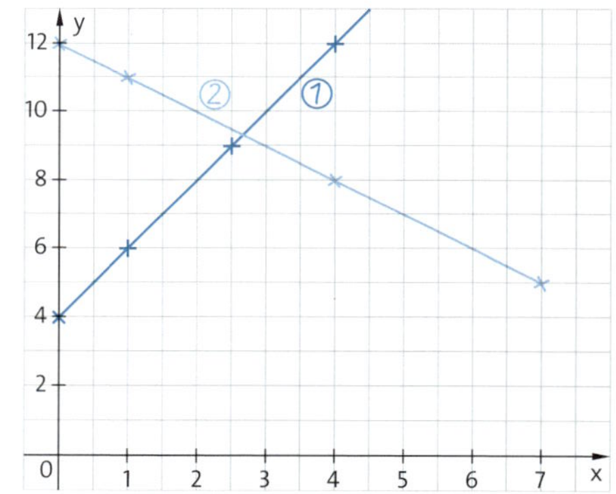

b) Notiere die Funktionsgleichungen.
zu ①: y = 2x + 4
zu ②: y = –x + 12

3 Zwei Behälter für eine Flüssigkeit haben die gleiche Form und Größe.
Der Behälter ① wird befüllt. Das Füllen wird durch die Funktionsgleichung $y = 30x + 90$ beschrieben.
Der Behälter ② wird entleert. Das Leeren wird durch die Funktionsgleichung $y = 120 - 10x$ beschrieben.
(x: Zeit in h; y: Füllhöhe in cm)
a) Zeichne die Graphen.
b) Lies die Füllstände nach 2 h ab.
①: 150 cm; ②: 100 cm

c) Lies ab, nach welcher Zeit der Behälter ① 300 cm hoch gefüllt ist.
nach 7 h

d) Lies Schätzwerte ab: Nach welcher Zeit haben beide Behälter die gleiche Füllhöhe? Wie groß ist dann die Füllhöhe?
Ablesen am Schnittpunkt: nach 0,75 h
bzw. 45 min; Füllhöhe 112,5 cm

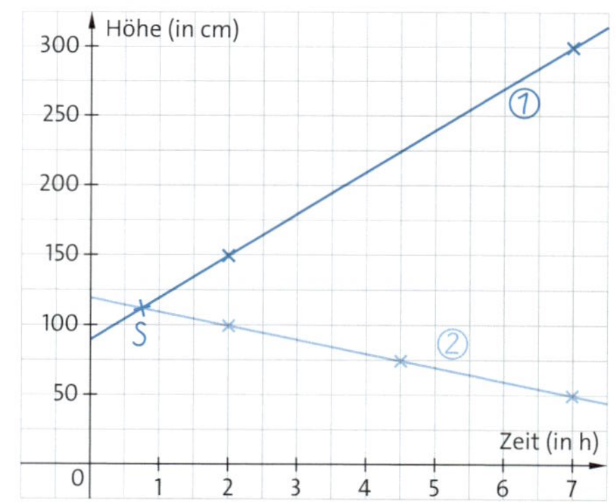

Inhaltsverzeichnis

Kapitel		Thema			
1	**Terme und Gleichungen**	Terme vereinfachen (Wdh.)	2	3	4
		Plus-Klammern und Minus-Klammern (Wdh.)	5	6	7
		Terme ausmultiplizieren und ausklammern	8	9	10
		Produkte von Summen und Differenzen berechnen	11	12	13
		Binomische Formeln	14	15	16
		Gleichungen lösen durch Äquivalenzumformungen	17	18	19
		Sachaufgaben mit Gleichungen lösen	20	21	22
		Formeln umstellen	23	24	25
2	**Winkel und besondere Linien im Dreieck**	Winkel an Geradenkreuzungen	26	27	28
		Summe der Innenwinkel in Dreiecken	29	30	31
		Summe der Innenwinkel in Vierecken	32	33	34
		Mittelsenkrechte und Umkreis	35	36	37
		Winkelhalbierende und Inkreis	38	39	40
3	**Dreiecke konstruieren**	Dreiecke konstruieren mit SSS	41	42	43
		Dreiecke konstruieren mit SWS	44	45	46
		Dreiecke konstruieren mit WSW	47	48	49
		Dreiecke konstruieren mit SsW	50	51	52
4	**Zinsrechnung**	Prozentwert, Prozentsatz und Grundwert berechnen (Wdh.)	53	54	55
		Den Zinssatz berechnen	56	57	58
		Die Zinsen berechnen	59	60	61
		Mit Zinseszinsen rechnen	62	63	64
		Das Kapital berechnen	65	66	67
		Die Tageszinsen und Monatszinsen berechnen	68	69	70
5	**Prismen**	Prismen beschreiben und zeichnen	71	72	73
		Netze von Prismen erkennen und zeichnen	74	75	76
		Oberflächeninhalt von Prismen berechnen	77	78	79
		Volumen von Prismen berechnen	80	81	82
		Zusammengesetzte Prismen	83	84	85
6	**Daten und Zufall**	Zufallsexperimente und Wahrscheinlichkeit	86	87	88
		Laplace-Experimente	89	90	91
		Zweistufige Zufallsexperimente	92	93	94
		Produktregel und Summenregel	95	96	97
7	**Lineare Funktionen**	Funktionen erkennen und darstellen	98	99	100
		Steigung von Geraden	101	102	103
		Proportionale Funktionen	104	105	106
		Lineare Funktionen	107	108	109

Terme vereinfachen (Wdh.)

1 Kreuze die beiden Terme für den Umfang an.

a)

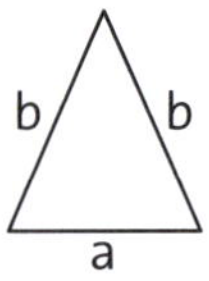

☐ $2 \cdot b + 1 \cdot a$
☐ $3 \cdot a$
☐ $a + b + b$

b)

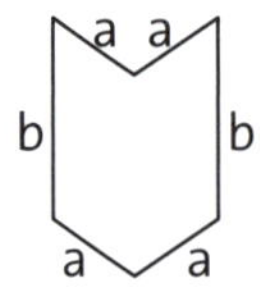

☐ $3 \cdot a + 2 \cdot b$
☐ $4a + 2b$
☐ $a + a + b + a + a + b$

Tipp
Zähle gleiche Variablen.

2 Addiere und subtrahiere.

a) $a + a + a + a + a =$ ______ **b)** $b - b + b + b + b =$ ______

c) $2c + c + 2c - c =$ ______ **d)** $2a + d - d + 3d =$ ______ **e)** $8e - 3e + e =$ ______

f) $2f + 3e - 2e + 5f =$ ______ **g)** $5a + 7e - 4a + e =$ ______ **h)** $d + 7d - 2e + 5e - 8d =$ ______

Tipp
Fasse die gleichen Variablen zusammen.

3 Ergänze die Additionsmauer.

a)

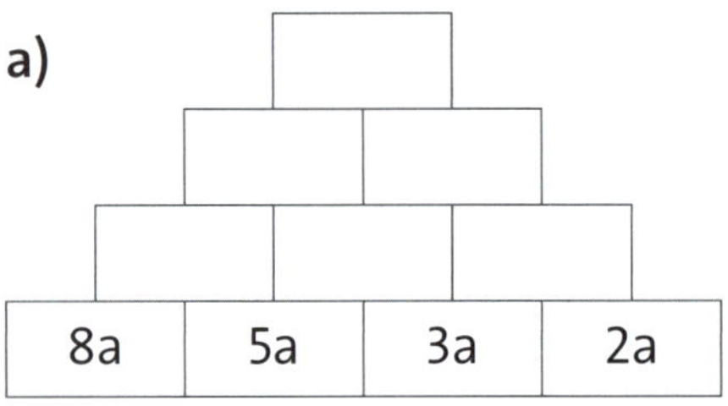

b)

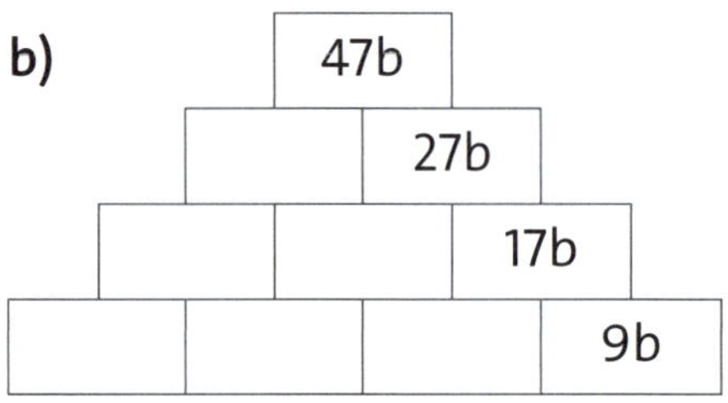

Beispiel:

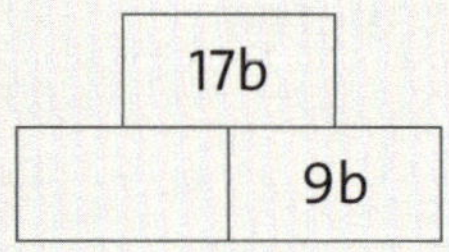

zu **b)**
$17b - 9b = 8b$

4 Multipliziere.

a) $7a \cdot 5 \cdot 2 =$ ______ **b)** $4 \cdot 4b \cdot 3 =$ ______

c) $11 \cdot 3c \cdot 2 =$ ______ **d)** $-5d \cdot 4 \cdot 3 =$ ______

e) $-7 \cdot 2c \cdot (-2e) =$ ______ **f)** $-5a \cdot (-6) \cdot (-3b) =$ ______

Tipp
① Sortiere.
② Multipliziere.

Beispiel:
$2a \cdot 2{,}5b = 5ab$

5 Dividiere.

a) $8a : 2 =$ ______ **b)** $16b : 4 =$ ______

c) $24bc : 8 =$ ______ **d)** $-30ad : 3 =$ ______

Beispiel:
$12ab : 4 = 3ab$

6 Ergänze die Multiplikationsmauer.

a)

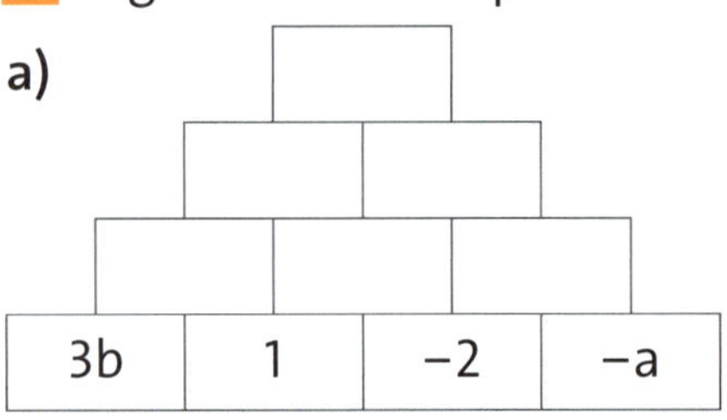

b)

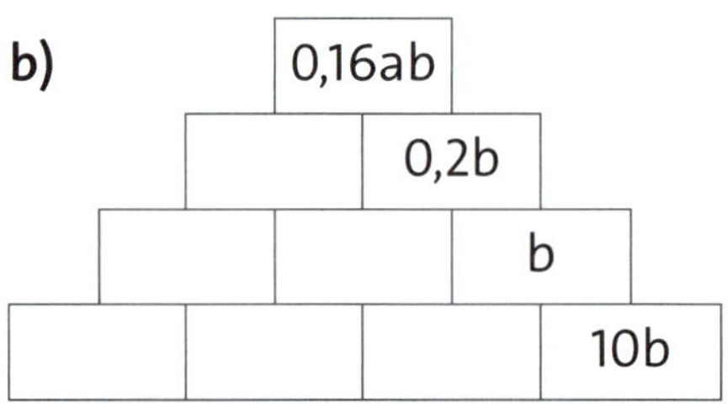

Beispiel:

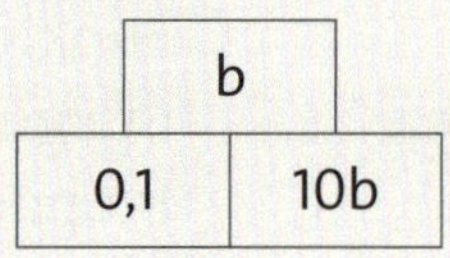

Terme vereinfachen (Wdh.) ☒

- Nur gleiche Variablen darf man durch Addieren und Subtrahieren zusammenfassen.
- Beim Multiplizieren von Termen kann man zuerst die Zahlen multiplizieren und dann die Variablen, wenn nötig. Genauso kann man Terme dividieren.

Beispiele: $x + x + x + x = 4 \cdot x = 4x$

$a + a - b + 2b = 2a + b$

$2 \cdot 5 \cdot c \cdot c = 10c^2$

$2x \cdot 5y = 10xy$

$10e : 2 = 5e$

1 Kreuze je zwei Terme für den Umfang an.

a) 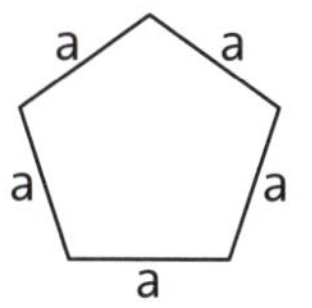

- ☐ $a + 2 \cdot a^2$
- ☐ $5 \cdot a$
- ☐ $a + a + a + a + a$

b) 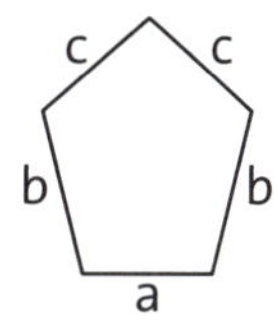

- ☐ $a + b + c + c + b$
- ☐ $2c + 2b + a$
- ☐ $5a$

2 Addiere und subtrahiere.

a) $a - a + a + a + a + b + b =$ ______

b) $a - a - b + a - b + a - a =$ ______

c) $-2a - 3 + 5 - 3a + 7a + 5 =$ ______

d) $a^2 + 8a + a - 5a + 2a^2 =$ ______

3 Ergänze die Additionsmauer.

a)

5a	6a	1,5a	1,5a

b)

10,2b			
	4,7b		
		2,2b	
			−b

4 Multipliziere.

a) $5b \cdot 4a \cdot 2 =$ ______

b) $\frac{1}{2}b \cdot \frac{3}{2}c \cdot 3 =$ ______

c) $7 \cdot (-6c) \cdot (-2d) =$ ______

d) $0{,}5 \cdot 0{,}2c \cdot 2d \cdot 2d =$ ______

5 Ergänze die Multiplikationsmauer.

a)

0,1a	−3	2	2,5b

b)

$2{,}56a^3b^2$			
	$0{,}16a^2b$		
		0,04ab	
			0,02b

6 Unterstreiche alle Fehler und berichtige.

$0{,}5x + 2x - 3y + 0{,}5x + y \cdot y = 1{,}5x - 3y + y^2 = 1{,}5x - y$ ______

Terme vereinfachen (Wdh.) ☒

1 Gleich lange Linien haben die gleiche Farbe.
Gib den Umfang mit einem vereinfachten Term an.

a) 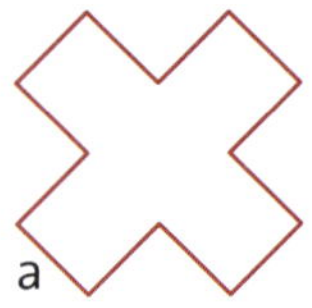

b) 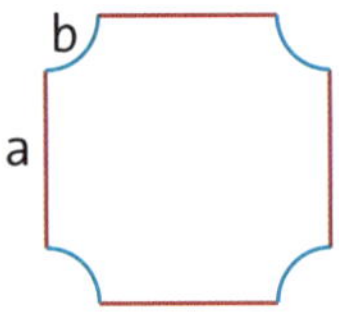

c) 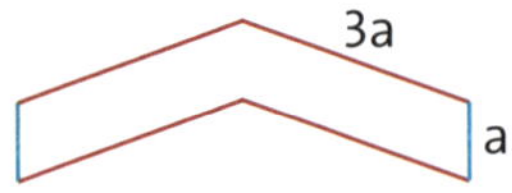

d) 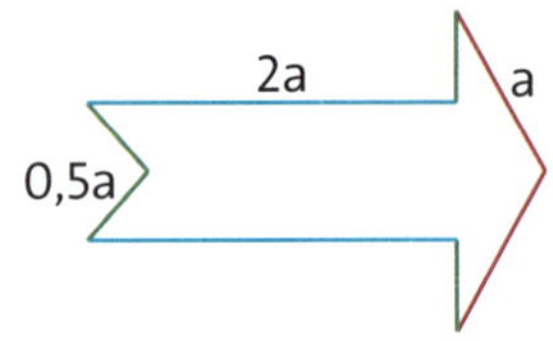

2 Verbinde gleichwertige Terme.

$z+z-z+z+z+z-z-2z$	$z+z+z+z+z-z-z-z-z$
$x+z+y-x-y-z-y-z+x$	$6x+z+7y-5x-2y-6y-2z+x$
$x+3y-z-z-x-2y+z-x+x$	$-y+z$
$x+y-z-x-y-x+z-y+x+z$	$y-z$
$2x-y-z$	$x+x-x+y-y-y+z-z-z$

3 Vervollständige die Additionsmauer.

a)

- Reihe 1 (oben): $-x+7y$
- Reihe 2: ☐ ☐
- Reihe 3: ☐ ☐ ☐
- Reihe 4 (unten): $2x$ | $3y$ | $-x$ | $-2y$

b)

- Reihe 1 (oben): $-a-b$
- Reihe 2: ☐ | $-4a+3b$
- Reihe 3: ☐ | ☐ | $-2a+5b$
- Reihe 4 (unten): $5a$ | ☐ | ☐ | $5b$

4 Vervollständige die Multiplikationsmauer.

a)

- Reihe 1 (oben): ☐
- Reihe 2: ☐ ☐
- Reihe 3: ☐ ☐ ☐
- Reihe 4 (unten): 3 | $2x$ | -1 | $-2y$

b)

- Reihe 1 (oben): $-1{,}5a^2b^3$
- Reihe 2: ☐ | $-3ab^2$
- Reihe 3: ☐ | ☐ | $-3ab$
- Reihe 4 (unten): ☐ | ☐ | ☐ | $6a$

5 Unterstreiche zuerst den Fehler und berichtige.
Gib dann einen Tipp zur Vermeidung des Fehlers.

$$y + 0{,}15x - 0{,}25x - 5y + 0{,}5x + yy = 0{,}4x - 5y$$

Plus-Klammern und Minus-Klammern (Wdh.)

1 Löse die Plus-Klammern auf.

a) $2b + (-4 + c) =$ ______

b) $-5 + (-2y - 5x) =$ ______

c) $6a + (5 + 2c) =$ ______

Tipp
Lass die Plus-Klammern weg.

Beispiele:
$x + (-3 - y) = x - 3 - y$ $\quad +(-3) = -3$
$x + (+3 - y) = x + 3 - y$ $\quad$ Beachte: $3 = +3$

2 Löse die Minus-Klammern auf.

a) $7 - (-2b + a) =$ ______

b) $4a - (-7 - 5c) =$ ______

c) $10b - (5 + 7c) =$ ______

Tipp
Lass die Minus-Klammern weg und ändere die Zeichen in der Klammer.

Beispiel:
$6 - (-x - y) = 6 + x + y$ $\quad -(-3) = 3$
$6 - (+x - y) = 6 - x + y$ $\quad$ Beachte: $x = +x$

3 Verbinde die gleichwertigen Terme.

Tipp
Unterstreiche zuerst die Minus-Klammern.

a) Terme ohne Variablen

$9 + (3 + 5)$ | $9 + (3 - 5)$ | $9 + (-3 + 5)$ | $9 - (-3 + 5)$ | $9 - (3 - 5)$ | $-9 + (3 - 5)$

$9 + 3 + 5$ | $9 + 3 - 5$ | $9 - 3 + 5$ | $9 + 3 - 5$ | $-9 + 3 - 5$

b) Terme mit Variablen

$2x - (y + 3)$ | $2x + (y - 3)$ | $-(-y + 3)$ | $-(y + 3)$ | $2x - (y - 3)$ | $-2x + (y - 3)$

$2x - y - 3$ | $y - 3$ | $2x + y - 3$ | $-y - 3$ | $-2x + y - 3$ | $2x - y + 3$

4 Löse zuerst die Klammern auf.
Fasse dann zusammen.

Beispiel:
$6b - (4b - 3c) = 6b - 4b + 3c = 2b + 3c$

a) $6a + (4 - 3a) =$ $6a + 4 - 3a$ $= 3a$

b) $4b + (-3b + 5) =$ ______ $=$ ______

c) $6a - (5b - 2a) =$ ______ $=$ ______

d) $5b - (3b - 4c) =$ ______ $=$ ______

e) $4b - (-2b + 7c) + 1 =$ ______ $=$ ______

f) $3b + (-6b + 9c) - 2 =$ ______ $=$ ______

g) $-4a - (-2b - 7) + 6a =$ ______ $=$ ______

Plus-Klammern und Minus-Klammern (Wdh.)

- Wenn ein + vor einer Klammer steht, dann kann man die Klammer weglassen.
- Wenn ein – vor einer Klammer steht, dann kann man die Klammer weglassen und in der Klammer wird + zu – und – zu +.

Beispiele:
$-5 + (-b - 3) = -5 - b - 3 = -8 - b$
$5 + (+b - 3) = 5 + b - 3$
Beachte: $b = +b$

$3a - (-b - 2a) = 3a + b + 2a = 5a + b$
$5b - (+7 + 2c) = 5b - 7 - 2c$
Beachte: $7 = +7$

1 Löse die Klammern auf.

a) $7 + (-a + b) =$ ______
b) $7 - (-a + b) =$ ______
c) $3a + (6 - b) =$ ______
d) $3a - (6 - b) =$ ______
e) $x + (7y + 8) =$ ______
f) $x - (7y + 8) =$ ______
g) $-7k + (-7 + z) =$ ______
h) $-7k - (-7 + z) =$ ______

2 Setze + oder – ein.

a) $3a + (4b - 5c) = 3a$ ☐ $4b$ ☐ $5c$
b) $5b - (6a - 7c) = 5b$ ☐ $6a$ ☐ $7c$
c) $3x - (-5y - 3z) = 3x$ ☐ $5y$ ☐ $3z$
d) $-2x + (3y + 4z) = -2x$ ☐ $3y$ ☐ $4z$
e) $5x - (-7y + 3z) = 5x$ ☐ $7y$ ☐ $3z$
f) $-9x - (7y + 3z) = -9x$ ☐ $7y$ ☐ $3z$
g) $13 + (5 - 12 - 3) = 13$ ☐ 5 ☐ 12 ☐ 3
h) $-2{,}5 - (-1{,}5 + 4 - 1) =$ ☐ $2{,}5$ ☐ $1{,}5$ ☐ 4 ☐ 1

3 Löse zuerst die Klammern auf.
Fasse dann zusammen.

a) $6a + (4b - 3a) =$ ______
b) $5b + (2b - 3c) =$ ______
c) $6a - (5b - 2a) =$ ______
d) $5b - (3b - 4c) =$ ______
e) $4b + (-3b + 5c) =$ ______
f) $-b - (-2b + 7c) =$ ______
g) $-3x + (-x - x) =$ ______
h) $-3x - (-3 - 3x) =$ ______

4 Ergänze.

a) $6a + ($ ______ $) = 6a + 7b - 10c$
b) $7x - ($ ______ $) = 7x - 8y + 6z$
c) $-($ ______ $) - 10c = -6a - 7b - 10c$
d) $y - ($ ______ $) = 3y - 6z$

5 Verbinde die gleichwertigen Terme.

$5a + (7b - 9a)$	$6{,}2b - (0{,}3b - c)$	$-(-0{,}3b - b)$	$+(1{,}7b - 3b)$	$\frac{1}{2}b - (b + c)$	$0{,}5b - (-c - b)$
$-1{,}3b$	$5{,}9b + c$	$-4a + 7b$	$1{,}3b$	$1{,}5b + c$	$-0{,}5b - c$

Plus-Klammern und Minus-Klammern (Wdh.) ☒

1 Verbinde die gleichwertigen Terme.

a) Terme mit Variablen

$5x + (7x - 2y)$	$-5x + (7x + 2y)$	$5x - (7x - 2y)$	$5x - (-7x - 2y)$	$-5x + (7x - 2y)$
$-5x + 7x + 2y$	$5x + 7x - 2y$	$5x - 7x + 2y$	$7x - 5x - 2y$	$5x + 7x + 2y$

b) Terme ohne Variablen

$1 + (1{,}4 - 0{,}6)$	$-1 + (1{,}4 + 0{,}6)$	$1 - (1{,}4 - 0{,}6)$	$1 - (-1{,}4 - 0{,}6)$	$-1 + (1{,}4 - 0{,}6)$
$-1 + 1{,}4 + 0{,}6$	$1 + 1{,}4 - 0{,}6$	$1 - 1{,}4 + 0{,}6$	$1{,}4 - 1 - 0{,}6$	$1 + 1{,}4 + 0{,}6$

2 Kreuze zuerst Zutreffendes an.
Widerlege dann eine falsche Aussage mit einem Gegenbeispiel.

a) Für rationale Zahlen und für Terme mit Variablen gelten die gleichen Regeln. ☐ wahr ☐ falsch

b) Wenn in gleichwertigen Termen die gleiche Variable durch die gleiche Zahl ersetzt wird, dann sind die Werte der Terme gleich. ☐ wahr ☐ falsch

c) Durch das Einsetzen von Zahlen kann man stets kontrollieren, ob Terme gleichwertig sind. ☐ wahr ☐ falsch

3 Unterstreiche zuerst die Minus-Klammern, wenn möglich.
Löse dann die Klammern auf und fasse zusammen.

a) $6{,}5b - (3{,}5b - 7c) =$

b) $-3{,}2x + (-4y - 4{,}3x) =$

c) $4{,}5b - (-2{,}5b + 8c) =$

d) $-3{,}2x - (-6y - 6{,}1x) =$

e) $10a - (7b - 5a) =$

f) $9b + (4b - 6c) =$

g) $9b - (10b - 6c) =$

4 Löse zuerst die Klammern auf.
Fasse dann zusammen.

a) $-10a + (6a - 5b) - (-15b - 12a) =$

b) $1{,}2a - [6 - (8a - 3b) - (-1{,}2b - 1{,}4a)] =$

Terme ausmultiplizieren und ausklammern

1 Ergänze zuerst Flächeninhalte in den kleinen Rechtecken. Ermittle dann den gesamten Flächeninhalt.

Tipp
Länge mal Breite (Rechteck mit Seiten a und b, Fläche $a \cdot b$)

a) Rechteck mit Seiten 5 und y + 2; Teilflächen: 5y, ___
$5 \cdot (y + 2) =$ 5y + ___

b) Rechteck mit Seiten 2 und x + 2y; Teilflächen: ___, ___
$2 \cdot (x + 2y) =$ ___

c) Rechteck mit Seiten x und 10 + y; Teilflächen: ___, ___
$x \cdot (10 + y) =$ ___

2 Multipliziere zuerst aus.
Ergänze dann die Skizze passend.

Beispiel:
$10 \cdot (2d + 3) = 10 \cdot 2d + 10 \cdot 3$
$= 20d + 30$

a) $10 \cdot (2d + 3) =$ 20d ___ (Skizze: 10, 2d, 20d)

b) $7a \cdot (2e + 4) =$ ___

c) $f \cdot (9 + y) =$ ___

d) $x \cdot (y + 2) =$ ___ (Skizze: x, y, xy)

e) $b \cdot (2c + 8) =$ ___

f) $c \cdot (6d + 4) =$ ___

3 Verbinde gleichwertige Terme.

$2 \cdot (a + 3b)$	$a \cdot (30 - 6b)$	$5a \cdot (6b + 8)$	$13 \cdot (q - 3p)$	$9 \cdot (3p - 5q)$	$-7 \cdot (p + 2q)$
$30a - 6ab$	$13q - 39p$	$30ab + 40a$	$2a + 6b$	$-7p - 14q$	$27p - 45q$

4 Multipliziere aus.

Tipp
Zeichne Pfeile.

Beispiel: $2 \cdot (3b - 7) = 6b - 14$

a) $7 \cdot (a + 3) =$ ___

b) $8 \cdot (3b - 4) =$ ___

c) $(11c + 7) \cdot 5 =$ ___

d) $-6 \cdot (6d + 7) =$ ___

e) $(2{,}5d - 9) \cdot 4 =$ ___

f) $2 \cdot (2a + 3 - c) =$ ___

5 Klammere zuerst aus.
Multipliziere dann zur Kontrolle im Kopf.

a) ___ $\cdot (a - 5) = 10a - 50$

b) ___ $\cdot (6b + 8) = 54b + 72$

c) $(7c + 8) \cdot$ ___ $= 42c + 48$

d) $(7 - 10d) \cdot$ ___ $= 56e - 80de$

e) $4a \cdot$ ___ $= 12ac + 20a$

f) $6 \cdot$ ___ $= 6g - 18h$

Terme ausmultiplizieren und ausklammern ☒

- Beim Ausmultiplizieren werden die einzelnen Summanden in der Klammer mit einem Faktor multipliziert.
- Gemeinsame Faktoren in Summen und Differenzen kann man ausklammern.

Beispiele: $3 \cdot (y + 4) = 3y + 12$
$y \cdot (x - 2) = x \cdot y - 2 \cdot y$
$x \cdot y - 2 \cdot y = y \cdot (x - 2)$
$2a + 6b = 2 \cdot (a + 3b)$

1 Ergänze die Flächeninhalte in den kleinen Rechtecken und die Seitenlängen.

a) $8 \cdot (2a + 3) =$ ______

	$2a$	3
8	$16a$	

b) $3b \cdot (2c + 4) =$ ______

		4
	$6bc$	

c) $(8 + 2y) \cdot h =$ ______

$8h$	

d) $0{,}5x \cdot (2y + 2) =$ ______

	x

e) $(0{,}2c + 0{,}8) \cdot 7 =$ ______

7		

f) $(3a + 3) \cdot 3a =$ ______

$9a^2$	

2 Verbinde gleichwertige Terme.

$60a - 30b$ | $25x + 35x^2$ | $36y - 54x$ | $1{,}25a - 3{,}75b$ | $33c^2 + 22c$ | $0{,}5a + 0{,}5b$

$1{,}25 \cdot (a - 3b)$ | $30 \cdot (2a - b)$ | $(4y - 6x) \cdot 9$ | $5x \cdot (5 + 7x)$ | $\frac{1}{2} \cdot (a + b)$ | $(3c + 2) \cdot 11c$

3 Multipliziere aus.

a) $2 \cdot (6a + 2b) =$ ______
b) $-5 \cdot (1{,}2b - 6a) =$ ______
c) $1{,}5 \cdot (3c - 4b) =$ ______
d) $-16 \cdot (3c - 0{,}4b) =$ ______
e) $(4c + 6d + 1) \cdot 3{,}5 =$ ______
f) $(2c - 0{,}4d + 2) \cdot (-2{,}5c) =$ ______

4 Klammere aus.

a) $81a + 225 =$ ____ $\cdot (9a + 25)$
b) $105b - 85 =$ ____ $\cdot (21b - 17)$
c) $49ac - 84a = 7a \cdot ($ ______ $)$
d) $-72d - 48d^2 = -8d \cdot$ ______
e) $1{,}6e - 4 + 4{,}4 =$ ____ $\cdot (4e$ ______ $)$
f) $2{,}1f - 3{,}6 + 9 =$ ____ $\cdot ($ ______ $- 3)$

5 Klammere aus. Finde verschiedene Möglichkeiten.

a) $-2{,}6a + 5{,}2ab = -a \cdot ($ ______ $) = -2{,}6 \cdot ($ ______ $) = -2{,}6a \cdot$ ______
b) $3{,}6bc - 60b =$ ______ $=$ ______ $=$ ______

Terme ausmultiplizieren und ausklammern ☒

1 Ergänze die Flächeninhalte in den kleinen Rechtecken und die Seitenlängen.

a) $8 \cdot (0{,}25 + 3a) =$ ____ **b)** $(2c + 4a) \cdot a =$ ____ **c)** $(0{,}6 + 8y) \cdot 5h =$ ____

a) Seitenlängen: 0,25 | 3a; Höhe: 8

b)

2ac	

c)

3h	

2 Multipliziere aus.

a) $13 \cdot (-2a + 4b) =$ ____ **b)** $-1{,}2 \cdot (3b + 5c) =$ ____

c) $(1{,}5c - 1{,}2d + 7) \cdot 2 =$ ____ **d)** $(64d - 16e) \cdot (-0{,}25c) =$ ____

3 Klammere aus.

a) $8{,}1ac - 45a \quad = 9a \quad \cdot ($ ____ $)$ **b)** $-4{,}9d - 28d^2 \quad = -7d \quad \cdot$ ____

c) $8e - 4ef + 4{,}4e^2 \quad =$ ____ $\cdot (2$ ____ $)$ **d)** $-24f - 3{,}6 + 15{,}6 =$ ____ $\cdot ($ ____ $+ 3)$

4 Multipliziere aus und fasse zusammen.

a) $0{,}2 \cdot (10a + 2b) - 5 \cdot (1{,}2b - 6a) =$ ____

b) $-15 \cdot (3c - 4b) - 16 \cdot (3c - 4b) =$ ____

c) $-5c \cdot (4c + 6) + 2{,}5 \cdot (2c - 4d) =$ ____

5 Markiere zuerst gleichwertige Terme mit der gleichen Farbe.
Schreibe dann zu den beiden übrigen Termen mehrere gleichwertige Terme auf.

$(-8b + 2a) \cdot (-0{,}5)$	$4ab + 8a^2$	$0{,}5a + 0{,}5b$	$\frac{1}{2} \cdot (a + b)$
$(-4b + a) \cdot (-1)$	$-a + 4b$	$(-2a - b) \cdot (-4a)$	$(2b - 0{,}8a) \cdot (-0{,}5)$
$-(a - 4b)$	$-1 : (-4b + a)$	$4a \cdot (2a + b)$	$8a \cdot (0{,}5b + a)$

____

____

6 Die Figur besteht aus Rechtecken.

a) Kreuze alle zum Umfang u und Flächeninhalt A passenden Terme an.

☐ $u = 2a + 2b + 4 \cdot \frac{2}{3}b$ ☐ $u = 2 \cdot \left(a + 2\frac{1}{3}b\right)$ ☐ $u = 2 \cdot \left(a + b + 2 \cdot \frac{2}{3}b\right)$

☐ $A = a \cdot b - 2 \cdot \frac{2}{3}b \cdot \frac{1}{3}b$ ☐ $A = a \cdot b - \frac{4}{9}b^2$ ☐ $A = b \cdot \left(a - \frac{4}{9}\right)$

b) Ermittle den Umfang u und den Flächeninhalt A für a = 5 und b = 1,8 cm.

u = ____ A = ____

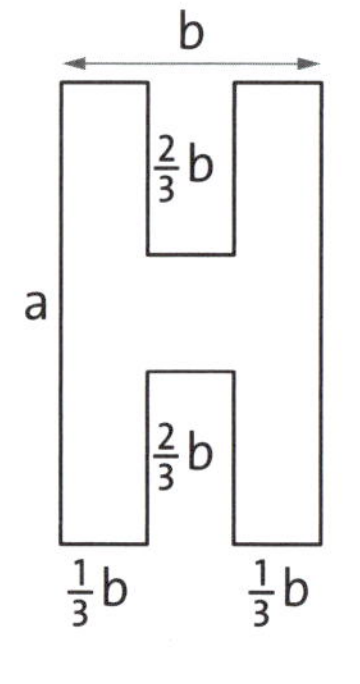

Produkte von Summen und Differenzen berechnen

1 Ergänze zuerst die Flächeninhalte in den kleinen Rechtecken.
Ermittle dann den Flächeninhalt des gesamten Rechtecks.

Tipp

	b
a	$a \cdot b$

a)

	b	3
a	$a \cdot b = ab$	$3 \cdot a = 3a$
5	$5 \cdot b =$	

$(a + 5) \cdot (b + 3) = ab + 3a +$ ______

b)

	x	5
y		
6		

$(y + 6) \cdot (x + 5) =$ ______

c)

	b	5
2a	$2a \cdot b = 2ab$	
6		

$(2a + 6) \cdot (b + 5) = 2ab + 10a +$ ______

d)

	5x	1
8y		
7		

$(8y + 7) \cdot (5x + 1) =$ ______

2 Ergänze.

a) $(a + 6) \cdot (b + 5) = ab + 5a +$ ___ $+$ ___

	b	5
a	ab	5a
6		

b) $(8 + x) \cdot (y + 4) =$ ___ $+$ ___ $+$ ___ $+$ ___

8		
x		

c) $(a + 5) \cdot (b + 8) = ab +$ ___ $+$ ___ $+$ ___

d) $(x + 4) \cdot (3 + y) =$ ___ $+$ ___ $+$ ___ $+$ ___

3 Setze „+“ oder „–“ ein.

a) $(6x + 4) \cdot (y + 5) = 6xy$ □ $30x$ □ $4y$ □ 20

b) $(6x - 4) \cdot (y + 5) = 6xy$ □ $30x$ □ $4y$ □ 20

c) $(3 - 2x) \cdot (4y - 5) = 12y$ □ 15 □ $8xy$ □ $10x$

d) $(7x - 2) \cdot (2x - 6) = 14x^2$ □ $42x$ □ $4x$ □ 12

e) $(5x + 2) \cdot (2 - 3x) = 10x$ □ $15x^2$ □ 4 □ $6x$

Tipp

	+	–
+	+	–
–	–	+

Beispiele:

$-2 \cdot (+b) = -2b$

$-2 \cdot (-7) = +14$

$(a - 2) \cdot (b - 7) = ab - 7a - 2b + 14$

4 Multipliziere aus.

a) $(4x + 5) \cdot (y + 3) =$ ______

b) $(2x + 1) \cdot (y - 2) =$ ______

c) $(x - 4) \cdot (5y - 2) =$ ______

Beispiel:

$(2x - 1) \cdot (y - 2) = 2xy - 4x - y + 2$

Produkte von Summen und Differenzen berechnen

Beim Multiplizieren von zwei Summen wird jeder Summand der ersten Klammer mit jedem Summanden der zweiten Klammer multipliziert.
$(a + b) \cdot (c + d) = ac + ad + bc + bd$

Beispiele:

$(2a + 3) \cdot (5b + 7) = 10ab + 14a + 15b + 21$

$(a - 3) \cdot (-2a + 8) = -2a^2 + 8a + 6a - 24$
$= -2a^2 + 14a - 24$

1 Ergänze zuerst die Terme für die Flächeninhalte in den vier Teilflächen.
Ermittle dann den Flächeninhalt des gesamten Rechtecks.

a)

	2b	5
3a	$3a \cdot 2b = 6ab$	$5 \cdot 3a = 15a$
6		

$(3a + 6) \cdot (2b + 5) = 6ab + 15a +$ ______

b)

	3x	2
9y		
7		

$(9y + 7) \cdot (3x + 2) =$ ______

2 Multipliziere aus.

a) $(a + 8) \cdot (b + 5) =$ ____ + ____ + ____ + ____

b) $(3a + 5) \cdot (b + 5) =$ ____ + ____ + ____ + ____

c) $(3x + 8) \cdot (2y - 5) =$ ____ − ____ + ____ − ____

d) $(3a - 6) \cdot (6b + 5) =$ ____ + ____ − ____ − ____

e) $(7x - 9) \cdot (2y - 11) =$ ____ − ____ − ____ + ____

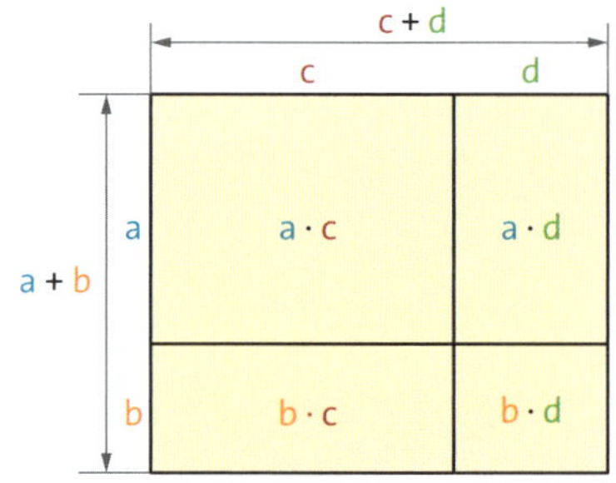

3 Multipliziere zuerst aus.
Fasse dann zusammen, wenn möglich.

a) $(a + 2) \cdot (3b + a) =$ ______

b) $(2a + 6) \cdot (11 - 5a) =$ ______

c) $(2a - 6) \cdot (11 - 5a) =$ ______

d) $(7 + 8x) \cdot (-x + 8) =$ ______

e) $(-3a - 8) \cdot (2b - 5a) =$ ______

4 Unterstreiche die Fehler und korrigiere.

a) $(a + 2b) \cdot (2b + a) = 2ab + 2a^2 + 4b^2 + a^2 = 3a^2 + 2ab + 4b^2$ ______

b) $(2a - 2b) \cdot (2a + 2b) = 2a^2 + 4ab - 4ab - 4b^2 = 2a^2 + 8ab - 4b^2$ ______

c) $(a + 9b) \cdot (-2b + 9a) = -2ab + 81ab - 18b^2 + 18ab = -2ab + 81ab$ ______

d) $(a - 2b) \cdot (-2b - 9a) = 2ab + 9a - 4b^2 + 18ab = 42$ ______

e) $-(2x + 2) \cdot (1{,}5 - 3y) = -3x + 5xy - 3 + 6y$ ______

Produkte von Summen und Differenzen berechnen ☒

1 Ergänze zuerst die Terme für die Flächeninhalte im kleinen Rechteck.
Ermittle dann den Flächeninhalt des gesamten Rechtecks.

a)

	4b	8
5a	20ab	40a
10		

$(5a + 10) \cdot (4b + 8) = 20ab + 40a +$ ______

b)

	3x	1	1
2y			
4			

$(2y + 4) \cdot ($ ______ $) =$ ______

2 Multipliziere. Fasse zusammen, wenn möglich.

a) $(9a + 5) \cdot (2b + 7) =$

b) $(11a + 3) \cdot (4b - 7) =$

c) $(9a - 5) \cdot (2b - 7) =$

d) $(3x + 5) \cdot (2x - 2{,}5) =$

e) $\left(-\frac{3}{2}x - 4\right) \cdot \left(-\frac{3}{2}x - 4\right) =$

3 Unterstreiche die Fehler und korrigiere.

a) $(3x + 5) \cdot (y - 4) = 3xy - 7x - 20$

b) $(7x - 3) \cdot (-2x - 3) = -14x^2 - 27x - 9$

c) $(-3a - 5) \cdot (-4a - 2) = 12x^2 + 26x + 10$

d) $\left(-\frac{1}{2}x + \frac{1}{4}\right) \cdot (4x + 4) = -2x^2 - 2x + 1$

4 Ergänze.

a) (___ + ___) · (___ + ___) $= 8x + 6xy + 28 + 21y$

b) (___ − ___) · (___ + ___) $= 15x + 5xy - 24 - 8y$

c) (___ − ___) · (___ − ___) $= -3c - b + 24ac + 8ab$

d) (___ − ___) · (___ − ___) $= 21ac - 7a - 7{,}8bc + 2{,}6b$

0,5	1,3b	2	2b
2x	2y	2,5x	3y
3,5a	4	4	4a
6	−6c	6c	7

5 Ein rechteckiges Stück Pappe hat eine 4 cm längere und eine 3 cm kürzer Seite als ein quadratisches Stück. Die Flächeninhalte beider Stücken Pappe sind gleich groß.
Gib die Seitenlängen für beide Stücken Pappe an.

Binomische Formeln

1 Ergänze zuerst einen Term in der Tabelle.
Kreuze dann Zutreffendes an.

Tipp Multipliziere jeden mit jedem.

a)

	a	b
a	$a \cdot a$	$a \cdot b$
b	$b \cdot a$	

$(a + b) \cdot (a + b) = ...$

☐ $a^2 + a \cdot b + a \cdot b + b^2$
☐ $a^2 + 2 \cdot ab + b^2$
☐ $a^2 + 2a + 2b + b^2$
☐ $(a + b)^2$
☐ $a^2 + 2ab + b^2$

b)

	a	−b
a		$a \cdot (-b)$
−b	$-b \cdot a$	$-b \cdot (-b)$

$(a - b) \cdot (a - b) = ...$

☐ $a^2 - a \cdot b - a \cdot b + b^2$
☐ $a^2 - 2 \cdot ab + b^2$
☐ $a^2 - b^2$
☐ $(a - b)^2$
☐ $a^2 - 2ab + b^2$

c)

	a	−b
a	$a \cdot a$	$a \cdot (-b)$
b		$b \cdot (-b)$

$(a + b) \cdot (a - b) = ...$

☐ $a^2 - a \cdot b + a \cdot b + b^2$
☐ $a^2 - b^2$
☐ $b^2 + a^2$
☐ $2a + 2b$
☐ $a^2 - b$

2 Nutze die 1. binomische Formel.

Tipp
$(a + b)^2 = a^2 + 2ab + b^2$

a) $(x + 3)^2 = x^2 + 2 \cdot$ ________ $+ 9 = x^2 +$ ________ $+ 9$

b) $(b + 1)^2 =$ ________________

c) $(5b + c)^2 =$ ________________

d) $(b + 3a) \cdot (b + 3a) =$ ________________

3 Nutze die 2. binomische Formel.

Tipp
$(a - b)^2 = a^2 - 2ab + b^2$

a) $(a - 7)^2 = a^2 - 2 \cdot$ ________ $+ 49 = a^2 -$ ________ $+ 49$

b) $(10 - b)^2 =$ ________________

c) $(b - 2c)^2 =$ ________________

d) $(2b - c) \cdot (2b - c) =$ ________________

4 Nutze die 3. binomische Formel.

Tipp
$(a + b) \cdot (a - b) = a^2 - b^2$

a) $(a + 4) \cdot (a - 4) =$ ________ **b)** $(b - 5) \cdot (b + 5) =$ ________

c) $(c - 7) \cdot (c + 7) =$ ________ **d)** $(d + 8) \cdot (d - 8) =$ ________

5 Überlege zuerst, welche der drei Formeln passt.
Nutze dann die binomische Formel.

a) $(a - 2)^2 =$ ________ **b)** $(x + 1) \cdot (x - 1) =$ ________ **c)** $(3 + z)^2 =$ ________

Binomische Formeln ☒

1. binomische Formel: $(a + b)^2 = a^2 + 2ab + b^2$
2. binomische Formel: $(a - b)^2 = a^2 - 2ab + b^2$
3. binomische Formel: $(a + b) \cdot (a - b) = a^2 - b^2$

Beispiele:
$(a + 5)^2 = a^2 + 10a + 25$
$(a - 5)^2 = a^2 - 10a + 25$
$(a + 5) \cdot (a - 5) = a^2 - 25$

1 Markiere gleichwertige Terme mit der gleichen Farbe.

$(a + 9)^2$	$(a - 7) \cdot (a - 7)$	$a^2 + 9a + 9a + 81$	$a^2 + 18a + 81$
$(a - 7)^2$	$(a + 9) \cdot (a + 9)$	$a^2 - 7a - 7a + 49$	$a^2 - 14a + 49$
$a^2 - 49$	$(a + 7) \cdot (a - 7)$	$a^2 + 7a - 7a - 49$	$-49 + a^2$

2 Nutze die 1. binomische Formel.

a) $(a + 3)^2 =$ ______
b) $(b + 8)^2 =$ ______
c) $(4 + c)^2 =$ ______
d) $(2a + b)^2 =$ ______
e) $(a +$ ____ $)^2 = a^2 + 14a + 49$
f) $($ ____ $+ 2s)^2 = b^2 + 4bs + 4s^2$
g) $($ ______ $)^2 = c^2 + 0{,}4c + 0{,}04$
h) $($ ______ $)^2 = 4c^2 + 4{,}4c + 1{,}21$

3 Nutze die 2. binomische Formel.

a) $(a - 3)^2 =$ ______
b) $(b - 8)^2 =$ ______
c) $(9 - x)^2 =$ ______
d) $(2y - z)^2 =$ ______
e) $(a -$ ____ $)^2 = a^2 - 16a + 64$
f) $($ ____ $- 0{,}1s)^2 = b^2 - 0{,}2bs + 0{,}01s^2$
g) $($ ______ $)^2 = c^2 - 0{,}8c + 0{,}16$
h) $($ ______ $)^2 = 0{,}25c^2 - bc + b^2$

4 Nutze die 3. binomische Formel.

a) $(a + 3) \cdot (a - 3) =$ ______
b) $(b + 8) \cdot (b - 8) =$ ______
c) $(5 + c) \cdot (5$ ____ $) = 25 - c^2$
d) $(z - 7) \cdot ($ ____ $) = z^2 - 49$
e) $($ ______ $) \cdot (d - 0{,}3) = d^2 - 0{,}09$
f) $($ ______ $) \cdot ($ ______ $) = 0{,}25e^2 - 9f^2$

5 Verbinde passend.

$(6 - x)^2$ | $(x - 6)^2$ | $(6 + x)^2$ | $(6 - x)(6 - x)$ | $(-x + 6)(6 - x)$ | $(x - 6)(6 + x)$

$36 + 12x + x^2$ | $36 - 12x + x^2$ | $36x + 12 + x^2$ | $x^2 - 36$

Binomische Formeln ☒

1 Nutze die 1. binomische Formel.

a) $(x+y)^2 = $ …
b) $(3+0{,}5b)^2 = $ …
c) $(a+13)^2 = $ …
d) $(2c+50)^2 = $ …
e) $(a+ \ldots)^2 = a^2+36a+324$
f) $(\ldots)^2 = b^2+22b+121$
g) $(\ldots +0{,}2y)^2 = 25x^2+2xy+ \ldots$
h) $(7c+ \ldots)^2 = 49c^2+ \ldots +1{,}21$

2 Nutze die 2. binomische Formel.

a) $(x-y)^2 = $ …
b) $(2c-5)^2 = $ …
c) $(d- \ldots)^2 = d^2-28d+196$
d) $(\ldots)^2 = c^2-44c+484$
e) $(\ldots -4y)^2 = 0{,}81x^2-7{,}2xy+ \ldots$
f) $(d- \ldots)^2 = d^2- \ldots +2{,}56$

3 Nutze die 3. binomische Formel.

a) $(x+y)\cdot(x-y) = $ …
b) $(b+8)\cdot(b-8) = $ …
c) $(\ldots)\cdot(c- \ldots) = c^2-225$
d) $(z-7)\cdot(\ldots) = z^2-49$
e) $(\ldots)\cdot(\ldots) = g^2-144$
f) $(\ldots)\cdot(3a+ \ldots) = 0{,}36e^2-9a^2$

4 Ergänze zuerst von links nach rechts. Notiere am Zeilenende, welche binomische Formel du genutzt hast. Überprüfe danach das Endergebnis mithilfe der Formel.

a) $(a+15)^2 = (a+ \ldots)\cdot(a+ \ldots) = a^2+ \ldots + \ldots +225 = a^2+ \ldots +225$ …
b) $(a- \ldots)\cdot(a+ \ldots) = a^2+ \ldots - \ldots -2{,}25 = \ldots -2{,}25$ …
c) $(d-0{,}5)^2 = (\ldots -0{,}5)\cdot(\ldots -0{,}5) = \ldots -0{,}5d-0{,}5d+ \ldots = d^2- \ldots + \ldots$ …
d) $(\ldots +2{,}5)\cdot(\ldots -2{,}5) = \ldots -2{,}5a+2{,}5a- \ldots = \ldots - \ldots$ …

5

$2{,}5^2$	39^2	92^2	77^2	$22\cdot18$	$26\cdot34$	$8{,}3\cdot7{,}7$	$1{,}2\cdot2{,}1$
$(2+0{,}5)^2$	$(70+7)^2$	$49+980+4900$	$(3-0{,}5)^2$	$6{,}25$	5929	884	
$4+2+0{,}25$	$(20-2)\cdot(20+2)=396$	$9-3+0{,}25$	$1{,}2\cdot2+1{,}2\cdot0{,}1=2{,}52$				

a) Markiere gleichwertige Terme mit der gleichen Farbe. Rechne im Kopf.
b) Berechne mithilfe binomischer Formeln die fehlenden Produkte. Gib, wenn möglich, zwei Ansätze an.

Gleichungen lösen durch Äquivalenzumformungen

1 Löse die Gleichung mithilfe von Waagen.
Schreibe hinter den Strich die Rechenanweisung.

Beispiel:

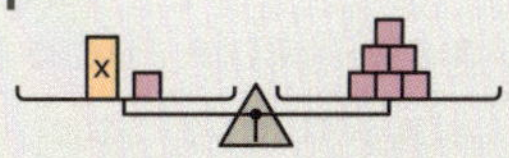

$x + 1 = 6 \quad | -1$

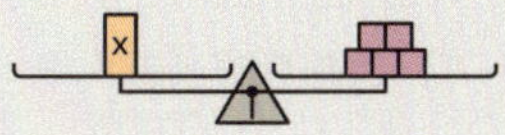

$x = 5$

linke Seite der Waage | rechte Seite der Waage

a)
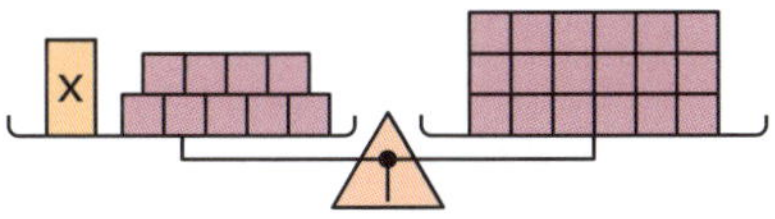

$x + 9 = 18 \quad | -9$

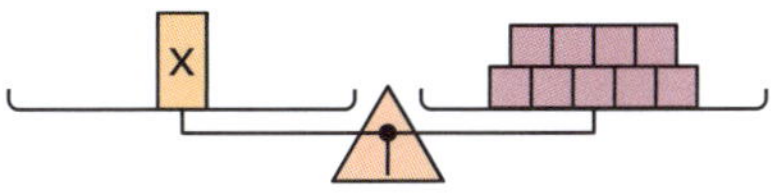

x = ___

b)
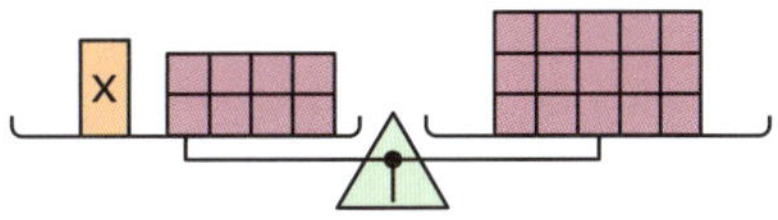

$x + 8 = 15 \quad | -8$

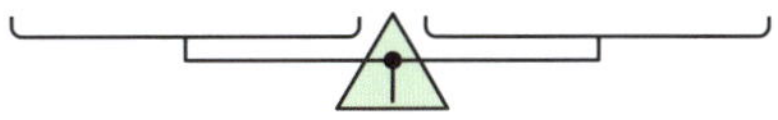

___ = ___

c)
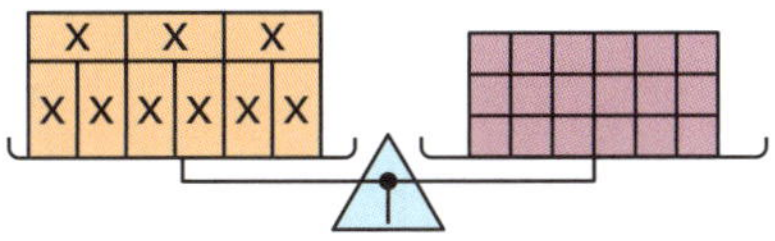

$x \cdot 9 = 18 \quad | :9$

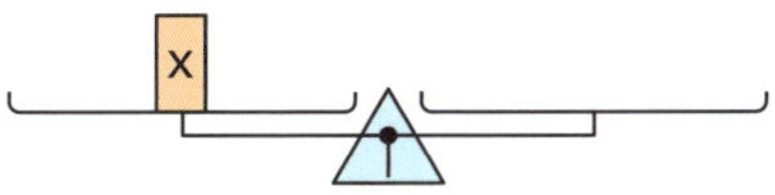

x = ___

d)
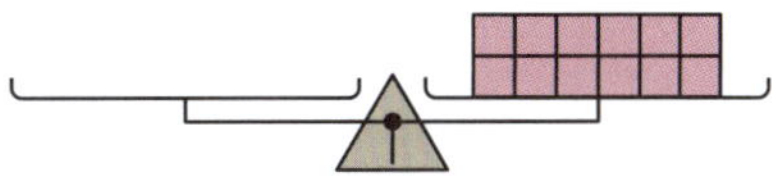

$4 \cdot x = 12 \quad | :4$

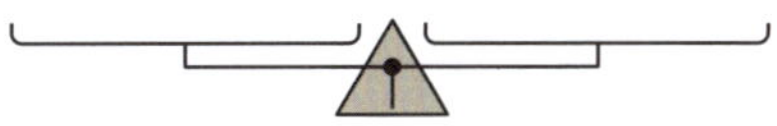

___ = ___

e)
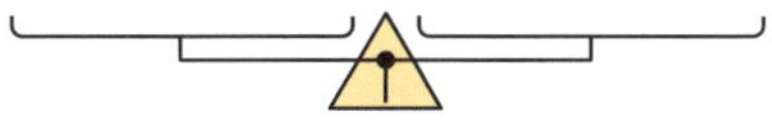

$8 \cdot x = 16 \quad |$ ___

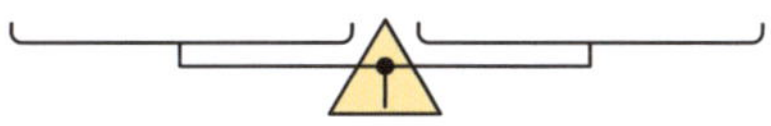

___ = ___

f)
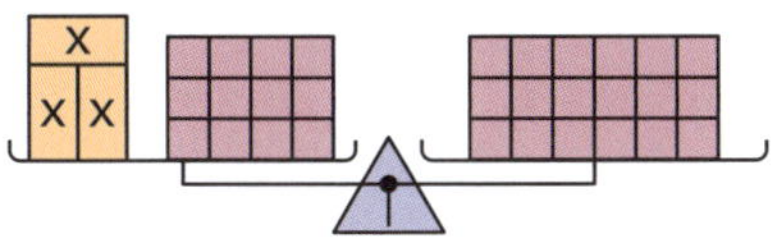

$3 \cdot x + 12 = 18 \quad | -12$

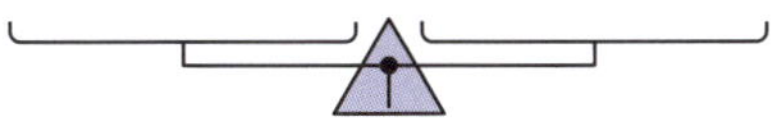

___ = ___ $| :3$

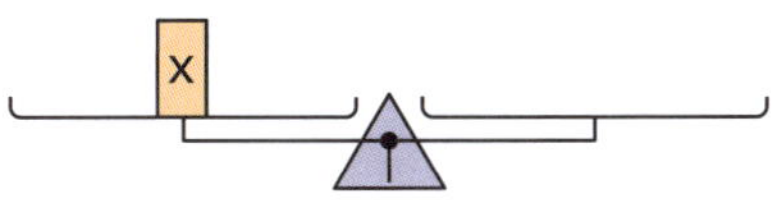

x = ___

g)
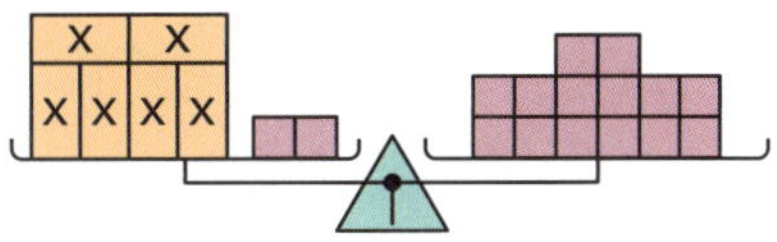

$x \cdot 6 + 2 = 14 \quad |$ ___

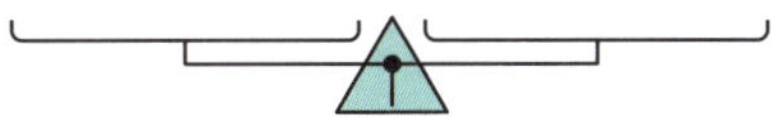

___ = ___ | ___

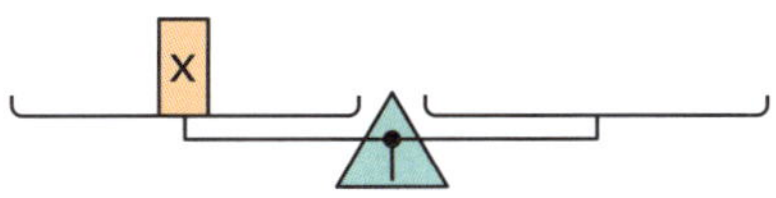

___ = ___

h)
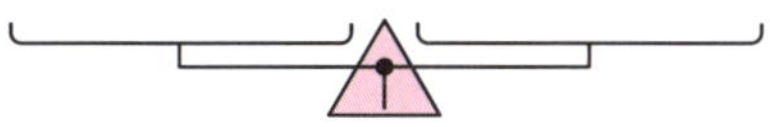

$8 \cdot x + 7 = 15 \quad |$ ___

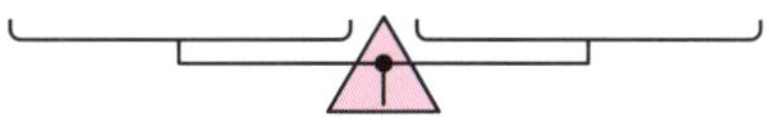

___ = ___ | ___

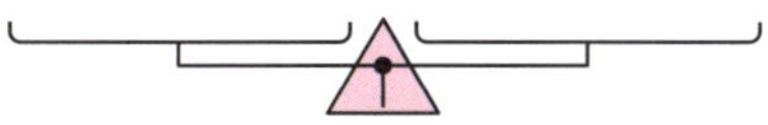

___ = ___

2 Schreibe zuerst hinter den Strich die Rechenanweisung.
Löse dann die Gleichung.

Tipp

a) $10 + 2 \cdot x = 16 \quad |$ ___
$2 \cdot x = 6$ | ___
x = ___

b) $29 + 3 \cdot x = 50 \quad |$ ___
$3 \cdot x =$ ___ | ___
x = ___

c) $7 \cdot x + 43 = 57 \quad |$ ___
___ = ___ | ___
___ = ___

d) $2 \cdot x - 10 = 12 \quad |$ ___
$2 \cdot x = 22$ | ___
x = ___

e) $5 \cdot x - 15 = 10 \quad |$ ___
$5 \cdot x =$ ___ | ___
x = ___

f) $6 \cdot x - 13 = 47 \quad |$ ___
___ = ___ | ___
___ = ___

Gleichungen lösen durch Äquivalenzumformungen ☒

- Forme die Gleichung so lange um, bis die Variable allein auf einer Seite steht.
  - Addiere oder subtrahiere denselben Term (z. B. eine Zahl) auf beiden Seiten.
  - Multipliziere oder dividiere mit dem selbem Term (z. B. einer Zahl, außer 0) auf beiden Seiten.
- Überprüfe das Ergebnis mit einer Probe.

Beispiel: $2x + 3 = 13 \quad | -3$
$2x = 10 \quad | :2$
$x = 5$

Probe: $2 \cdot 5 + 3 = 13$
$13 = 13$
Die Lösung ist 5.

1 Veranschauliche die Lösungsschritte und berechne die Lösung. Rechne danach die Probe im Kopf.

a)
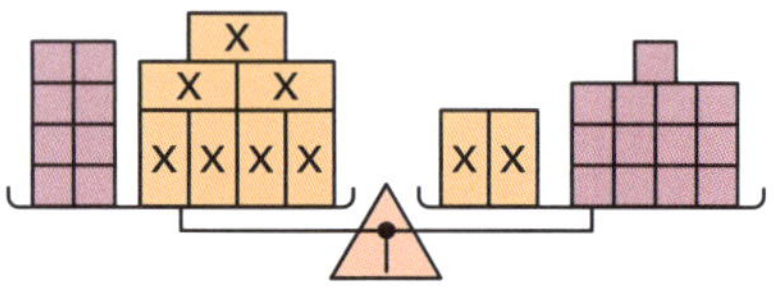
$8 + 7x = 2x + 13 \quad | -2x$
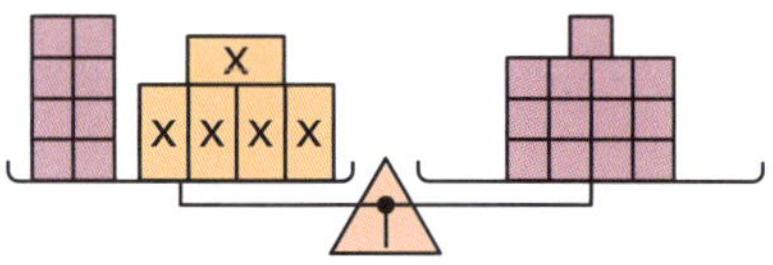
___ = ___ $| -8$
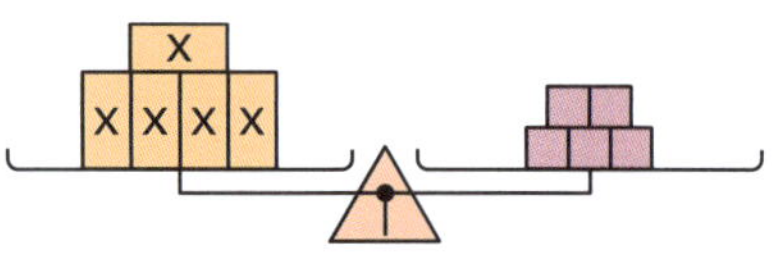
___ = ___ $| :5$
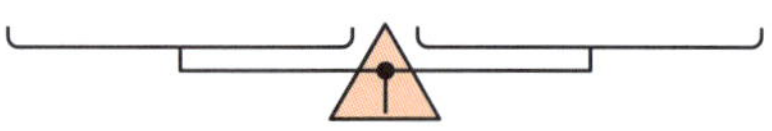
___ = ___

b)
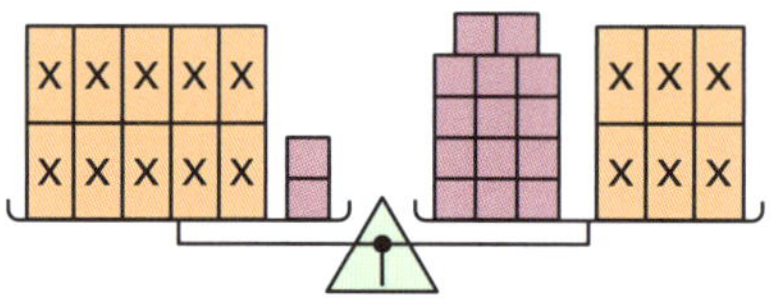
$10x + 2 = 14 + 6x \quad | -6x$
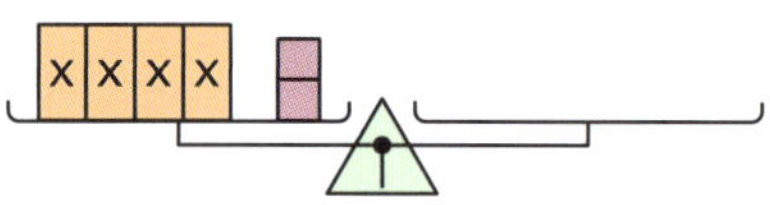
___ = ___ | ___
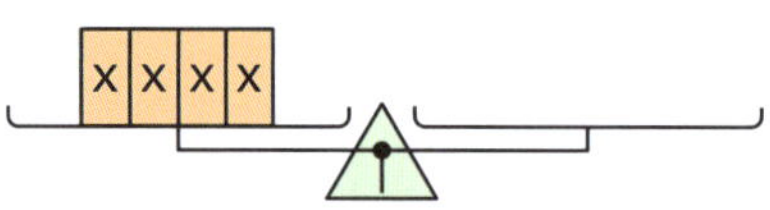
___ = ___ | ___
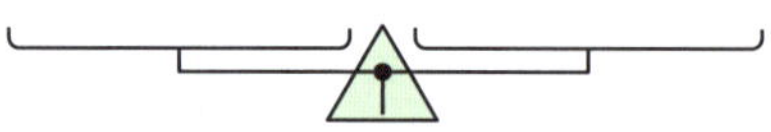
___ = ___

c)
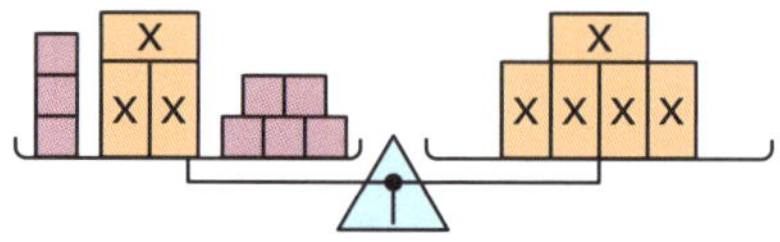
$3 + 3x + 5 = 5x \quad | -3x$
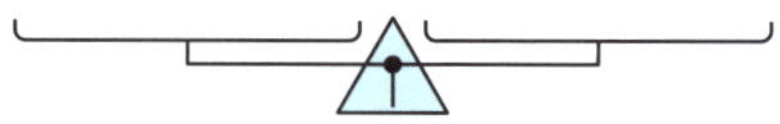
___ = ___ | ___
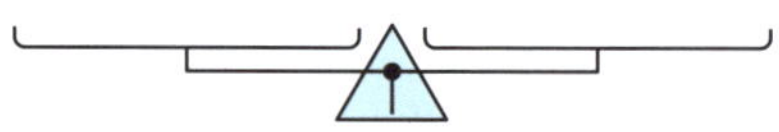
___ = ___

2 Löse zuerst die Gleichung. Rechne dann die Probe im Kopf.

a) $4x + 25 = 85$ | ___
___ = ___ | ___
___ = ___

b) $6x - 13 = 47$ | ___
___ = ___ | ___
___ = ___

c) $32 + 7x = 67$ | ___
___ = ___ | ___
___ = ___

3 Löse zuerst die Gleichung. Rechne dann die Probe im Kopf.

a) $5x - 99 = x + 1$ | ___
___ = ___ | ___
___ = ___ | ___
___ = ___

b) $6x + 50 = 12x - 4$ | ___
___ = ___ | ___
___ = ___ | ___
___ = ___

c) $4(x + 1) = 3(2 + x)$
___ | ___
___ | ___
___

Gleichungen lösen durch Äquivalenzumformungen ☒

1 Ergänze und veranschauliche die Lösungsschritte.

a)

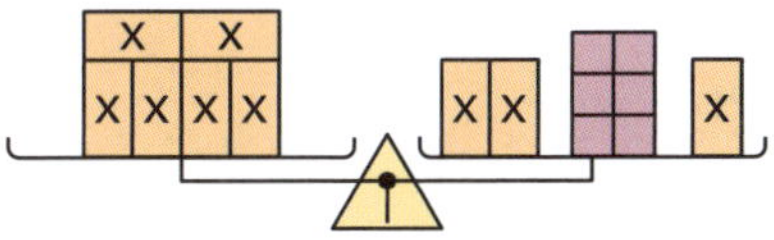

$6x = 2x + 6 + x$ | ____

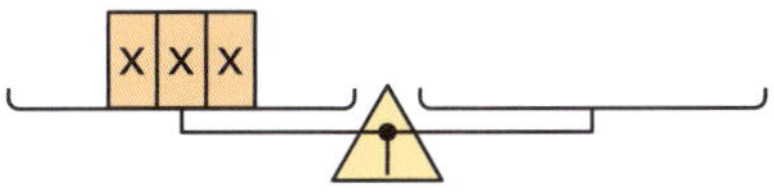

$3x =$ ____ | ____

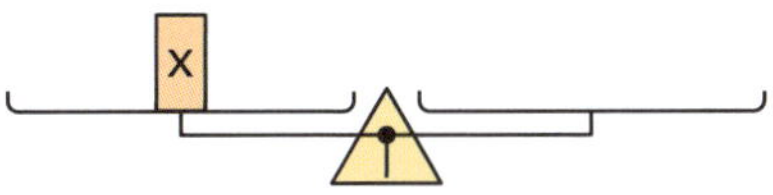

$x =$ ____ L = { ____ }

b)

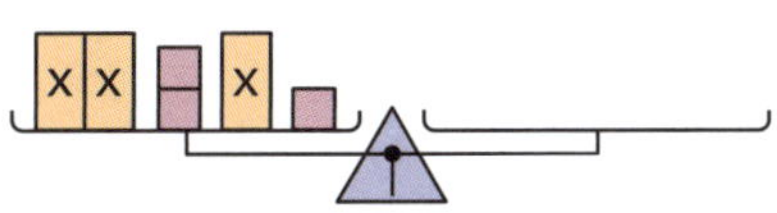

$2x + 2 + x + 1 = 4 + x$ | ____

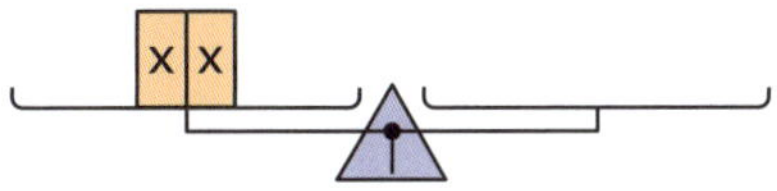

$2x =$ ____ | ____

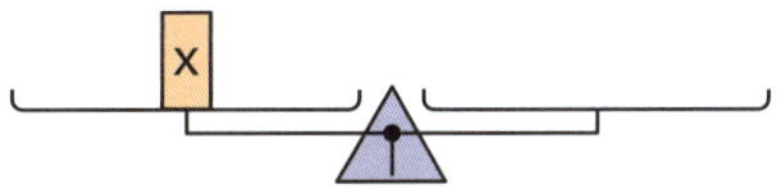

$x =$ ____ L = { ____ }

c)

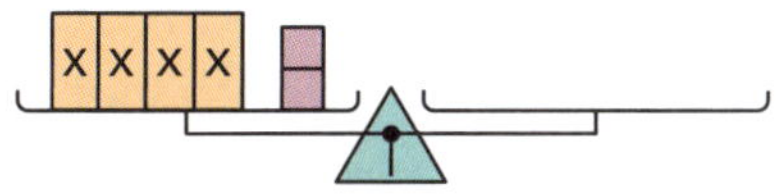

$4x + 2 = 2x + 8$ | ____

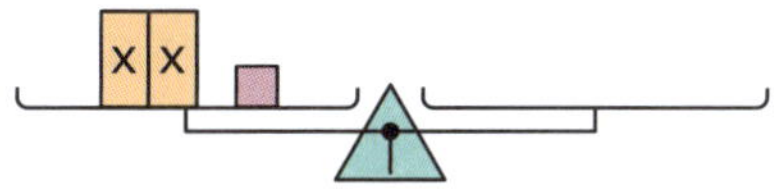

$2x + 1 = x$ ____ | ____

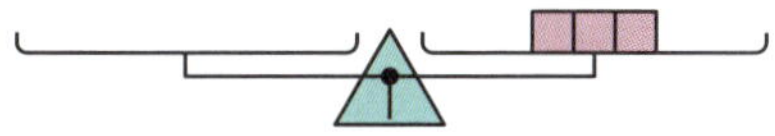

____ L = { ____ }

2 Prüfe mithilfe einer Probe, ob die Zahl auf der Karte die Lösung der Gleichung ist.
Korrigiere, falls notwendig, die Lösung auf der Karte.

a) $15x + 7 = 2x + 46$ Karte: 3

____ = ____

____ = ____

b) $7(x - 5) = -3x + 35$ Karte: 10

____ = ____

____ ≠ ____

c) $-\frac{3}{4} = -4x - 3{,}5$ Karte: $-\frac{11}{16}$

____ = ____

____ = ____

3 Löse die Gleichung.

a) $3x - 9 + 4x + 1 = 5(x + 4)$

____ = ____ | ____

____ = ____ | ____

____ = ____ | ____

____ = ____ L = { ____ }

b) $3x + 8 + x^2 - 5 = (x + 6)^2 - 12x$

____ = ____ | ____

____ = ____ | ____

____ = ____ | ____

____ = ____ L = { ____ }

4 Unterstreiche zuerst die Fehler.
Berechne dann rechts die Lösung.
Rechne danach die Probe im Kopf.

$(-9 + 2x)^2 + 1 = (8 - 2x)^2$

$80 - 36x + 4x^2 = 64 - 36x + 4x^2$

$80 - 32x = 64 - 32x$

$80 = 64$ ist falsch.

Es gibt keine Lösung. L = { }

L = { ____ }

Sachaufgaben mit Gleichungen lösen

1 Löse die Aufgabe mit einer Gleichung.

a) Sima und Ilayda haben zusammen 30 €.
Sima hat viermal so viel Geld wie Ilayda.
Berechne, wie viel Geld jede hat.

① x steht für das Geld von Ilayda.

② $4x$ steht für das Geld von Sima.

③ $x + 4x =$ ______

④ ______ | ______

______

⑤ ______

______

______

⑥ Ilayda hat ______
Sima hat ______

Tipp
⓪ Lies den Text.
Was ist gegeben?
Was ist gesucht?
① Lege die Variable fest.
② Stelle die Terme auf.
③ Stelle eine Gleichung auf.
④ Löse die Gleichung.
⑤ Prüfe die Lösung.
⑥ Formuliere die Antwort.

b) Gabriel hat 9 € mehr als Liam.
Zusammen haben sie 37 €.
Berechne, wie viel Geld jeder hat.

① x steht für das Geld von ______

② ______ steht für das Geld von ______

③ ______

④ ______ | ______

______ | ______

______

______

⑤ ______

______

______

⑥ ______

______

______

c) Ein Dreieck hat 23 cm Umfang.
Die Seite a ist doppelt so lang wie b und
c ist 3 cm länger als b.
Wie lang sind die Seiten?

① x steht für die Länge der Seite b.

② ______ steht für die Länge der Seite a.

______ steht für die Länge der Seite c.

③ ______

④ ______ | ______

______ | ______

______

⑤ ______

______

______

⑥ ______

______

______

Sachaufgaben mit Gleichungen lösen ☒

Schritte beim Lösen von Sachaufgaben:

⓪ Lies den Text.
Was ist gegeben?
Was ist gesucht?
① Lege die Variable fest.
② Stelle die Terme auf.
③ Stelle eine Gleichung auf.
④ Löse die Gleichung.
⑤ Prüfe die Lösung.
⑥ Formuliere die Antwort.

Beispiel:
Bea ist 5 Jahre älter als Cora. Wenn man das Alter von beiden erst addiert und dann verdoppelt, ist das Ergebnis 70. Wie alt ist Cora? Wie alt ist Bea?

① x steht für das Alter von Cora.
② $5 + x$ steht für das Alter von Bea.
③ $2(5 + x + x) = 70$
④ $10 + 4x = 70$
$x = 15$
⑤ $2(5 + 15 + 15) = 70$ (wahr)
⑥ Cora ist 15 Jahre alt. Bea ist 20 Jahre alt.

1 Löse die Aufgabe mit einer Gleichung.

a) Katja hat halb so viel Geld wie Svenja.
Zusammen haben sie 15 €.
Berechne, wie viel Geld jede hat.

① x steht für das Geld von Svenja.
② ______ steht für das Geld von Katja.
③ ______
④ ______
______
⑤ ______
⑥ ______

b) Ayse ist 3 Jahre jünger als Ali. Harun ist 3 Jahre älter als Ali. Sie sind zusammen 39 Jahre alt.
Berechne, wie alt jeder der drei ist.

① x steht für das Alter von Ali.
② ______ steht für das Alter von ______
______ steht für das Alter von ______
③ ______
④ ______
______
⑤ ______
⑥ ______

c) Zwei Seiten eines Rechtecks sind 3 cm länger als die anderen beiden Seiten.
Das Rechteck hat 38 cm Umfang.
Berechne die Seitenlängen.

① ______ steht für die kürzere Seite.
② ______ steht für die längere Seite.
______
③ 2(______) = ______
④ ______
______
______
⑤ ______
⑥ ______
______

d) In Tüte A sind zwei Bonbons mehr als in Tüte C.
In Tüte B sind 4-mal so viele Bonbons wie in Tüte A.
Insgesamt sind es 100 Bonbons.
Berechne die Anzahl der Bonbons in jeder Tüte.

① ______ steht für die Anzahl in Tüte ______
② ______ steht für die Anzahl in Tüte ______
______ steht für die Anzahl in Tüte ______
③ ______
④ ______
______
______
⑤ ______
⑥ ______
______

Sachaufgaben mit Gleichungen lösen ☒

1 Unterstreiche die Fehler in der Lösung.

1 Liter Saft ist 1 € teurer als ein Liter Wasser. 12 Liter Wasser kosten so viel wie zwei Liter Saft. Berechne die Preise je Liter.	① *Variable festlegen:*	x *steht für die Anzahl an Flaschen Saft.*
	② *Terme aufstellen:*	$x - 1€$ *steht für den Preis einer Flasche Wasser.*
	③ *Gleichung aufstellen:*	$12(x - 1€) = 2x$
	④ *Gleichung lösen:*	$12x - 1€ = 2x$ *und* $x = 0{,}10€$
	⑤ *Lösung überprüfen:*	$1€ + 0{,}10€ = 1{,}10€$
	⑥ *Antwort formulieren:*	*Ein Liter Wasser kostet 0,10 € und Saft 1,10 €.*

2 Löse die Aufgabe mit einer Gleichung.

a) Maya hat halb so viele Stifte wie Olga. Zusammen sind es 48 Stifte. Berechne, wie viele Stifte jede hat.

① x steht für die Stifte von *Maya.*

② ______ steht für die Stifte von ______

③ $x +$ ______

④ ______

⑤ ______

⑥ *Maya hat* ______

b) Lauren hat 5 Fußballkarten mehr als Luka. Paolo hat doppelt so viele wie Lauren. Insgesamt sind es 75 Karten. Berechne, wie viele jeder hat.

① x steht für die Karten von ______

② ______ steht für die Karten von ______

______ steht für die Karten von ______

③ ______

④ ______

⑤ ______

⑥ ______

c) In Tüte A sind 2,5-mal so viele Nägel wie in Tüte C. In Tüte C sind 20 Nägel mehr als in Tüte B. Insgesamt sind es 295 Nägel. Gib die Anzahl der Nägel in jeder Tüte an.

① ______ steht für die Nägel in ______

② ______ steht für die Nägel in ______

______ steht für die Nägel in ______

③ ______

④ ______

⑤ ______

⑥ ______

d) Die Seiten eines Quadrats werden um 5 cm verlängert. Der Flächeninhalt wird dadurch $55\,cm^2$ größer. Berechne die Seitenlängen.

① ______ steht für die *alte Seitenlänge.*

② ______ steht für die *alte Flächengröße.*

______ steht für die *neue Flächengröße.*

③ ______

④ ______

$30\,cm^2 = 10\,cm \cdot x$

⑤ ______

⑥ ______

Formeln umstellen

1 Berechne mithilfe der Winkelsumme oder des Umfangs.

> **Tipp**
> ⓪ Schreibe die Formel auf.
> ① Setze das Gegebene ein.
> ② Löse nach der gesuchten Größe auf.

a) gegeben: $\beta = 55°$; $\gamma = 65°$
gesucht: α

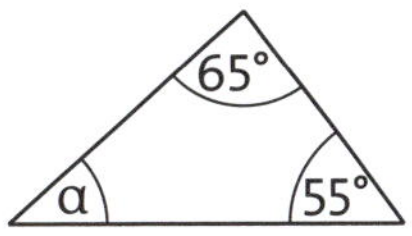

⓪ $\alpha \quad + \beta \quad + \gamma \quad = 180°$

① ______ + ______ + ______ = 180°

② ______________ = 180° | − 120°

______ = ______

Der Winkel α ist ______ groß.

b) gegeben: a = 14 cm; b = 9 cm; d = 8 cm; u = 48 cm
gesucht: c

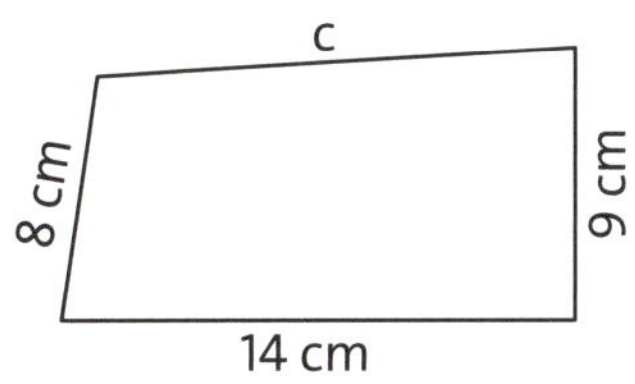

⓪ ______ + ______ + ______ + ______ = u

① ______ + ______ + ______ + ______ = 48 cm

② ______________ = 48 cm | ______

______ = ______

Die Seite c ist ______ lang.

2 Berechne mithilfe der Winkelsumme oder des Umfangs.

> **Tipp**
> ⓪ Schreibe die Formel auf.
> ① Forme nach dem Gesuchten um.
> ② Setze das Gegebene ein und rechne.

a) gegeben: a = 12 cm; u = 60 cm
gesucht: b

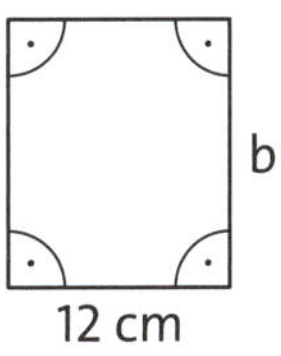

⓪ $2 \cdot a + 2 \cdot b = u$ | $- 2 \cdot a$

① ______ = ______ | : 2

b = ______

② b = ______ = 18 cm

Die Seite b ist ______ lang.

b) gegeben: b = 8 cm; c = 6 cm; u = 22 cm
gesucht: a

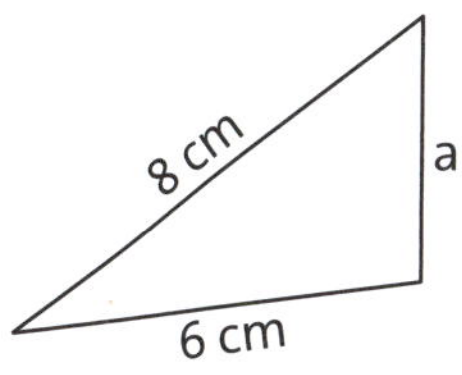

⓪ ______ + ______ + ______ = u | − b − c

① a = ______

② a = ______

Die Seite a ist ______ lang.

c) gegeben: $\alpha = 40°$; $\beta = \gamma$
gesucht: β (und γ)

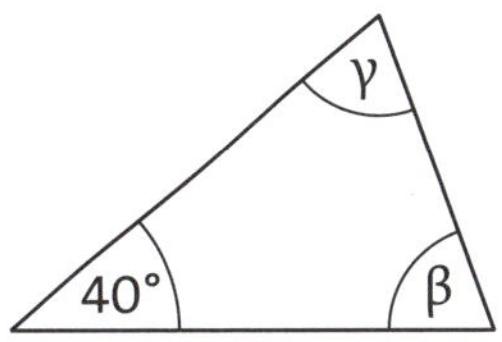

⓪ ______ $+ 2 \cdot \beta = 180°$ | $- \alpha$

① ______ = ______ | : 2

β = ______

② β = ______

Die Winkel β und γ sind ______ groß.

Formeln umstellen ☒

Formeln werden wie Gleichungen umgestellt.
Man kann zuerst in die Formel einsetzen und dann umformen oder zuerst umformen und dann einsetzen.

Beispiel:
gegeben: $b = 8\,cm$
$A = 40\,cm^2$
gesucht: a

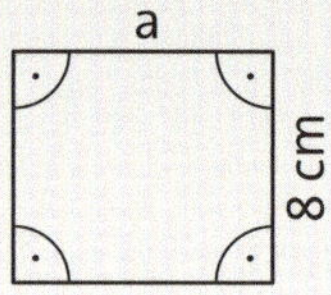

Methode A:
① Setze das Gegebene ein.
② Forme um und rechne.

$a \cdot b = A$
$a \cdot 8\,cm = 40\,cm^2 \quad | : 8\,cm$
$a = 5\,cm$

Methode B:
① Forme nach dem Gesuchten um.
② Setze das Gegebene ein und rechne.

$a \cdot b = A \quad | : b$
$a = A : b$
$a = 40\,cm^2 : 8\,cm = 5\,cm$

1 Methode A: Setze zuerst das Gegebene in die Formel ein. Berechne dann.

a) gegeben: $\beta = \gamma = 75°$
gesucht: α
$\alpha + \beta + \gamma = 180°$

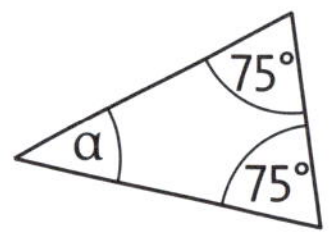

___ $= 180°$
___ $= 180° \quad | - 150°$
___ = ___

b) gegeben: $a = 6\,cm$; $A = 9\,cm^2$
gesucht: b
$(a \cdot b) : 2 = A$

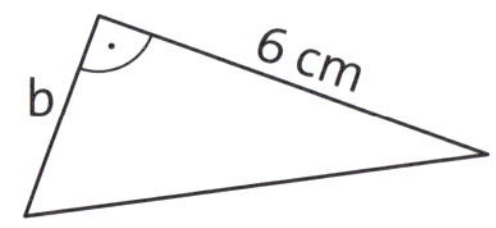

___ |
___ | ___
___

2 Methode B: Forme zuerst die Formel nach dem Gesuchten um. Berechne dann.

a) gegeben: $\alpha = \gamma = 65°$
gesucht: β
$2\alpha + \beta = 180° \quad | - 2\alpha$

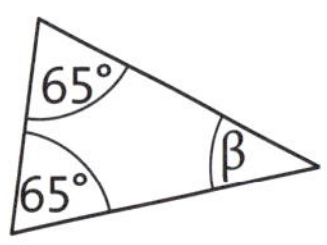

___ = ___
$\beta =$ ___
$\beta =$ ___

b) gegeben: $a = 6\,cm$; $A = 9\,cm^2$
gesucht: b
$(a \cdot b) : 2 = A \quad | \cdot 2$

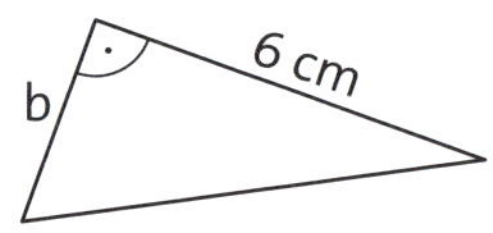

___ $| : a$
___
___

3 Gegeben ist das Drachenviereck ABCD mit $A = 7\,m^2$, $f = 2\,m$, $\alpha = 30°$ und $\gamma = 40°$.
Forme zuerst die Formel um.
Berechne dann.

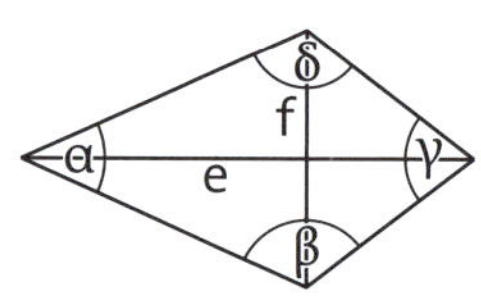

a) gesucht: e
$(e \cdot f) : 2 = A$ | ___
___ | ___
___
___

b) gesucht: β
$\alpha + 2\beta + \gamma = 360°$ | ___
___ | ___
___
___

4 Alle Kanten x des Tetraeders sind zusammen 21 cm lang. Kreuze Zutreffendes an.

☐ $6x = 21\,cm$ ☐ $6x = l$ ☐ $x = 6 : l$ ☐ $x = 21\,cm : 6$ ☐ $l = 6 : x$

$l = 21\,cm$

Formeln umstellen ☒

1 Kreuze alle passenden Umformungen an.
Zeichne dann eine zu den Formeln ①, ② und ③ passende Fläche.

① $u = 2a + c$	☐ $c = u - 2a$	☐ $a = (u - c) : 2$
② $180° = 2\alpha + \gamma$	☐ $180° + 2\alpha = \gamma$	☐ $180° - 2\alpha = \gamma$
③ $A = ab : 2$	☐ $2A = ab$	☐ $b = 2A : a$

2 Die Fläche A eines Dreiecks ist $10{,}5\,cm^2$ groß. Die Höhe h des Dreiecks ist 3 cm.
Berechne zuerst die Länge der zugehörigen Grundseite g.
Zeichne dann drei passende Dreiecke unterschiedlicher Art.

$A = (g \cdot h) : 2 \quad | \cdot 2$

_____ = _____ | : h

_____ = _____

_____ = _____

_____ = _____

3 Gegeben ist ein Quader mit den Kanten a, b und h.

a) Kreuze alle Formeln an, die zum Oberflächeninhalt eines Quaders passen.
☐ $O = 2(a \cdot b + a \cdot h + b \cdot h)$ ☐ $O = 2(a \cdot a + b \cdot b + h \cdot h)$ ☐ $O = 2ab + 2ah + 2bh$

b) Gib an, wie h in drei Schritten ermittelt werden kann. Schreibe Sätze auf.

① _____

② _____

③ _____

c) Gegeben sind $O = 432\,cm^2$, $a = 12\,cm$ und $b = 6\,cm$. Berechne h.

d) Gegeben ist ein Quader mit quadratischer Grundfläche und Höhe h.
Gib zuerst für den Oberflächeninhalt eine Formel an. Stelle die Formel dann nach h um.

Winkel an Geradenkreuzungen

1 Nenne zuerst die Art der Winkelpaare.
Bestimme dann die Größe des zweiten Winkels.

Tipp
Nebenwinkel – ergeben zusammen 180°
Scheitelwinkel – gleich groß
Stufenwinkel – an Parallelen gleich groß

a)
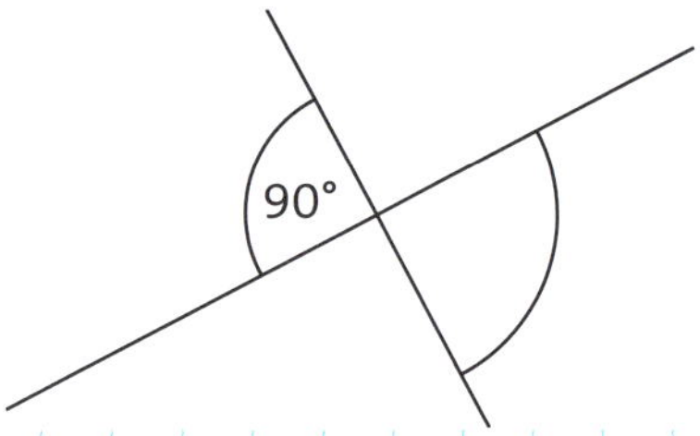

b)
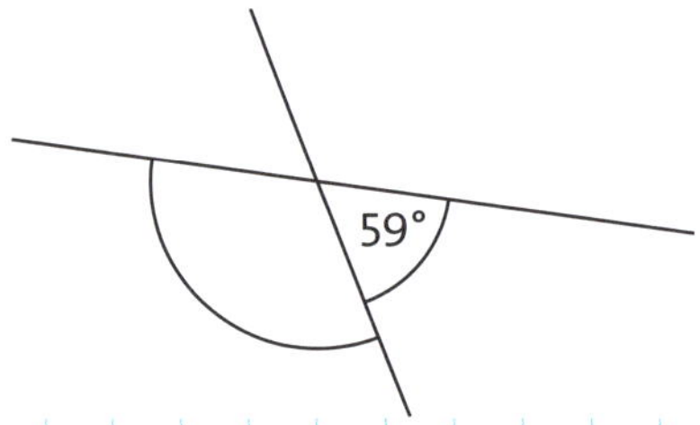

c)
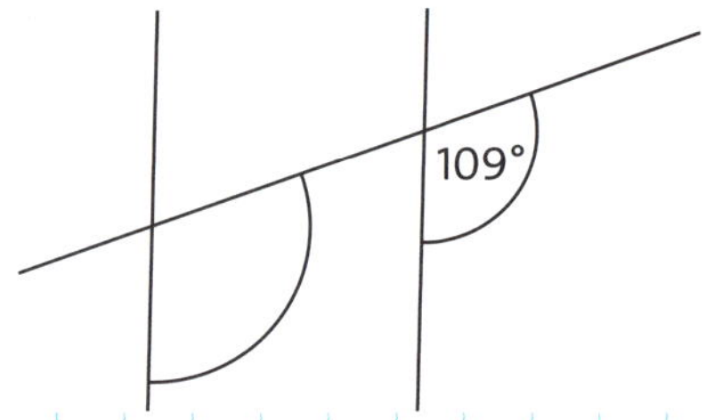

2 Berechne die Größen der markierten Winkel.

a)
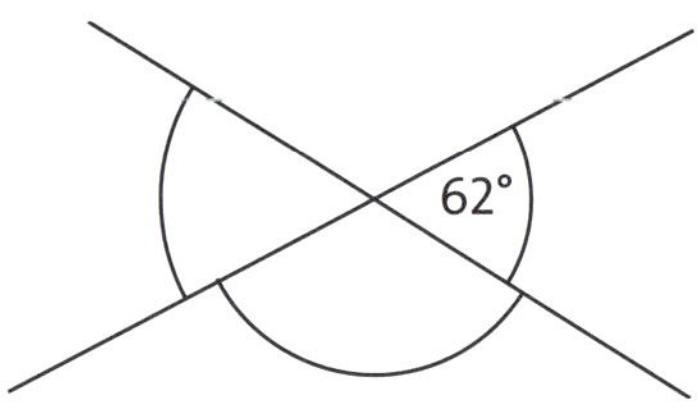

b)
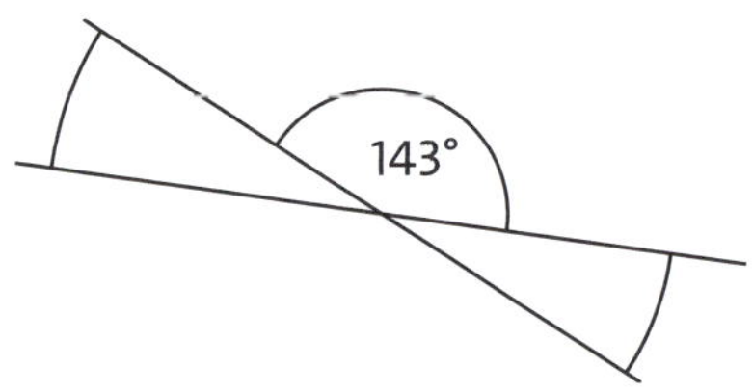

c)
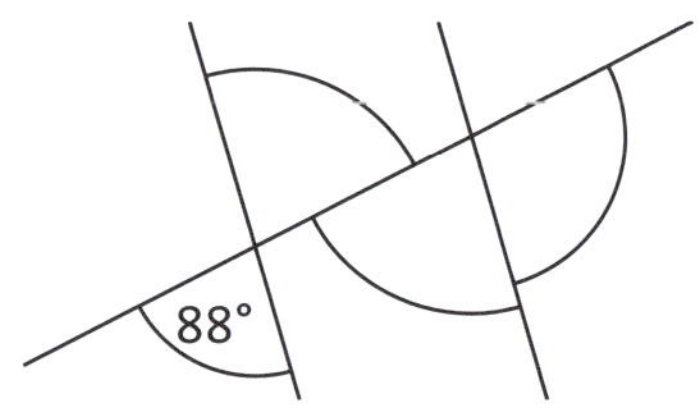

d)
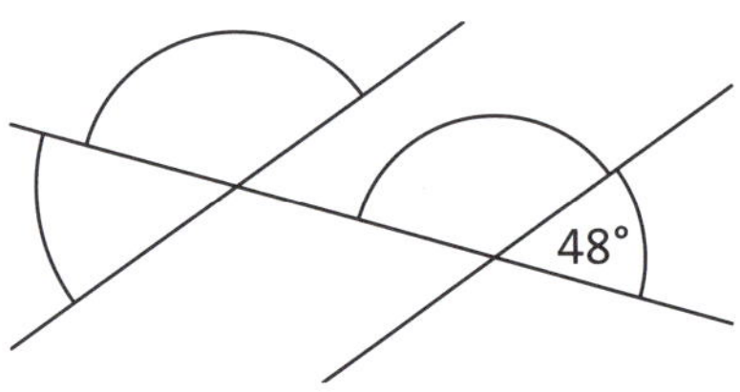

e)
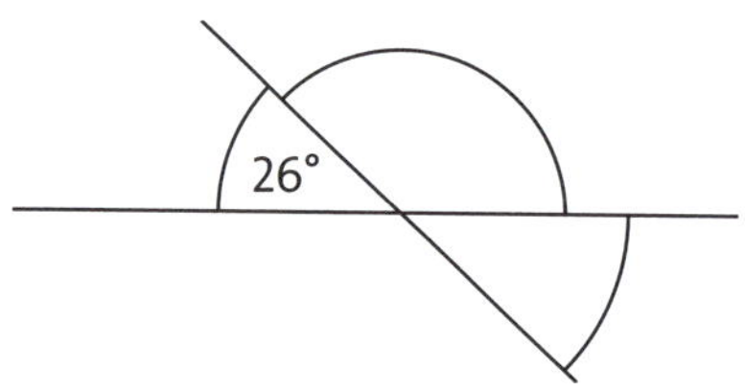

f)
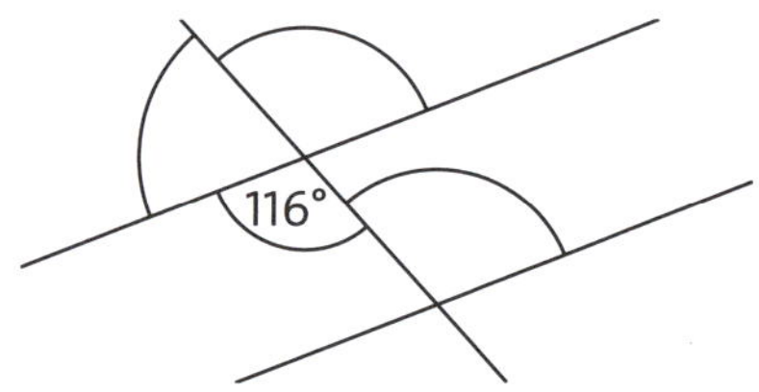

g)
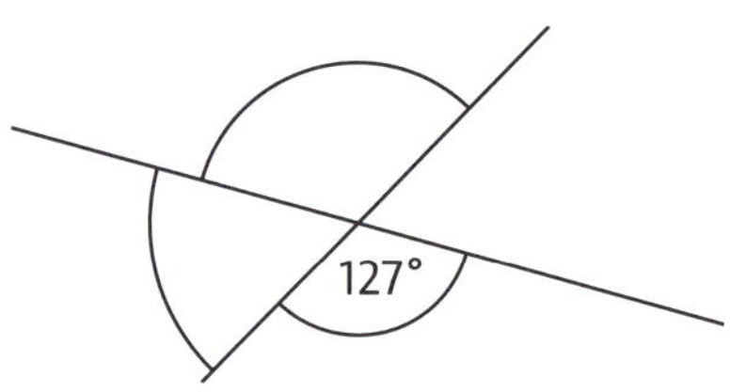

h)
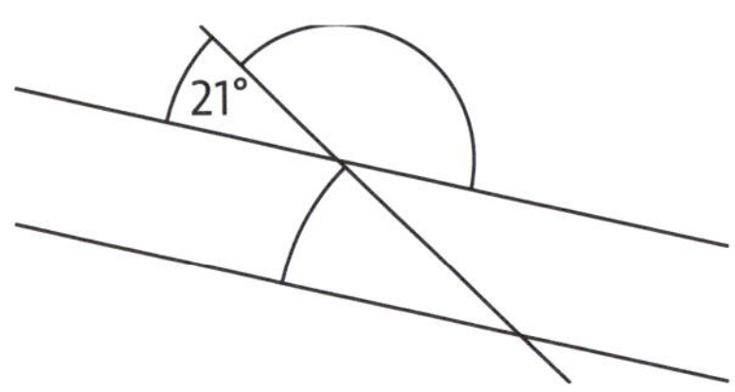

i)
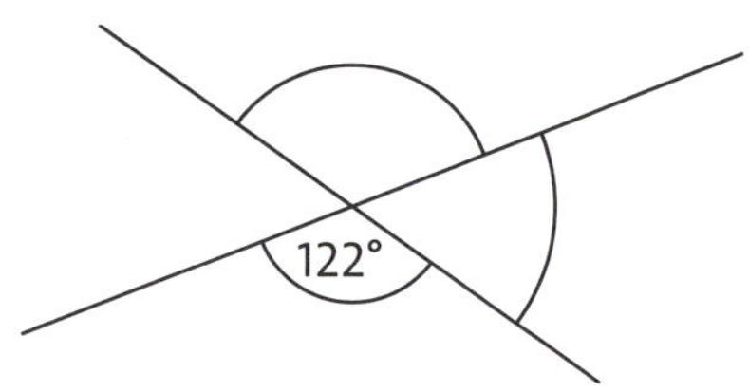

3 Pia hat mit dem Computer das Rautezeichen vergrößert und ausgedruckt. Einen Winkel hat sie gemessen. Wie viele andere Winkelgrößen können noch gemessen werden? Begründe.

Winkel an Geradenkreuzungen

Nebenwinkel: liegen nebeneinander; ergeben zusammen 180°
Scheitelwinkel: liegen gegenüber; gleich groß
Stufenwinkel: wie Stufen angeordnet; an Parallelen gleich groß
Wechselwinkel: Stufenwinkel und Scheitelwinkel zusammen; an Parallelen gleich groß

1 Kreuze an, ob die Aussage wahr oder falsch ist.

Aussage	wahr	falsch
Gegenüberliegende Winkel von gekreuzten Geraden nennt man Nebenwinkel.		
Scheitelwinkel sind immer gleich groß.		
Die Summe von Nebenwinkelmaßen beträgt 180°.		
Bei geschnittenen Parallelen entstehen gleich große Stufenwinkelpaare.		
Stufenwinkel und Wechselwinkel sind das Gleiche, weil sie gleiche Maße haben.		

2 Warum sind Wechselwinkel an Parallelen gleich groß?

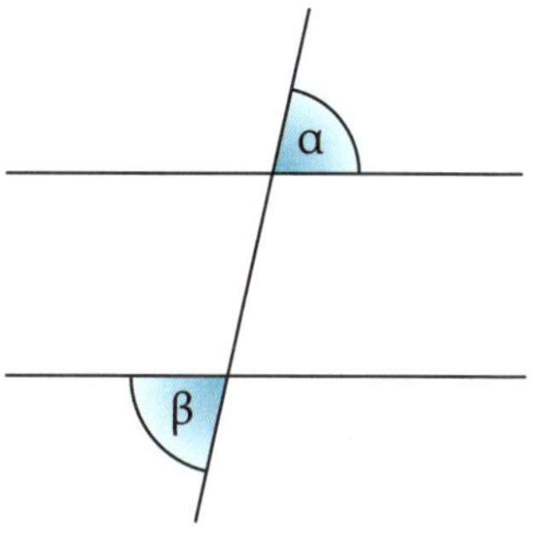

3 Die Geraden g und h sind parallel zueinander.
Wie groß ist der Winkel α? Berechne.
Um die Aufgabe zu lösen, benötigst du eine zusätzliche parallele Gerade.

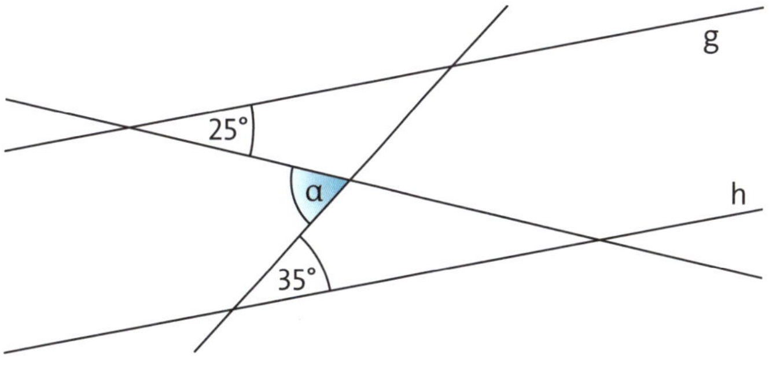

4 Hier gibt es zueinander parallele und senkrechte Geraden. Welche verschiedenen Winkelgrößen kommen vor?

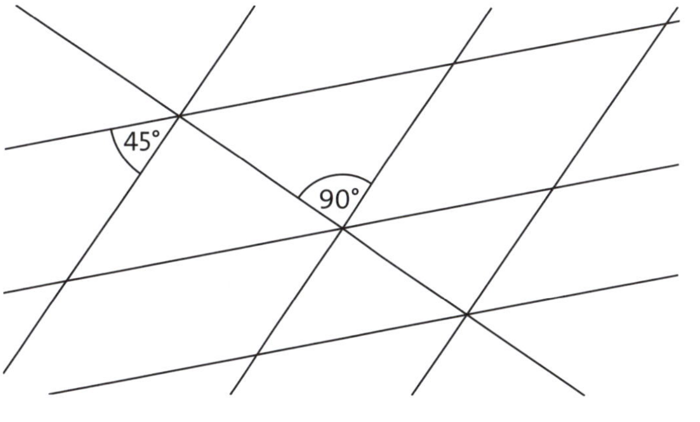

Winkel an Geradenkreuzungen ☒

1 Gib zu der Skizze rechts an, um welche Art von Winkelpaar es sich jeweils handelt. ($g \parallel h$)

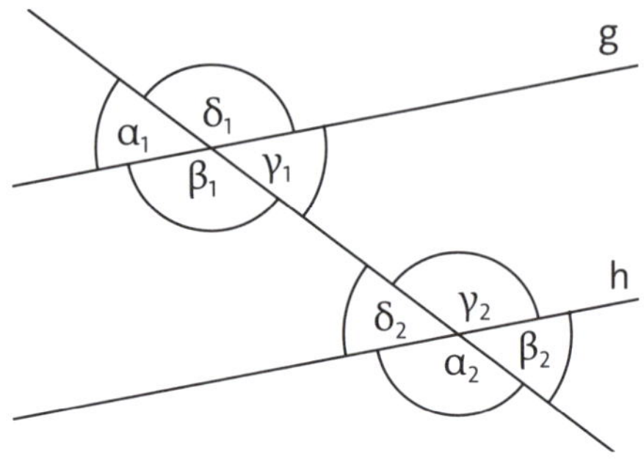

α_1 und β_1: ______ α_1 und γ_1: ______

α_1 und δ_1: ______ α_1 und δ_2: ______

α_2 und δ_1: ______ α_2 und γ_2: ______

β_2 und α_1: ______ δ_2 und γ_2: ______

2 Ergänze die Winkelmaße. Es sind zwei Paare zueinander paralleler Geraden.

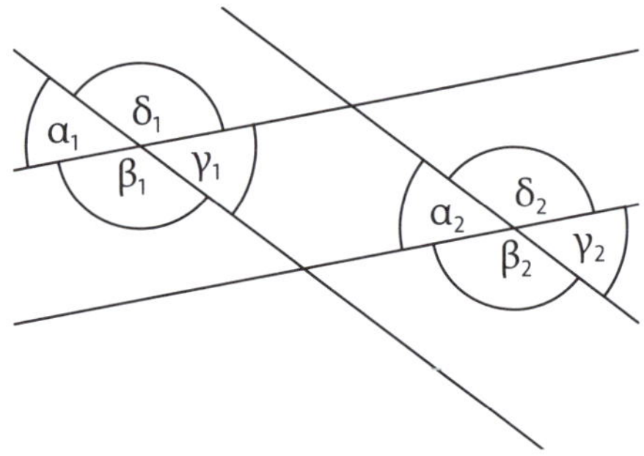

a) $\alpha_1 = 50°$; $\beta_1 =$ ______; $\gamma_1 =$ ______; $\delta_1 =$ ______

b) $\alpha_2 =$ ______; $\beta_2 = 24°$; $\gamma_2 =$ ______; $\delta_2 =$ ______

c) $\alpha_1 =$ ______; $\beta_2 =$ ______; $\gamma_1 = 61°$; $\delta_2 =$ ______

d) $\alpha_2 =$ ______; $\beta_1 =$ ______; $\gamma_2 =$ ______; $\delta_1 = 37°$

e) $\gamma_1 = 83°$; $\alpha_2 =$ ______; $\gamma_2 =$ ______; $\beta_2 =$ ______

f) $\delta_1 =$ ______; $\alpha_2 = 68°$; $\beta_2 =$ ______; $\delta_2 =$ ______

3 Überprüfe, ob die angegebenen Winkelmaße richtig sein könnten. Kreuze entsprechend an, wenn es stimmt.

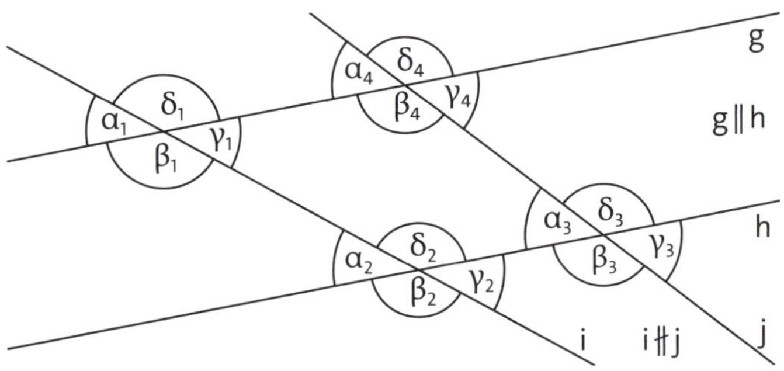

a) $\alpha_1 = 46°$; $\beta_1 = 134°$; $\gamma_1 = 46°$; $\delta_1 = 134°$ ☐

b) $\alpha_1 = 25°$; $\alpha_2 = 25°$; $\alpha_3 = 25°$; $\alpha_4 = 25°$ ☐

c) $\alpha_1 = 37°$; $\gamma_1 = 37°$; $\alpha_2 = 37°$; $\gamma_2 = 37°$ ☐

d) $\alpha_1 = 77°$; $\gamma_1 = 77°$; $\alpha_4 = 77°$; $\gamma_4 = 77°$ ☐

e) $\alpha_1 = 45°$; $\delta_2 = 125°$; $\alpha_2 = 45°$; $\beta_2 = 125°$ ☐

f) $\alpha_1 = 92°$; $\alpha_4 = 64°$; $\beta_1 = 88°$; $\beta_3 = 116°$ ☐

4 Mike fährt mit seinem Rennrad auf der Ebertstraße. Er biegt rechts in den Nordring ein. Kurz danach fährt er links in die Oberstraße. Dort trifft er Luisa. Er berichtet stolz, dass beide Kurven gleich waren und er sie scharf nehmen musste, um die Kurven zu schaffen. Luisa denkt kurz nach und meint, dass das gar nicht sein kann. Stimmst du Luisa zu? Begründe. Nutze die Skizze rechts.

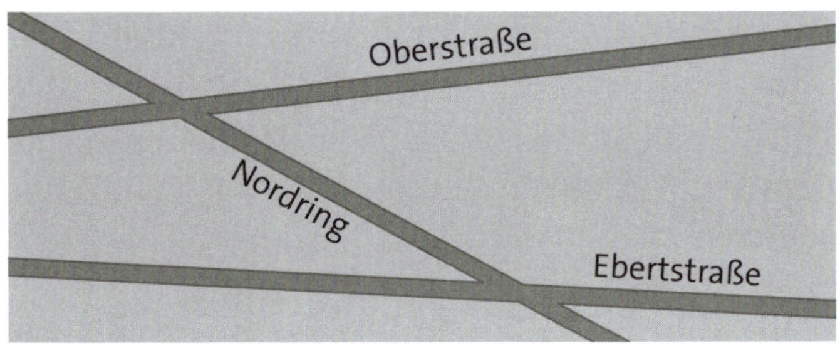

Summe der Innenwinkel in Dreiecken

1 Ergänze fehlende Winkelgrößen im Dreieck und in der Rechnung.

22°	30°	45°	56°	59°	59°
60°	62°	68°	79°	90°	90°

Tipp
In jedem Dreieck beträgt die Summe der drei Innenwinkel 180°.

$\alpha + \beta + \gamma = 180°$

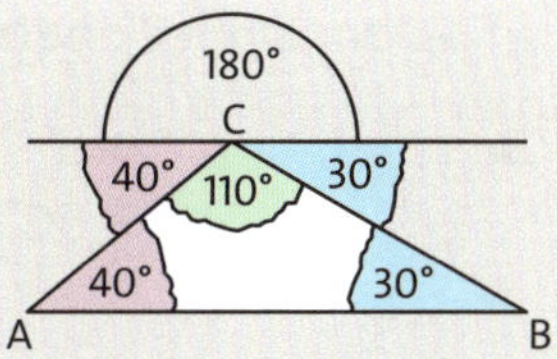

a)

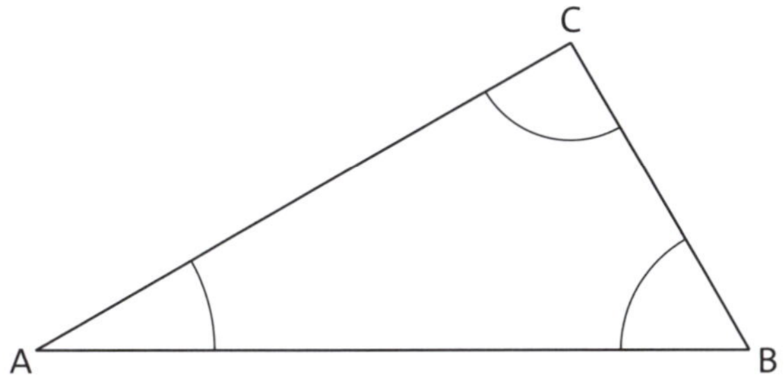

30° + ______ + 90° = 180°

b)

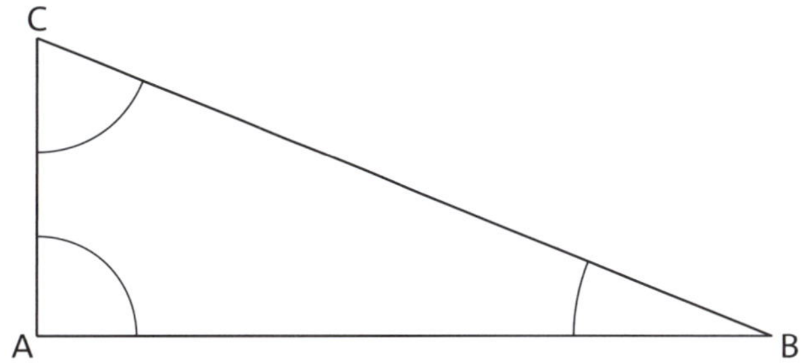

______ + ______ + ______ = 180°

c)

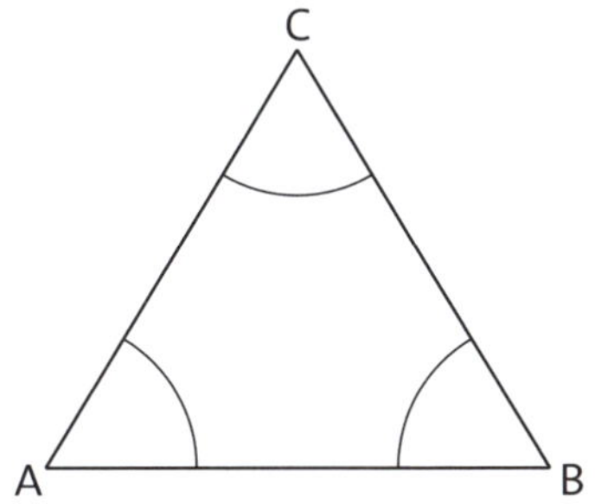

______ + ______ + ______ = 180°

d)

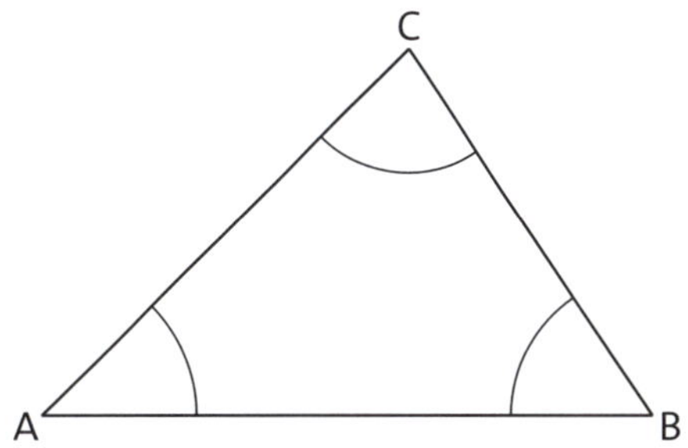

______ + ______ + ______ = 180°

2 Berechne die fehlende Winkelgröße.

Beispiel: $\gamma = 180° - 45° - 30° = 105°$

a) $\alpha = 90°; \beta = 45°$

γ = 180°

b) $\alpha = 71°; \gamma = 60°$

β =

c) $\beta = 50°; \gamma = 35°$

d) $\alpha = 55°; \gamma = 31°$

3 Gehören die drei Winkel zu einem Dreieck? Kreuze Zutreffendes an.

α	100°	100°	100°	100°	65°	11°	74°	109°
β	40°	40°	40°	30°	90°	99°	6°	33°
γ	40°	30°	50°	50°	25°	80°	90°	37°
	☐ ja	☐ ja	☐ ja	☐ ja	☐ ja	☐ ja	☐ ja	☐ ja

Summe der Innenwinkel in Dreiecken ☒

In jedem Dreieck beträgt die Summe der Innenwinkel 180°.

Beispiel: $\alpha + \beta + \gamma = 180°$
$40° + 30° + 110° = 180°$

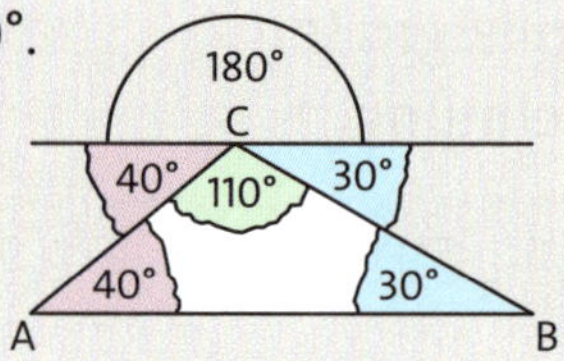

1 Miss zuerst die Innenwinkel.
Berechne dann die Summe.

a)

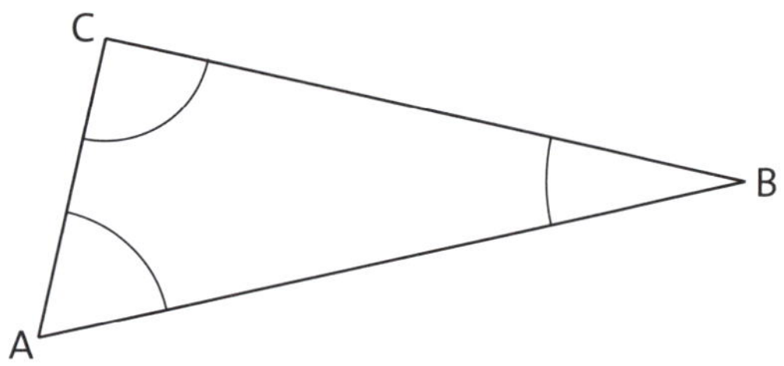

b)

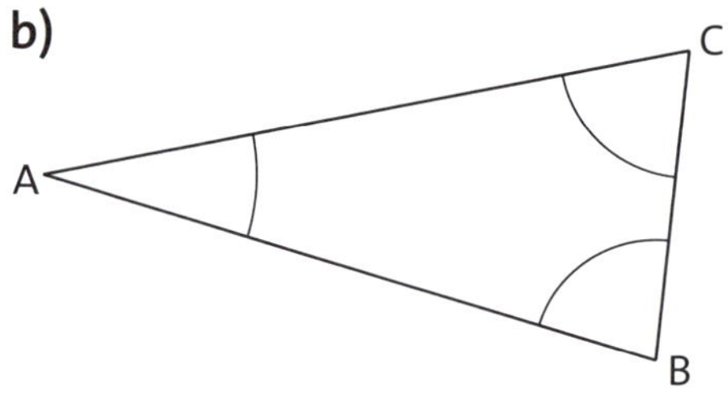

+ + =

2 Berechne die fehlende Winkelgröße vom Dreieck ABC.

α	15°			39°	19°	81°	15,5°	
β	120°	7°	50°				120,5°	15,6°
γ		101°	112°	60°	71°	82°		101,9°

3 Gibt es ein Dreieck ABC mit den drei Winkelgrößen? Kreuze Zutreffendes an.

α	60°	100°	21°	110°	109°	109,7°	66,6°	11,1°
β	60°	29°	90°	99°	37°	37°	66,6°	88,2°
γ	60°	51°	25°	88°	34°	33,3°	46,7°	80,7°
	☐ ja	☐ ja	☐ ja	☐ ja	☐ ja	☐ ja	☐ ja	☐ ja

4 Berechne die fehlenden Winkelgrößen.

a)

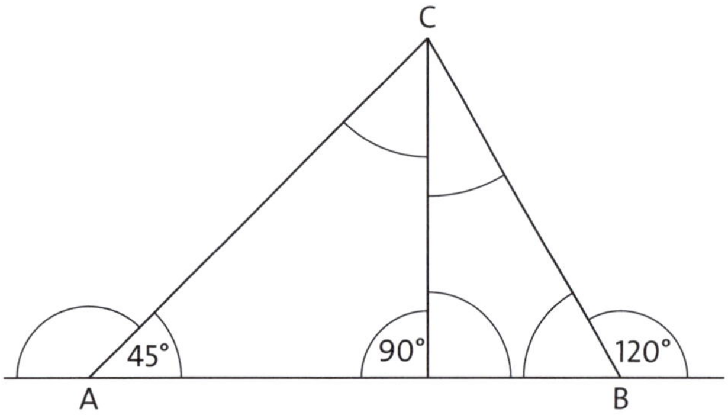

b)

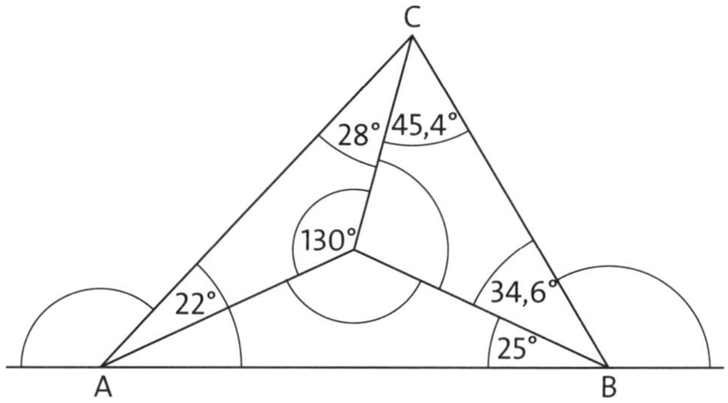

Summe der Innenwinkel in Dreiecken ☒

1 Kann ein Dreieck mit den Winkelgrößen gezeichnet werden? Kreuze zuerst Zutreffendes an. Begründe dann mit einer Zeichnung und einer Rechnung.

a) 70°; 70°; 10° ☐ ja ☐ nein

b) 79°; 77°; 24° ☐ ja ☐ nein

c) 10°; 90°; 30°; 50° ☐ ja ☐ nein

d) 10°; 120°; 60° ☐ ja ☐ nein

2 Ist die Aussage wahr oder falsch? Kreuze an.

a) Wenn im Dreieck ein Winkel 60° groß ist, dann sind die anderen auch 60° groß. ☐ wahr ☐ falsch

b) Im Dreieck kann ein Winkel größer als 150° sein. ☐ wahr ☐ falsch

c) Ein Dreieck kann zwei stumpfe Winkel haben. ☐ wahr ☐ falsch

d) Ein rechtwinkliges Dreieck hat immer zwei 45° große Winkel. ☐ wahr ☐ falsch

e) Es gibt ein Dreieck mit 52°, 89° und 40° großen Winkeln. ☐ wahr ☐ falsch

f) In einem Dreieck kann der kleinste Winkel ein Fünftel des größten Winkels sein. ☐ wahr ☐ falsch

3 Berechne die fehlende Winkelgröße vom Dreieck ABC.

α	25°		76°	147°			33,11°	94,99°
β	25°	48°	23°		78°	94,1°		13,11°
γ		80°		15°	7°	52,4°	29,70°	

4 Ermittle die fehlenden Winkelgrößen.
Die Zeichnung ist nicht maßstabsgerecht.

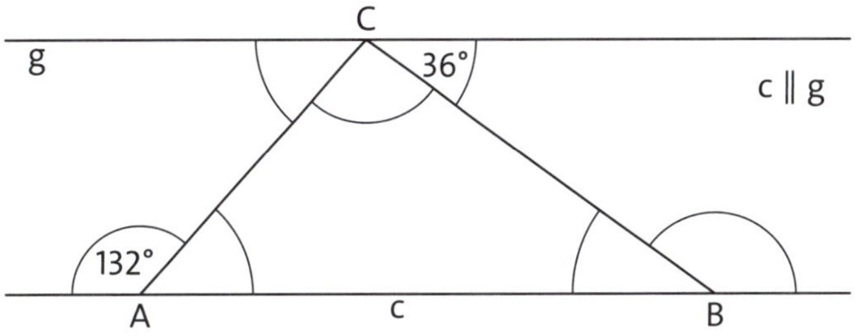

Summe der Innenwinkel in Vierecken

1 Ergänze die fehlende Winkelgröße.

70° 80° 110° 140°

Tipp

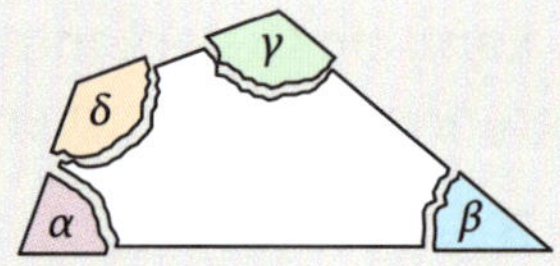

$\alpha + \beta + \gamma + \delta = 360°$

a)

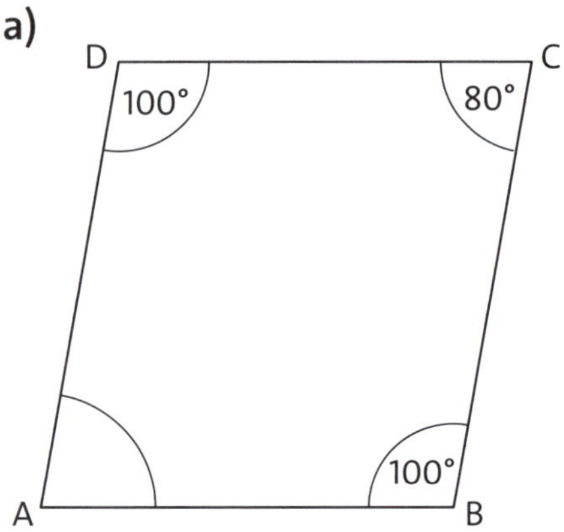

b)

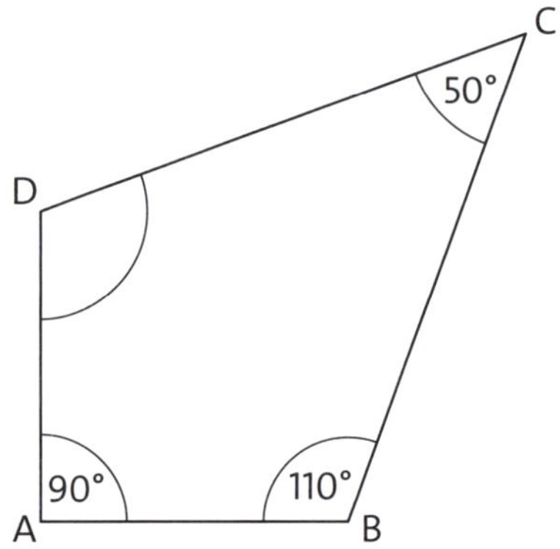

c)

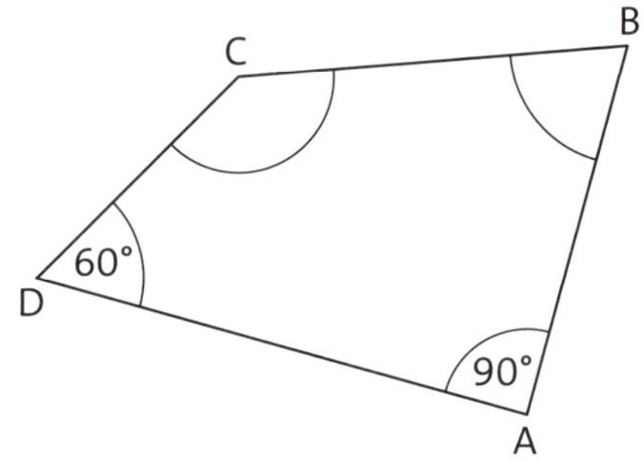

2 Berechne die fehlende Winkelgröße des Vierecks ABCD.

α	90°	100°	100°		100°	89°		127°
β	90°	90°	100°	100°	90°		166°	
γ	90°	90°	100°	100°		151°	24°	119°
δ				110°	125°	71°	80°	20°

3 Ermittle die Innenwinkelsumme vom Viereck.
Zeichne dazu eine Diagonale ein.

Tipp

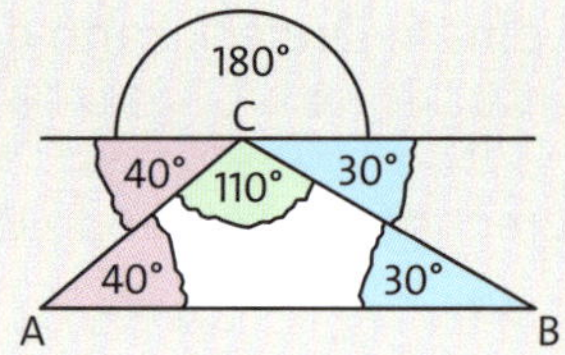

$\alpha + \beta + \gamma = 180°$

a)

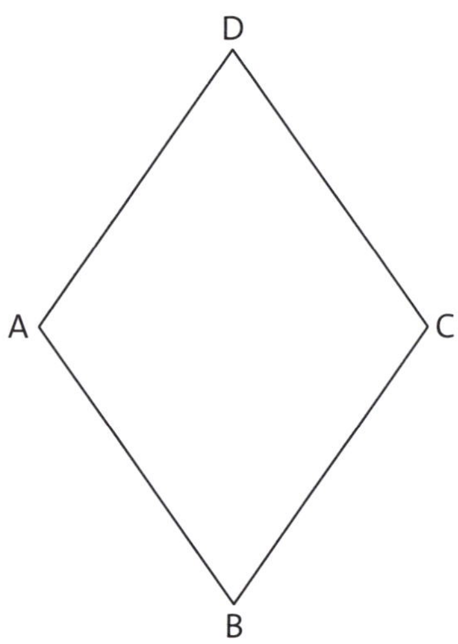

b)

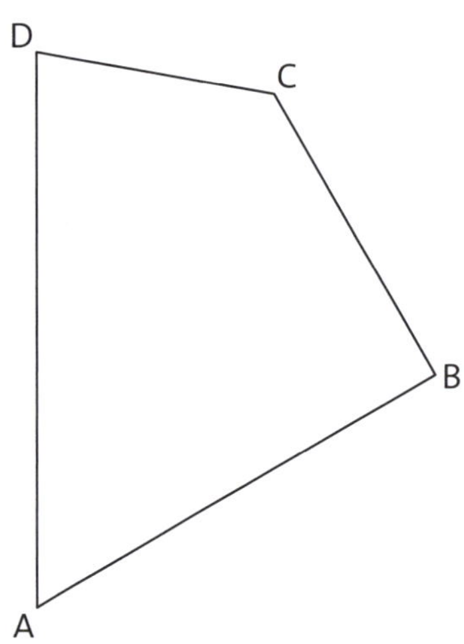

180° + ________ = 360° ________ + ________ = ________

Summe der Innenwinkel in Vierecken

In jedem Viereck beträgt die Summe der Innenwinkel 360°.

Beispiel: $\alpha + \beta + \gamma + \delta = 360°$
$70° + 40° + 120° + 130° = 360°$

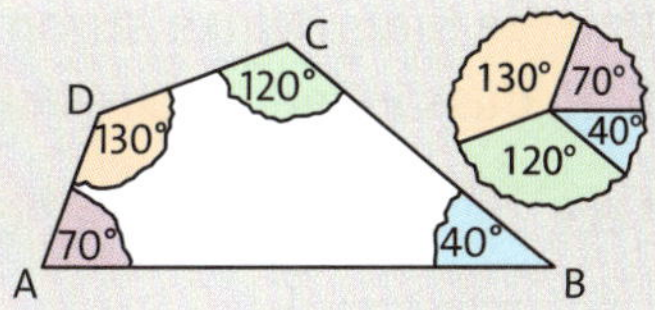

1 Verdeutliche die Aussage in der Zeichnung.

a) Die Diagonale teilt das Viereck in zwei Dreiecke. Die Summe aller Winkelgrößen beider Dreiecke ist so groß wie die Innenwinkelsumme des Vierecks.

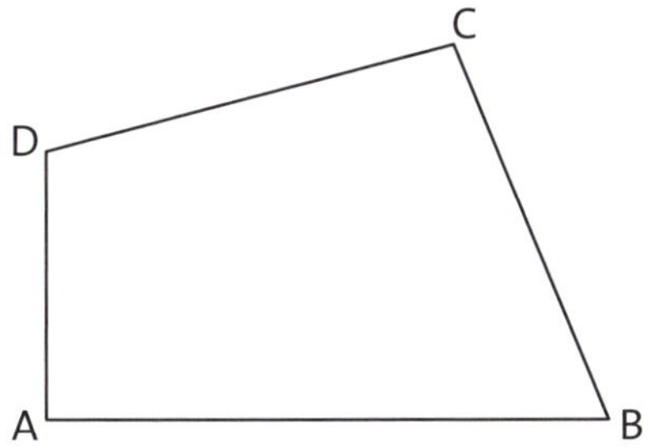

b) Mit den vier Ecken eines beliebigen Vierecks kann man einen Kreis legen, also beträgt die Summe aller vier Innenwinkel 360°.

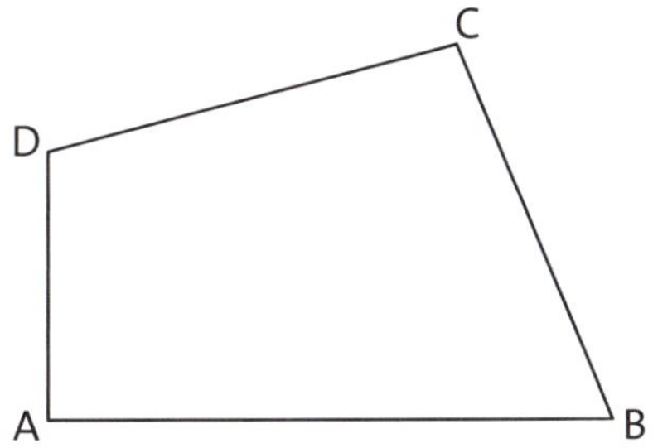

c) Eine Diagonale teilt das Viereck in zwei Dreiecke. Die Innenwinkelsumme jedes Dreiecks ist 180°. Beim Viereck sind es also 180° + 180° = 360°.

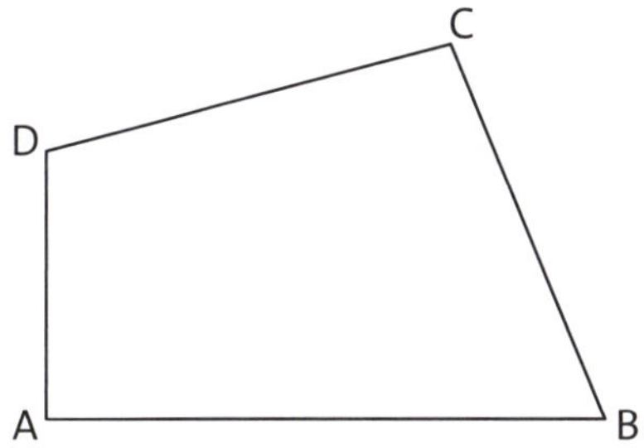

2 Berechne die fehlende Winkelgröße des Vierecks ABCD.

α	160°	100°	100°		100°	89°	90°	
β	120°	90°	100°	100°	90°			94°
γ	40°			100°	45°	151°	24°	119°
δ		80°	60°	110°		71°	80°	20°

3 Ergänze die fehlenden Winkelgrößen.
Nutze dabei Innenwinkelsummen, Nebenwinkel, Scheitelwinkel, Stufenwinkel oder Wechselwinkel.
Die Zeichnung ist nicht maßstabsgerecht. (Die Winkel sind verzerrt.)

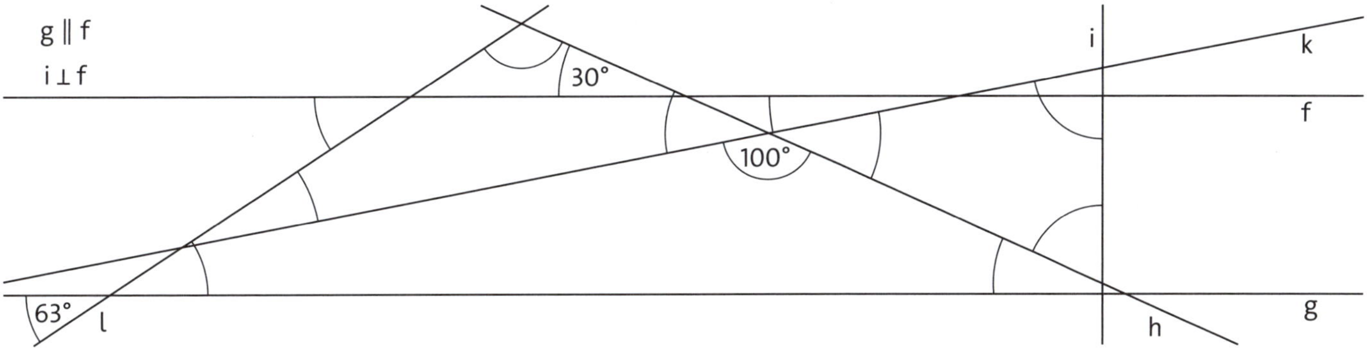

Summe der Innenwinkel in Vierecken ☒

1 Ermittle die Innenwinkelsumme.
Nutze dabei, dass in jedem Dreieck die Innenwinkelsumme 180° beträgt.

a) Rechteck

b) Viereck

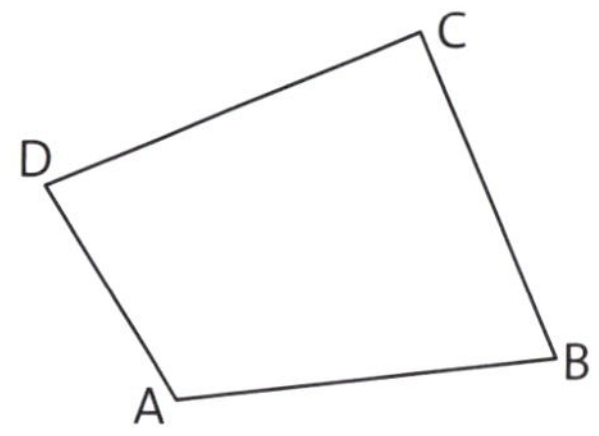

c) Fünfeck

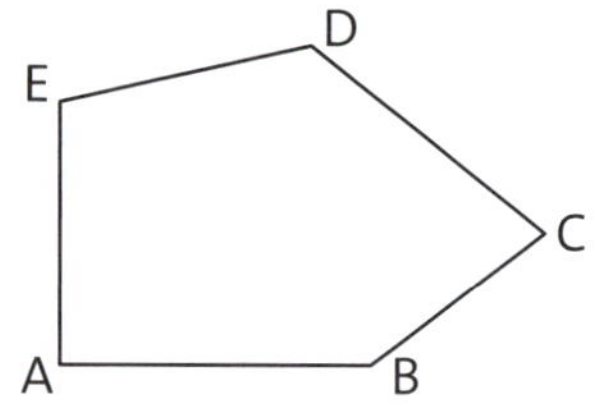

d) Sechseck

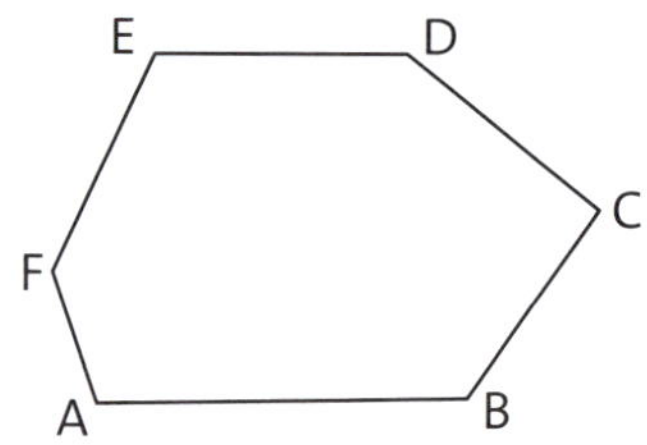

2 Ist die Aussage wahr oder falsch? Kreuze an.

a) In einem Viereck kann die Innenwinkelsumme größer als 360° sein. ☐ wahr ☐ falsch

b) Ist im Viereck ein Winkel 180° groß, dann sind die anderen Winkel kleiner. ☐ wahr ☐ falsch

c) Es gibt Vierecke mit drei stumpfen Winkeln. ☐ wahr ☐ falsch

d) Vierecke mit einem überstumpfen Winkel haben drei spitze Winkel. ☐ wahr ☐ falsch

e) Es gibt Vierecke mit zwei überstumpfen Winkeln. ☐ wahr ☐ falsch

f) Jedes Viereck kann in zwei Dreiecke zerlegt werden.
Die Innenwinkelsumme ist somit doppelt so groß wie bei Dreiecken. ☐ wahr ☐ falsch

3 Berechne die fehlende Winkelgröße des Vierecks ABCD.

α	160°	100°	100°		32°	214°	110,1°	
β	120°	80°		100°	123°	16,3°		222,93°
γ		90°	100°	100°	89°		191,2°	29,30°
δ	40°		60°	105°		52,9°	31,3°	71,92°

4 Konkaves Viereck ABCD

a) Miss zuerst im Viereck die Winkelgrößen.
Berechne dann die Innenwinkelsumme.

b) Zeige bei Punkt C, dass die Innenwinkelsumme im Viereck 360° beträgt.
Nutze dabei Stufenwinkel und Wechselwinkel an Parallelen, die geschnitten werden.

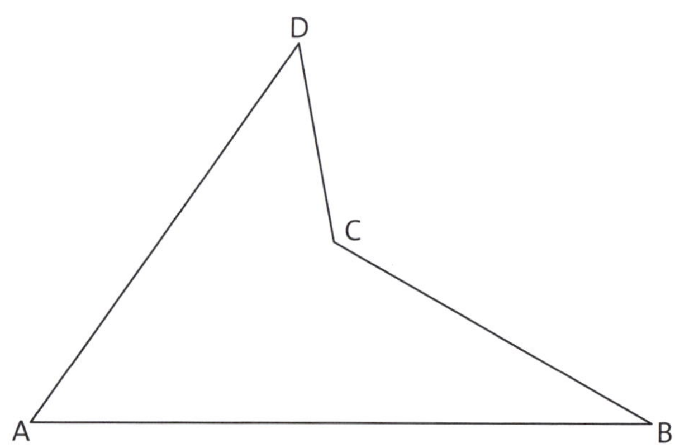

Mittelsenkrechte und Umkreis

1 Ist die Gerade m die Mittelsenkrechte der Strecke $\overline{AB}$?
Kreuze an.

Tipp

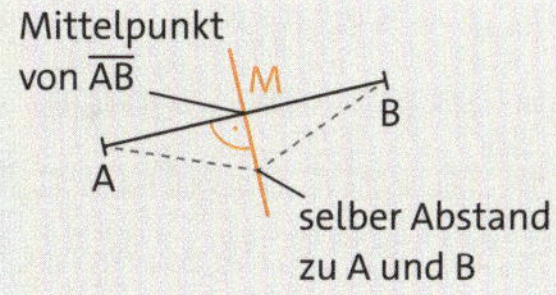

a)

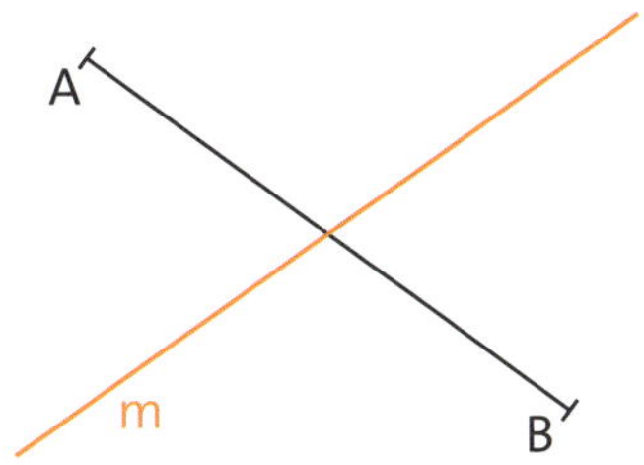

☐ ja ☐ nein

b)

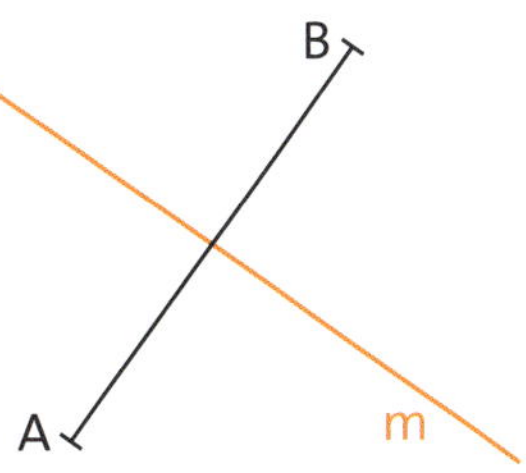

☐ ja ☐ nein

c)

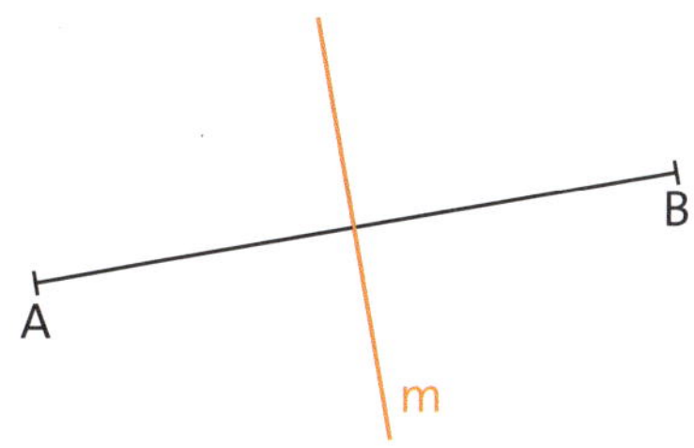

☐ ja ☐ nein

2 Konstruiere die Mittelsenkrechte m der Strecke $\overline{AB}$.

Tipp

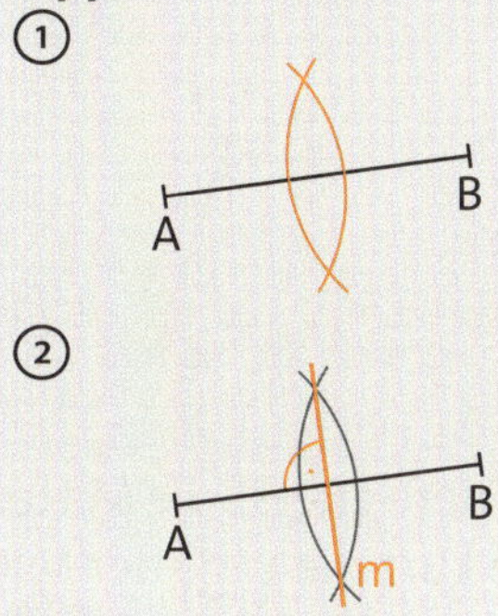

a)

b)

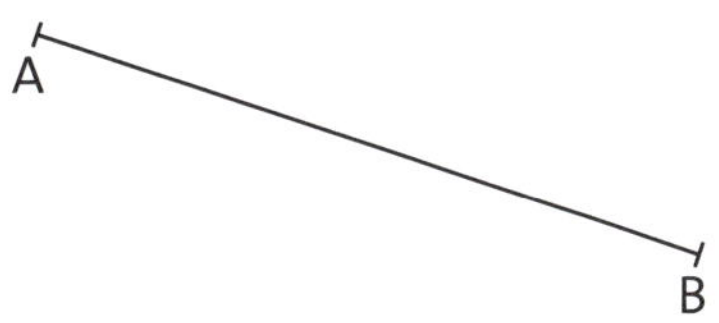

3 Die drei Mittelsenkrechten schneiden einander im Mittelpunkt des Umkreises.
Konstruiere zuerst die Mittelsenkrechten.
Zeichne dann den Umkreis des Dreiecks.

Tipp

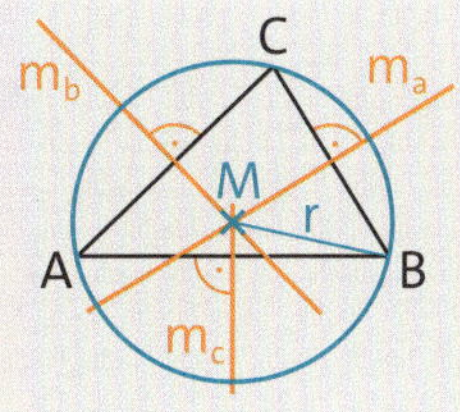

a)

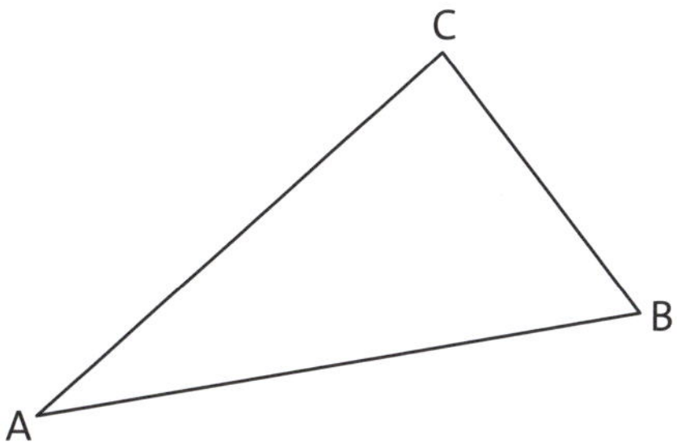

b)

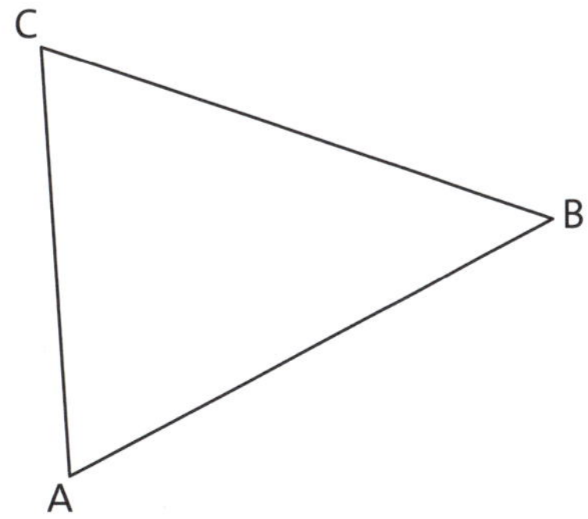

Mittelsenkrechte und Umkreis

- Für die Mittelsenkrechte m einer Strecke $\overline{AB}$ gilt:
  - m ist eine Gerade.
  - m geht durch den Mittelpunkt der Strecke.
  - m verläuft senkrecht zur Strecke.
- Die drei Mittelsenkrechten eines Dreiecks schneiden einander in einem Punkt. Der Punkt ist der Mittelpunkt des Umkreises.

Beispiele:

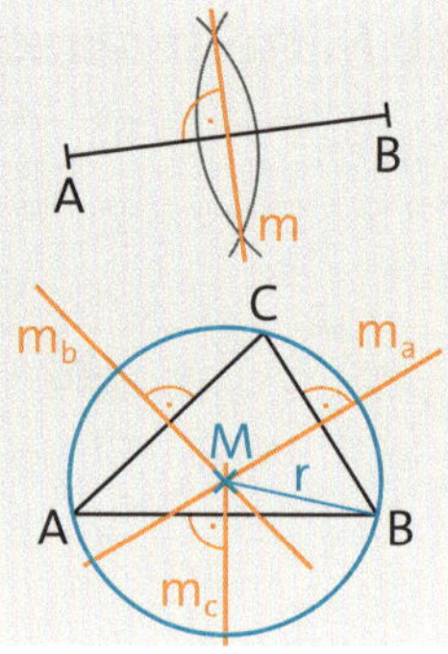

1 Konstruiere zuerst die Mittelsenkrechte m der Strecke $\overline{AB}$ mit Zirkel und Lineal. Überprüfe dann das Ergebnis mit dem Geodreieck.

a)

b)

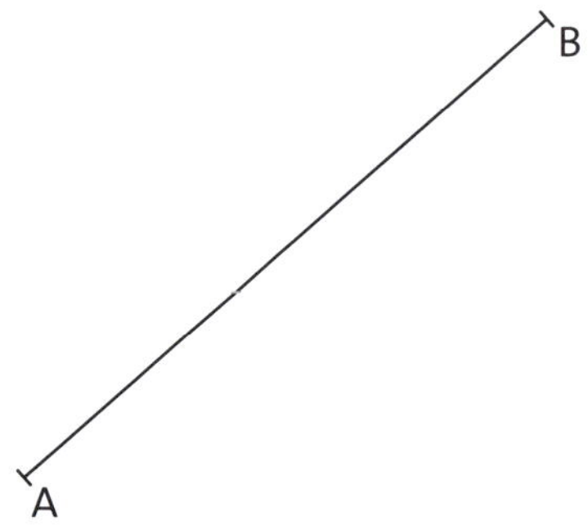

2 Konstruiere zuerst die Mittelsenkrechten und zeichne den Umkreis. Beschreibe kurz die Lage der Mittelpunkte der Umkreise.

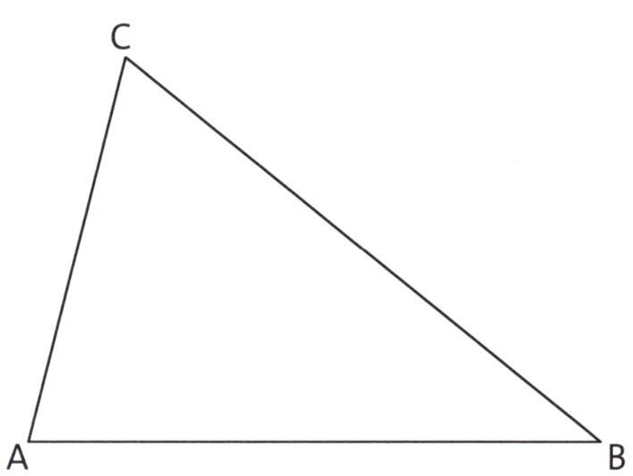

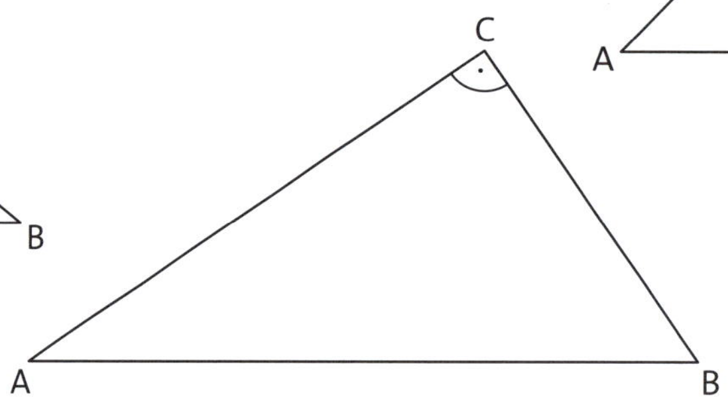

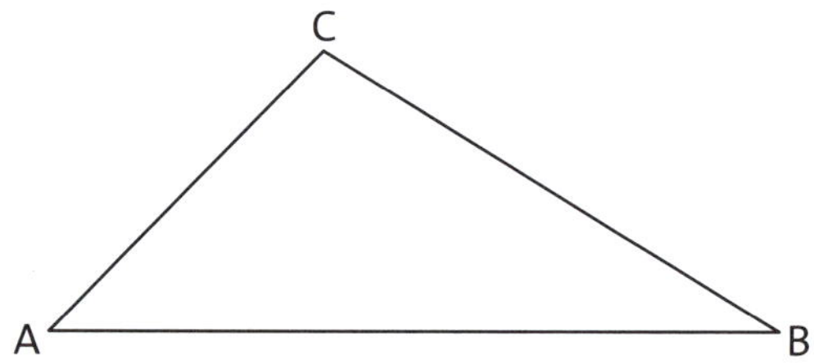

Mittelsenkrechte und Umkreis ☒

1 Kreuze Zutreffendes an.

a) Die Mittelsenkrechte schneidet die Strecke im Winkel von 90°. ☐ wahr ☐ falsch

b) Die Mittelsenkrechte verläuft durch einen beliebigen Punkt der Strecke. ☐ wahr ☐ falsch

c) Der Mittelpunkt des Umkreises ist Schnittpunkt der Mittelsenkrechten. ☐ wahr ☐ falsch

d) Auf der Mittelsenkrechten ist der Abstand zum Punkt A kürzer als zu B. ☐ wahr ☐ falsch

e) Eine Strecke hat immer zwei Mittelsenkrechten, eine nach oben und eine nach unten. ☐ wahr ☐ falsch

2 Gleichschenklige Dreiecke

a) Zeichne zuerst Punkte auf der Geraden g so ein, dass
- ein stumpfwinkliges Dreieck ABC_1,
- ein rechtwinkliges Dreieck ABC_2 und
- ein spitzwinkliges Dreieck ABC_3

entstehen. Nutze drei Farben.
Zeichne dann die Umkreise der Dreiecke.

b) Betrachte die Lage des Mittelpunktes des Umkreises. Was fällt auf?

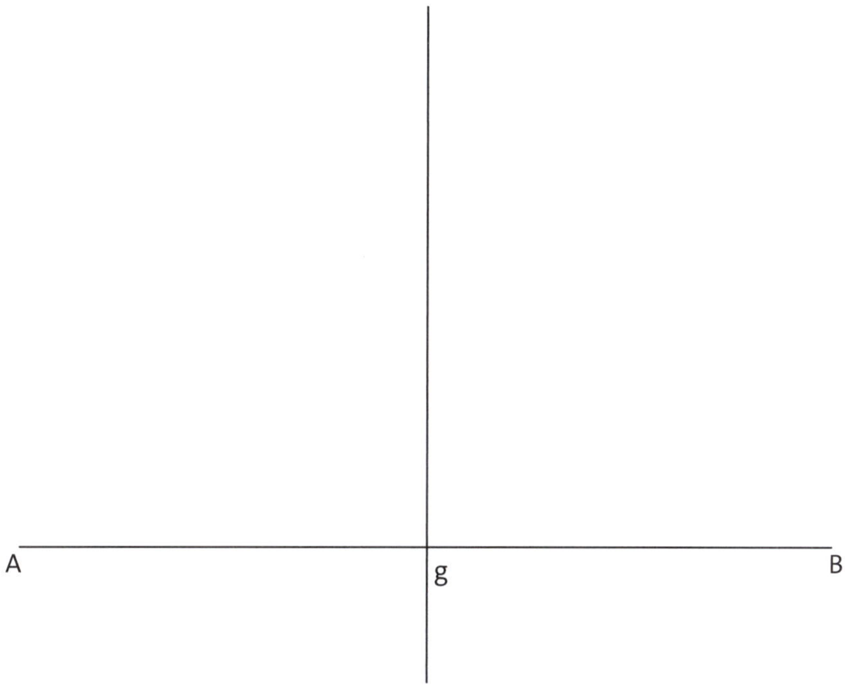

3 Der WLAN-Verstärker soll von den drei Punkten gleich weit entfernt sein.
Bestimme den besten Standort für den WLAN-Verstärker. Begründe deine Wahl mithilfe geeigneter Linien.

a)

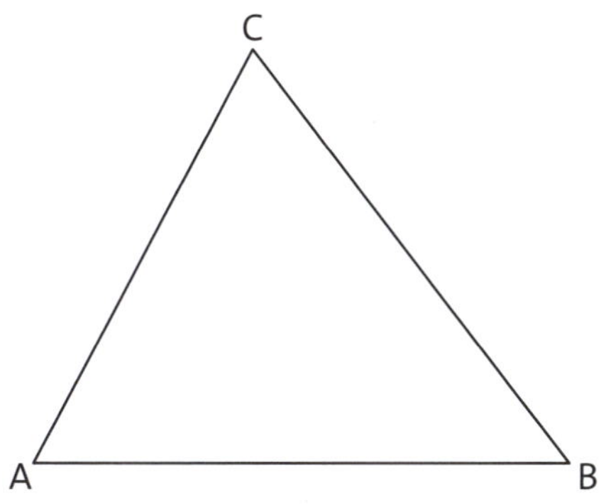

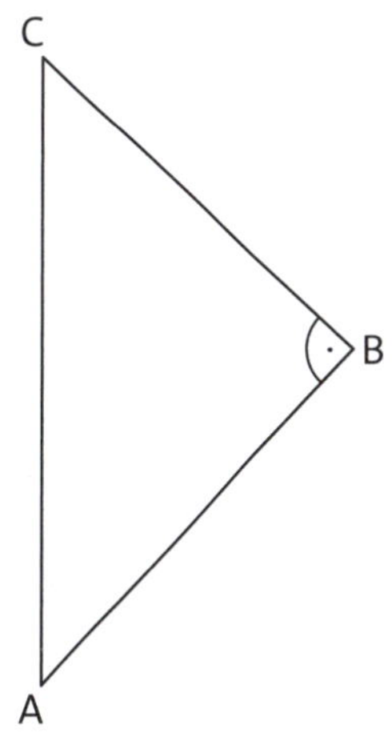

Winkelhalbierende und Inkreis

1 Ist der Strahl w die Winkelhalbierende des Winkels α? Kreuze an.

Tipp
Miss die Größen beider Winkel.

a)
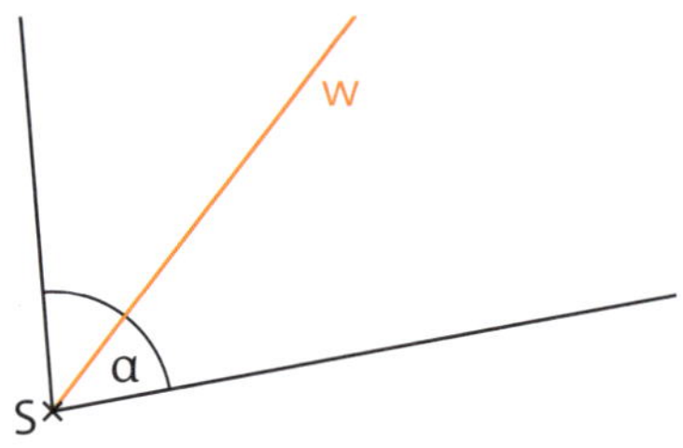

☐ ja ☐ nein

b)
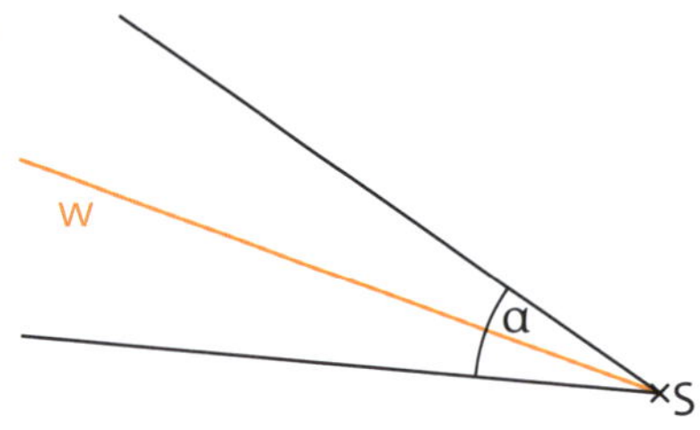

☐ ja ☐ nein

c)
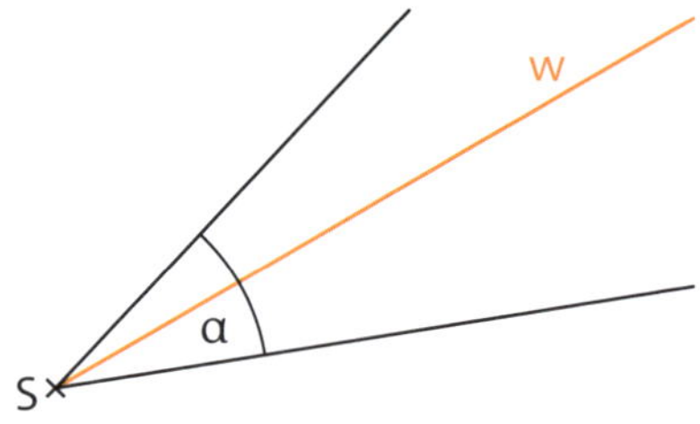

☐ ja ☐ nein

2 Konstruiere die Winkelhalbierende w des Winkels α.

a)
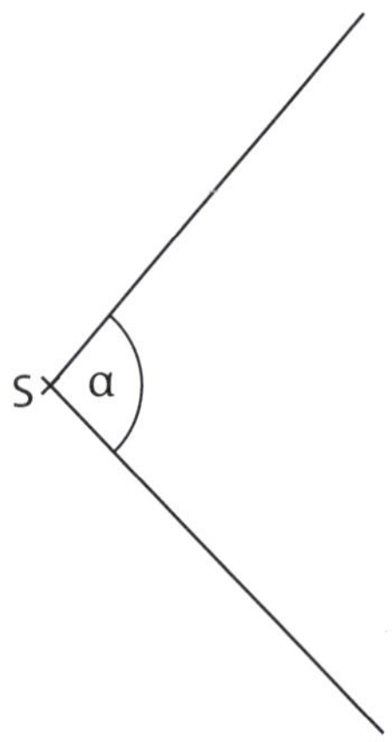

b)
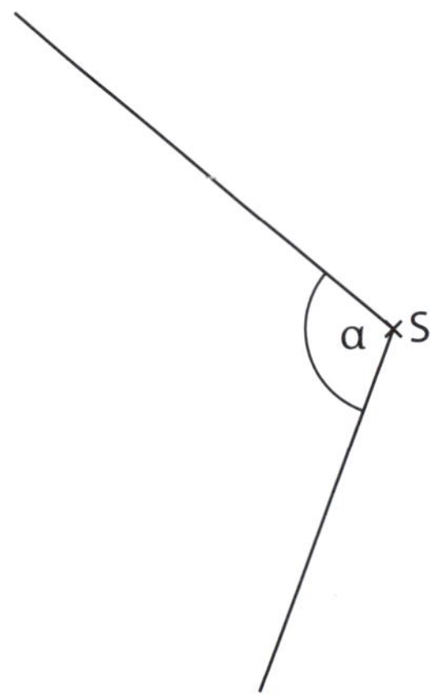

Tipp
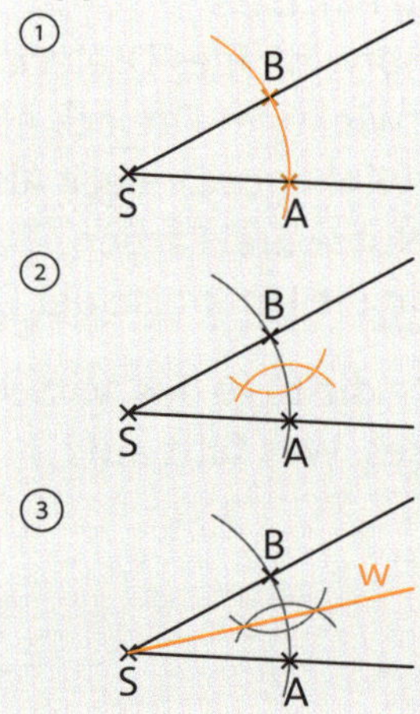

3 Die drei Winkelhalbierenden schneiden einander im Mittelpunkt des Inkreises.
Konstruiere zuerst die drei Winkelhalbierenden.
Zeichne dann den Inkreis des Dreiecks.

Tipp
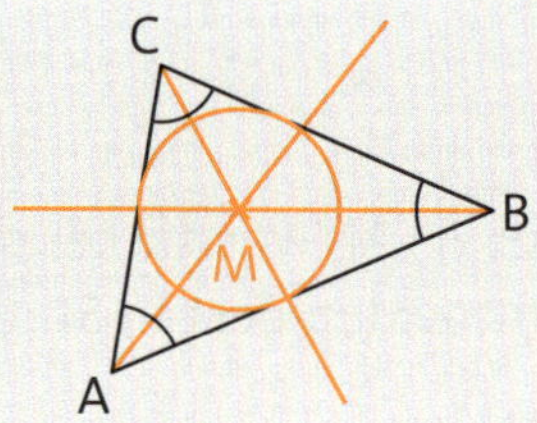

a)
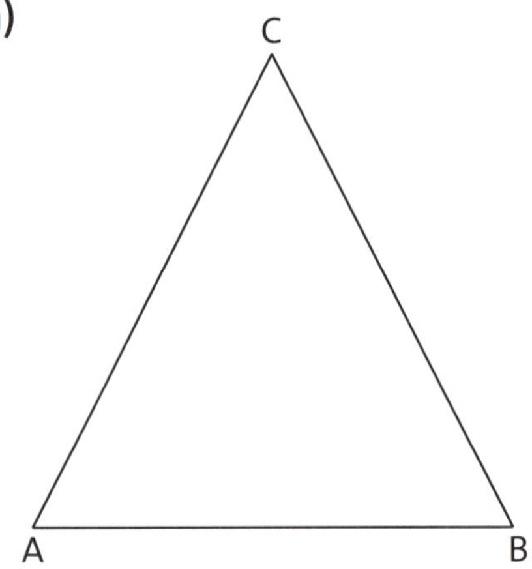

b)
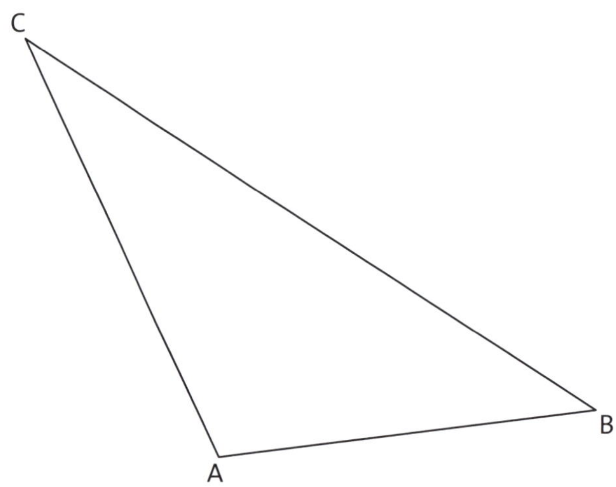

Winkelhalbierende und Inkreis ☒

- Für die Winkelhalbierende w eines Winkels gilt:
  - w ist ein Strahl (eine Halbgerade).
  - w beginnt im Scheitelpunkt S des Winkels.
  - w halbiert den Winkel.
- Die drei Winkelhalbierenden eines Dreiecks schneiden einander in einem Punkt. Der Punkt ist der Mittelpunkt des Inkreises.

Beispiele:

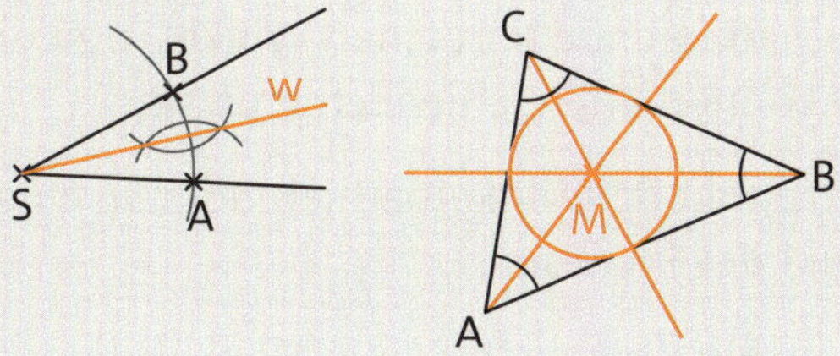

1 Ist der Strahl w die Winkelhalbierende des Winkels α? Kreuze an. Korrigiere, wenn nötig.

a)

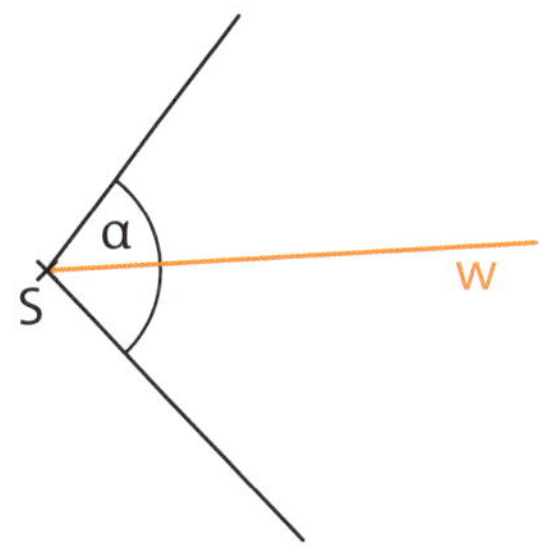

☐ ja ☐ nein

b)

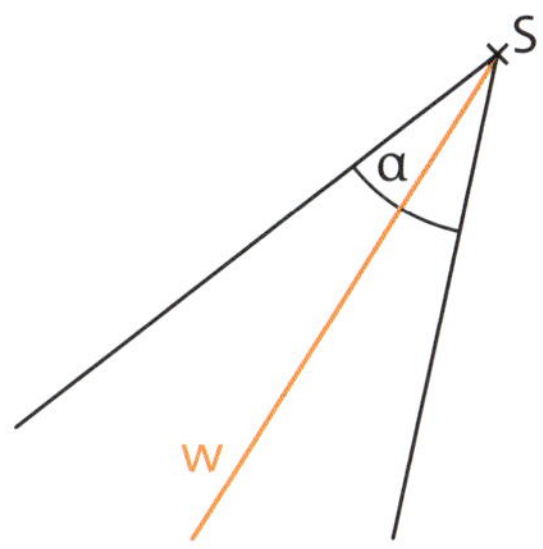

☐ ja ☐ nein

c)

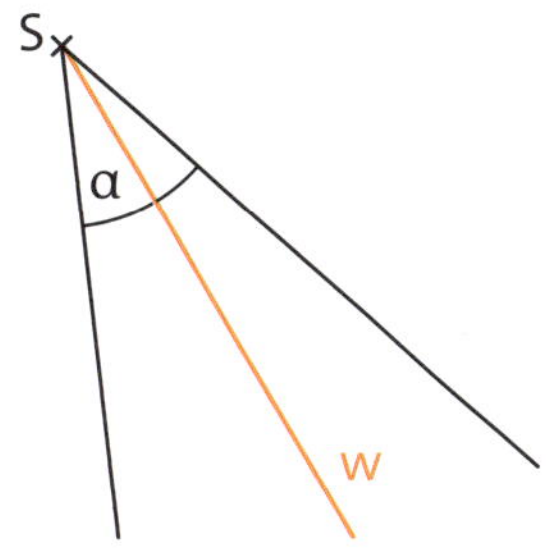

☐ ja ☐ nein

d)

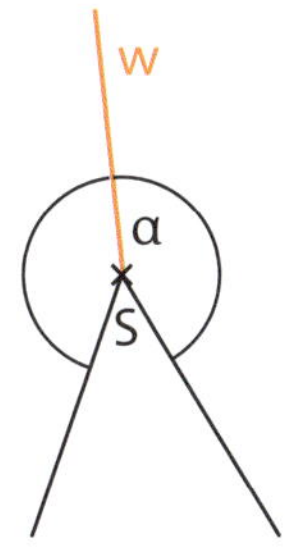

☐ ja ☐ nein

2 Konstruiere zuerst die drei Winkelhalbierenden. Zeichne dann den Inkreis des Dreiecks ein.

a)

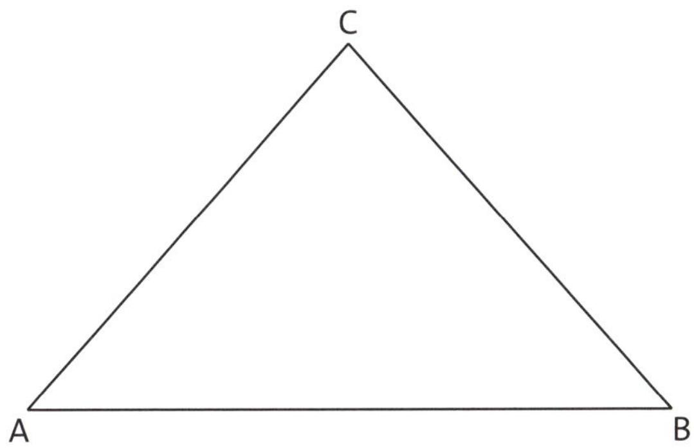

b)

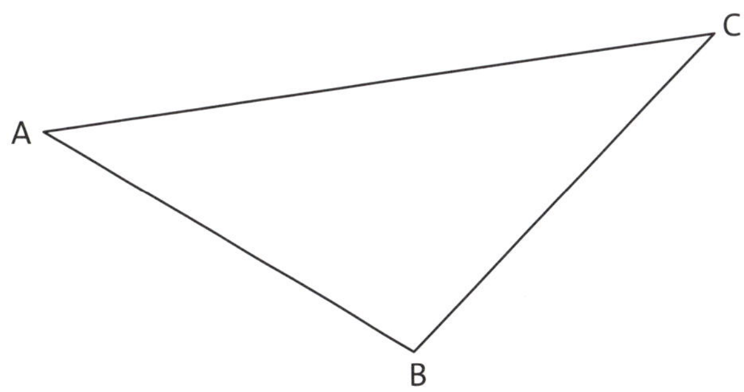

3 Ein Dreieck ABC hat die Eckpunkte A(1|1), B(5|1) und C(1|4).

a) Zeichne das Dreieck in das Koordinatensystem ein.

b) Konstruiere alle Winkelhalbierenden.

c) Gib die Koordinaten vom Mittelpunkt M des Inkreises an.

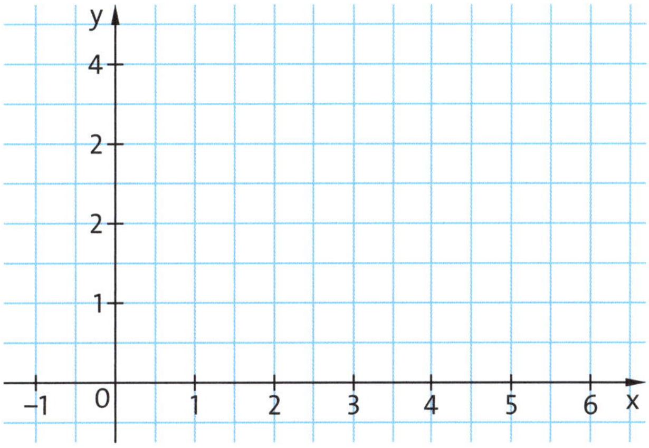

Winkelhalbierende und Inkreis ☒

1 Kreuze Zutreffendes an.

a) Die Winkelhalbierende teilt einen Winkel in zwei Teile.
Die zwei Teile können unterschiedlich groß sein. ☐ wahr ☐ falsch

b) Der Schnittpunkt der Winkelhalbierenden in einem Dreieck ist der Mittelpunkt des Inkreises. ☐ wahr ☐ falsch

c) Auf der Winkelhalbierenden eines Winkels liegen alle Punkte, die von den Schenkeln des Winkels den gleichen Abstand haben. ☐ wahr ☐ falsch

d) Die Winkelhalbierende kann nicht mit einem Geodreieck gezeichnet werden. ☐ wahr ☐ falsch

2 Konstruiere zuerst die drei Winkelhalbierenden. Zeichne dann den Inkreis des Dreiecks.

a)

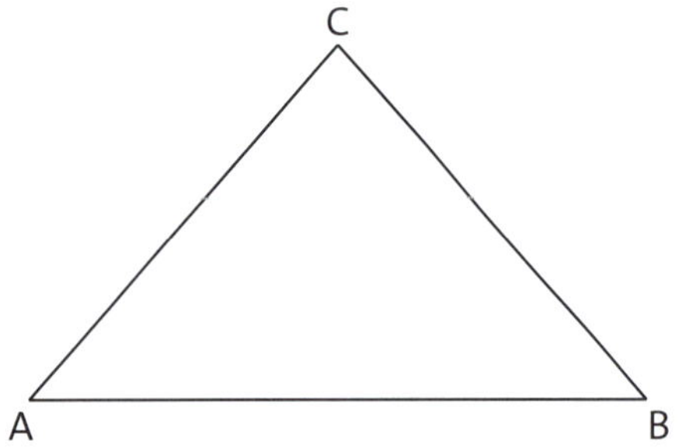

b)

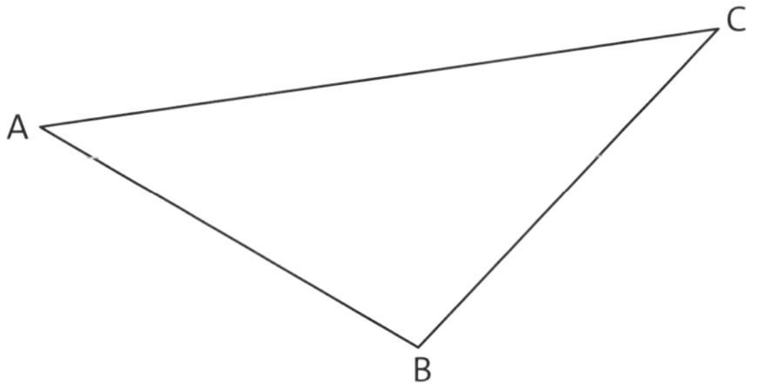

3 Zeichne zuerst die Winkelhalbierenden ein und den Inkreis, wenn möglich.
Formuliere dann eine Vermutung, wann es einen Inkreis gibt.

a)

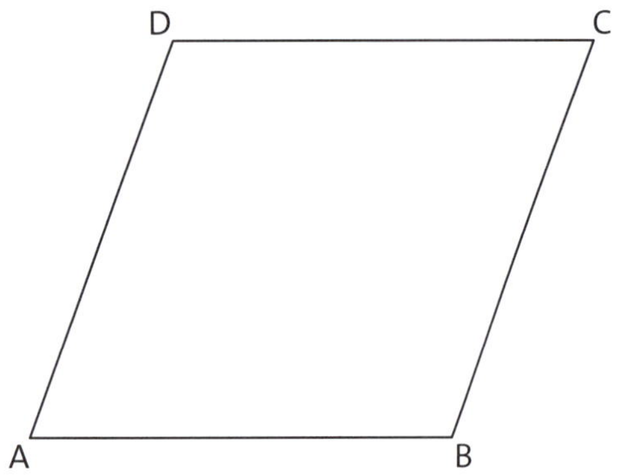

b)

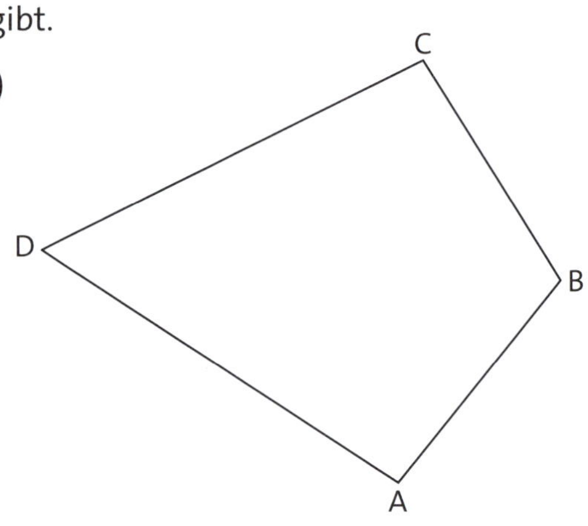

c)

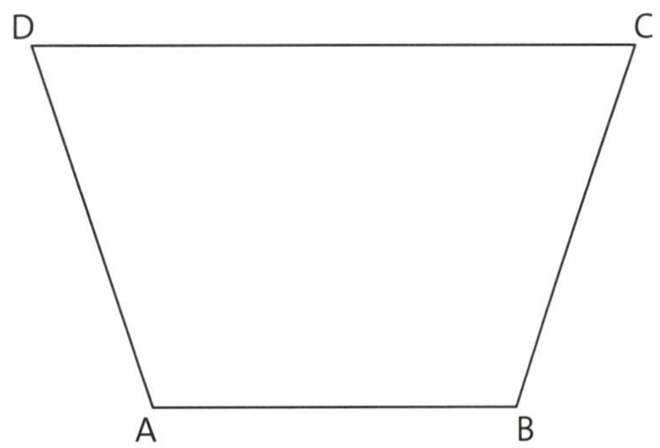

d)

Dreiecke konstruieren mit SSS

1 Verbinde zuerst mit der Zeichnung.
Beschrifte dann die Ecken und die Seiten.

a = 1cm	a = 2cm	a = 3cm	a = 3,0cm	a = 2,0cm
b = 1cm	b = 2cm	b = 2cm	b = 2,5cm	b = 1,5cm
c = 1cm	c = 3cm	c = 2cm	c = 2,0cm	c = 3,0cm

Tipp

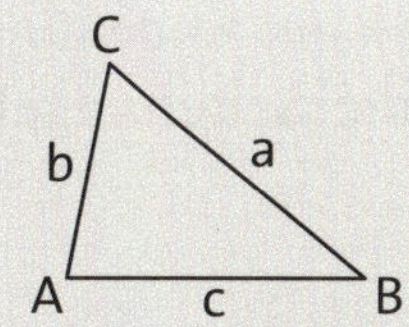

Achte auf gleichlange Seiten.

2 Markiere zuerst das Gegebene in der Planfigur.
Konstruiere dann das Dreieck ABC.

a) a = 3cm; b = 3cm; c = 5cm

Planfigur

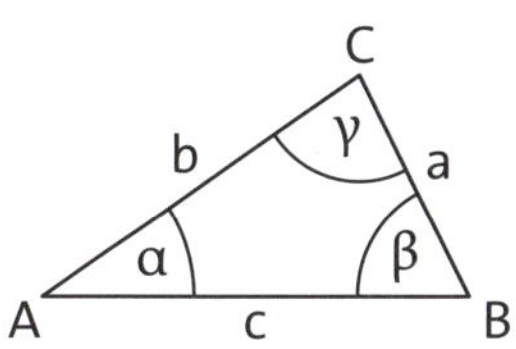

Konstruktion

c

b) a = 4cm; b = 3cm; c = 5cm

Planfigur

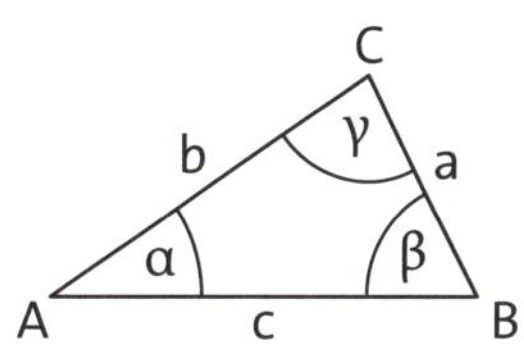

Konstruktion

c

Tipp

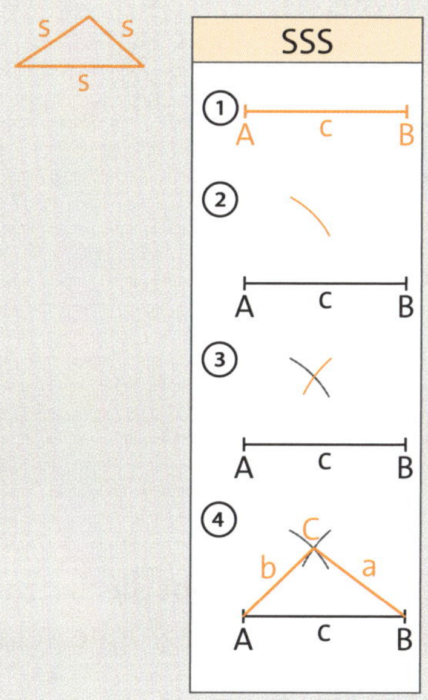

3 Wie hoch ist die Klappleiter?
Ergänze zuerst die Planfigur.
Ermittle dann die Höhe h mithilfe einer Konstruktion.

Planfigur

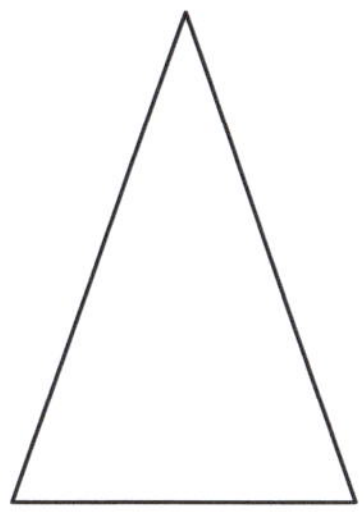

Konstruktion

Tipp
Wähle 1cm für 20cm.

Beispiel:
Zeichne 6cm für 120cm.

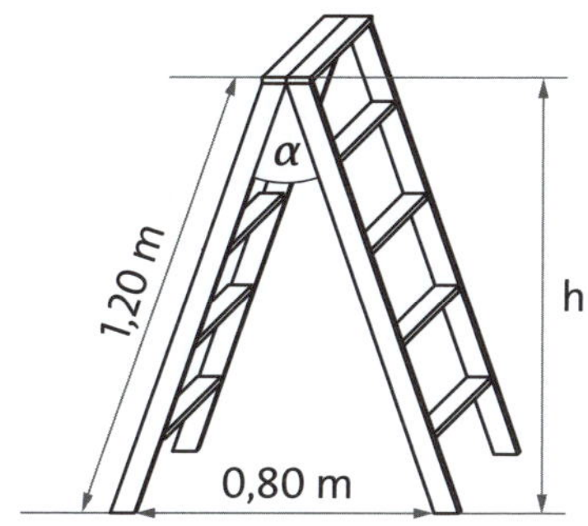

Dreiecke konstruieren mit SSS

- Ein Dreieck kann eindeutig konstruiert werden, wenn alle drei Seiten gegeben sind. (SSS)

Beispiele:
a = 1,1 cm; b = 1 cm; c = 1,5 cm

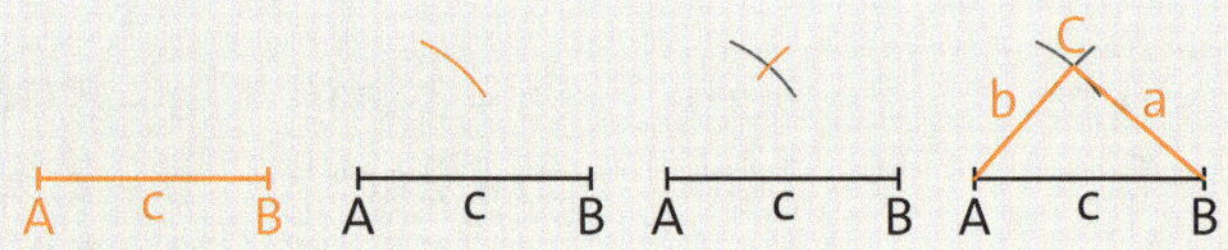

- Im Dreieck ist die Summe von zwei Seitenlängen größer als die dritte Seitenlänge. (Dreiecksungleichung)

a = 0,5 cm; b = 0,5 cm; c = 1,5 cm

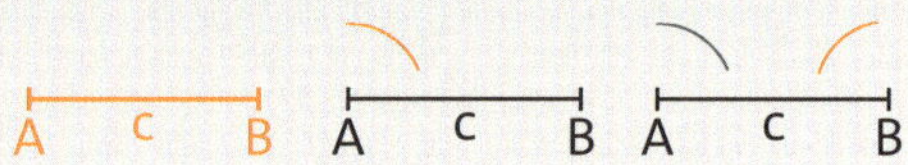

1 Markiere zuerst das Gegebene in der Planfigur.
Konstruiere dann das Dreieck ABC.

a) a = 3 cm; b = 3 cm; c = 4 cm

Planfigur

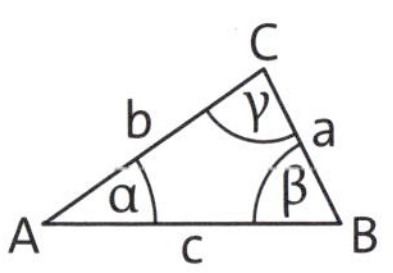

Konstruktion

b) a = 4 cm; b = 5 cm; c = 3 cm

Planfigur

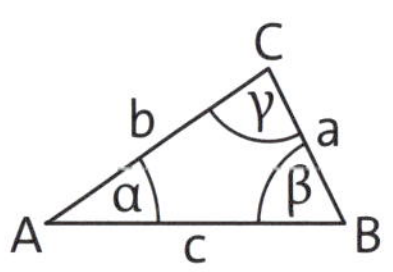

Konstruktion

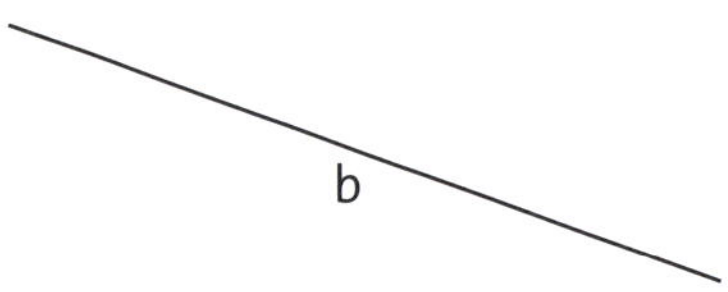

c) a = 3,3 cm; b = 6 cm; c = 4 cm

Planfigur

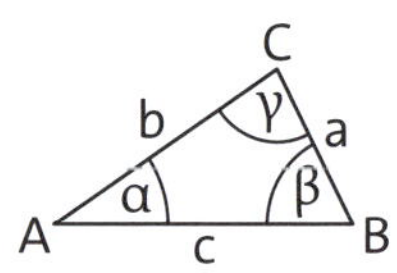

Konstruktion

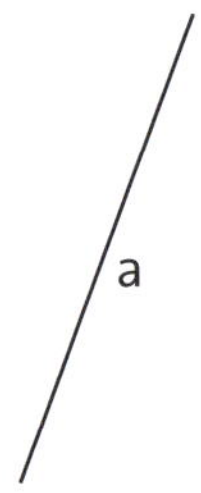

2 Ein Tischler sieht die Skizze und fragt sich, ob der Tisch gerade ist.
Was meinst du? Begründe deine Entscheidung mithilfe einer Konstruktion.

Wähle 1 cm für ______

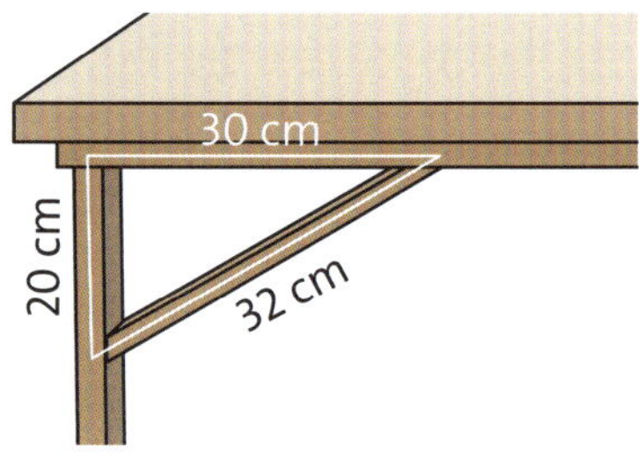

3 Ein Dreieck hat 2 cm und 6 cm lange Seiten.
Welche Länge kann die dritte Seite haben? Kreuze an.

☐ 3 cm ☐ 4 cm ☐ 5 cm ☐ 6 cm ☐ 7 cm ☐ 8 cm

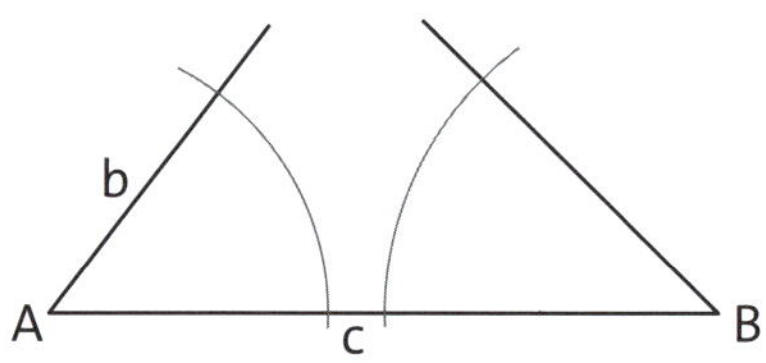

Dreiecke konstruieren mit SSS ☒

1 Von einem Dreieck ABC sind gegeben a = 3,2 cm, b = 4 cm und c = 4,5 cm.
Markiere zuerst das Gegebene in der Planfigur.
Konstruiere dann das Dreieck ABC.

Planfigur

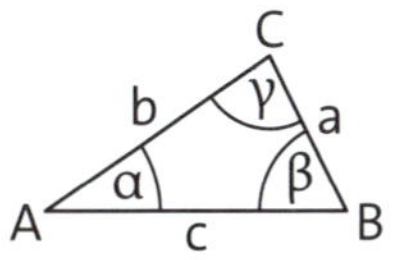

Konstruktion

2 Konstruiere zuerst im Koordinatensystem das Dreieck ABC mit Punkt A(0 | –1), Punkt B(3 | 1), a = 1,6 cm und b = 3,8 cm. Ergänze dann die Konstruktionsbeschreibung.

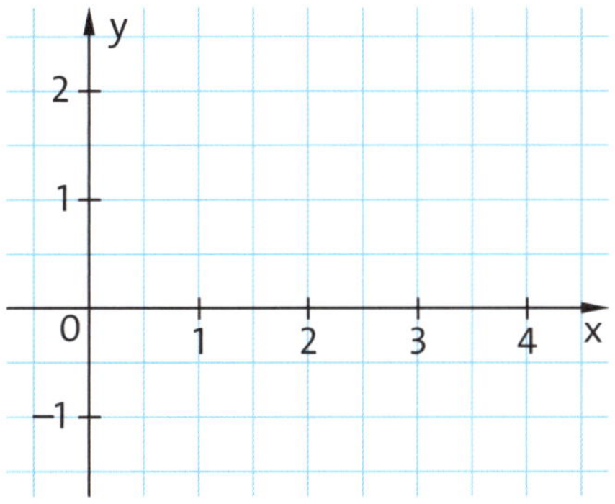

① Zeichne c = $\overline{AB}$.

② Zeichne um A einen Kreisbogen mit dem Radius ______ cm.

③ Zeichne um B einen Kreisbogen mit dem Radius ______ cm.

④ Beschrifte den Schnittpunkt mit ______ .
Er hat die Koordinaten (______ | ______).

⑤ Verbinde ______ mit A und B.

3 Um welchen Winkel wurde das Fenster beim Öffnen nach oben gekippt?
Ermittle den Winkel mithilfe einer Konstruktion.

Konstruktion

Wähle 1 cm für ______

4 Ein Dreieck hat 2 cm und 7 dm lange Seiten.
Welche Länge kann die dritte Seite haben? Ergänze die Skizze und den Text.

Skizze:

Die dritte Seite ist länger als ______ cm,

weil ______________________

Die dritte Seite ist kürzer als ______ cm,

weil ______________________

Dreiecke konstruieren mit SWS

1 Verbinde mit der Planfigur.

a = 4 cm c = 4 cm β = 60°	a = 4 cm c = 4 cm β = 30°	a = 4 cm c = 6 cm β = 90°	b = 4 cm c = 6 cm α = 90°	a = 7 cm b = 5 cm γ = 120°

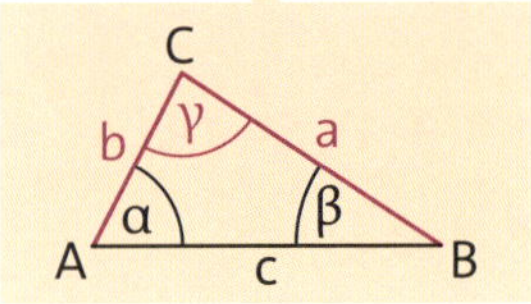

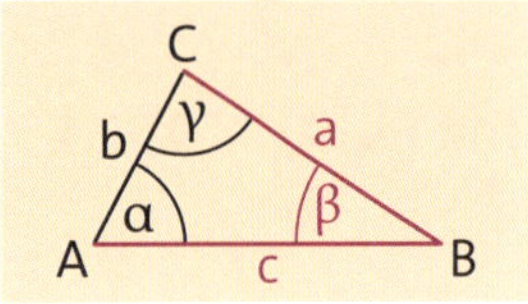

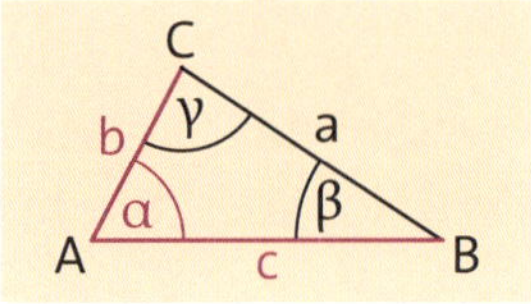

Tipp
Das Gegebene ist in der Planfigur eingefärbt.

2 Markiere zuerst das Gegebene in der Planfigur.
Konstruiere dann das Dreieck ABC.

a) a = 2 cm; c = 5 cm; β = 90°

Planfigur

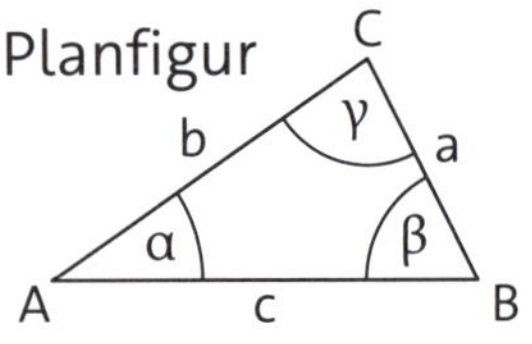

Konstruktion

c

b) b = 5 cm; c = 6 cm; α = 30°

Planfigur

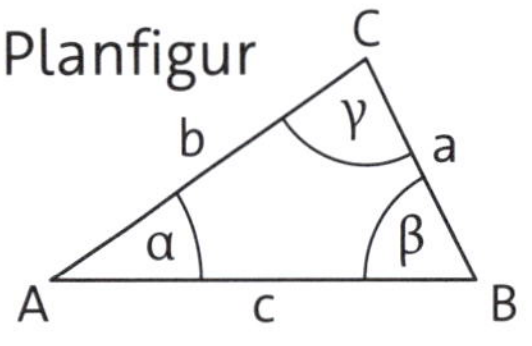

Konstruktion

c

Tipp

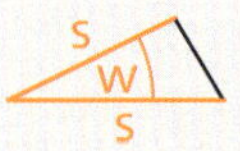

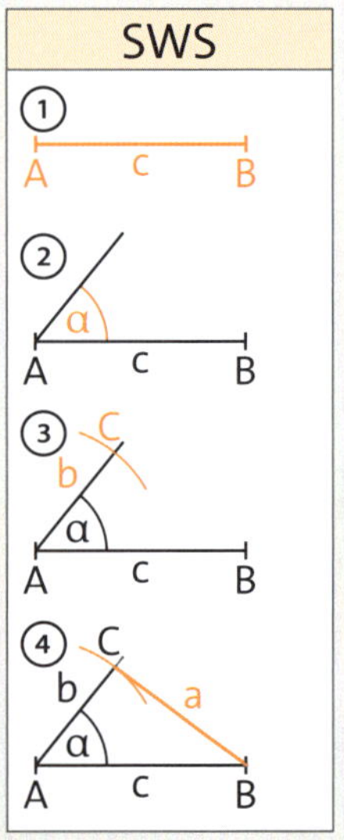

3 Wie lang ist der Abstand x zwischen den Zirkelspitzen?
Ergänze zuerst die Planfigur.
Ermittle dann den Abstand x mithilfe einer Konstruktion.

Planfigur

Konstruktion

Tipp
Konstruiere ein Dreieck.
Miss den Abstand.

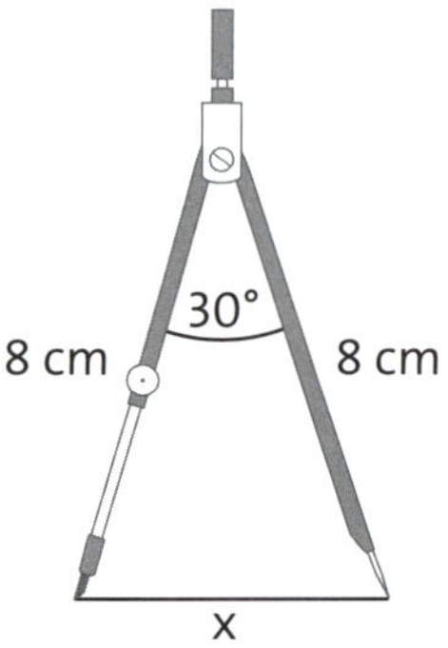

Dreiecke konstruieren mit SWS ☒

Ein Dreieck kann eindeutig konstruiert werden, wenn zwei Seiten und der eingeschlossene Winkel gegeben sind. (SWS)

Beispiel:
b = 2 cm; c = 3 cm und α = 50°

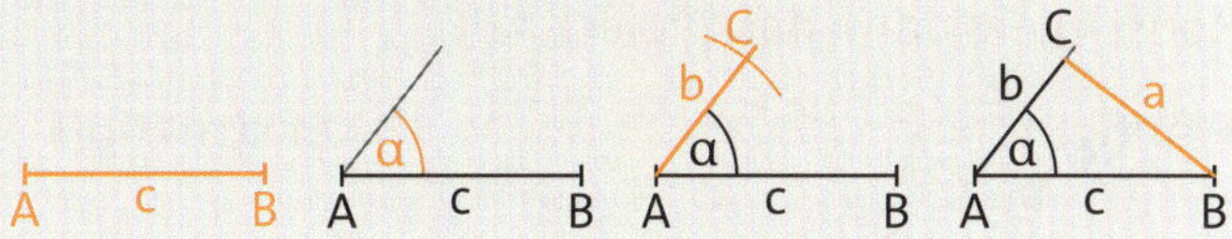

1 Markiere zuerst das Gegebene in der Planfigur.
Konstruiere dann das Dreieck ABC.

a) a = 4,5 cm; c = 5 cm; β = 40°

Planfigur

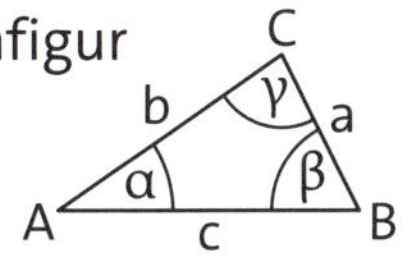

Konstruktion

b) a = b = 4 cm; γ = 90°

Planfigur

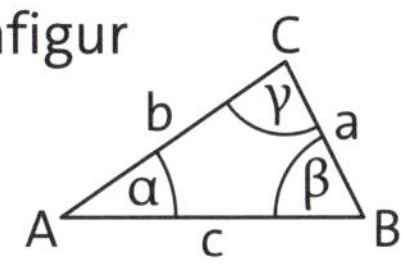

Konstruktion

c) a = 4 cm; c = 3 cm; β = 120°

Planfigur

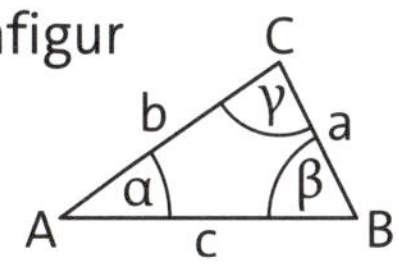

Konstruktion

2 Dari hat einen Quadrokopter mit einer Reichweite von 50 m. Soll Dari einen Flug über den Teich wagen?
Begründe deine Antwort mit einer maßstäblichen Konstruktion.

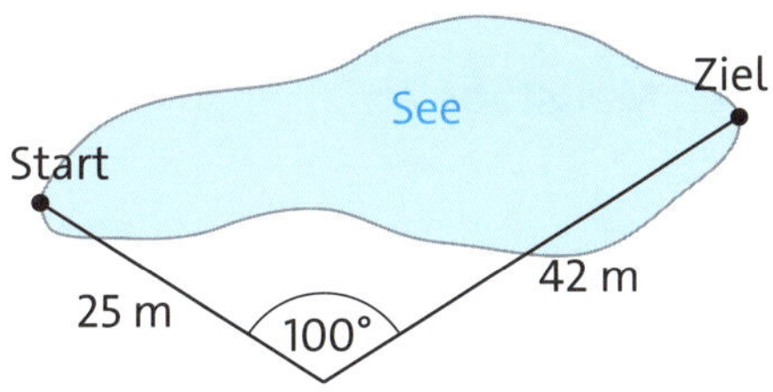

Wähle 1 cm für

Planfigur

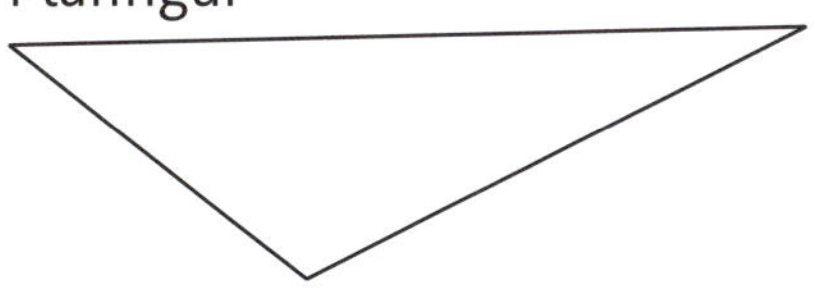

Konstruktion

3 Konstruiere das Parallelogramm ABCD. Beginne wie bei Dreiecken.

Planfigur

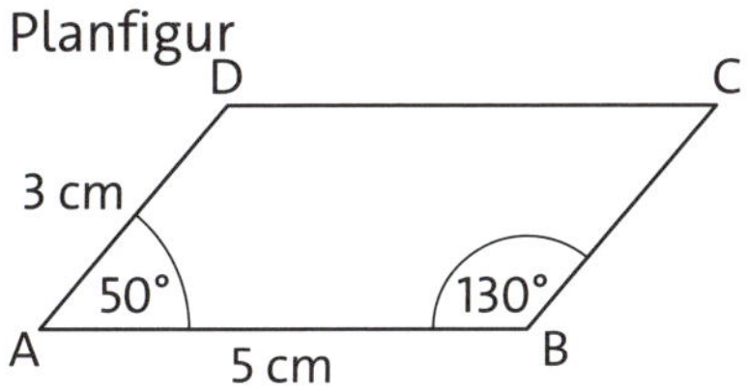

Konstruktion

Dreiecke konstruieren mit SWS ☒

1 Von einem Dreieck ABC sind gegeben $a = 4\,cm$, $c = 6\,cm$ und $\beta = 30°$.
Markiere zuerst das Gegebene in der Planfigur.
Konstruiere dann das Dreieck ABC.

Planfigur

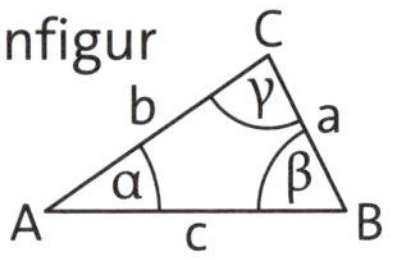

Konstruktion

2 Konstruiere zuerst im Koordinatensystem das Dreieck ABC mit Punkt A(−2 | 2), Punkt B(2 | 1), $\alpha = 45°$ und $b = 5{,}8\,cm$. Ergänze dann die Konstruktionsbeschreibung.

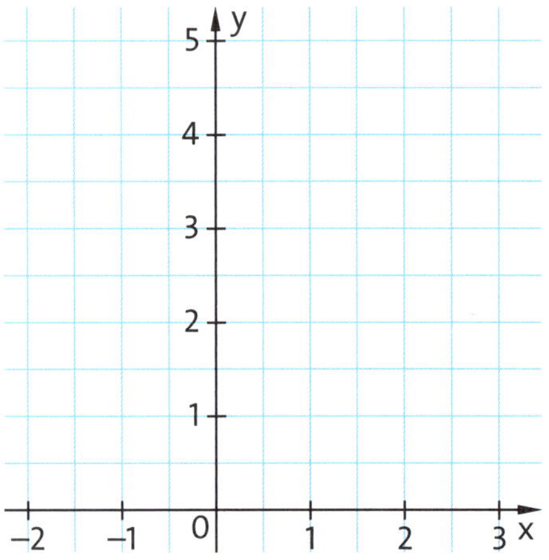

① Zeichne $c = \overline{AB}$.

② Zeichne ______

③ Trage ______ am Schenkel von α ab.

④ Beschrifte den Schnittpunkt mit ______

Er hat die Koordinaten (______ | ______).

⑤ Verbinde den Punkt ______ mit Punkt ______ und mit Punkt ______

3 Wie weit ist die Kapelle vom Turm entfernt?

a) Kreuze alle zum Zeichnen geeigneten Maßstäbe an.

☐ 1 : 30000 ☐ 1 : 20000
☐ 1 : 3000 ☐ 1 : 2000
☐ 1 : 300 ☐ 1 : 200

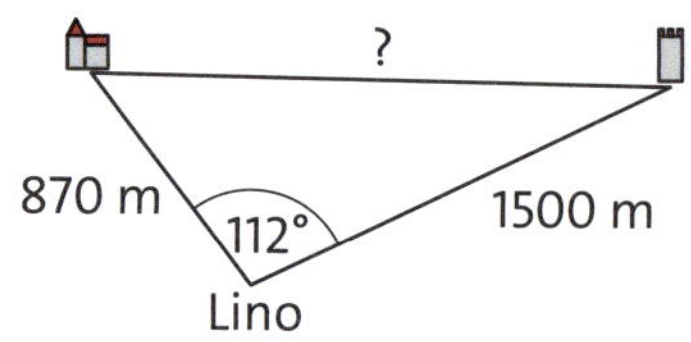

b) Ermittle den Abstand mithilfe einer Konstruktion.

Konstruktion

4 Konstruiere das Trapez ABCD. Beginne wie bei Dreiecken.

Planfigur

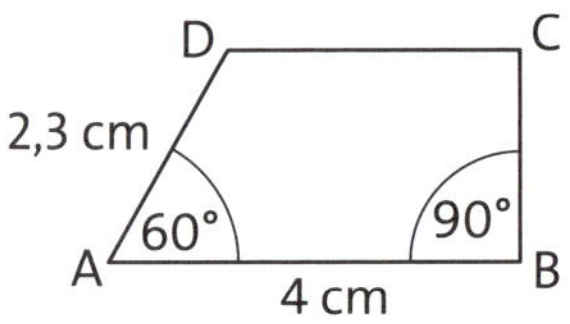

Konstruktion

Dreiecke konstruieren mit WSW

1 Verbinde mit der Planfigur.

a = 6 cm β = 30° γ = 90°	a = 6 cm β = 45° γ = 45°	b = 4 cm α = 50° γ = 70°	b = 4 cm α = 70° γ = 50°	c = 4 cm α = 70° β = 50°

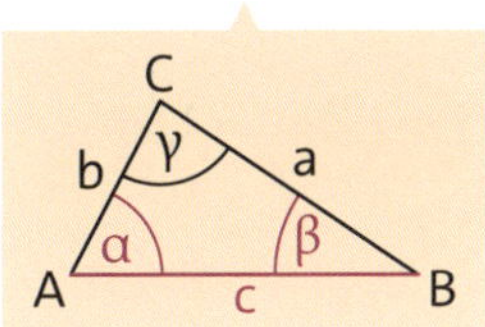

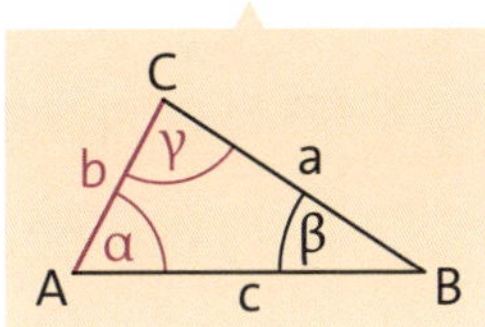

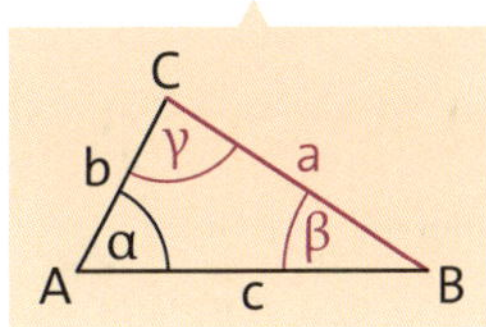

Tipp
Das Gegebene ist in der Planfigur eingefärbt.

2 Markiere zuerst das Gegebene in der Planfigur.
Konstruiere dann das Dreieck ABC.

a) c = 5 cm; α = 50°; β = 30°

Planfigur

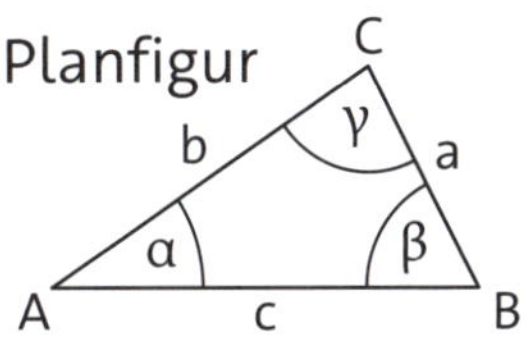

Konstruktion

b) b = 6 cm; α = 65°; γ = 65°

Planfigur

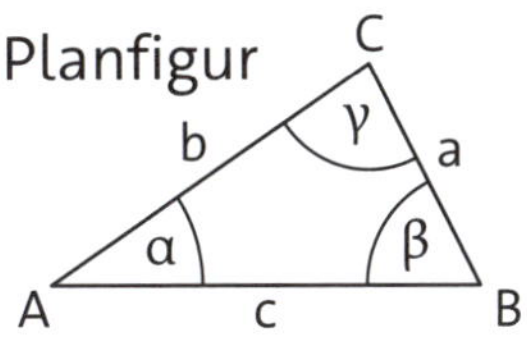

Konstruktion

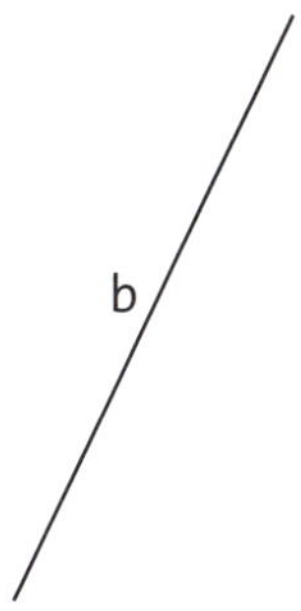

Tipp

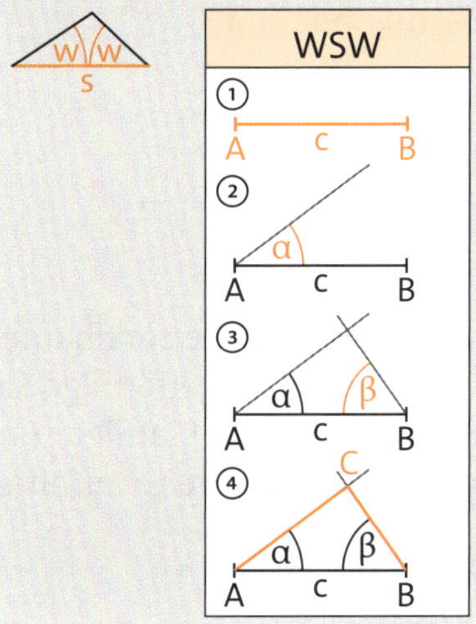

3 Der Baum hat einen 7,5 m langen Schatten.
Wie hoch ist der Baum?
Ergänze zuerst die Planfigur.
Ermittle dann die Höhe h mithilfe einer Konstruktion.

Planfigur

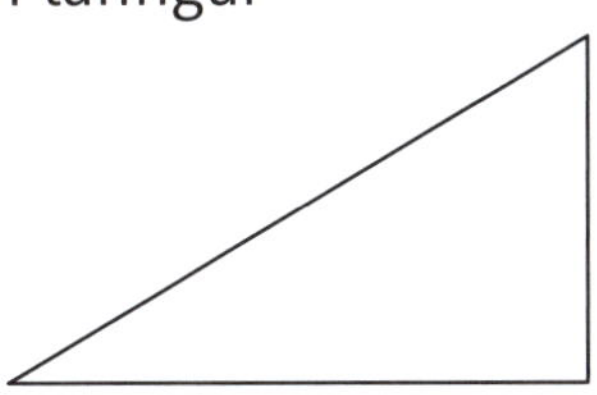

Konstruktion

Der Baum ist ______ m hoch.

Tipp
Wähle 1 cm für 1 m.

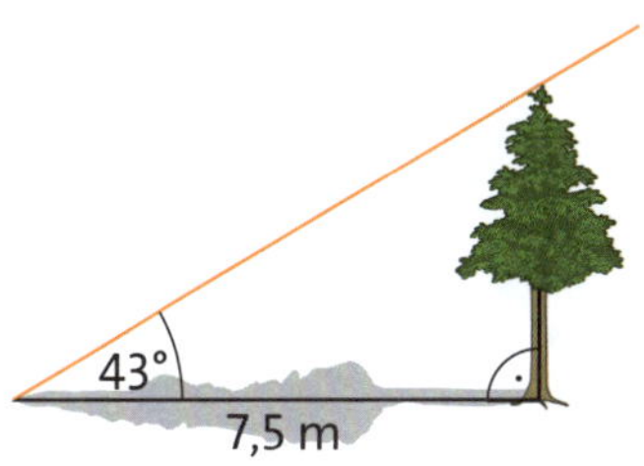

Dreiecke konstruieren mit WSW ☒

Ein Dreieck kann eindeutig konstruiert werden, wenn eine Seite und die zwei angrenzenden Winkel gegeben sind. (WSW)

Beispiele:
c = 1,7 cm; α = 34° und β = 60°

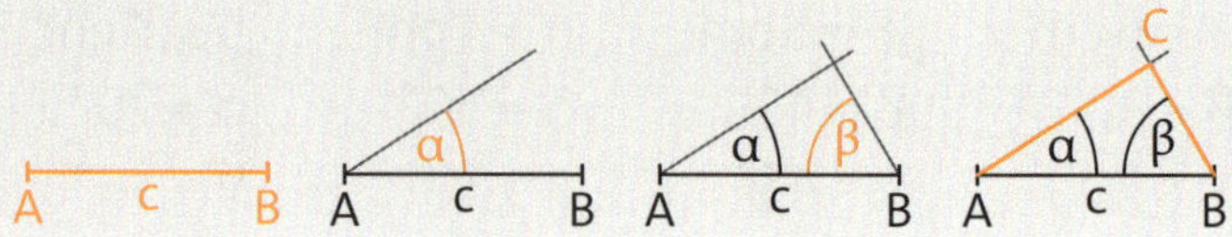

1 Markiere zuerst das Gegebene in der Planfigur. Konstruiere dann das Dreieck ABC.

a) c = 4 cm; α = 30°; β = 45°

Planfigur

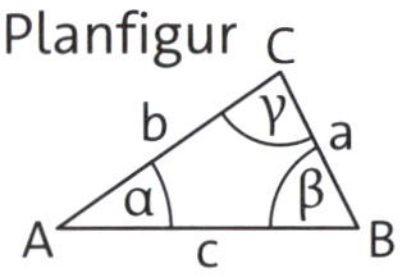

Konstruktion

b) a = 2,5 cm; β = γ = 75°

Planfigur

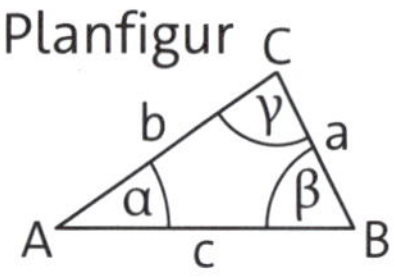

Konstruktion

c) b = 3,7 cm; α = 25°; γ = 120°

Planfigur

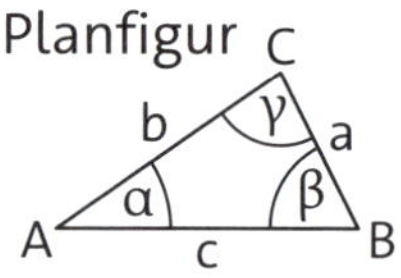

Konstruktion

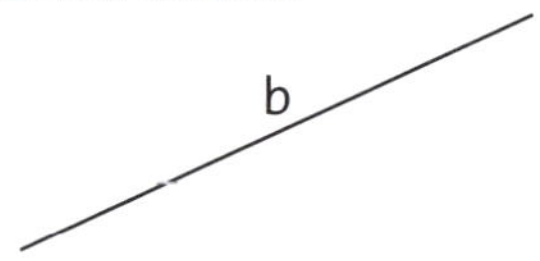

2 Der kegelförmige Sandhaufen ist 3,5 m hoch.
Wie breit ist der kegelförmige Sandhaufen?
Zeichne zuerst eine Planfigur und berechne einen Winkel.
Ermittle dann die Breite mithilfe einer Konstruktion.

Wähle 1 cm für ______

Planfigur

Konstruktion

180° – ______

Der Sandhaufen ist ______ m breit.

3 Vom Dreieck ABC sind gegeben c = 5 cm und α = 30°.
Wie groß ist der Winkel β?

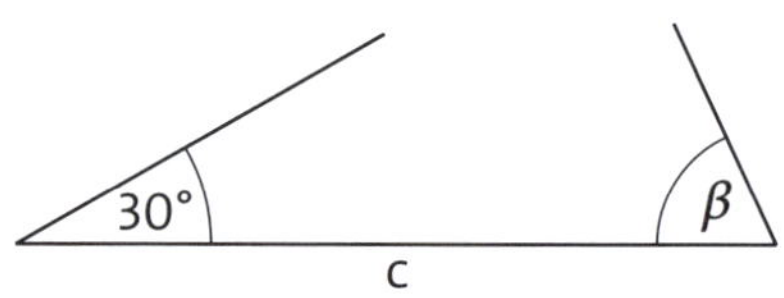

Der Winkel β ist größer als ______ Der Winkel β ist kleiner als ______

Dreiecke konstruieren mit WSW ☒

1 Vom Dreieck ABC ist gegeben $a = 7\,\text{cm}$, $\beta = 50°$ und $\gamma = 25°$.
Markiere zuerst das Gegebene in der Planfigur.
Konstruiere dann das Dreieck ABC.

Planfigur

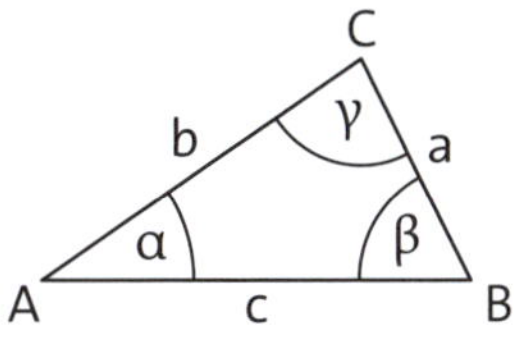

Konstruktion

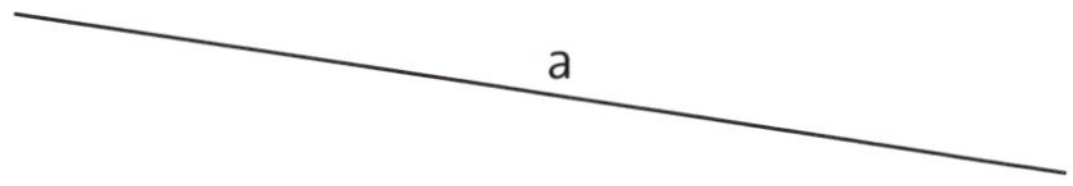

2 Konstruiere zuerst im Koordinatensystem das Dreieck ABC mit
Punkt A(−1|−1), Punkt B(3|1), $\alpha = 45°$ und $\beta = 90°$.
Ergänze dann die Konstruktionsbeschreibung.

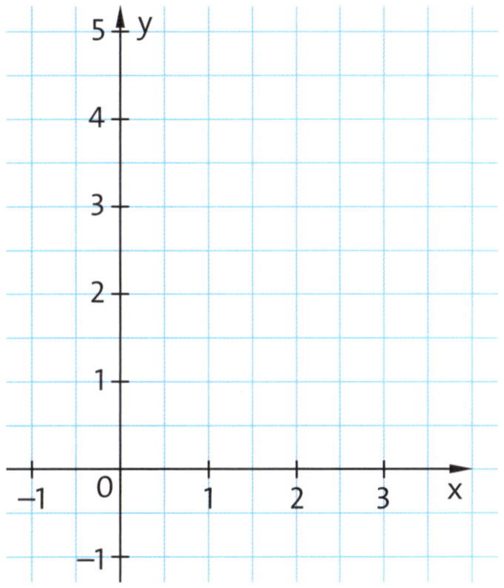

① Zeichne $c = \overline{AB}$.

② Zeichne ______

③ Zeichne ______

④ Beschrifte den Schnittpunkt der Schenkel mit ______

Er hat die Koordinaten (______ | ______).

3 Ein unbeladenes Flugzeug startet mit einer Geschwindigkeit von 55 Meter pro Sekunde im Winkel von 20°.
Wie viel Meter höher ist das Flugzeug nach 6 Sekunden?
Markiere zuerst das Gegebene in der Planfigur.
Ermittle dann den Höhenunterschied mithilfe einer Konstruktion.

Wähle 1 cm für 50 ______ Das entspricht dem Maßstab ______

Planfigur

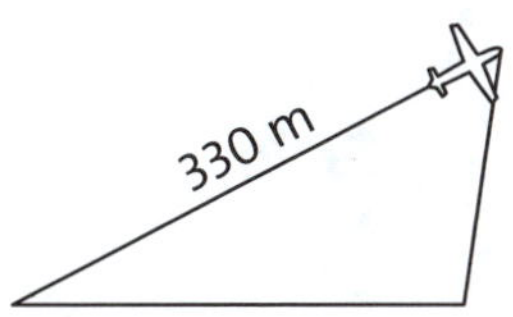

Konstruktion

Nach 6 Sekunden ist das Flugzeug ______ m höher. ______

Dreiecke konstruieren mit SsW

1 Ist das Dreieck ABC mit SsW konstruierbar? Markiere zuerst das Gegebene in der Planfigur. Kreuze dann an.

> **Tipp**
> Liegt der Winkel der längeren Seite gegenüber?

a) a = 4 cm; b = 6 cm; β = 50°

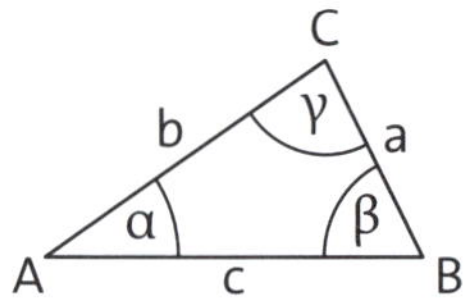

☐ ja ☐ nein

b) b = 3 cm; c = 4 cm; α = 90°

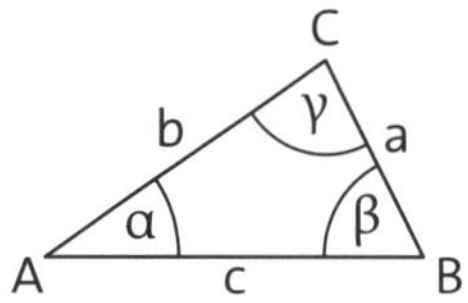

☐ ja ☐ nein

c) a = 3 cm; c = 7 cm; γ = 120°

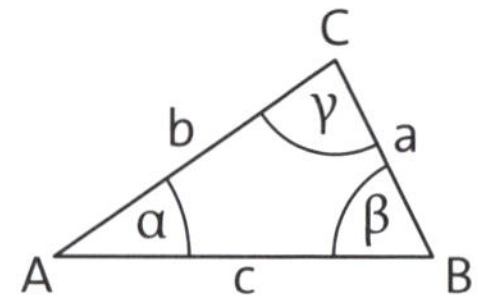

☐ ja ☐ nein

d) a = 5 cm; b = 6 cm; γ = 70°

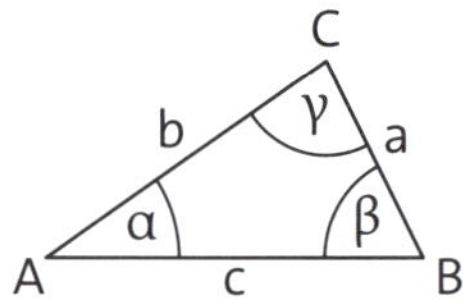

☐ ja ☐ nein

e) b = 2 cm; c = 1,2 cm; β = 72°

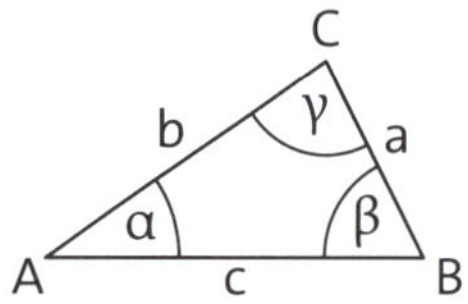

☐ ja ☐ nein

f) a = 9 cm; b = 6 cm; α = 27°

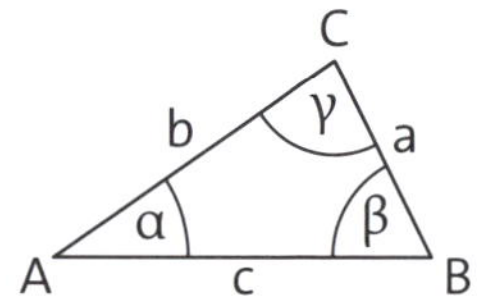

☐ ja ☐ nein

2 Markiere zuerst das Gegebene in der Planfigur. Konstruiere dann das Dreieck ABC.

a) b = 6 cm; c = 4 cm; β = 120°

Planfigur

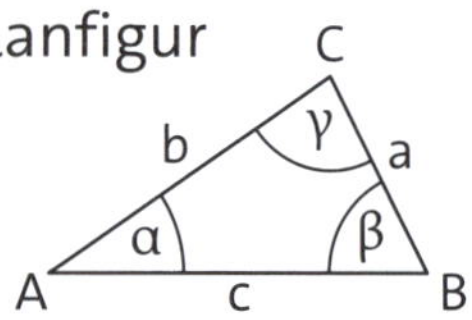

Konstruktion

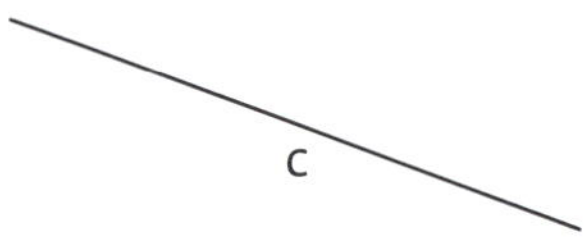

b) a = 3,5 cm; c = 7 cm; γ = 75°

Planfigur

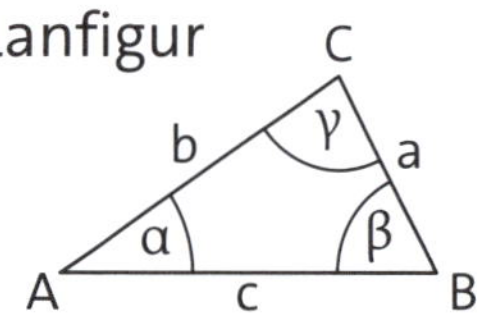

Konstruktion

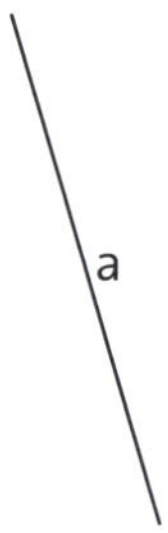

Tipp

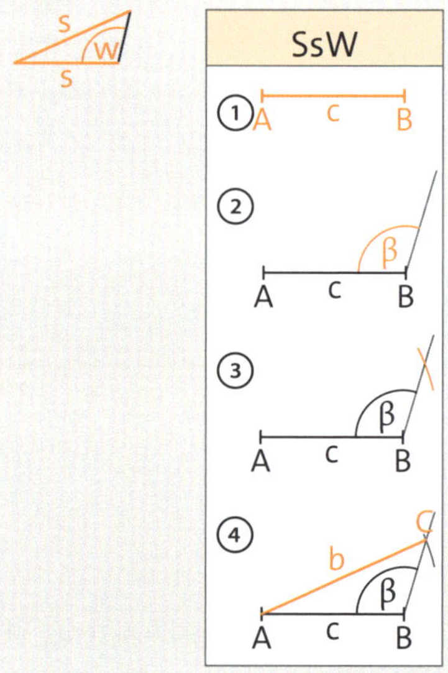

3 Wie groß ist der Abstand x zwischen Leiter und Hausecke? Ergänze zuerst die Planfigur. Ermittle dann den Abstand x mithilfe einer Konstruktion.

Planfigur

Konstruktion

Der Abstand x beträgt rund ______

Dreiecke konstruieren mit SsW ☒

Ein Dreieck kann eindeutig konstruiert werden, wenn zwei Seiten und der Winkel gegenüber der längeren Seite gegeben sind. (SsW)

Beispiel:
b = 2 cm; c = 1,5 cm; β = 105°

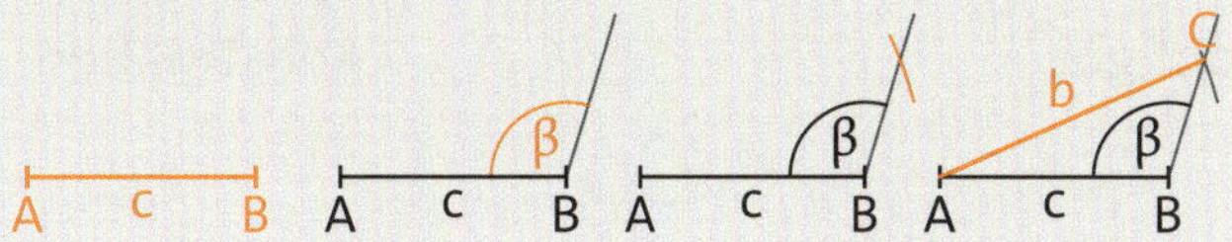

1 Markiere zuerst das Gegebene in der Planfigur.
Konstruiere dann das Dreieck ABC.

a) a = 2,5 cm; b = 5 cm; β = 42°

Planfigur

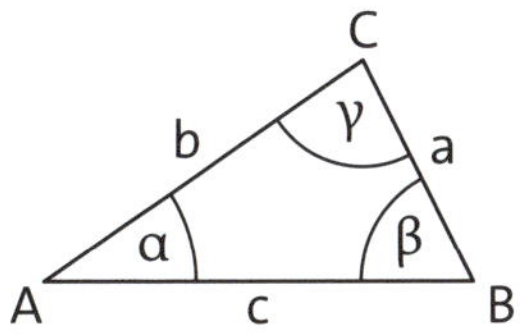

Konstruktion

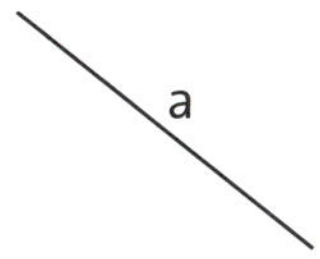

b) a = 6,5 cm; b = 3 cm; α = 120°

Planfigur

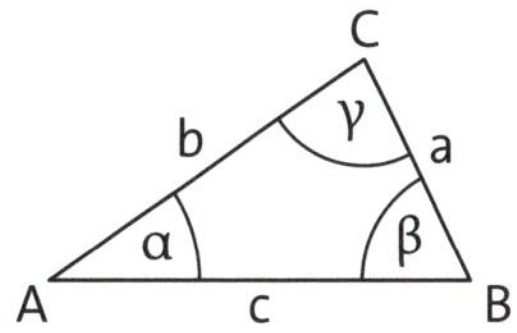

Konstruktion

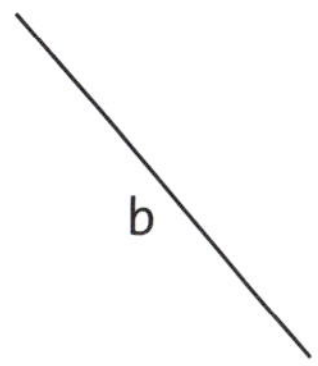

2 Die Rampe ist 2,5 m lang und 50 cm hoch.

a) Schätze, in welchem Neigungswinkel die Rampe nach oben geht. ______

b) Markiere zuerst das Gegebene in der Planfigur.
Ermittle dann den Neigungswinkel α der Rampe mithilfe einer Konstruktion.
Wähle 4 cm für 1 m.

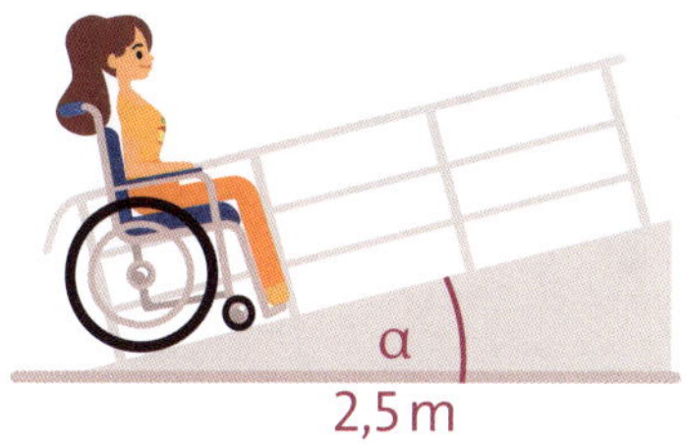

Planfigur

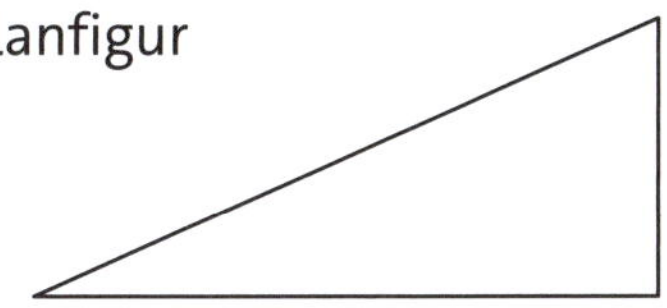

Konstruktion

Der Neigungswinkel α beträgt ______

3 Von einem Dreieck ABC ist c = 4 cm und β = 40° bekannt.

a) Peer sagt: „Wenn b = 3 cm sein soll, dann können zwei unterschiedliche Dreiecke ABC gezeichnet werden."
Begründe die Aussage mit der Zeichnung.

b) Wie lang muss die Seite b sein, damit es genau ein Dreieck ABC gibt.

Die Seite b muss länger sein als ______ cm.

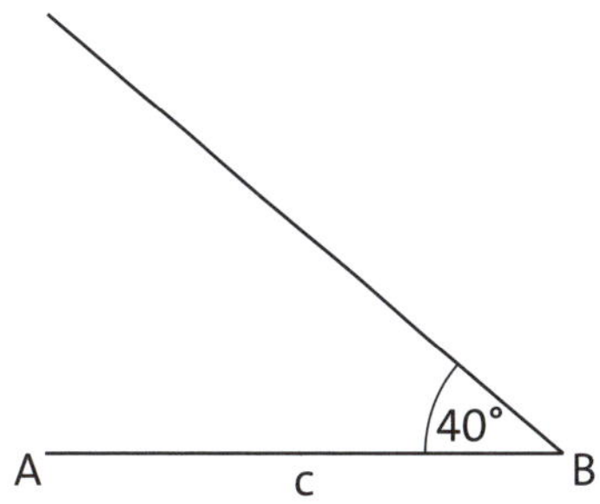

Dreiecke konstruieren mit SsW ☒

1 Von einem Dreieck ABC sind gegeben a = 3 cm, c = 5 cm und γ = 30°.
Markiere zuerst das Gegebene in der Planfigur. Konstruiere dann das Dreieck ABC.

Planfigur

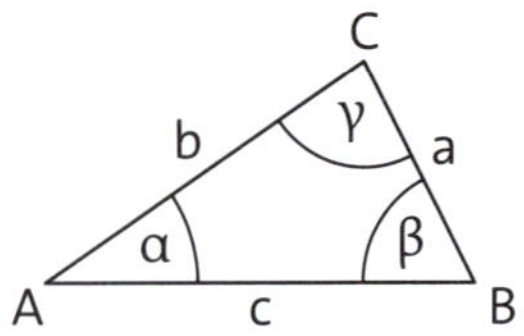

Konstruktion

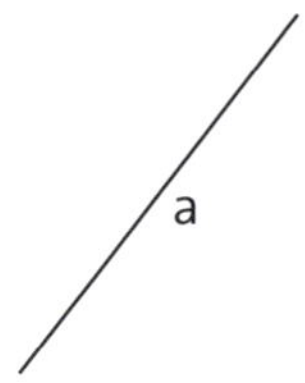

2 Konstruiere zuerst im Koordinatensystem das Dreieck ABC mit Punkt A(3 | –1), Punkt B(2 | 2), α = 45° und a = 4 cm. Ergänze dann die Konstruktionsbeschreibung.

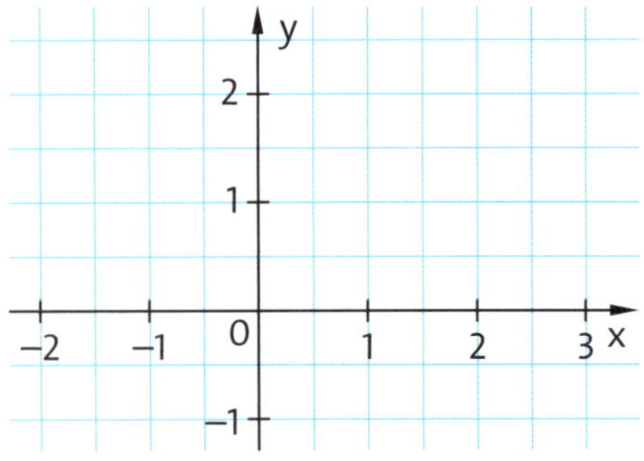

① Zeichne c = $\overline{AB}$.

② Zeichne ______

③ Zeichne um B einen Kreisbogen mit dem Radius ______ cm.

④ Beschrifte den Schnittpunkt von Kreis und Schenkel mit ______

Er hat die Koordinaten (______ | 1,5).

Verbinde den Punkt C mit ______

3 Das Dach hat die Form einer geraden Pyramide. Wie hoch ist es?

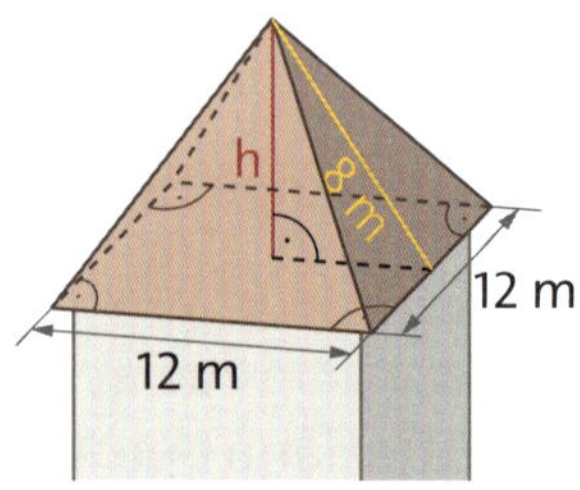

a) Erstelle zwei verschiedenartige Planfiguren.

Planfigur (SSS)

Planfigur (SsW)

b) Ermittle die Höhe des Dachs mithilfe einer Konstruktion im Maßstab 1 : 100.

Das Dach ist ______ m hoch.

Konstruktion

4 Zeige zuerst mithilfe der Zeichnung, dass es zwei verschiedene Dreiecke ABC mit a = 3 cm, c = 5 cm und α = 30° gibt. Ergänze dann den Satz.

Es gibt zwei verschiedene Dreiecke, weil ______

______

______

5 cm

Prozentwert, Prozentsatz und Grundwert berechnen (Wdh.)

1 Berechne. Nutze dafür eine Formel.

a) G = 20 cm; p % = 80 %

W =

b) G = 300 m; p % = 7 %

W =

c) G = 500 mℓ; W = 200 mℓ

p % =

d) G = 950 g; W = 19 g

p % =

e) W = 84 €; p % = 21 %

G =

f) W = 12 cm; p % = 40 %

G =

Tipp
- Der Prozentwert W entspricht einem Teil vom Ganzen. W = G · p %
- Der Prozentsatz p % entspricht dem Anteil. p % = W : G
- Der Grundwert G ist das Ganze. Ein Ganzes entspricht 100 %. G = W : p %

Beispiel: 4 Stücke sind 50 % und 100 % sind 8 Stücke.

W = 4; p % = 50 % = 0,50
G = 4 : 0,50 = 8

2 Verbinde Grundwert, Prozentsatz und Prozentwert.

Tipp
W = G · p %   p % = W : G   G = W : p %

G = 100 €   G = 200 €   G = 90 €   G = 250 €   G = 40 €   G = 2000 €

p % = 3 %   p % = 15 %   p % = 20 %   p % = 60 %   p % = 95 %   p % = 90 %

W = 30 €   W = 1,20 €   W = 60 €   W = 1900 €   W = 50 €   W = 81 €

3 Unterstreiche zuerst links p %, W und G mit der gegebenen Farbe, wenn möglich.
Berechne dann rechts die fehlende Angabe und ergänze.

a) 39 ℓ von 200 ℓ sind ______   *p % =*

b) 21 % von 900 km sind ______   *W =*

c) 15 % von 220 g sind ______

d) 62 % sind 93 €, also sind 100 % ______

e) 72 mℓ sind 45 %, also ist das Ganze ______

Prozentwert, Prozentsatz und Grundwert berechnen (Wdh.) ☒

- $W = G \cdot p\,\%$ ist die Formel der Prozentrechnung.
  Durch Umformen erhält man $p\,\% = W : G$ und $G = W : p\,\%$.
- Der Prozentwert W entspricht einem Teil vom Ganzen.
  Der Grundwert G ist das Ganze. Ein Ganzes entspricht 100 %.
  Der Prozentsatz p % entspricht dem Anteil des Ganzen.

Beispiel: 4 Stücke sind 50 %, also sind 100 % genau 8 Stücke.

$G \cdot p\,\% = W \quad | : p\,\%$
$G = W : p\,\%$
$G = 4 : 0{,}50 = 8$

1 Verbinde passend.

a) 25 % von 550 g Teig sind 137,5 g.

G W p %

b) 36 von 90 Mitgliedern sind 40 %.

G W p %

2 Unterstreiche zuerst links p %, W und G mit der gegebenen Farbe, wenn möglich.
Berechne dann rechts die fehlende Angabe und ergänze.

a) 45 ℓ von 50 ℓ sind ______ ______

b) 20 % von 45 km sind ______ ______

c) 18 % sind 9 € und 100 % sind ______ ______

d) Von 16 Türen sind 25 % zu. Es sind ______ ______

e) 17 richtige Ergebnisse von 20 sind ______ ______

f) 3 % sind 7,5 g. Das Ganze sind ______ ______

3 Ergänze.

G	550 €	460 m			445 €	72 kg
W		115 m	450 ℓ	65 g	89 €	
p %	60 %		90 %	32,5 %		33 %

4 Die Miete steigt um 9 % pro m^2. Der alte Mietpreis betrug 15 € pro m^2.
Berechne die neue Miete.

a) Familie Sabbag hat eine 118 m^2 große Wohnung.

b) Familie Acar hat eine 89 m^2 große Wohnung.

Prozentwert, Prozentsatz und Grundwert berechnen (Wdh.) ☒

1 Kreuze Zutreffendes an.

a) 100 % entspricht dem Ganzen. ☐ wahr ☐ falsch

b) Der Prozentwert W ist abhängig vom Prozentsatz p %. ☐ wahr ☐ falsch

c) Ist G = 100 € und p % = 25 %, dann ist W = 75 €. ☐ wahr ☐ falsch

d) Der Prozentsatz p % ist immer kleiner als 100 %. ☐ wahr ☐ falsch

2 Ergänze.

G	645,20 €	169 mg			664 €	2440 kg
W	*32,26 €*	60,84 mg	923,4 mℓ	65,79 m	96,28 €	
p %	5 %		95 %	25,5 %		1,3 %

3 Übersicht zur Nutzung der Nachmittagsangebote der Konstantin-Werner-Schule

Schülerinnen (von insgesamt 373)		**Nachmittagsangebot**	**Schüler** (von insgesamt 412)	
Anteil	**Anzahl**		**Anteil**	**Anzahl**
7,51 %	28	Fußball		34
	13	Schülerfirma		7
19,03 %		Rudern	16,02 %	
	46	Tanzen	2,91 %	
	26	Theater	3,40 %	
		Summe		

a) Vervollständige.
Runde die Anteile auf Hundertstel Prozent. Gib sinnvolle Summen an.

b) *Mark sagt: „50,7 % der Schülerinnen und 67,7 % der Schüler der Konstantin-Werner-Schule nutzen kein Nachmittagsangebot. Dies sind 189 Schülerinnen und 279 Schüler."*
Beurteile die Aussage von Mark.

4 Ein Stück Würfelzucker wiegt 3 g. Gib den Zuckergehalt mit sinnvoller Genauigkeit an.

150 g Chips enthalten 2,5 % Zucker.
Das entspricht ______ Stück Würfelzucker.

100 g Popcorn enthalten 9 % Zucker.
Das entspricht ______ Stück Würfelzucker.

225 g Schokolade enthalten 53 % Zucker.
Das entspricht ______ Stück Würfelzucker.

250 g Gummibärchen enthalten 46 % Zucker.
Das entspricht ______ Stück Würfelzucker.

Den Zinssatz berechnen

1 Für 200 € Kapital gibt es 5 € Zinsen. Kreuze an, in welchen Tabellen der Zinssatz berechnet wird.

Tipp
das Kapital K; der Zinssatz p %; die Zinsen Z
(Grundwert) (Prozentsatz) (Prozentwert)

☐

Betrag	Anteil
200 €	100 %
1 €	0,5 %
5 €	... %

☐

Anteil	Betrag
100 %	200 €
0,5 %	1 €
25 %	... €

☐

Anteil	Betrag
25 %	5 €
0,5 %	1 €
100 %	... €

☐

Betrag	Anteil
200 €	100 %
10 €	5 %
5 €	... %

2 Berechne den Zinssatz. Nutze den Dreisatz.

a) K = 800 €; Z = 160 €; p % = ______

Betrag	Anteil
800 €	100 %
	0,125 %

: ·

b) K = 80 €; Z = 44 €; p % = ______

: ·

3 Berechne den Zinssatz p % mit der Formel.

Beispiel: Z = 80 €; K = 200 €
p % = Z : K
p % = 80 € : 200 € = 0,40 = 40 %

a) Z = 40 €; K = 200 €

p % = ______

b) K = 2000 €; Z = 80 €

______

c) K = 400 €; Z = 12 €

______

d) Für 1600 € gibt es 40 € Zinsen.

______

e) 18 € Zinsen gibt es für 45 €.

______

4 Ergänze und berechne den Zinssatz.

a) Klaudia hat 2500 € für ein Jahr angelegt.
Sie erhält dafür 175 € Zinsen.

K = ______ Z = ______ p % = ______

b) Anuk hatte ein Jahr lang 1250 € auf dem Festgeldkonto.
Danach waren es 1257,50 €.

K = ______ Z = ______ p % = ______

Den Zinssatz berechnen

Wenn die Zinsen Z und das Kapital K gegeben sind, kann man den Zinssatz p % mit der Formel berechnen.

p % = Z : K

Beispiel: Ugur bekam 15 € Zinsen für 500 €.

gegeben: Z = 15 €; K = 500 €
gesucht: p %

p % = Z : K
p % = 15 € : 500 € = 0,03 = 3 %

1 Berechne den Zinssatz.

a) Z = 36 €; K = 360 €

p % = ______

b) K = 1800 €; Z = 36 €

p % = ______

c) Für 900 € gibt es 27 € Zinsen.

______

d) 168 € Zinsen gibt es für 3500 €.

______

2 Berechne zuerst den Zinssatz mit dem Dreisatz.
Überprüfe dann dein Ergebnis mit der Formel.

a) K = 800 €; Z = 120 €

	Betrag	Anteil	
:			:
·			·

p % = ______

b) K = 250 €; Z = 60 €

	Betrag	Anteil	
:			:
·			·

p % = ______

3 Verbinde mit dem Zinssatz.

Kapital: 200 € Zinsen: 13 €	Kapital: 600 € Zinsen: 9 €	Kapital: 1000 € Zinsen: 3 €	Kapital: 250 € Zinsen: 25 €	Kapital: 320 € Zinsen: 16 €	Kapital: 128 € Zinsen: 48 €	Kapital: 450 € Zinsen: 9 €	Kapital: 960 € Zinsen: 60 €
0,3 %	1,5 %	2 %	3,75 %	5 %	6,25 %	6,5 %	10 %

4 Veronika hat nach einem Jahr 1632 € auf ihrem Konto. Davon sind 32 € Zinsen.
Berechne den Zinssatz.

______

______

Den Zinssatz berechnen ☒

1 Unterstreiche zuerst in der Aufgabe das Kapital K, den Zinssatz p % und die Zinsen Z, wenn möglich. Ergänze dann.

a) Mike zahlt nach einem Jahr 125 € Zinsen. Das entspricht 4,6 %. gesucht: ______

b) Luisa legt 1600 € mit 2,5 % Zinsen an. gesucht: ______

c) Ben legt 2520 € an und bekommt nach einem Jahr 22 € Zinsen. gesucht: ______

2 Berechne den Zinssatz mit der Formel.

a) Für ein Kapital von 7200 € gibt es 360 € Zinsen.

p % = ______

b) 21,28 € Zinsen gibt es für 665 €.

p % = ______

3 Berechne zuerst den Zinssatz mit dem Dreisatz.
Kreuze dann darunter Zutreffendes an.

a) K = 500 €; Z = 17,50 €; p % = ______

	Betrag	Anteil	
:			:
·			·

b) K = 250 €; Z = 15,50 €; p % = ______

Betrag	Anteil

☐ $p\,\% = 17{,}5\,€ : 500\,€$ ☐ $p\,\% = \frac{175}{500}$ ☐ $p\,\% = \frac{1}{K} \cdot Z$ ☐ $p\,\% = \frac{Z}{K}$

☐ $p\,\% = \frac{17{,}5 : 5}{500 : 5} = \frac{3{,}5}{100}$ ☐ $p\,\% = \frac{1}{500} \cdot 17{,}5$ ☐ $p\,\% = K : Z$ ☐ $p\,\% = \frac{p}{100}$

4 Gib den Zinssatz an.

a) Frau Klaus leiht sich 300 €. Sie zahlt dafür 18 € Zinsen für ein Jahr. ______

b) Herr Yuglou legt 4500 € an. Er bekommt dafür nach einem Jahr 90 € Zinsen. ______

c) Frau Maus verleiht 3200 €. Sie erhält dafür 336 € Zinsen für ein Jahr. ______

d) Herr Buju leiht sich für ein Jahr 1800 € und zahlt insgesamt 1954,80 € zurück. ______

5 Ein Händler verlangt 3,75 % Zinsen pro Jahr.
Kreuze die Nummer des passenden Graphen an.

☐ ① ☐ ② ☐ ③ ☐ ④

☐ ⑤ ☐ ⑥ ☐ ⑦ ☐ ⑧

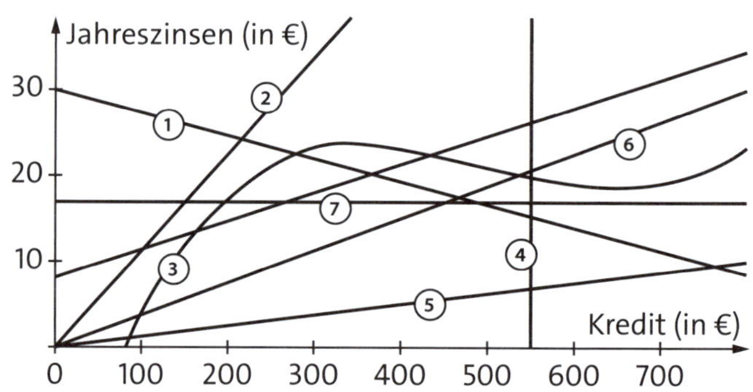

Die Zinsen berechnen

1 Ein Prozentsatz, ein Bruch und eine Dezimalzahl gehören zusammen. Markiere sie mit der gleichen Farbe und ergänze.

Beispiel: $3\,\% = \frac{3}{100} = 0{,}03$

50 %	5 %	0,5 %	0,05	0,005	$\frac{50}{100}$	$\frac{5}{100}$		

2 Berechne die Zinsen Z für ein Jahr.

Beispiele: K = 200 €; p % = 3 % = 0,03
Z = K · p %
Z = 200 € · 0,03 = 6 €

a) K = 800 €; p % = 7 % = 0,07
Z = ______ · 0,07 = ______

b) K = 130 €; p % = 15 % = 0,15
Z = ______ · ______ = ______

c) K = 1400 €; p % = 6,5 % = ______
Z = ______ · ______ = ______

3 Ergänze und berechne die Zinsen für ein Jahr.

Beispiel: Benni leiht sich 500 € zum Zinssatz von 2 %.
gegeben: K = 500 €; p % = 2 %
gesucht: Z
Z = K · p %
Z = 500 € · 0,02 = 10 €

a) Uwe legt 300 € mit 3 % an.
gegeben: ______
gesucht: ______

b) Verena leiht sich 1250 € für 14 %.
gegeben: ______
gesucht: ______

c) Wiktor leiht sich für 5 % pro Jahr 42 €.
gegeben: ______
gesucht: ______

4 Gegeben sind das Kapital und der Zinssatz. Verbinde zuerst mit den Zinsen, wenn möglich. Ergänze dann die fehlenden Werte.

250 € zu 3 % | 90 € zu 8 % | 800 € zu 12 % | 1700 € zu 7,5 %

139,72 € | 5,50 € | ______ | 7,20 € | ______ | 127,50 € | 7,50 € | 86,80 €

50 € für 5 % | 22 € für 25 % | 998 € mit 14 % | 1400 € mit 6,2 %

Die Zinsen berechnen

Wenn das Kapital K und der Zinssatz p % pro Jahr gegeben sind, dann kann man die Zinsen Z pro Jahr mit der Formel berechnen.

$Z = K \cdot p\,\%$

Beispiel: Uarda legt 500 € mit 3 % an.

gegeben: K = 500 €; p % = 3 % = 0,03
gesucht: Z

$Z = K \cdot p\,\%$
$Z = 500\,€ \cdot 0{,}03 = 15\,€$

1 Berechne die Zinsen für ein Jahr.

a) K = 950 €; p % = 4 %

Z = ______ · ______ = ______

b) K = 44 €; p % = 2,5 %

Z = ______ · ______ = ______

c) K = 9000 €; p % = 12,2 %

Z = ______

d) K = 340,50 €; p % = 2 %

Z = ______

2 Ergänze und berechne die Zinsen für ein Jahr.

a) Frau Klosic leiht sich 3500 € zu einem Zinssatz von 7,5 %.

K = ______ p % = ______ Z = ______

b) Herr Mars legt zu einem Zinssatz von 2,3 % für ein Jahr 15 500 € an.

K = ______ p % = ______ Z = ______

c) Familie Kleist leiht sich 5400 €. Der Zinssatz ist pro Jahr 4,1 %.

K = ______ p % = ______ Z = ______

3 Familie Falkenberg möchte für ein Jahr einen Kredit über 45 000 € aufnehmen.
Bei Bank A sollen sie dafür 5,6 % zahlen. Bei Bank B sind es 7,8 %.
Wie viel Euro teurer ist der Kredit von Bank B?

______

______

4 Berechne zuerst die Jahreszinsen mit dem Dreisatz. Überprüfe dann das Ergebnis mit der Formel.

a) K = 800 €; p % = 4 %; Z = ______

Anteil	Betrag

Z = ______ · ______ = ______

b) K = 250 €; p % = 24 %; Z = ______

Anteil	Betrag

Z = ______ · ______ = ______

Die Zinsen berechnen ☒

1 Berechne die Zinsen Z für ein Jahr mit der Formel.

a) K = 50 €; p % = 36 %

Z = ______ · ______ = ______

b) K = 942 €; p % = 2,5 %

Z = ______

c) Jo legt 3500 € zu einem Zinssatz von 1,2 % an.

______

d) Ana leiht sich 7280 € für 3,4 % pro Jahr.

______

2 Berechne zuerst die Zinsen Z mit dem Dreisatz.
Kreuze dann darunter Zutreffendes an.

a) K = 850 €; p % = 7 %; Z = ______

:			:
·			·

☐ Z = (850 € : 100) · 7 ☐ Z = 850 € · 7 %

☐ Z = 850 € · 0,07 ☐ Z = 850 € · $\frac{7}{100}$

b) K = 2040 €; p % = 11,5 %; Z = ______

:			:
·			·

☐ Z = (K : 100) · p ☐ Z = K · p %

☐ Z = K · 0,0p ☐ Z = K · $\frac{p}{100}$

3 Verbinde passend.

Kapital: 15 000 €	Zinssatz: 1,11 %	Jahreszinsen: 120,60 €
Kapital: 9500 €	Zinssatz: 3 %	Jahreszinsen: 7,05 €
Kapital: 690 €	Zinssatz: 7,21 %	Jahreszinsen: 105,45 €
Kapital: 235 €	Zinssatz: 17,4 %	Jahreszinsen: 1081,50 €

4 Familie Özkul hat 250 000 € gewonnen.
Sie legen für ein Jahr eine Hälfte bei „Capital“ und die andere Hälfte bei „Rich“ an.
Bei der Bank „Capital“ bekommen sie für ein Jahr 2,27 % Zinsen.
Bei der Bank „Rich“ bekommen sie für ein Jahr 2,31 %.
Berechne die Summe, die die Familie nach einem Jahr von den Banken überwiesen bekommt.

Mit Zinseszinsen rechnen

1 1000 € werden 3 Jahre mit 10 % p. a. mit Zinseszinsen angelegt.
Ergänze zuerst mithilfe der Kärtchen. Kreuze dann Zutreffendes an.

Jahr	Kapital	Zinsen
1	1000,00 €	
2	1100,00 €	110,00 €
3		

100,00 € | 121,00 € | 1331,00 € | 1210,00 €

_______ sind es nach 3 Jahren.

a) Am Ende werden 1331,00 € ausgezahlt. ☐ ja ☐ nein
b) Für das erste Jahr gibt es 100,00 € Zinsen. ☐ ja ☐ nein
c) Die Zinsen werden jährlich mehr. ☐ ja ☐ nein
d) Das Kapital am Anfang ist 1100,00 €. ☐ ja ☐ nein
e) Der Zinssatz ist 3,00 % p. a. ☐ ja ☐ nein
f) Das Kapital am Ende des 1. Jahres ist das Kapital am Ende des 2. Jahres. ☐ ja ☐ nein

2 Ergänze.

Tipp
$K_{\text{altes Jahr}} + Z = K_{\text{neues Jahr}}$ $(Z = K \cdot p\,\%)$

a) 500 € werden 2 Jahre mit 4 % p. a. mit Zinseszinsen angelegt.

Jahr	Kapital	Zinsen
1	500,00 €	
2		

_______ sind es nach 2 Jahren.

b) 650 € werden 3 Jahre mit 2 % p. a. mit Zinseszinsen angelegt.

Jahr	Kapital	Zinsen

_______ sind es nach 3 Jahren.

3 Das Kapital wird mit 3 % p. a. mit Zinseszinsen angelegt.
Berechne das Kapital nach n Jahren mit der Formel.

Tipp
$K_{neu} = K \cdot (1 + p\,\%)^n$

Beispiel: 1000 € werden 3 Jahre (n = 3) mit 10 % p. a. mit Zinseszinsen angelegt.

$K_{neu} = 1000\,€ \cdot (1 + 0{,}10)^3 = 1331{,}00\,€$

a) K = 200 €; n = 3 Jahre

$K_3 =$ _______ € · (1 + _______ $)^3 =$ _______

b) K = 400 €; n = 4 Jahre

$K_4 =$ _______ € · (1 + _______ $)^4 =$ _______

c) K = 550 €; n = 7 Jahre

$K_7 =$ _______ € · (1 + _______ $)^7 =$ _______

Mit Zinseszinsen rechnen ☒

Zinseszinsen bedeutet, dass das Kapital vom alten Jahr zusammen mit den Zinsen für das alte Jahr im neuen Jahr verzinst wird.

Beispiel: 400 € werden 3 Jahre mit 2 % p. a. mit Zinseszinsen angelegt.

Berechnung Jahr für Jahr:

Jahr	Kapital	Zinsen
1	400,00 €	8,00 €
2	408,00 €	8,16 €
3	416,16 €	8,32 €
	424,48 €	

Berechnung mit der Formel für n Jahre:

$K_{neu} = K \cdot (1 + p\%)^n$

$K_{neu} = 400\,€ \cdot (1 + 0{,}02)^3 = 424{,}48\,€$

424,48 € sind es nach 3 Jahren.

1 Berechne das Kapital bei Verzinsung mit Zinseszinsen Jahr für Jahr.

a) 350 € werden 3 Jahre mit 3 % p. a. angelegt.

Jahr	Kapital	Zinsen
1	350,00 €	
2		
3		

__________ sind es nach 3 Jahren.

b) 1750 € werden 4 Jahre mit 2,5 % p. a. angelegt.

Jahr	Kapital	Zinsen

__________ sind es nach 4 Jahren.

2 Berechne das Kapital bei Verzinsung mit Zinseszinsen mit der Formel.

Kapital	6000,00 €	3000,00 €	2000,00 €	2500,00 €	6000,00 €
Zinssatz p. a.	3 %	6 %	1,5 %	2,5 %	3 %
Laufzeit	5 Jahre	10 Jahre	4 Jahre	7 Jahre	
Kapital nach der Laufzeit					6365,40 €

3 15 000 € werden für 10 Jahre mit Zinseszinsen zu unterschiedlichen Zinssätzen angelegt. Verbinde die Zinssätze mit dem Kapital nach der Laufzeit und ergänze fehlende Werte.

2,5 % | 2 % | 4 % | 3 % | 1,5 % | 3,5 % | 1,75 % | 2,25 %

20 158,75 € | 18 738,05 € | 19 201,27 € | 17 408,11 € | 17 841,67 €

Mit Zinseszinsen rechnen ☒

1 Methoden zur Berechnung des Kapitals bei Verzinsung mit Zinseszinsen

a) 2000 € werden 4 Jahre mit 3 % p. a. mit Zinseszinsen angelegt.
Berechne das Kapital mit der Formel $K_{n+1} = K_n \cdot (1 + p\%)$ Jahr für Jahr.

Laufzeit in Jahren	1	2	3	4
Kapital nach der Zeit				

b) Ergänze zuerst. Überprüfe dann mit dem letzten Term deine Ergebnisse bei Teilaufgabe **a)**.

$K_1 = K_0 \cdot (1 + p\%) = K_0 \cdot (1 + p\%)^1$

$K_2 = K_1 \cdot (1 + p\%) = K_0 \cdot$ ________ $\cdot$ ________ $= K_0 \cdot (1 + p\%)^2$

$K_3 = K_2 \cdot (1 + p\%) = K_0 \cdot$ ________ $\cdot$ ________ $\cdot$ ________ $= K_0 \cdot$ ________

$K_n = K_{n-1} \cdot (1 + p\%) = K_{n-2} \cdot (1 + p\%) \cdot (1 + p\%) = \ldots = K_0 \cdot$ ________

2 3500 € werden mit Zinseszinsen angelegt. Der Zinssatz beträgt entweder 2 %, 2,5 % oder 3 % p. a.

a) Ergänze zuerst in der Tabelle das Kapital am Ende der Jahre.
Stelle dann die Entwicklung des Kapitals für jeden Zinssatz im Koordinatensystem dar.

Zinssatz p. a.	5 Jahre	10 Jahre	20 Jahre	25 Jahre
2 %				
2,5 %				
3 %				

b) Markiere im Koordinatensystem, ab welchem Jahr das Kapital größer als 5000 € ist.
Berechne jeweils das Kapital am Ende dieses Jahres.

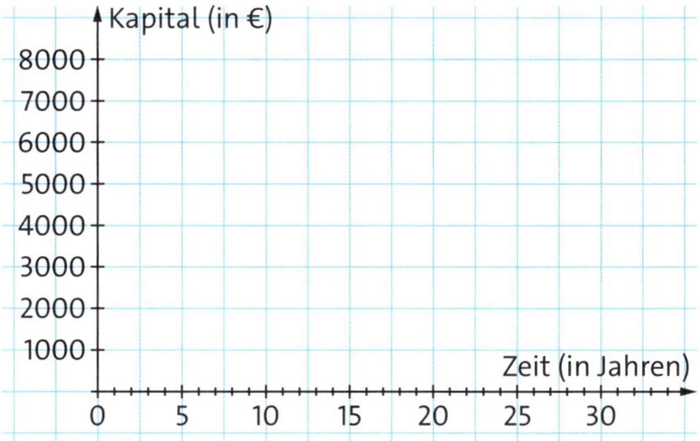

3 Valentin kann 5000 € für 4 Jahre anlegen.
Berate ihn bei der Wahl.

*Angebot A**
2,3 % p. a.
** mit Zinseszinsen*

*Angebot B**
1. Jahr: 1,5 % p. a.
2. Jahr: 2,0 % p. a.
3. Jahr: 2,5 % p. a.
4. Jahr: 3,0 % p. a.
** mit Zinseszinsen*

*Angebot C**
2,35 % p. a.
** ohne Zinseszinsen*

Das Kapital berechnen

1 Berechne das Kapital K.

Beispiel: Z = 6 €; p % = 2 % = 0,02

K = Z : p %
K = 6 € : 0,02 = 300 €

a) Z = 27 €; p % = 3 % = 0,03

K = 27 € : ________ = ________

b) Z = 35 €; p % = 14 % = 0,14

K = ________ : ________ = ________

c) Z = 15,50 €; p % = 5 % = ________

K = ________

2 Ergänze und berechne das Kapital.

Beispiel: Piotr zahlt 30 € Zinsen. Der Zinssatz ist 20 %.

gegeben: Z = 30 €; p % = 20 %
gesucht: K

K = Z : p %
K = 30 € : 0,20 = 150 €

a) Liu zahlt 3 € Zinsen. Das sind 25 %.

gegeben: ________

gesucht: ________

____

b) Jaden bekommt 36 € Zinsen. Das sind 8 %.

gegeben: ________

gesucht: ________

____

c) Cem zahlt 540 € Zinsen. Das sind 12 %.

gegeben: ________

gesucht: ________

____

3 Verbinde zuerst mit dem Kapital, wenn möglich.
Ergänze dann die fehlenden Angaben.

250 € sind 4 %	9 € sind 8 %	30 % sind 300 €	18 € sind 7,5 %
112,50 €			240 €

4 Ergänze. Nutze jedes Kärtchen.

① p % steht für ________ = ________

② K ist ________

③ Also ist auch ________

Z : p %

K = Z : (p : 100)

$\frac{p}{100}$

p : 100

Das Kapital berechnen ☒

Wenn die Zinsen Z und der Zinssatz p % gegeben sind, dann kann man das Kapital K mit der Formel berechnen.

K = Z : p %

Beispiel: Ulli bekam 15 € Zinsen bei einem Zinssatz von 3 %.

gegeben: Z = 15 €; p % = 3 % = 0,03
gesucht: K

K = Z : p %
K = 15 € : 0,03 = 500 €

1 Berechne das Kapital.

a) Z = 9 €; p % = 36 % (36 % = 0,36)

K =

b) Z = 50 €; p % = 2,5 % (2,5 % = 0,025)

K =

2 Ergänze und berechne das Kapital.

a) Herr Bobic leiht sich Geld. Er zahlt 26 € Zinsen. Das entspricht 6,5 %.

Z = p % = K =

b) Frau Merkur legt Geld auf einem Sparbuch an. Sie bekommt 1,50 € Zinsen. Das sind 2,4 %.

Z = p % = K =

3 Berechne zuerst das Kapital mit dem Dreisatz. Überprüfe dann dein Ergebnis mit der Formel.

a) Jo bekommt 80 € Zinsen bei einem Zinssatz von 4 %.

Anteil	Betrag

K =

b) Hung zahlt 12 € Zinsen beim Zinssatz von 5 %.

Anteil	Betrag

K =

4 Der Zinssatz beträgt 12 %. Verbinde die Zinsen mit dem Kapital. Ergänze das leere Kärtchen.

Z = 9 €	Z = 1,20 €	Z = 6 €	Z = 7,50 €	Z = 12 €	Z = 0,36 €
K = 62,50 €	K = 10 €	K = 75 €		K = 50 €	K = 3 €

5 Forme zuerst nach dem Zinssatz und dann nach dem Kapital um.

K · p % = Z |

p % =

K · p % = Z |

K =

Das Kapital berechnen ☒

1 Berechne das Kapital mit der Formel.

a) Z = 6,20 €; p % = 4 %

b) Z = 75,50 €; p % = 0,8 %

c) Familie Werner erhielt bei einem Zinssatz von 1,74 % nach einem Jahr 52,20 € Zinsen.

d) Familie Saturn bekommt nach einem Jahr 92,82 € Zinsen. Das sind 0,35 %.

2 Ergänze die Rechnung.

a) Z = 1,70 €; p % = 5 %

K = 1,70 € 100 5 ≈ ______

b) Z = 32,60 €; p % = 0,4 %

K = 32,60 € 1000 4 = ______

3 Berechne das Kapital mit dem Dreisatz.

a) Z = 16 €; p % = 5 %

Anteil	Betrag

b) Z = 65 €; p % = 8 %

Anteil	Betrag

4 Unterstreiche in der Rechnung alle Fehler (außer Folgefehler).

a) Z = 16 €; p % = 5 %

Z : K = p % | · Z

K = p % · Z

K = 5 · 16 € = 80 €

b) Z = 65 €; p % = 8 %

K · p % = Z | : p %

K = Z : p %

K = 65 € : 8 % ≈ 8,13 €

5 Piet hat eine besondere Geldanlage. Jedes Jahr steigt der Zinssatz um 0,05 %.

Jahr	Kapital K	Zinssatz p %	Zinsen Z
1		0,80 %	5,20 €
2		0,85 %	5,57 €
3			
4			

a) Ergänze die Tabelle. Runde sinnvoll.

b) Betrachte das 3. Jahr. Kreuze Zutreffendes an.

☐ $K = 655{,}20\,€ \cdot \left(1 + \frac{0{,}8}{100}\right)$ ☐ 660,77 € = K + Z ☐ K = 650 € · 1,08 ☐ $K = K \cdot \left(1 \cdot \frac{p}{100}\right)$

Die Tageszinsen und Monatszinsen berechnen

1 Ergänze den Faktor t für die Monatszinsen.

Monate	3	9	2	11	4
Faktor t					

Tipp
t ist der Anteil von einem Jahr (von 12 Monaten): $t = \frac{■}{12}$

Beispiel: Die Laufzeit ist 7 Monate. $t = \frac{7}{12}$

2 Berechne die Monatszinsen für 150 € beim Zinssatz von 8 % p. a.

a) 4 Monate $Z_t = 150\,€ \cdot 0{,}08 \cdot$ ______ = ______

b) 11 Monate $Z_t =$ ______

Tipp
Multipliziere die Zinsen p. a. mit t.
(„p. a." steht für „pro Jahr".)

$Z_t = K \cdot p\,\% \cdot t$

3 Ergänze den Faktor t für die Tageszinsen.

Tage	20	65	330	18	37
Faktor t					

Tipp
t ist der Anteil von einem Jahr (von „360 Tagen"): $t = \frac{■}{360}$

4 Berechne die Tageszinsen für 2000 € beim Zinssatz von 3 % p. a.

a) 60 Tage $Z_t =$ ______

b) 315 Tage $Z_t =$ ______

Beispiel: Zinsen für 400 € mit 3 % p. a. für 90 Tage

$Z_t = 400\,€ \cdot 0{,}03 \cdot \frac{90}{360} = 3\,€$

5 Verbinde das Kapital K und den Zinssatz p % mit den Zinsen Z für ein Jahr, mit der Laufzeit und mit den Zinsen Z_t.

Tipp $Z = K \cdot p\,\%$
$Z_t = K \cdot p\,\% \cdot t$

K = 700,00 € p % = 2 %	K = 500,00 € p % = 9 %	K = 10 000,00 € p % = 3 %	K = 2000,00 € p % = 7 %	K = 3500,00 € p % = 5 %
Z = 14,00 €	Z = 140,00 €	Z = 45,00 €	Z = 300,00 €	Z = 175,00 €
halbes Jahr	8 Monate	36 Tage	3 Monate	126 Tage
Z_t = 7,00 €	Z_t = 4,50 €	Z_t = 200,00 €	Z_t = 35,00 €	Z_t = 61,25 €

Die Tageszinsen und Monatszinsen berechnen ☒

- Für Monats- und Tageszinsen gilt: $Z_t = K \cdot p\,\% \cdot t$
  Z_t sind die Zinsen für den Anteil t eines Jahres.
  K ist das Kapital und p % der Zinssatz p. a.
- Für Monatszinsen gilt: $t = \frac{\blacksquare}{12}$
  (Ein Jahr hat 12 Monate.)
- Für Tageszinsen gilt: $t = \frac{\blacksquare}{360}$
  (Ein Jahr hat im Bankwesen 360 Tage.)

Beispiel:
2000 € werden mit 6 % p. a. verzinst.

Laufzeit: 6 Monate
$Z_t = 2000\,€ \cdot 0{,}06 \cdot \frac{6}{12} = 60\,€$
Für 6 Monate gibt es 60 € Zinsen.

Laufzeit: 30 Tage
$Z_t = 2000\,€ \cdot 0{,}06 \cdot \frac{30}{360} = 10\,€$
Für 30 Tage gibt es 10 € Zinsen.

1 Ergänze.

a) Monatszinsen

Kapital K	80 €	150 €	700 €	1200 €	320 €
Zinssatz p % (p. a.)	3 %	5 %	6 %	9 %	2 %
Laufzeit in Monaten	4	6	7		
Faktor t für die Laufzeit				$\frac{11}{12}$	$\frac{1}{4}$
Zinsen Z_t für die Laufzeit					

b) Tageszinsen

Kapital K	80 €	700 €	1200 €	150 €	320 €
Zinssatz p % (p. a.)	9 %	8 %	7 %	4 %	2 %
Laufzeit in Tagen	60	225			
Faktor t für die Laufzeit			$\frac{1}{30}$	$\frac{1}{3}$	
Zinsen Z_t für die Laufzeit					5,60 €

2 Berechne. Runde sinnvoll.

a) Meike hat 12 500 €. Sie legt das Geld zu 3,5 % p. a. an. Berechne die Zinsen für 5 Monate.

Sie bekommt ______ Zinsen.

b) Fred sieht einen Fernseher, der 1450 € kostet. Er möchte den Fernseher erst in 60 Tagen bezahlen. Dafür muss er 1,5 % Zinsen p.a. zahlen. Berechne die Zinsen für die 60 Tage.

Es fallen ______ Zinsen an.

c) Die Firma OKA benötigt einen Kredit über 1,2 Mio. Euro vom 23. August bis zum 10. Oktober. Die Bank verleiht das Geld zu einem Zinssatz von 4,5 % p. a. Berechne die Zinsen für den Zeitraum.

August	30 31 1 2 3 4 5 6 7 8 9 10 11 12 13 14 15 16 17 18 19 20 21 22 23 24 25 26 27 28 29 30 31 1 2
September	27 28 29 30 31 1 2 3 4 5 6 7 8 9 10 11 12 13 14 15 16 17 18 19 20 21 22 23 24 25 26 27 28 29 30
October	1 2 3 4 5 6 7 8 9 10 11 12 13 14 15 16 17 18 19 20 21 22 23 24 25 26 27 28 29 30 31 1 2 3 4

Es sind ______ Zinsen.

Die Tageszinsen und Monatszinsen berechnen ☒

1 Ergänze.

a) Berechne die Zinsen.

Kapital K	10 000 €	5000 €	2500 €	3400 €	620 €
Zinssatz p % (p. a.)	2 %	3,5 %	1,7 %	2,25 %	11,2 %
Laufzeit	4 Monate	50 Tage	7 Monate	352 Tage	$\frac{3}{4}$ Jahr
Zinsen Z_t für die Laufzeit					

b) Berechne Zinsen und Laufzeiten.

Kapital K	15 500 €	4200 €	2140 €	1415 €	123 €
Zinssatz p % (p. a.)	4 %	1,1 %	0,95 %	2,42 %	1,73 %
Laufzeit	halbes Jahr	272 Tage			
Zinsen Z_t für die Laufzeit			5,08 €	2,00 €	2,13 €

2 Vivien legt 350 000 € mit einem Zinssatz von 1,25 % p. a. an.
Verbinde die Zeiträume mit den Zinsen.

244 Tage	125 Tage	9 Monate	ein Vierteljahr	0,85 Jahre
3281,25 €	2965,28 €	3718,75 €	1093,75 €	1519,10 €

3 Michael hat ein Sparbuch mit gestaffelten Zinssätzen.
Am 1. Januar waren 4585 € auf dem Konto. Am 28. April hob er 770 € ab und am 15. Mai wurden 4570 € eingezahlt.
Am 23. August zahlte er zusätzlich 230 € und am 4. Oktober 1750 € ein. Am 23. Dezember hob er 2500 € ab.
Ermittle den Kontostand am 1. Januar des Folgejahres.

Zinssatz p. a.	**Kontostand**
1,50 %	unter 1000 €
2,00 %	von 1000 € bis 5000 €
2,50 %	von 5000 € bis 15 000 €
2,75 %	über 15 000 €

Zeitraum	Kapital	Anlagedauer	Zinssatz p.a.	Zinsen
1. Januar bis 27. April	4585,00 €	118 Tage	2,00 %	30,06 €
28. April bis 14. Mai				
15. Mai bis 22. August				
23. August bis 3. Oktober				
4. Oktober bis 22. Dezember				
23. Dezember bis 31. Dezember				

Prismen beschreiben und zeichnen

1 Kreuze zuerst an, wenn es ein Prisma ist. Notiere dann die Form der Grundfläche.

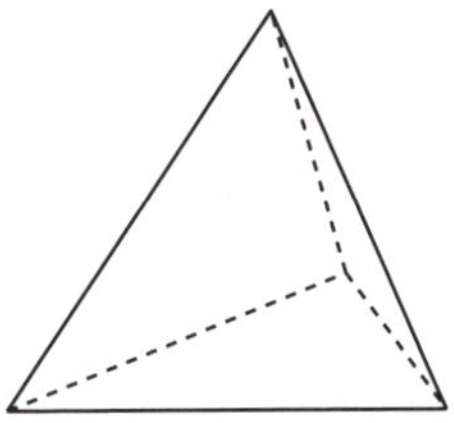

☐ Prisma

Grundfläche:

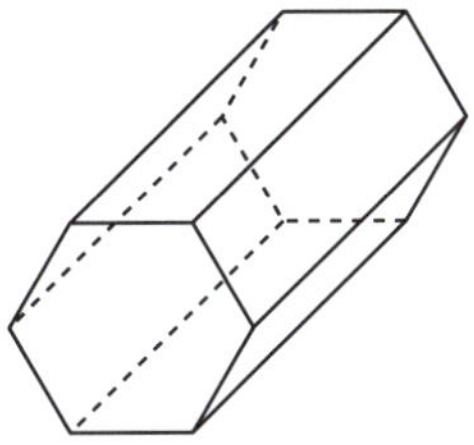

☐ Prisma

Grundfläche:

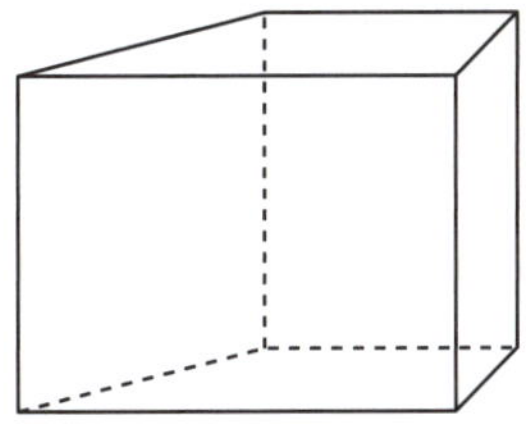

☐ Prisma

Grundfläche:

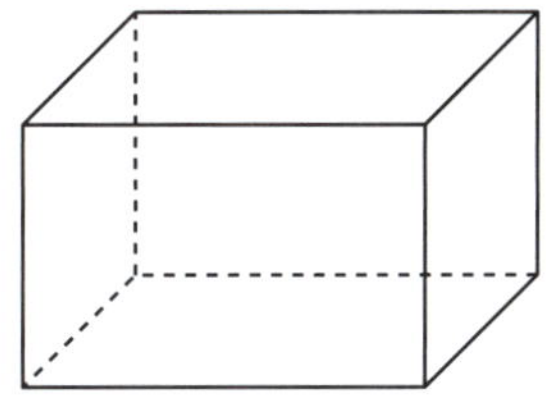

☐ Prisma

Grundfläche:

2 Markiere die Grundflächen und die Deckflächen der Prismen mit der gleichen Farbe. Markiere eine Körperhöhe in einer anderen Farbe.

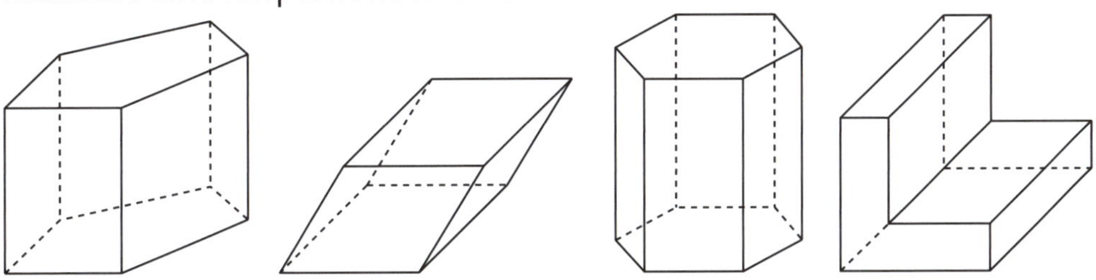

Tipp
Diese Prismen stehen auf der Grundfläche oder liegen auf einer Seitenfläche.

3 Verbinde die Prismen mit den passenden Namen.

Beispiel:
Grundfläche Sechseck
→ Name: Sechsecksprisma.

Dreiecks-prisma | Vierecks-prisma | Fünfecks-prisma | Sechsecks-prisma

4 Vervollständige zu Schrägbildern von Prismen.

a)

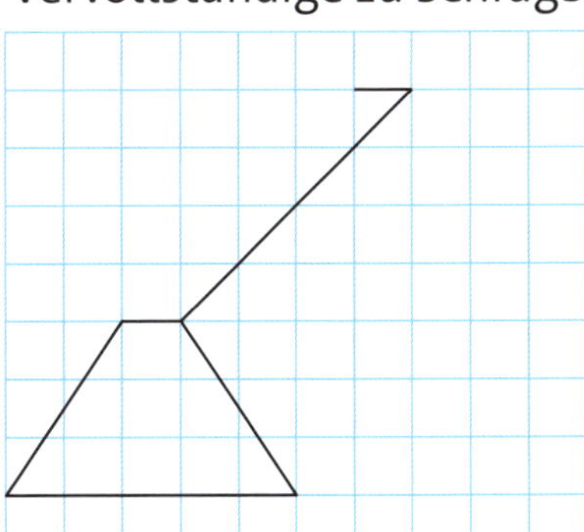

b)

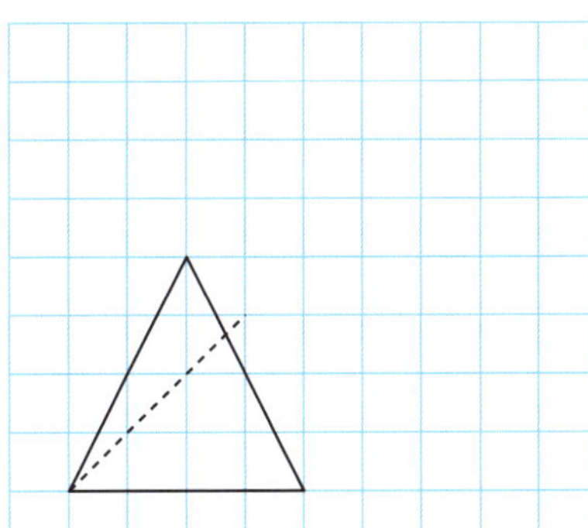

c)

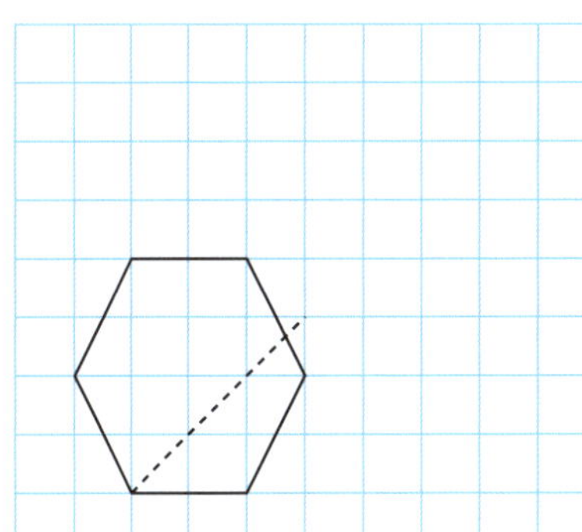

Prismen beschreiben und zeichnen ☒

Ein Prisma ist ein Körper mit diesen Eigenschaften:
① Die Grundfläche und die Deckfläche sind Vielecke. Sie sind deckungsgleich und parallel zueinander.
② Die Seitenflächen sind Rechtecke. Sie stehen bei geraden Prismen senkrecht auf der Grundfläche.
Der Abstand zwischen der Grundfläche und der Deckfläche ist die Körperhöhe h_K.

1 Verbinde die Prismen mit allen passenden Eigenschaften.

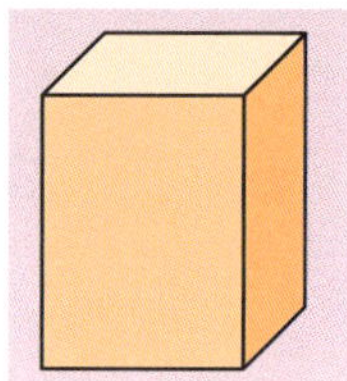
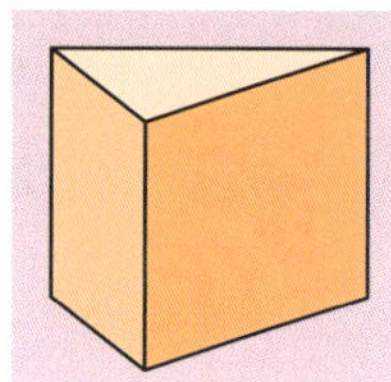

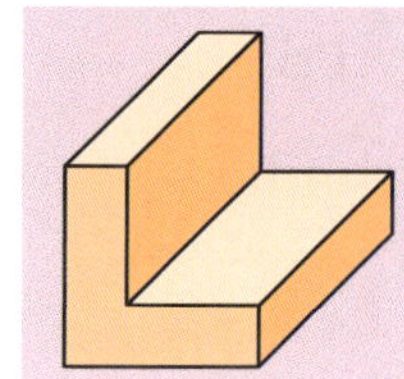

Prisma mit 5 Flächen

Prisma mit 7 Flächen

Prisma mit 12 Kanten

Prisma mit 15 Kanten

Prisma mit 12 Ecken

2 Hier ist die Grundfläche eines Prismas gezeichnet. Vervollständige das Schrägbild.

a) Körperhöhe 6 cm

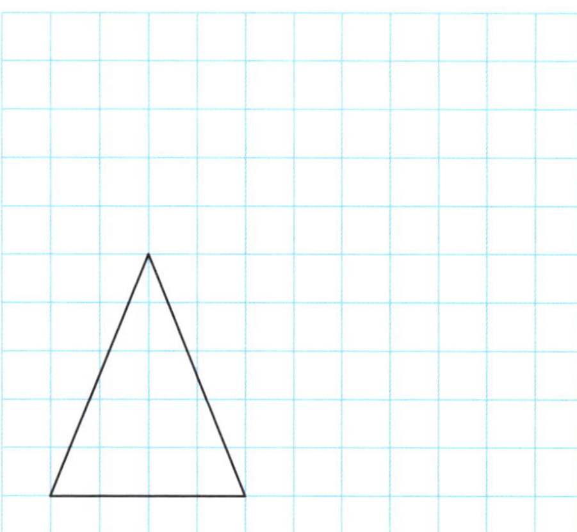

b) Körperhöhe 5 cm

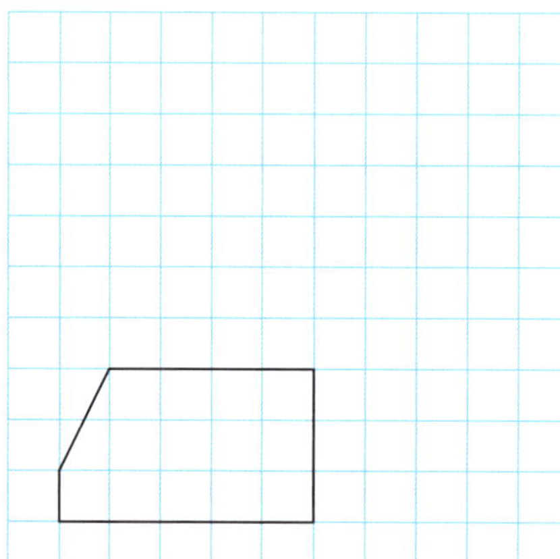

c) Körperhöhe 5 cm

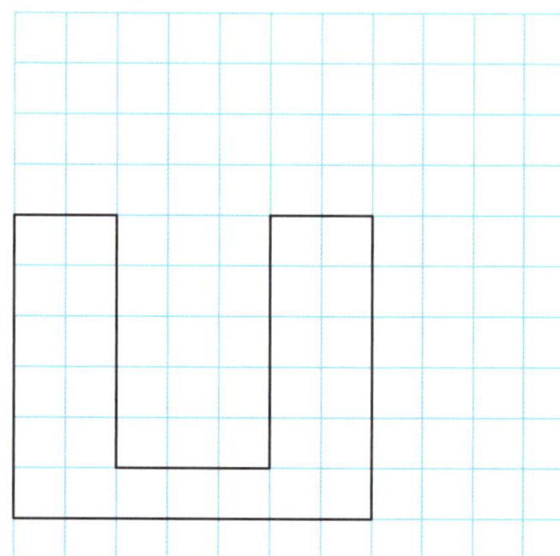

3 Gegeben ist ein Schrägbild eines Prismas.

a) Miss die markierten Längen. Trage sie im Bild ein.

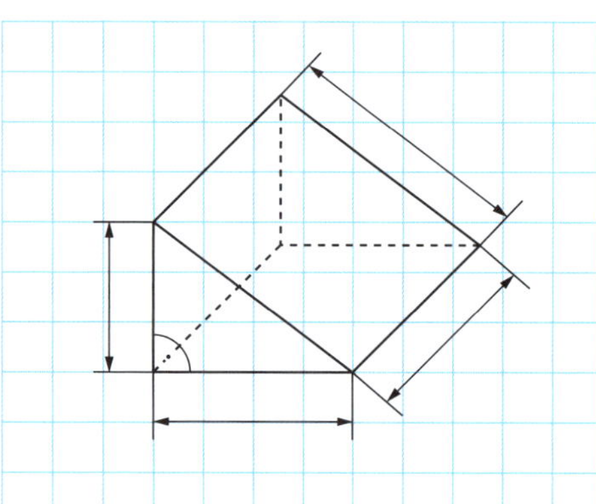

b) Vervollständige die Beschreibung des Prismas.

Grundfläche: ____________

____

Anzahl der Ecken: ____________

Anzahl der Kanten: ____________

Anzahl der Flächen: ____________

c) Vervollständige das Schrägbild, bei dem das Prisma auf der Grundfläche steht.

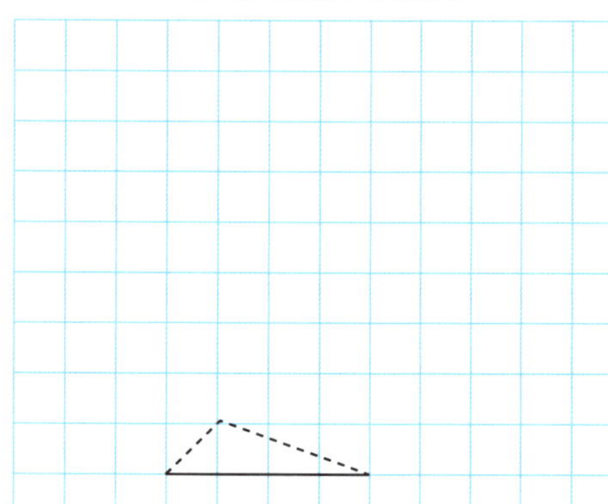

Prismen beschreiben und zeichnen ☒

1 Kreuze Zutreffendes für Prismen an.

a)	Ein Prisma hat immer eine Grundfläche und eine Deckfläche.	☐ wahr	☐ falsch
b)	Die Seitenflächen sind immer quadratisch.	☐ wahr	☐ falsch
c)	Die Grundfläche und die Deckfläche sind immer Vierecke.	☐ wahr	☐ falsch
d)	Die Grundfläche und die Deckfläche sind immer deckungsgleich.	☐ wahr	☐ falsch
e)	Die Seitenflächen können unterschiedlich groß sein.	☐ wahr	☐ falsch

2 Korrigiere die falschen Aussagen aus Aufgabe 1.

3 Vervollständige zwei verschiedene Schrägbilder des gegebenen Prismas (stehend und liegend).

gegeben:

Grundfläche:

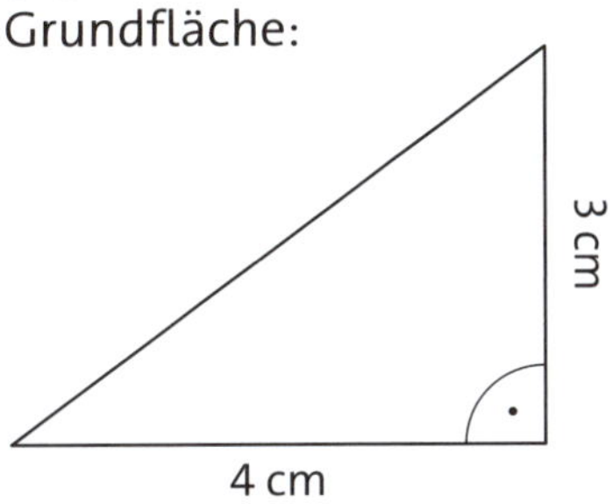

Körperhöhe: $h_K = 4$ cm

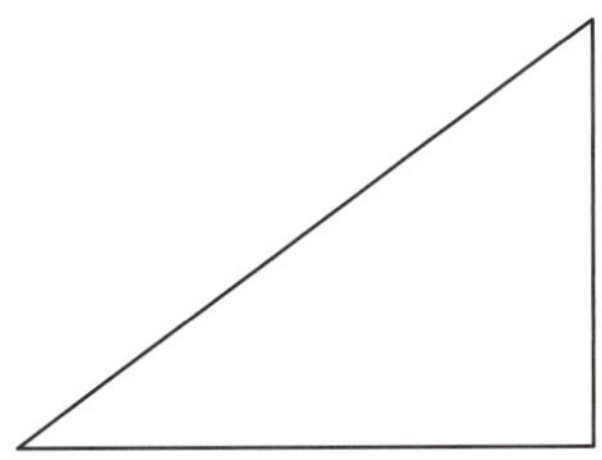

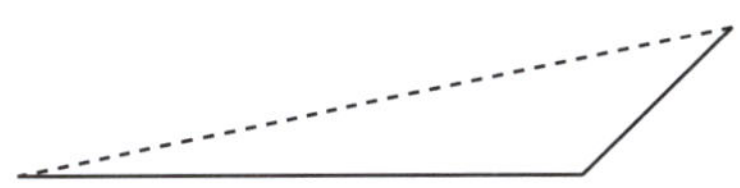

4 Würfel zerlegen

a) Zeichne in das Schrägbild des Würfels eine Zerlegung in vier gleiche Dreiecksprismen ein.

b) Miss und notiere rechts die Maße dieser Dreiecksprismen (Seitenlängen der Grundfläche und Körperhöhe). Notiere zur Grundfläche auch die passende Dreiecksart.

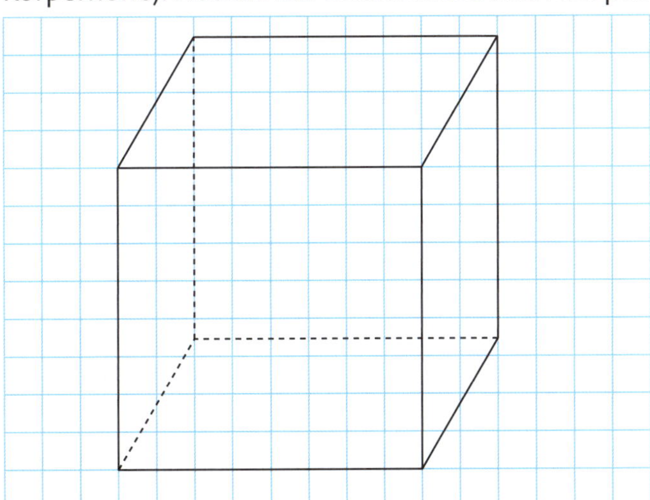

Netze von Prismen erkennen und zeichnen

1 Verbinde die Netze mit den passenden Namen.

Tipp
Achte auf die Grundflächen.

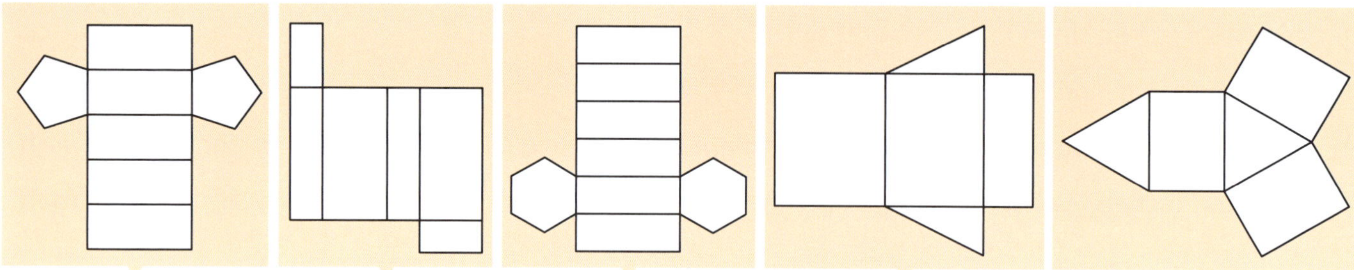

Dreiecksprisma | Vierecksprisma | Fünfecksprisma | Sechsecksprisma

2 Vervollständige zum Netz eines Dreiecksprismas.

Tipp
Dreiecksprismen haben fünf Flächen (Grundfläche, Deckfläche und drei Seitenflächen).

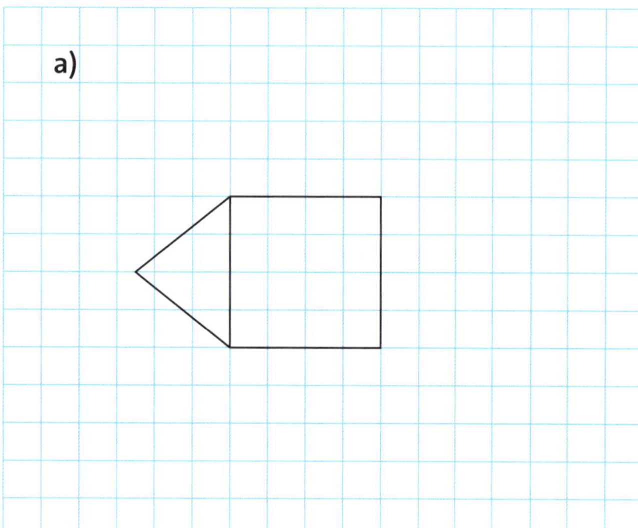

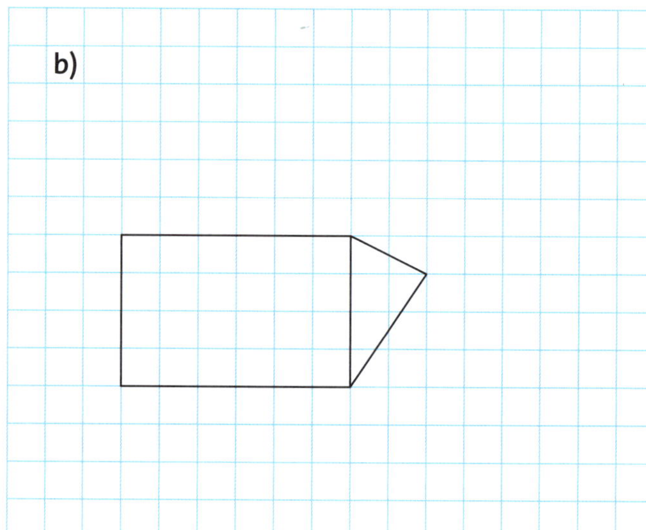

3 Kreuze an, wenn es ein Netz eines Prismas ist. Wenn ja, markiere die Mantelfläche farbig.

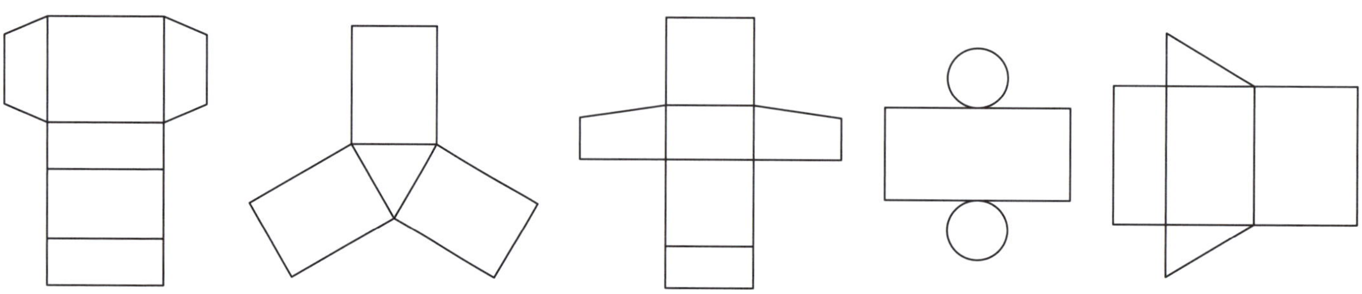

☐ Netz Prisma ☐ Netz Prisma ☐ Netz Prisma ☐ Netz Prisma ☐ Netz Prisma

Netze von Prismen erkennen und zeichnen ☒

Wenn du ein Prisma auseinanderfaltest, dann ergeben die zusammenhängenden Flächen ein Netz des Prismas.

Das Netz besteht aus der Grundfläche, der Deckfläche und allen Seitenflächen.

Alle Seitenflächen zusammen ergeben die Mantelfläche.

Beispiel: Netz eines Dreiecksprismas

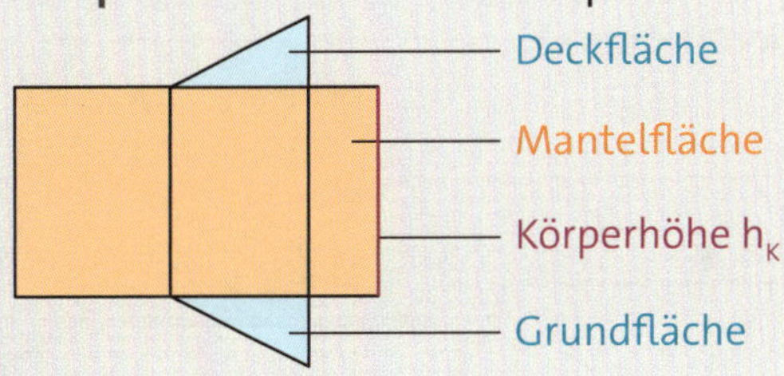

1 Kreuze Zutreffendes für Prismen an.

Wenn in einem Netz alle Seitenlängen gleich lang sind, dann ist es ein Netz eines Prismas.	☐ wahr	☐ falsch
Alle Seitenflächen zusammen ergeben die Mantelfläche.	☐ wahr	☐ falsch
Die Grundfläche ist ein Teil der Mantelfläche.	☐ wahr	☐ falsch
Es gibt immer so viele Seitenflächen, wie die Grundfläche Kanten hat.	☐ wahr	☐ falsch
Grund- und Deckfläche sind immer deckungsgleich.	☐ wahr	☐ falsch

2 Gegeben ist ein Viereckprisma mit der abgebildeten Grundfläche und der Körperhöhe 1 cm.

a) Miss die Kantenlängen der Grundfläche. Schreibe sie an die Kanten.

b) Vervollständige die Grundfläche zu einem Netz.

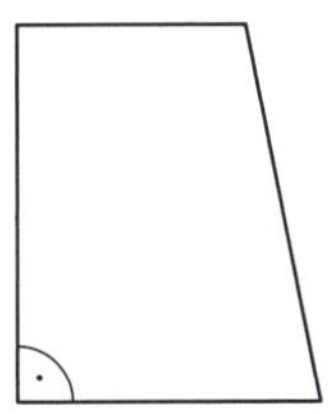

3 Gegeben ist die Mantelfläche eines Dreiecksprismas. Vervollständige das Netz.

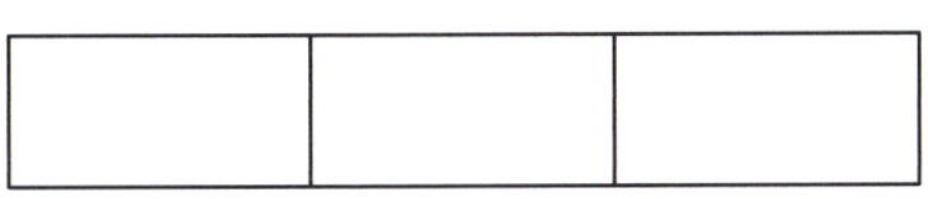

Tipp
Überlege, welche Strecken die Körperhöhen sind.
An den anderen Strecken kannst du die Seitenlängen der dreieckigen Grundfläche messen.
Nutze zum Vervollständigen des Netzes einen Zirkel.

Netze von Prismen erkennen und zeichnen

1 Verbinde die Figuren mit den passenden Bezeichnungen.

Tipp
Bei Bandnetzen ist die Mantelfläche ein Rechteck, bei Sternnetzen dagegen nicht.

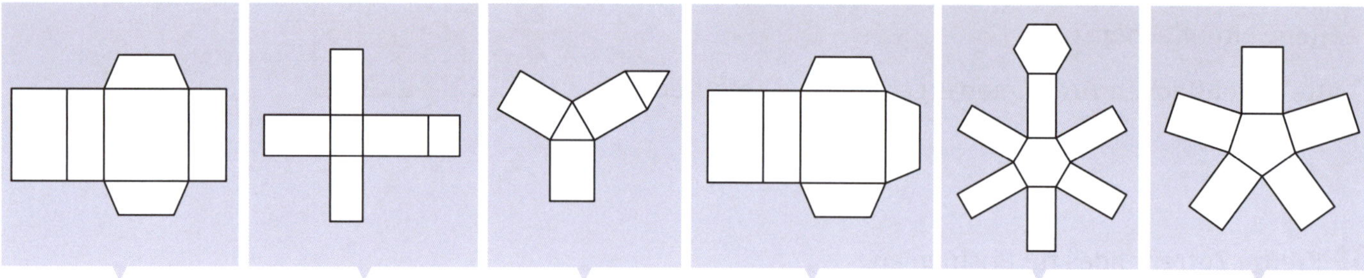

kein Netz | Bandnetz | Sternnetz

2 Hier siehst du die Mantelfläche eines Prismas.
Was kannst du daraus über das Prisma erfahren? Ergänze den Steckbrief.

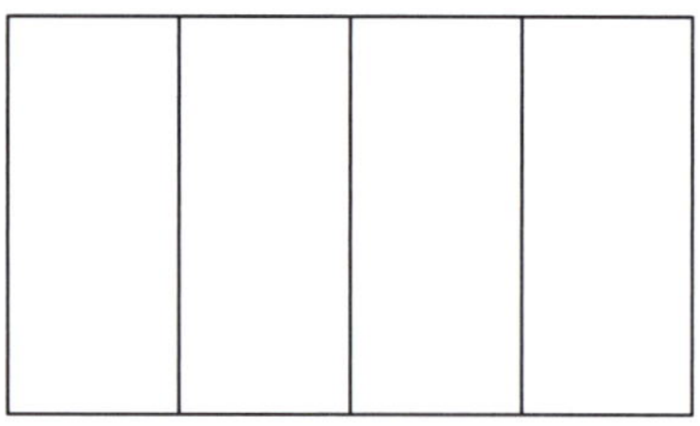

Steckbrief

Die Grundfläche ist ein ______________.

Anzahl der Ecken: ________

Anzahl der Kanten: ________

Anzahl der Flächen: ________

Die Seiten der Grundfläche sind ________ cm lang.

Das Prisma ist ________ cm hoch.

3 Zeichne ein Bandnetz und ein Sternnetz des abgebildeten Prismas. Nutze die Vorgaben.

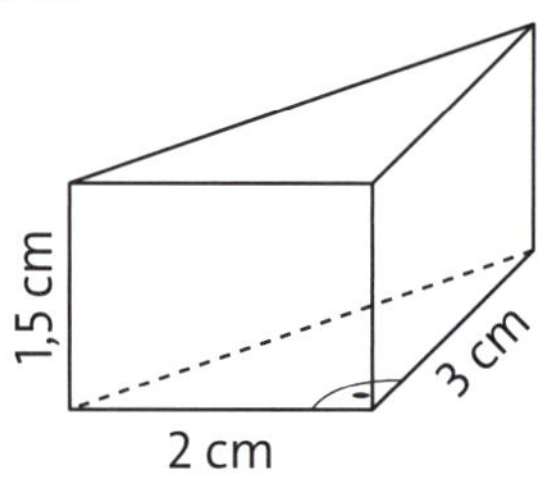

Bandnetz:

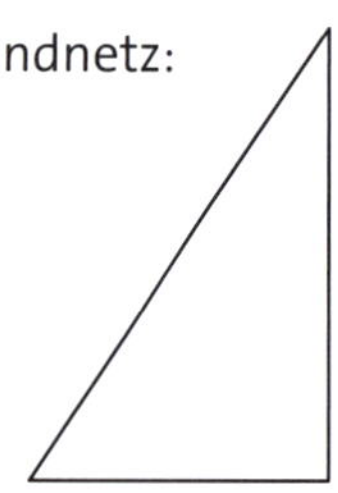

Sternnetz:

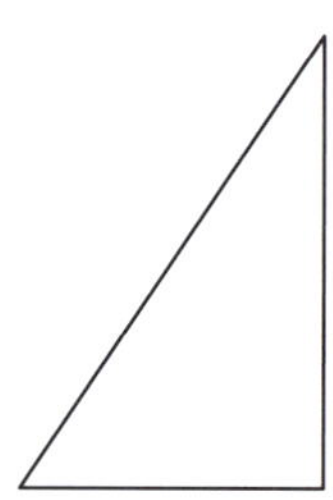

Oberflächeninhalt von Prismen berechnen

1 Leon hat Oberflächeninhalte von Prismen berechnet.
Prüfe und korrigiere Leons Lösungen.

G	$10\,cm^2$	$40\,cm^2$	$30\,cm^2$	$50\,cm^2$	$25\,cm^2$	$70\,cm^2$
M	$90\,cm^2$	$70\,cm^2$	$65\,cm^2$	$57\,cm^2$	$33\,cm^2$	$21\,cm^2$
$O = 2 \cdot G + M$	$100\,cm^2$	$150\,cm^2$	$95\,cm^2$	$107\,cm^2$	$83\,cm^2$	$161\,cm^2$
	☐ wahr ☐ falsch	☐ wahr ☐ falsch	☐ wahr ☐ falsch	☐ wahr ☐ falsch	☐ wahr ☐ falsch	☐ wahr ☐ falsch
Korrektur						

2 Berechne mit den Schritten ① bis ③ den Oberflächeninhalt O des Prismas.

Tipp ① M berechnen
② G berechnen
③ O berechnen mit $O = 2 \cdot G + M$

a)

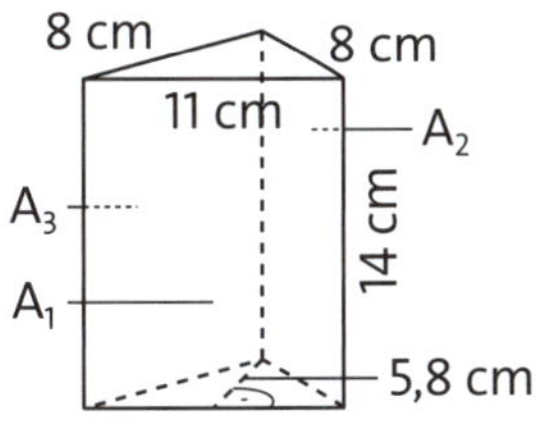

① $A_1 = 11\,cm \cdot$ ____ cm = ____ cm^2

$A_2 = 8\,cm \cdot$ ____ cm = ____ cm^2

$A_3 = A_2 =$ ____ cm^2

$\mathbf{M = A_1 + A_2 + A_3}$

M = ____ cm^2

② $G = \frac{11\,cm \cdot \_\_\_\_\,cm}{2}$

G = ____ cm^2

③ $\mathbf{O = 2 \cdot G + M}$

$O = 2 \cdot$ ____ cm^2 + ____ cm^2

O = ____ cm^2

b)

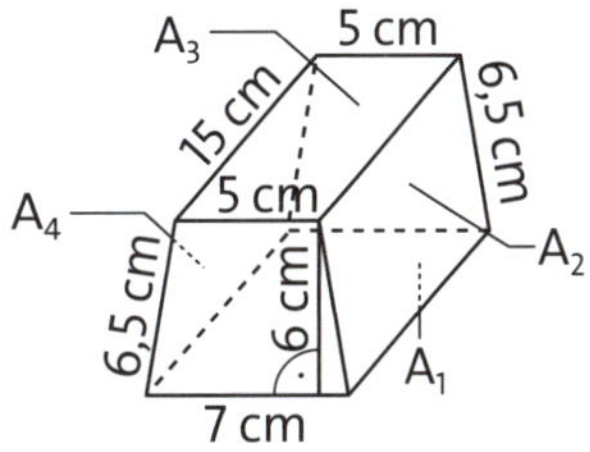

① $A_1 = 7\,cm \cdot$ ____ cm = ____ cm^2

$A_2 = 6{,}5\,cm \cdot$ ____ cm = ____ cm^2

$A_3 =$ ____ cm · ____ cm = ____ cm^2

$A_4 =$ ____ = ____ cm^2

$\mathbf{M = A_1 + A_2 + A_3 + A_4}$

M = ____ cm^2

② $G = \frac{(7\,cm + \_\_\_\_\,cm)}{2} \cdot$ ____ cm

G = ____ cm^2

③ $\mathbf{O = 2 \cdot G + M}$

$O = 2 \cdot$ ____ cm^2 + ____ cm^2

O = ____ cm^2

Oberflächeninhalt von Prismen berechnen ☒

Der Mantelflächeninhalt M eines Prismas ist die Summe aller Seitenflächeninhalte.

Der Oberflächeninhalt O eines Prismas ist die Summe aus dem doppelten Grundflächeninhalt und dem Mantelflächeninhalt.

Formel: $O = 2 \cdot G + M$

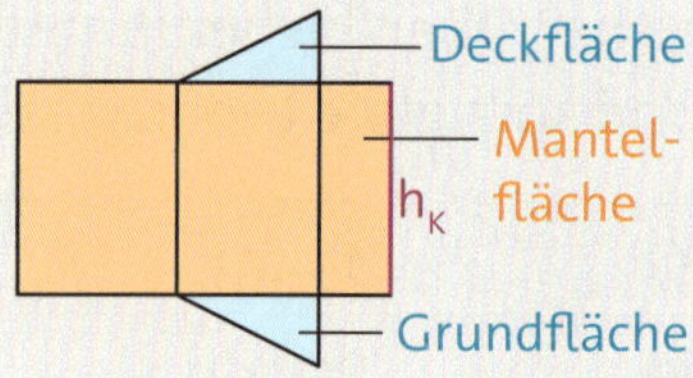

1 Ein Baustein hat die Form eines Dreiecksprismas. Seine Oberfläche soll eine Lackschicht bekommen.

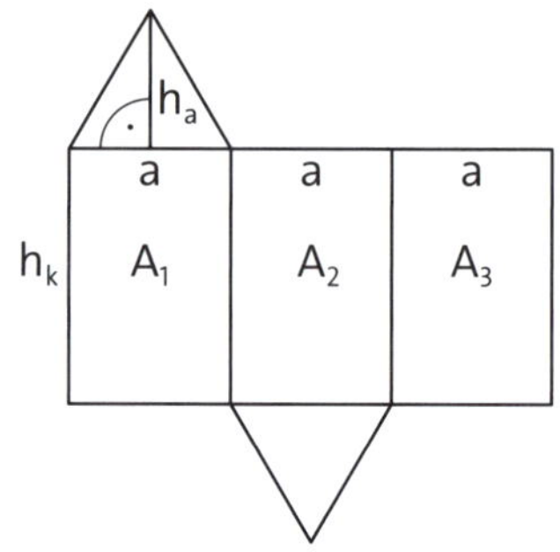

$a = 20$ cm

$h_k = 32$ cm

$h_a = 17{,}3$ cm

a) Berechne den Grundflächeninhalt G.

b) Berechne den Mantelflächeninhalt M.

c) Prüfe, ob eine Dose Lack für 1500 cm² reicht, um die Oberfläche neu zu beschichten. Begründe.

2 Die Raute und das gleichschenklige Dreieck sind die Grundflächen von Prismen mit der gleichen Körperhöhe $h_K = 15$ cm.
Zekiye behauptet: „Die Mantelflächeninhalte der beiden Prismen stimmen überein, da ihre Körperhöhen gleich lang sind.“
Prüfe mit einer Rechnung, ob Zekiye recht hat.

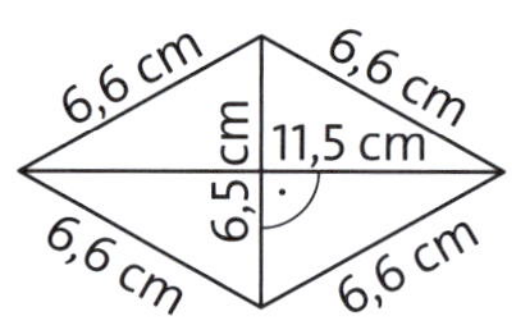

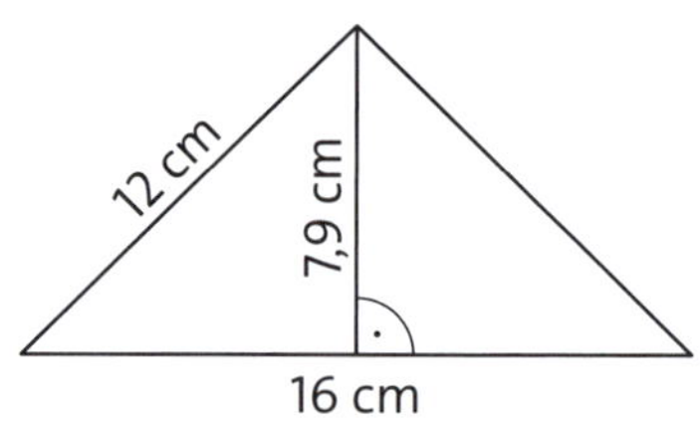

Raute:

Dreieck:

Oberflächeninhalt von Prismen berechnen ☒

1 Berechne die fehlenden Werte von Prismen.

G	$20\,cm^2$	$26{,}0\,cm^2$		$140\,cm^2$		$75\,cm^2$
M	$180\,cm^2$		$360\,cm^2$		$84{,}5\,cm^2$	$72{,}8\,cm^2$
O		$223{,}6\,cm^2$	$540\,cm^2$	$620\,cm^2$	$384{,}5\,cm^2$	

2 Von einem Prisma mit einem rechtwinkligen Dreieck als Grundfläche sind einige Größen bekannt. Berechne den Oberflächeninhalt O des Prismas.

Körperhöhe: $h_k = 2{,}5\,cm$

Seitenflächen: $A_1 = 12{,}5\,cm^2$
$A_2 = 30{,}0\,cm^2$
$A_3 = 32{,}5\,cm^2$

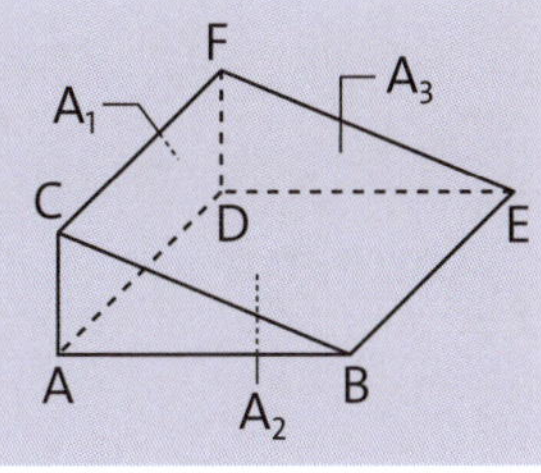

3 Berechne den Oberflächeninhalt O des Prismas mit der Körperhöhe $h_K = 11{,}5\,cm$.
Die Grundfläche ist ein rechtwinkliges Trapez mit $a = 7\,cm$; $b = 5{,}7\,cm$; $c = 4{,}5\,cm$ und $d = 5{,}1\,cm$.
Die Seiten a und b sind parallel zueinander.
Die Seite d ist zugleich auch die Höhe des Trapezes.

Tipp
Berechne den Mantelflächeninhalt M mit der Formel $M = u_{Grundfläche} \cdot h_K$.
Dies ist einfacher, als zuerst A_1 bis A_4 einzeln zu berechnen und dann die Ergebnisse zu addieren.

Volumen von Prismen berechnen

1 Pia hat Volumina von Prismen berechnet. Prüfe ihre Lösungen. Korrigiere, wenn nötig.

Tipp
Formel für das Volumen eines Prismas:
$V = G \cdot h_K$

G	6,5 cm²	8 cm²	7,5 cm²	15 cm²	13 cm²	25 cm²
h_K	2 cm	13 cm	4 cm	10 cm	7 cm	8 cm
$V = G \cdot h_K$	*13 cm³*	*104 cm³*	*29 cm³*	*150 cm³*	*81 cm²*	*225 cm³*
	☐ wahr ☐ falsch	☐ wahr ☐ falsch	☐ wahr ☐ falsch	☐ wahr ☐ falsch	☐ wahr ☐ falsch	☐ wahr ☐ falsch
Korrektur						

2 Notiere zuerst die Form der Grundfläche und ihre Maße.
Berechne dann den Grundflächeninhalt G und das Volumen V des Prismas.

Tipp
① Form und Maße von G
② G berechnen
③ V berechnen mit $V = G \cdot h_K$

a)

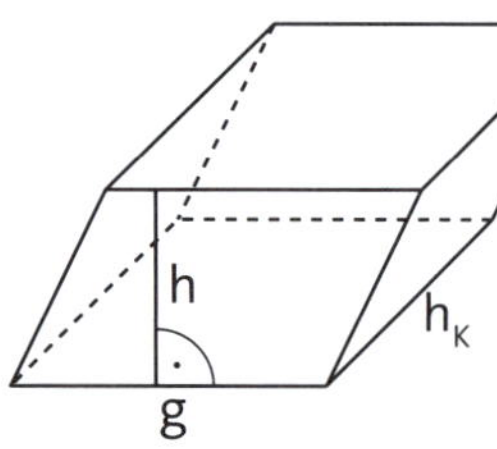

g = 8 cm
h = 5 cm
h_K = 12 cm

① Grundfläche ______

mit g = ______ und h = ______

② G = ______

G = ______ cm · ______ cm

G = ______ cm²

③ $V = G \cdot h_K$

V = ______ cm² · ______ cm

V = ______ cm³

b)

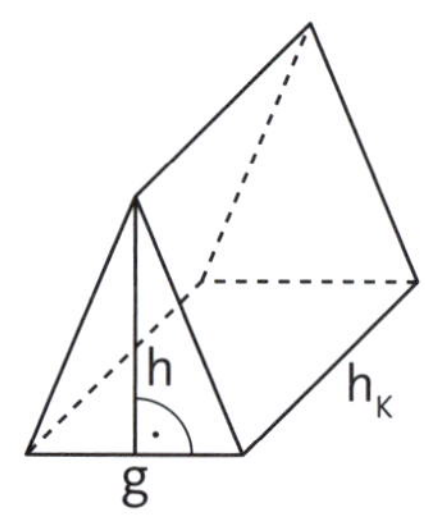

g = 7 cm
h = 8,4 cm
h_K = 16 cm

① Grundfläche ______

mit g = ______ und h = ______

② G = ______

G = $\frac{\text{\_\_\_ cm} \cdot \text{\_\_\_ cm}}{\text{\_\_\_}}$

G = ______ cm²

③ $V = G \cdot h_K$

V = ______ cm² · ______ cm

V = ______ cm³

Volumen von Prismen berechnen ☒

Für das Volumen V eines Prismas multiplizierst du den Grundflächeninhalt G mit der Körperhöhe h_K des Prismas.

Formel:
$V = G \cdot h_K$

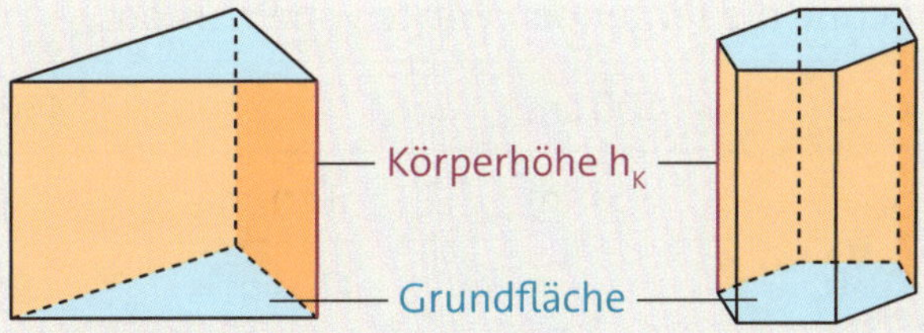

1 Berechne die fehlenden Werte.

G	$14{,}5\,cm^2$	$37{,}5\,cm^2$	$12{,}5\,cm^2$	$26\,cm^2$		$25\,cm^2$
h_K	2 cm	8 cm	4 cm		13 cm	
$V = G \cdot h_K$				$312\,cm^3$	$117\,cm^3$	$425\,cm^3$

2 Von einem Prisma sind die Grundfläche und die Körperhöhe bekannt.
Berechne das Volumen V des Prismas.

Grundfläche:
Trapez

Körperhöhe:
$h_K = 140$ mm

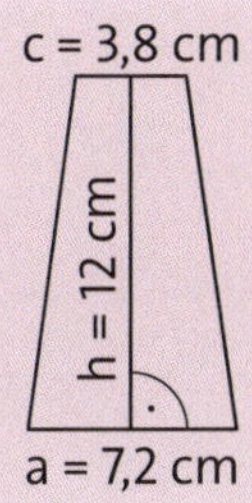

Schritt ①: Berechne den Grundflächeninhalt.

Schritt ②: Berechne das Volumen.

3 Kreuze Zutreffendes für Prismen an.

Wenn man die Körperhöhe verdoppelt, so verdoppelt sich auch das Volumen.	☐ wahr	☐ falsch
Wenn man die Grundfläche verdreifacht, so verdreifacht sich auch das Volumen.	☐ wahr	☐ falsch
Wenn man die Grundfläche halbiert, so halbiert sich auch das Volumen.	☐ wahr	☐ falsch

Volumen von Prismen berechnen ⊠

1 Berechne die fehlenden Werte von Prismen.

G	400 cm²		4500 dm²	360 cm²		700 cm²
h_K	35 mm	32 mm		0,02 m	500 dm	
$V = G \cdot h_K$		120 cm³	99 m³		145 m³	0,49 m³

2 Berechne das Volumen V des abgebildeten Prismas.

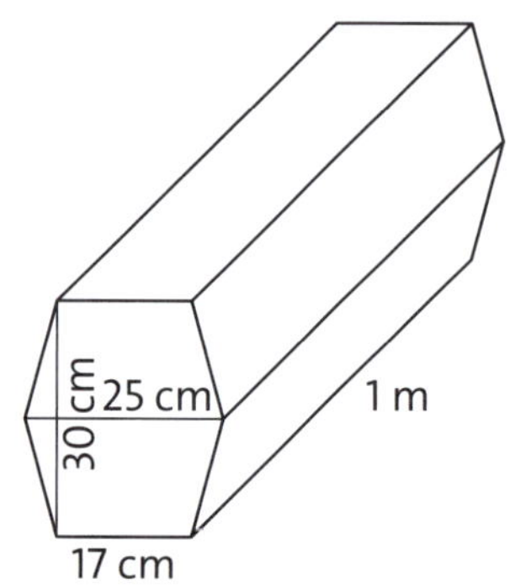

3 Luisa möchte mit einer Tabellenkalkulation Volumina von Prismen berechnen. Kreuze an, welche Formel in die gelb markierte Zelle passt.

a) Vierecksprisma, Grundfläche Rechteck

	A	B	C
1	a =	7	cm
2	b =	12	cm
3	hK =	20	cm
4	V =		cm³
5			

- ☐ = A1*A2*A3
- ☐ = B1*C2*A3
- ☐ = B1*B2*B3
- ☐ = B1*B2*B1
- ☐ = A1*B2*B1

b) Dreiecksprisma

	A	B	C
1	g =	5	cm
2	h =	3	cm
3	hK =	8	cm
4	V =		cm³
5			

- ☐ = A1*A2/2*A3
- ☐ = (B1*B2)/2*B3
- ☐ = (B1*A2)/2*C3
- ☐ = (B1*C1*D1)/2
- ☐ = B3*B2*B1

c) Vierecksprisma, Grundfläche Trapez

	A	B	C
1	a =	14	cm
2	c =	8	cm
3	h =	5	cm
4	hK =	50	cm
5	V =		cm³

- ☐ = A1+A2/2*A3*A4
- ☐ = ((B1*B2)/2)*B3*B4
- ☐ = ((B1*B2)/2)+B3*B4
- ☐ = ((B1+B1+B3)/2)*B4
- ☐ = ((B1+B2)/2)*B3*B4

Zusammengesetzte Prismen

1 Kreuze Zutreffendes an.

a)

☐ kein Prisma
☐ Vierecksprisma
☐ Prisma, Grundfläche zusammengesetzt

b)

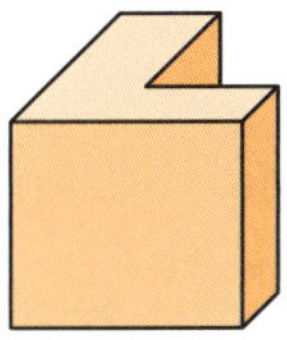

☐ kein Prisma
☐ Vierecksprisma
☐ Prisma, Grundfläche zusammengesetzt

c)

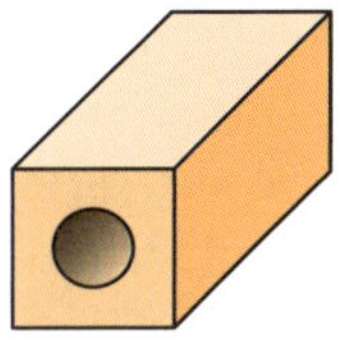

☐ kein Prisma
☐ Vierecksprisma
☐ Prisma, Grundfläche zusammengesetzt

d)

☐ kein Prisma
☐ Vierecksprisma
☐ Prisma, Grundfläche zusammengesetzt

2 Berechne das Volumen V des Prismas mit der abgebildeten Grundfläche und der Körperhöhe 8 cm.

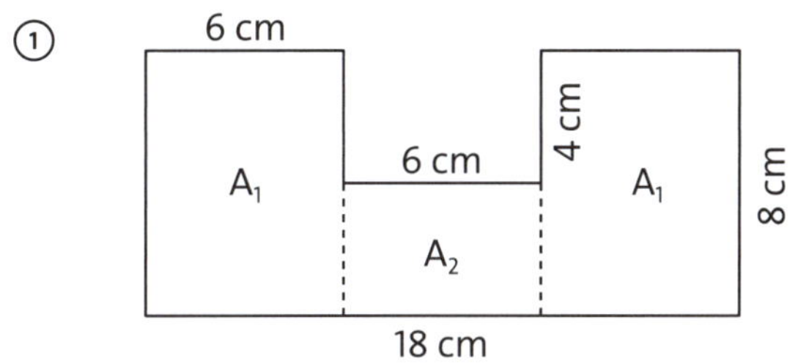

② $A_1 =$ $A_2 =$

③ $G = 2 \cdot A_1 + A_2$

④ $V = G \cdot h_K$

Tipp
① Grundfläche zerlegen
② Flächeninhalte der Teilflächen A_1 und A_2 berechnen
③ Grundflächeninhalt G berechnen
④ V berechnen mit $V = G \cdot h_K$

3 Das Prisma hat eine zusammengesetzte Grundfläche und die Körperhöhe $h_K = 14$ cm.
a) Zerlege die abgebildete Grundfläche in ein Rechteck und ein Dreieck.
Miss die Seitenlängen der Teilflächen und schreibe sie im Bild an die Seiten.
b) Berechne die Flächeninhalte A_1 und A_2, den Grundflächeninhalt G und das Volumen V.

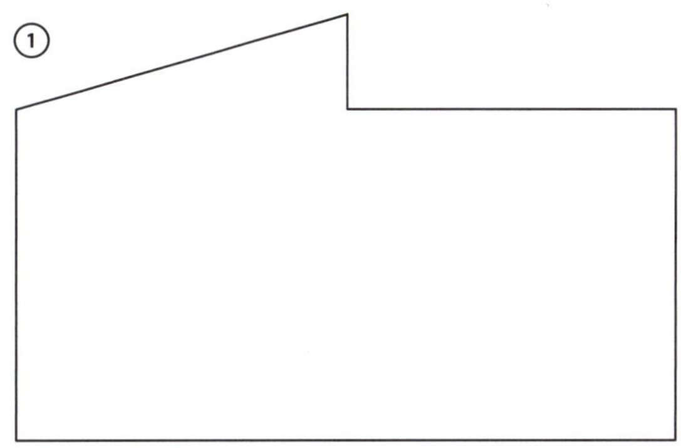

② Rechteck: $A_1 = a \cdot b$ Dreieck: $A_2 = \frac{a \cdot b}{2}$

$A_1 =$ ______ cm · ______ cm $A_2 = \frac{\text{\_\_\_\_ cm} \cdot \text{\_\_\_\_ cm}}{2}$

$A_1 =$ ______ cm^2 $A_2 =$ ______ cm^2

③ $G = A_1 + A_2$

G = ______ cm^2 + ______ cm^2 = ______ cm^2

④ $V = G \cdot h_K$

V = ______ cm^2 · ______ cm = ______ cm^3

Zusammengesetzte Prismen ☒

Das Volumen von Prismen mit zusammengesetzter Grundfläche berechnen:
① **Zerlege** die Grundfläche in Teilflächen, deren Flächeninhalte du berechnen kannst.
② Berechne diese **Flächeninhalte**.
③ **Addiere** die Flächeninhalte aus ②, um den Grundflächeninhalt G zu erhalten.
④ Berechne das Volumen V des Prismas mit der Formel $\mathbf{V = G \cdot h_K}$.

1 Der Grundflächeninhalt soll berechnet werden. Kreuze mögliche Zerlegungen an. Zeichne sie ein.

a)

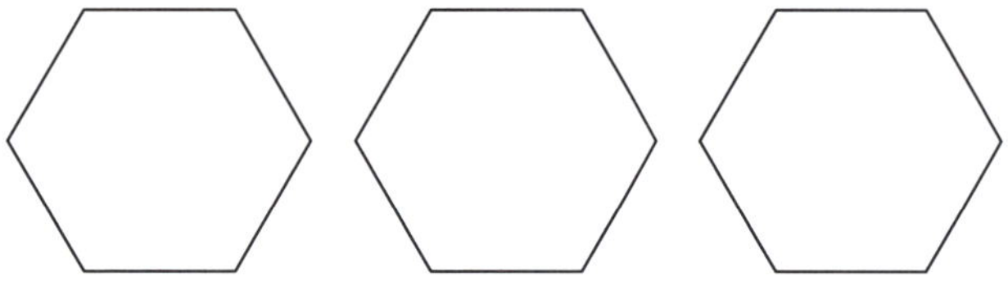

- ☐ Rechteck und zwei Dreiecke
- ☐ Quadrat und zwei Dreiecke
- ☐ zwei Trapeze
- ☐ sechs Dreiecke

b)

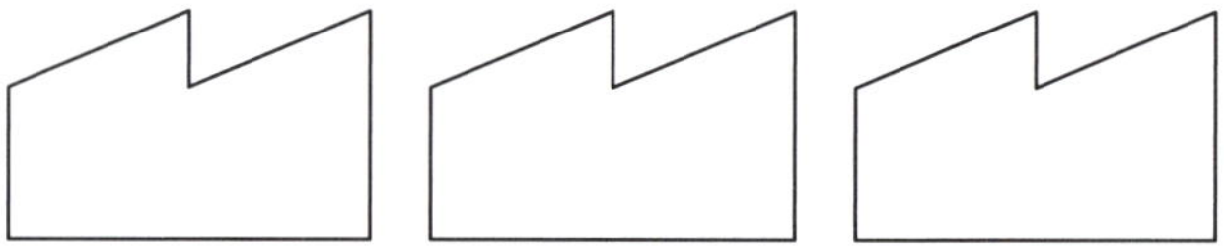

- ☐ Rechteck und zwei Dreiecke
- ☐ Quadrat und zwei Dreiecke
- ☐ zwei Trapeze
- ☐ Rechteck, zwei Dreiecke herausgeschnitten

2 Das Prisma hat eine zusammengesetzte Grundfläche (siehe Bild) und die Körperhöhe $h_K = 8{,}4\,cm$.

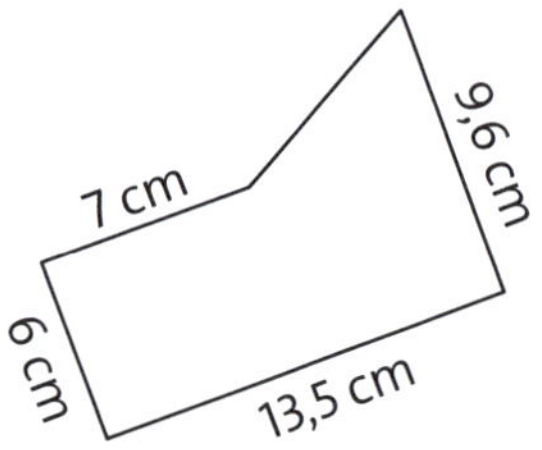

a) Zerlege die abgebildete Grundfläche in ein Rechteck und ein Dreieck.
b) Berechne zuerst die Flächeninhalte der beiden Teilflächen, dann den Grundflächeninhalt G und dann das Volumen V.

Rechteck: $A_1 =$ *Dreieck:* $A_2 =$

Grundfläche: $G =$

Volumen: V

3 Ein Holzstab hat die Form eines Prismas mit zusammengesetzter Grundfläche ($G = 6{,}5\,cm^2$; $h_K = 32\,cm$). Der Stab besteht aus Holz mit der Dichte $\rho \approx 0{,}8\,\frac{g}{cm^3}$. Berechne sein Volumen V und seine Masse m.

Tipp
Masse = Volumen · Dichte
$m = V \cdot \rho$

Zusammengesetzte Prismen ☒

1 Berechne das Volumen des abgebildeten Hauses. Zerlege dafür die Giebelfläche in ein Rechteck und ein Trapez.

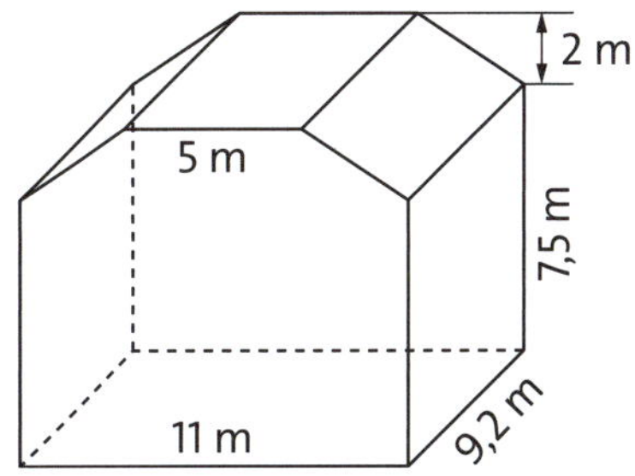

Rechteck: $A_1 =$ *Trapez:* $A_2 =$

Grundfläche: $G =$

Volumen: $V =$

2 Ein Profilstab mit der abgebildeten Grundfläche ist 2,50 m lang. Er besteht aus Stahl mit einer Dichte von $\rho = 7{,}86\,\frac{g}{cm^3}$. Ermittle die Masse des Profilstabs in kg. Runde das Ergebnis sinnvoll.

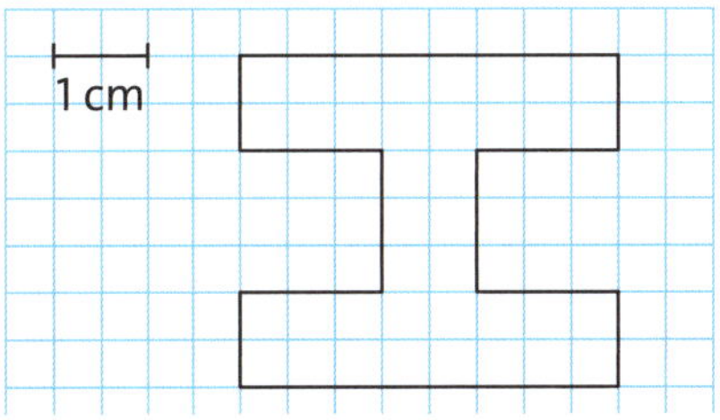

3 Skizziere ein Schrägbild eines Prismas mit zusammengesetzter Grundfläche, das zu der angegebenen Zerlegung der Grundfläche passt.

a) $A_{Rechteck} + 2 \cdot A_{Dreieck}$ **b)** $A_{Rechteck} - A_{Dreieck}$ **c)** $A_{Rechteck\,1} - A_{Rechteck\,2}$

Zufallsexperimente und Wahrscheinlichkeit

1 Notiere alle möglichen Ergebnisse.

a) Werfen eines normalen Spielwürfels ______

b) Farben bei Verkehrsampeln ______

c) die 5 Vokale in unserem Alphabet ______

d) die 3 Grundfarben bei Fotos ______

2 Wie wahrscheinlich ist es?
Kreuze Zutreffendes an.

Tipp

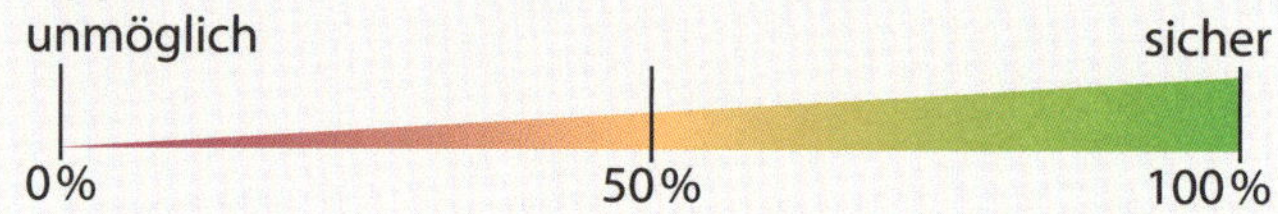

a) Deine Mitschüler sind älter als 2 Jahre.	☐ unmöglich	☐ 50 %	☐ sicher
b) Das Werfen einer Münze ergibt Wappen.	☐ unmöglich	☐ 50 %	☐ sicher
c) Nächstes Jahr ist Nikolaus am 1. Mai.	☐ unmöglich	☐ 50 %	☐ sicher
d) Du wächst bis morgen um 2 cm.	☐ unmöglich	☐ 50 %	☐ sicher
e) Du würfelst eine gerade Zahl.	☐ unmöglich	☐ 50 %	☐ sicher
f) Die nächste Geburt wird ein Mädchen.	☐ unmöglich	☐ 50 %	☐ sicher
g) Eine Stunde nach 11 Uhr ist es 12 Uhr.	☐ unmöglich	☐ 50 %	☐ sicher

3 Wie wahrscheinlich ist es?
Kreuze Zutreffendes an.

Tipp

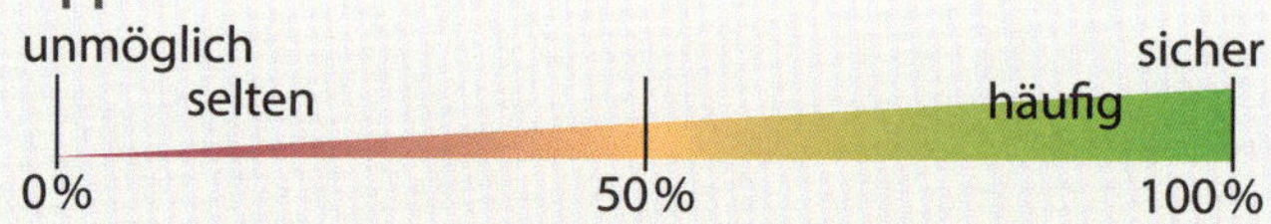

a) Das nächste vorbeifahrende Auto ist gelb.	☐ selten	☐ häufig
b) In deiner Schule sind die Kinder älter als 12 Jahre.	☐ selten	☐ häufig
c) Im Winter ist es kalt.	☐ selten	☐ häufig
d) Aus Zahlenkarten mit 1 bis 10 zieht man die 3.	☐ selten	☐ häufig

4 Schreibe an die Pfeile den zutreffenden Buchstaben.

A Nach dem Monat April kommt der Mai.

B Ich ziehe eine rote Karte aus einem Skatspiel.

C Im Sommer scheint die Sonne.

D Alle Schüler schreiben eine 1.

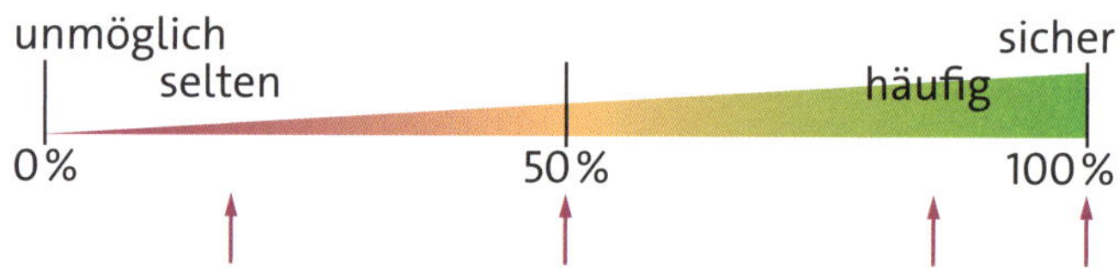

Zufallsexperimente und Wahrscheinlichkeit ☒

Wahrscheinlichkeiten liegen zwischen 0 % und 100 %.

Bei einer großen Anzahl von Versuchen bei einem Zufallsexperiment kann die relative Häufigkeit als Schätzwert für die Wahrscheinlichkeit verwendet werden.

1 Notiere alle möglichen Ergebnisse.

a) Jahreszeit

b) Jahrgangsstufen in der Grundschule

2 Kreuze an, welche Wahrscheinlichkeiten die beschriebenen Ereignisse haben, wenn das Glücksrad sehr viele Male gedreht wird.

Ereignis	0 %	selten	50 %	häufig	100 %
Das Feld ist blau.					
Das Feld ist grün.					
Das Feld ist gelb.					
Man erhält eine Zahl kleiner als 9.					
Man erhält eine Zahl größer als 2.					
Das Feld ist rot.					
Man erhält eine gerade Zahl.					

3 Paul behauptet: Wenn ich eine Reißzwecke hochwerfe, dann bleibt sie häufiger seitlich liegen als auf dem Kopf. Er wirft 50 Reißzwecken nacheinander 5-mal und notiert die folgenden Gesamtergebnisse.

Anzahl geworfener Reißzwecken	50	100	150	200	250
absolute Häufigkeit seitliche Lage	26	58	84	116	150
relative Häufigkeit seitliche Lage					

absolute Häufigkeit Kopflage	24	42	66	84	100
relative Häufigkeit Kopflage					

a) Ergänze die relativen Häufigkeiten in der Tabelle.

b) Nimm die relativen Häufigkeiten am Ende des Experimentes als Wahrscheinlichkeiten an. Begründe damit, ob Paul recht hat.

Zufallsexperimente und Wahrscheinlichkeit ☒

1 Notiere mögliche Ergebnisse.

a) Der nächste Bus fährt ab.

b) Hiske hat in die Klassenkasse 5 € eingezahlt.

c) Das Turnier ist am Wochenende.

2 Ein Würfel mit dem dargestellten Netz wird gewürfelt. Kreuze die Wahrscheinlichkeiten an.

Ereignis	0 %	selten	50 %	häufig	100 %
Die rote Fläche liegt oben.					
Eine Zahl liegt oben.					
Die grüne Fläche liegt oben.					
Die blaue Fläche liegt oben.					
Eine Zahl kleiner als 1 liegt oben.					
Die Zahlen 1, 2 oder 3 liegen oben.					
Eine Zahl größer als 2 liegt oben.					

3 Ordne jedem gegebenen Ereignis eine der Wahrscheinlichkeiten zu. Ergänze die Wörter genau oder ungefähr.

100 % 80 % 0 % 20 %

Nach dem Kämmen sind Haare in der Bürste.

Du würfelst mit einem normalen Würfel eine 6.

Nach dem Werfen eines 10-€-Scheins sieht man eine Zahl.

Die Fußgänger-Ampel zeigt lila.

4 Die Tabelle enthält die Ergebnisse für das Würfeln der 3. Es wurde ein normaler Spielwürfel geworfen.

Anzahl der Würfe	50	100	150	200	300	500	1000
absolute Häufigkeit	6	12	24	31	42	80	161
relative Häufigkeit							

a) Ergänze die relativen Häufigkeiten in der Tabelle.

b) Bestimme die Wahrscheinlichkeit für das Ergebnis 3.

Laplace-Experimente

1 Ist das Experiment ein Laplace-Experiment? Kreuze an.

Tipp
Wenn alle Ergebnisse gleich wahrscheinlich sind, dann ist es ein Laplace-Experiment.

a) Ein Schultag in einer Woche ohne Feiertage wird zufällig ausgewählt. ☐ ja ☐ nein
mögliche Ergebnisse: Montag; Dienstag; Mittwoch; Donnerstag; Freitag

b) Es gibt 9 Lose, darunter sind 2 Hauptgewinne. Ein Los wird gezogen. ☐ ja ☐ nein
mögliche Ergebnisse: Hauptgewinn; kein Hauptgewinn

2 Gib die Wahrscheinlichkeit P für das Ergebnis zuerst als Bruch und dann in Prozent an.

Tipp
$\frac{1}{\text{Anzahl aller möglichen Ergebnisse}}$

a) Auf einem Würfel stehen die Zahlen 1 bis 20. Es wird eine 7 gewürfelt. P(7) = ______

b) Eine Münze fällt. Zahl liegt oben. P(Zahl) = ______

c) Der beste Freund hat im Winter Geburtstag. P(Winter) = ______

3 Auf einem Spielwürfel stehen die Augenzahlen von 1 bis 4
Gib Wahrscheinlichkeit P in Prozent an.

Tipp
$\frac{\text{Anzahl der günstigen Ergebnisse}}{\text{Anzahl aller möglichen Ergebnisse}}$

a) Es wird eine 2 gewürfelt.
günstige Ergebnisse: 2 Anzahl: ______ P(2) = $\frac{1}{4}$ = 25 %

b) Es wird eine 1 oder eine 2 gewürfelt.
günstige Ergebnisse: ______ Anzahl: ______ P(1 oder 2) = ______

c) Es wird eine ungerade Augenzahl gewürfelt.
günstige Ergebnisse: ______ Anzahl: ______ P(ungerade Zahl) = ______

4 Berechne die Wahrscheinlichkeit für das Ereignis mit dem Gegenereignis.

Tipp
$\overline{E}$ enthält alle möglichen Ergebnisse, die für E nicht günstig sind. $P(E) = 1 - P(\overline{E})$
Beispiel:
P(kein rotes Feld) = 1 – P(rotes Feld) = $1 - \frac{1}{8} = \frac{7}{8}$

a) P(nicht blau) = 1 – P(______) = 1 – ______ = ______

b) P(nicht gelb) = 1 – P(______) = 1 – ______ = ______

c) P(gelb oder rot) = 1 – P(______) = 1 – ______ = ______

d) P(grün, gelb oder rot) = 1 – P(______) = 1 – ______ = ______

Laplace-Experimente ☒

- Wenn bei einem Zufallsexperiment jedes Ergebnis gleich wahrscheinlich ist, dann ist es ein Laplace-Experiment.

  $P(\text{Ergebnis}) = \frac{1}{\text{Anzahl aller möglichen Ergebnisse}}$

- Ein Ereignis besteht aus mehreren Ergebnissen.

  $P(\text{Ereignis}) = \frac{\text{Anzahl der günstigen Ergebnisse}}{\text{Anzahl aller möglichen Ergebnisse}}$

- $\overline{E}$ enthält alle möglichen Ergebnisse, die für E nicht günstig sind.

  $P(\text{Ereignis}) = 1 - P(\text{Gegenereignis})$

Beispiel: Auf einem Spielwürfel stehen die Zahlen von 0 bis 9.

$P(9) = \frac{1}{10} = 10\,\%$

$P(\text{gerade}) = \frac{5}{10} = 50\,\%$

$P(\text{kleiner } 9) = 1 - P(9) = 1 - \frac{1}{10} = \frac{9}{10} = 90\,\%$

1 Ist das Experiment ein Laplace-Experiment? Kreuze an.

a) Frau Stein bekommt morgen ein Paket. ☐ ja ☐ nein
mögliche Ergebnisse: Vormittag; Mittag; Nachmittag; Abend

b) In einer Tüte sind 3 Bonbons. Einer davon fällt heraus. ☐ ja ☐ nein
mögliche Ergebnisse: Himbeere; Kirsche; Zitrone

2 Vier Glücksräder stehen zur Wahl. Grün gewinnt.
Welches Glücksrad würdest du wählen? Kreuze an und begründe.

☐  ☐  ☐  ☐ 

3 Gegeben ist das Glücksrad.
Gib die Wahrscheinlichkeit des Ereignisses zuerst als Bruch und dann in Prozent an.

a) P(blau) =

b) P(grün) =

c) P(größer als 1) =

d) P(kleiner als 2) =

4 Berechne die Wahrscheinlichkeit für das Ereignis mit dem Gegenereignis.

a) P(nicht rot) = 1 – P(   ) = 1 –   =

b) P(nicht grün) = 1 – P(   ) = 1 –   =

c) P(größer 3) = 1 – P(   ) = 1 –   =

d) P(kleiner 7) = 1 – P(   ) = 1 –   =

Laplace-Experimente ☒

1 Kreuze Zutreffendes an.

a) Wenn bei einem Zufallsexperiment jedes Ergebnis unterschiedlich wahrscheinlich ist, dann ist es ein Laplace-Experiment.	☐ wahr	☐ falsch
b) Die Wahrscheinlichkeit für ein Ergebnis ist immer größer als 1.	☐ wahr	☐ falsch
c) Mehrere Ergebnisse zusammen sind ein Ereignis.	☐ wahr	☐ falsch
d) Die günstigen Ergebnisse sind alle möglichen Ergebnisse.	☐ wahr	☐ falsch
e) Die Wahrscheinlichkeit für ein sicheres Ereignis ist 100 %.	☐ wahr	☐ falsch
f) P(Ereignis) + P(Gegenereignis) = 100 %	☐ wahr	☐ falsch

2 Ein Skatspiel besteht aus 32 Karten (8 Kreuz, 8 Pik, 8 Herz und 8 Karo).
Maylin zieht davon eine Karte. Gib die Wahrscheinlichkeit in Prozent an.

a) P(Dame) = ____________

b) P(Herz 9) = ____________

c) P(schwarze Karte) = ____________

d) P(Herz oder Kreuz) = ____________

e) p(kein Herz) = 1 – ____________

f) P(keine Dame) = 1 – ____________

3 Beim Roulette gibt es ein Rad mit Feldern von 0 bis 36.
Eine Kugel wird geworfen. Die Zahl, bei der die Kugel liegen bleibt, gewinnt.
18 Felder sind rot. 18 Felder sind schwarz. Ein Feld ist grün.

a) Gib die Wahrscheinlichkeit in Prozent an. Runde auf Zehntel.

P(rot) = ____________

P(grün) = ____________

P(13; 14; 16; 17) = ____________

P(größer 3) = ____________

P(größer 2 und kleiner 35) = ____________

b) Beim Roulette wird Geld auf Zahlen gesetzt.
Der Gewinn bei „grün“ ist der eingesetzte Wert mal 36. Bei „rot“ nur mal 2. Nenne einen Grund.

____

____

Zweistufige Zufallsexperimente

1 Eine Jacke und eine Mütze werden aus einer Waschmaschine genommen.
Stelle alle möglichen Ergebnisse dar.
Färbe dazu die Teile ein.

Tipp
① Färbe die Jacke in einer Farbe ein.
② Färbe die Mütze je Jacke in einer Farbe ein.

a) Es gibt eine rote und eine blaue Jacke. Es gibt eine rote Mütze und eine blaue Mütze.

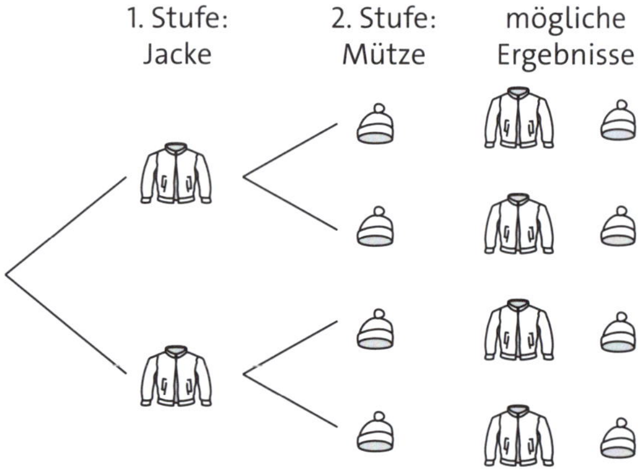

b) Es gibt eine rote, eine blaue und eine schwarze Jacke. Es gibt eine rote und eine gelbe Mütze.

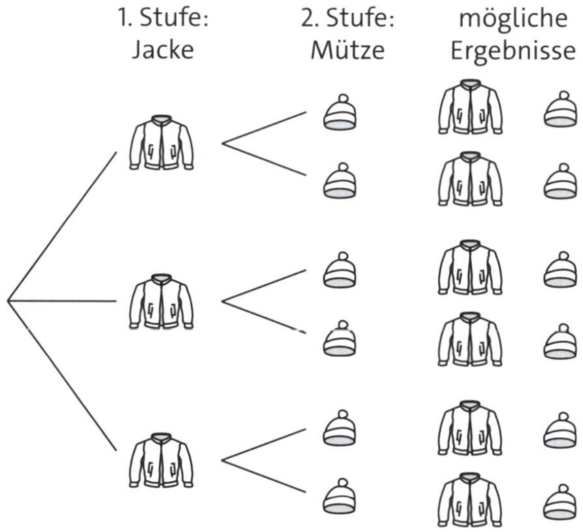

2 Verbinde zuerst mit dem Baumdiagramm.
Ermittle dann die Anzahl aller möglichen Ergebnisse.

Tipp
Zähle rechts die Ergebnisse.

Das Glücksrad wird 2-mal gedreht.

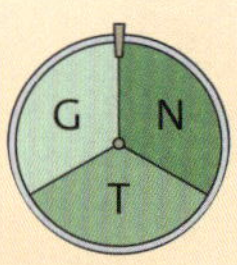

In einer Tüte sind ein rotes und drei gelbe Bonbons. Jan isst zwei der Bonbons.

Eine 1-Euro-Münze wird 2-mal geworfen.

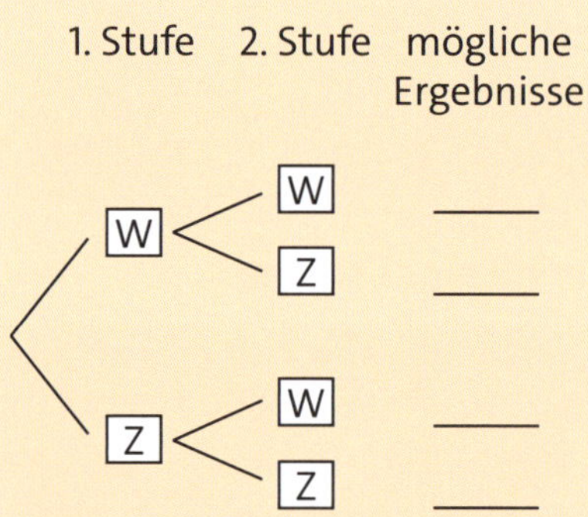

Anzahl aller möglichen Ergebnisse: ____

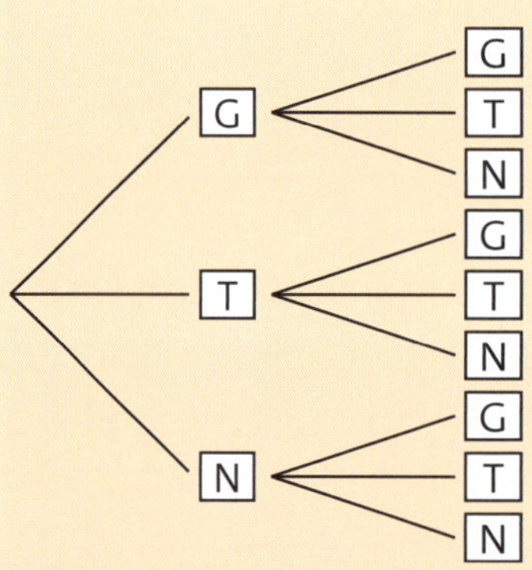

Anzahl aller möglichen Ergebnisse: ____

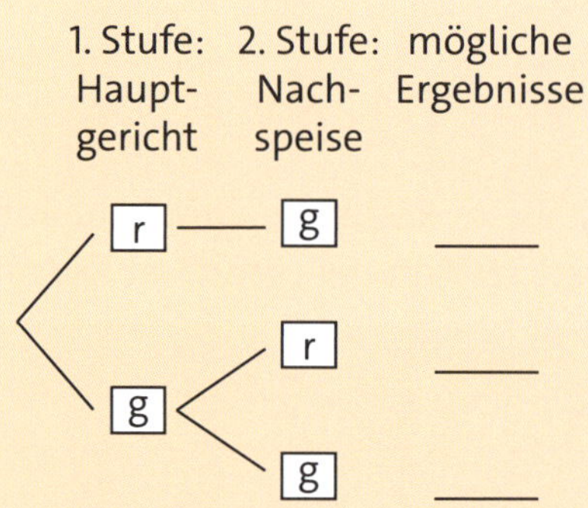

Anzahl aller möglichen Ergebnisse: ____

Zweistufige Zufallsexperimente

- Die Baumdiagramme zu zweistufigen Zufallsexperimenten bestehen aus zwei Stufen.
- Die Ergebnisse zweistufiger Zufallsexperimente sind geordnete Paare. Die Anzahl aller möglichen Ergebnisse ist das Produkt aus den Anzahlen der Möglichkeiten jeder Stufe.

Beispiel: Beim Italiener kann man zwischen den Hauptgerichten Pizza (P) und Nudeln (N) wählen. Als Nachspeise werden Eis (E), Tiramisu (T) und Pannacotta(P) angeboten.

Anzahl der möglichen Ergebnisse: $2 \cdot 3 = 6$

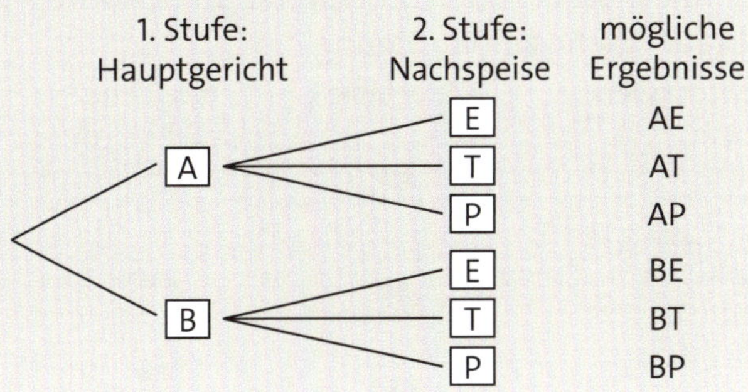

1 Leonid kann im Online-Shop die Farbe vom Cappy und die Farbe vom Schirms wählen. Stelle alle möglichen Ergebnisse dar. Färbe dazu die Teile ein.

a) Bei Cappy und Schirm darf er jeweils Rot, Blau oder Gelb wählen.

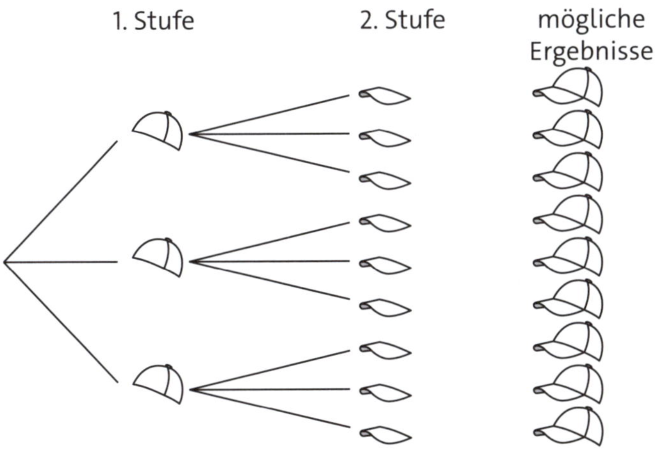

b) Bei Cappy und Schirm darf er Rot, Blau oder Gelb wählen. Verboten sind gleiche Farben.

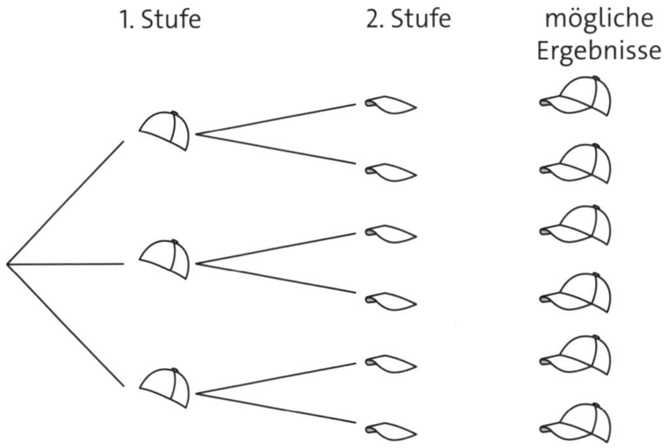

2 Ein Poker-Blatt besteht aus Zahlkarten (Z), Bildkarten (B) und Assen (A).

Zu Beginn erhält jeder Spieler zwei Karten. Ergänze zuerst die Buchstaben im Baumdiagramm. Gib dann die Anzahl der möglichen Ergebnisse an. ____________

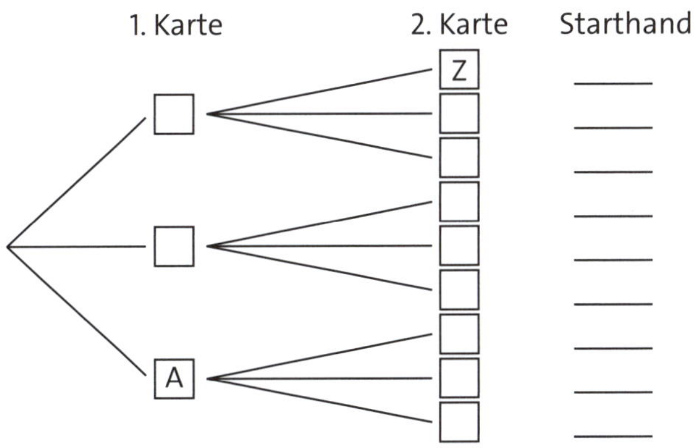

3 Berechne die Anzahl aller möglichen Ergebnisse.

a) Würfeln mit zwei verschiedene sechsseitigen Würfeln ____________

b) zwei verschiedene von vier Socken auswählen ____________

c) zufälliges Auswählen von zwei verschiedenen Wochentagen ____________

Zweistufige Zufallsexperimente ☒

1 Ella möchte aus Steinen einen Turm bauen.
Stelle alle möglichen Ergebnisse dar. Färbe dazu die Steine ein.

a) Für die ersten beiden Stockwerke stehen rote und blaue Steine zur Verfügung.

1. Stockwerk 2. Stockwerk mögliche Ergebnisse

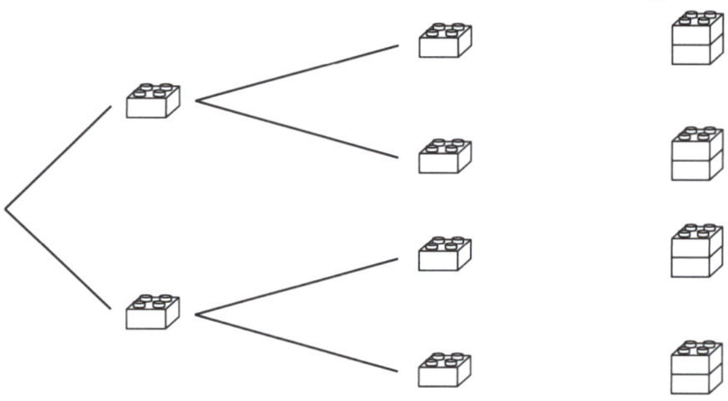

b) Für die ersten beiden Stockwerke stehen ein roter, ein gelber und ein blauer Stein zur Verfügung.

1. Stockwerk 2. Stockwerk mögliche Ergebnisse

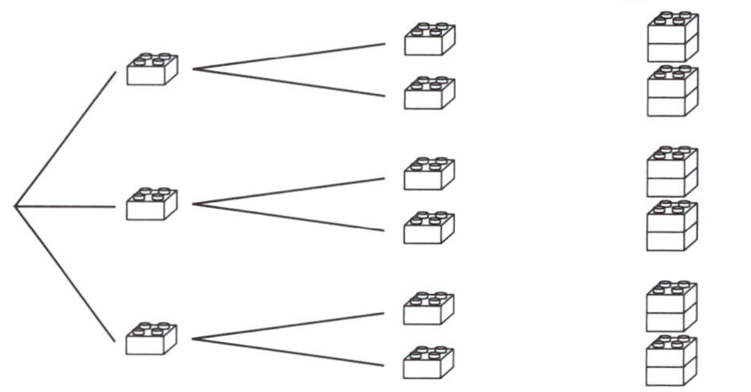

c) Für die ersten drei Stockwerke stehen rote und gelbe Steine zur Verfügung.

1. Stockwerk 2. Stockwerk 3. Stockwerk Turm

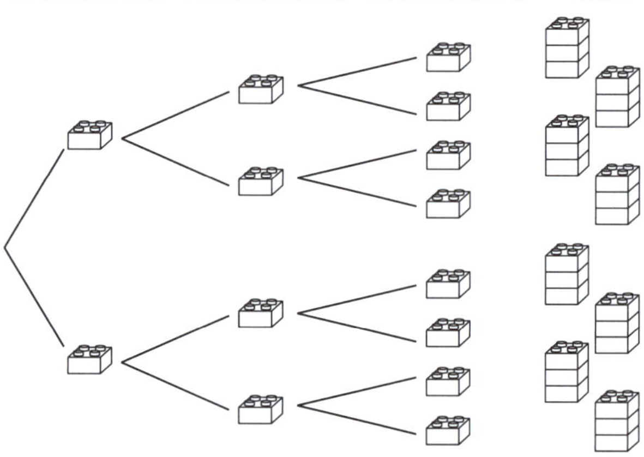

d) Für die ersten drei Stockwerke stehen ein roter, ein gelber und ein blauer Stein zur Verfügung.

1. Stockwerk 2. Stockwerk 3. Stockwerk Turm

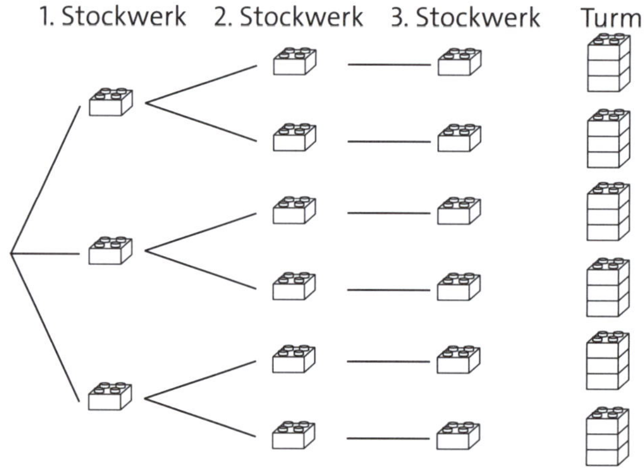

2 Vier leere Stühle stehen nebeneinander.
Ludwig setzt sich neben Clara, weil er sie mag.

Ergänze zuerst die Buchstaben im Baumdiagramm.
Gib dann die Anzahl der dementsprechend möglichen Sitzanordnungen an.

Stuhl von Clara Stuhl von Ludwig Sitzordnung

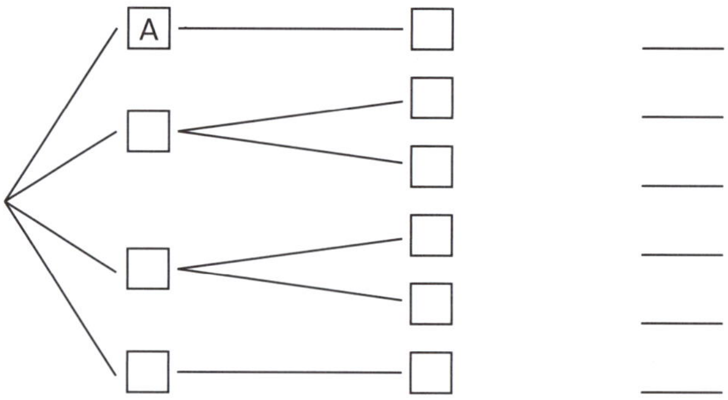

3 Es gibt genau 12 mögliche Farbkombinationen für die ersten beiden Stockwerke eines Turms.

a) Jedes der beiden Stockwerke hat eine andere Farbe.
Ermittle die Anzahl der Farben.

b) Das erste Stockwerk ist entweder blau oder rot.
Ermittle die Mindestanzahl der Farben.

Produktregel und Summenregel

1 Ergänze zuerst die Wahrscheinlichkeiten an den Pfaden.
Berechne dann die Wahrscheinlichkeiten der Ergebnisse.

Beispiel:
- Wahrscheinlichkeit am Pfad:
$P(G) = \frac{2}{8}$ $\left(p = \frac{\text{Anzahl der günstigen Ergebnisse}}{\text{Anzahl der möglichen Ergebnisse}}\right)$
- Wahrscheinlichkeit vom Ergebnis:
$P(GG) = \frac{2}{8} \cdot \frac{2}{8}$ (Multipliziere entlang des Pfades.)

a) Nia dreht am Glücksrad 2-mal.

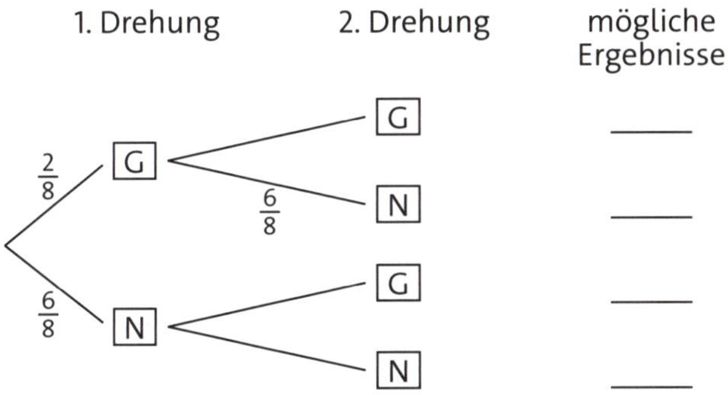

$P(GG) = \frac{2}{8} \cdot \frac{2}{8} =$

P(GN) =

P(NG) =

P(NN) =

b) Zwei der Lose werden zufällig gezogen.

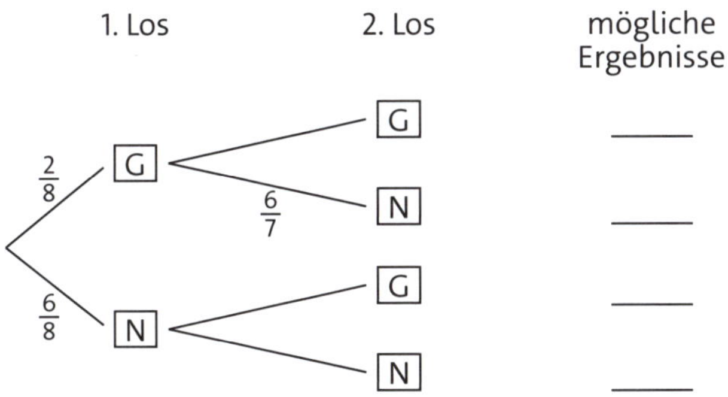

P(GG) =

P(GN) =

P(NG) =

P(NN) =

c) Berechne die Wahrscheinlichkeiten der Ereignisse.
Nutze dafür die Wahrscheinlichkeiten aus **b)**.

Tipp
Addiere die Wahrscheinlichkeiten der zugehörigen Ergebnisse.

A: Genau ein G wird gezogen. $P(A) = P(GN) + P(NG) = \frac{3}{14} + \frac{3}{14} =$

B: Mindestens ein G wird gezogen. $P(B) = P(GG) + P(GN) + P(NG) =$

C: Mindestens ein N wird gezogen. P(C) =

D: Zwei Gleiche werden gezogen. P(D) =

Produktregel und Summenregel ☒

- Produktregel: Die Wahrscheinlichkeit für ein Ergebnis ist das Produkt der Wahrscheinlichkeiten entlang des Pfades.
- Summenregel: Die Wahrscheinlichkeit für ein Ereignis ist die Summe der Wahrscheinlichkeiten der zugehörigen Ergebnisse.

Beispiel: Von 10 Zügen kommen 7 pünktlich (p) und 3 unpünktlich (u). Ana fährt mit zwei Zügen zur Ostsee.

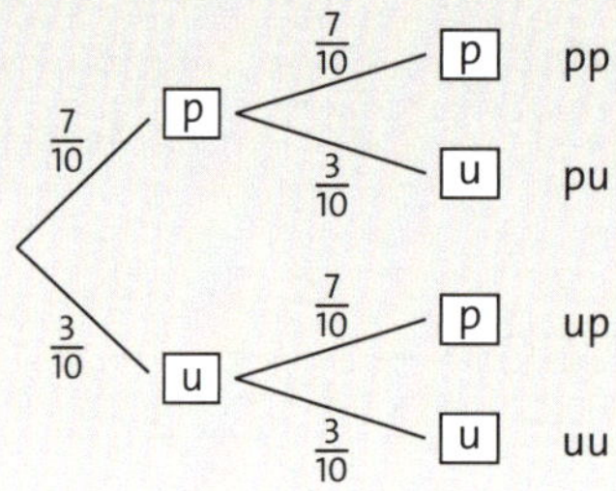

$P(pp) = \frac{7}{10} \cdot \frac{7}{10} = \frac{49}{100} = 49\,\%$

$P(pn) = \frac{7}{10} \cdot \frac{3}{10} = \frac{21}{100} = 21\,\%$

$P(up) = \frac{3}{10} \cdot \frac{7}{10} = \frac{49}{100} = 21\,\%$

$P(uu) = \frac{3}{10} \cdot \frac{3}{10} = \frac{9}{100} = 9\,\%$

E: Genau ein Zug ist pünktlich.
$P(E) = 21\,\% + 21\,\% = 42\,\%$

1 Ergänze zuerst die Wahrscheinlichkeiten im Baumdiagramm.
Berechne dann die Wahrscheinlichkeiten.

a) Martin trifft beim Elfmeter in 3 von 4 Fällen das Tor.
Er schießt 2-mal.

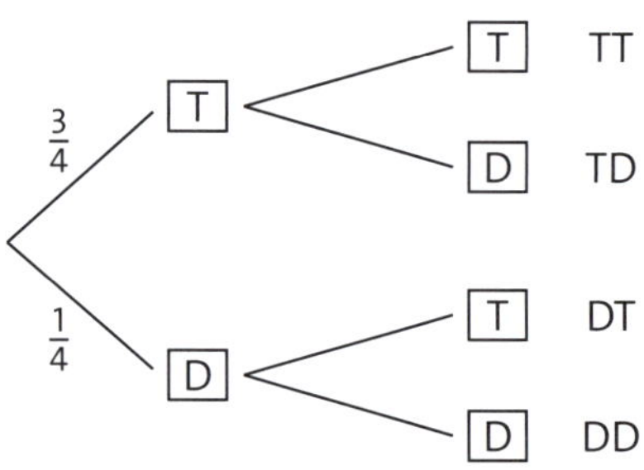

P(TT) = ______

P(TD) = ______

P(DT) = ______

P(DD) = ______

A: Es gibt mindestens einen Treffer.
P(A) = P(TT) + P(TD) + P(DT)
= ______
= ______

b) Zu Fasching sind 2 von 10 Pfannkuchen mit Senf statt Marmelade gefüllt. Alle sehen gleich aus.
Jenny legt auf einen Teller 2 Pfannkuchen.

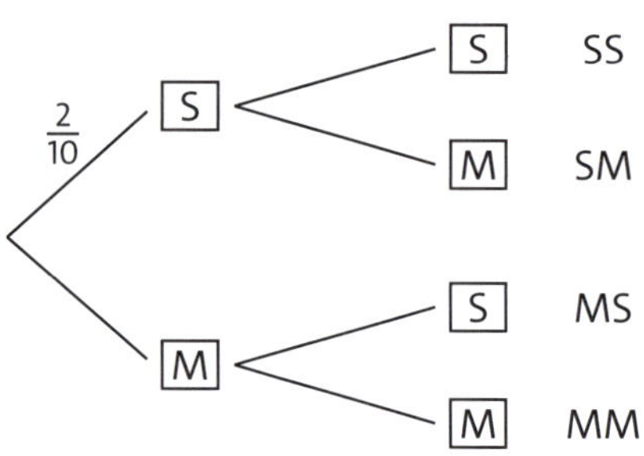

P(SS) = ______

P(SM) = ______

P(MS) = ______

P(MM) = ______

B: Höchstens einer ist mit Senf.
P(B) = P(SM)+P(MS) + P(MM)
= ______
= ______

c) In einer Dose sind 3 gelbe und 1 rotes Bonbon.
Eileen nimmt, ohne hinzusehen, zwei Bonbons.

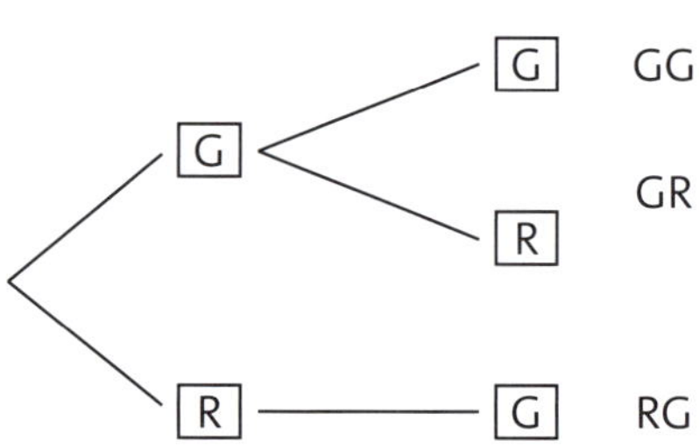

P(GG) = ______

P(GR) = ______

P(RG) = ______

C: Genau ein Bonbon ist gelb.

P(C) = ______
= ______
= ______

Produktregel und Summenregel

1 In einer Tüte sind 3 rote und 5 gelbe Gummibärchen. Romano nimmt zufällig zwei davon.
Ergänze zuerst die Wahrscheinlichkeiten im Baumdiagramm.
Berechne dann die Wahrscheinlichkeiten.

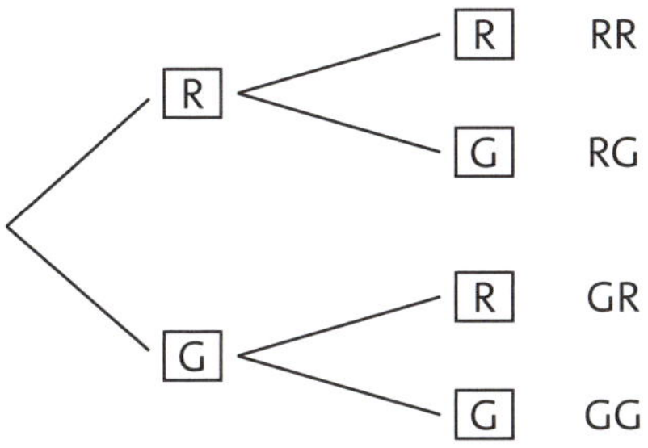

P(RR) = ______

P(RG) = ______

P(GR) = ______

P(GG) = ______

E: Die Farben sind verschieden.
P(E) = P(RG) + P(GR)

= ______

= ______

2 Robert möchte am Wochenende wandern.
Für Samstag beträgt die Regenwahrscheinlichkeit 10 % und für Sonntag 25 %.

a) Ermittle mit dem Baumdiagramm die Wahrscheinlichkeiten der Möglichkeiten in Prozent.

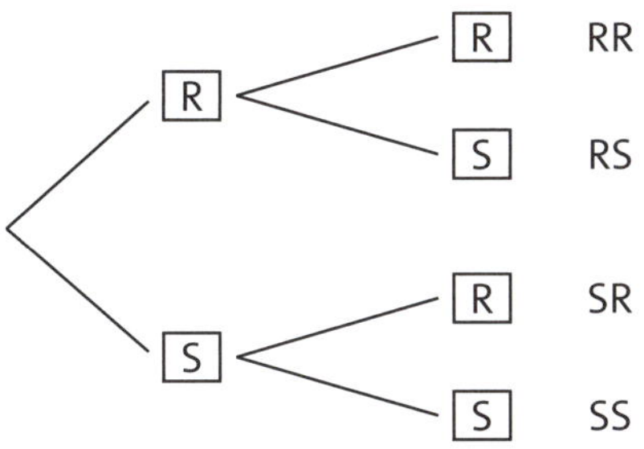

P(RR) = $\frac{10}{100}$ · ______ = ______ %

P(RS) = $\frac{10}{100}$ · ______ = ______ %

P(SR) = ______ = ______ %

P(SS) = ______ = ______ %

b) Berechne die Wahrscheinlichkeiten der Ereignisse A, B und C mithilfe von Teilaufgabe **a)**.
A: An genau einem Tag regnet es.

P(A) = P(RS) + P(SR) = ______ % + ______ % = ______ %

B: An höchstens einem Tag regnet es.

P(B) = P(RS) + P(SR) + P(SS) = ______

C: An mindestens einem Tag regnet es.

P(C) = ______

3 Die Wahrscheinlichkeit, bei zwei Drehungen beide Male einen Gewinn zu erzielen, beträgt $\frac{1}{100}$.
Berechne zuerst die Wahrscheinlichkeit p, dass sie bei einmaligem Drehen einen Gewinn erzielt.
Berechne dann den Winkel des Gewinn-Sektors in Grad.

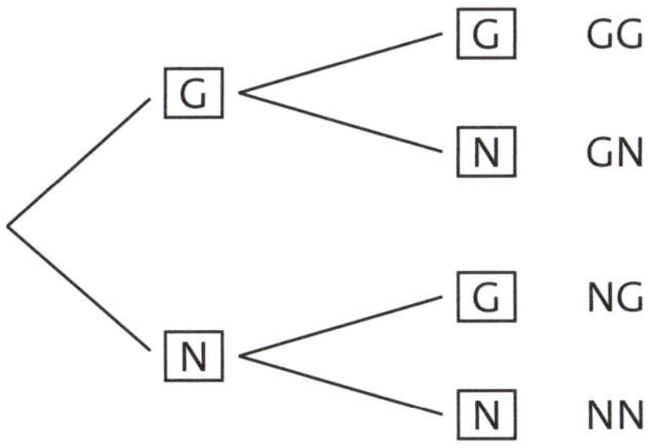

P(GG) = ______

P(G) = p = ______

Winkel: ______

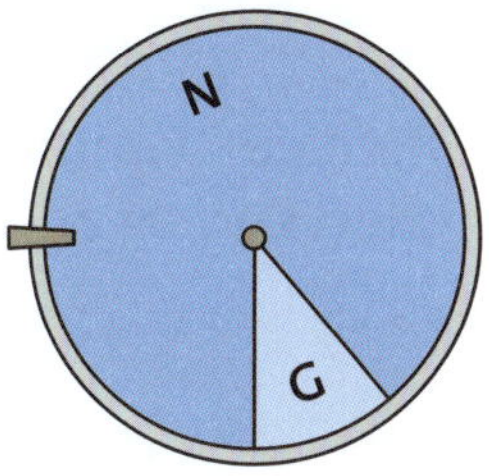

Funktionen erkennen und darstellen

1 Ergänze die Aussagen zur Zuordnung.

a) *Anzahl der Eiskugeln* → *Preis (in €) mit Waffel*

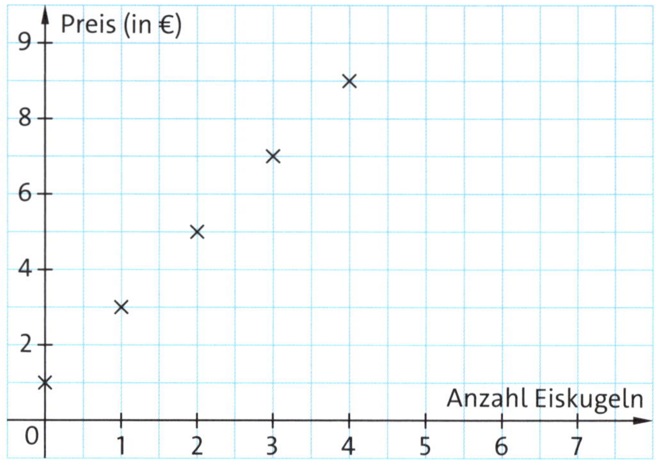

Eine Eiskugel mit Waffel kostet ______

Drei Eiskugeln mit Waffel kosten ______

> **Tipp**
> Jedem x-Wert (Anzahl Eiskugeln) wird ein y-Wert (Preis (in €)) zugeordnet. Diese Werte kannst du an den Koordinaten der Punkte ablesen.

b) *Monat* → *Temperatur*

Monat	Januar	März	Mai	Juli	September	November	Dezember
Temperatur	*3 °C*	*6 °C*	*14 °C*	*19 °C*	*15 °C*	*7 °C*	*4 °C*

Im Monat ______ ist es am wärmsten. Im September ist die Temperatur ______ °C.

2 Frau Sahin hat Wertetabellen von zwei Zuordnungen notiert. Stelle sie als Graph dar. Entscheide, ob es eine Funktion ist oder nicht. Ergänze dann den Text unten.

a) *Note* → *Anzahl*

Note	1	2	3	4	5	6
Anzahl	*3*	*6*	*5*	*2*	*2*	*1*

b) *Anzahl* → *Note*

Anzahl	1	2	2	3	5	6
Note	*6*	*4*	*5*	*1*	*3*	*2*

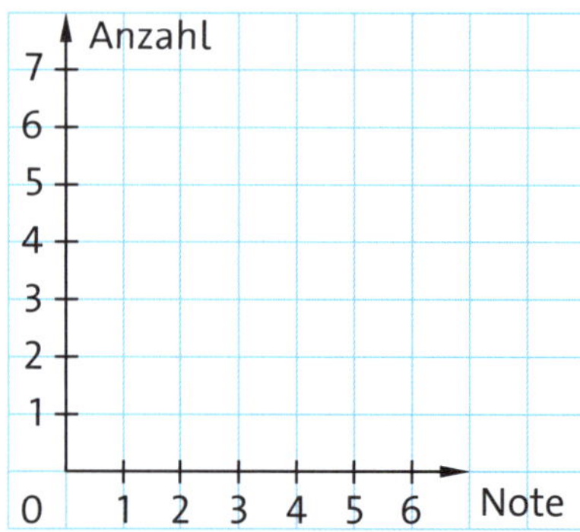

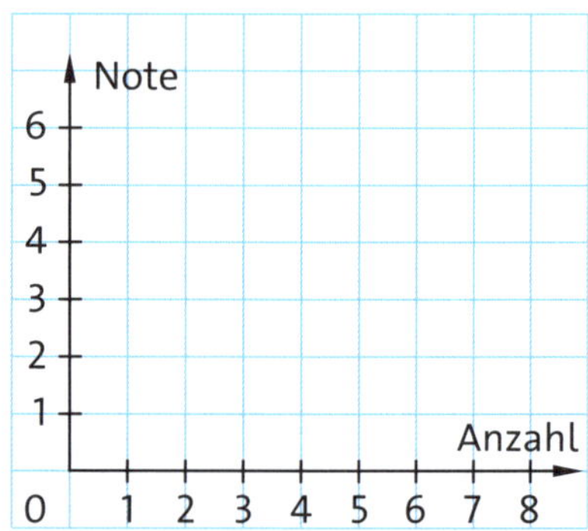

In a) ist die Zuordnung ______, in b) ist die Zuordnung ______

3 Gegeben ist die Funktionsgleichung $y = 2 \cdot x - 1$.

a) Ergänze die Wertetabelle.

x	0	1	2	2,5	3
y					

b) Zeichne den Graphen der Funktion.

c) Lies den x-Wert zu y = 2 am Graphen ab.

______

d) Lies den x-Wert zu y = 4,5 am Graphen ab.

______

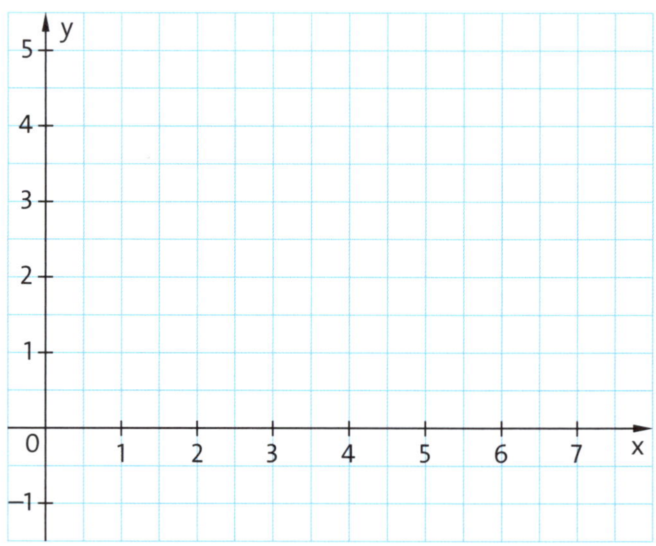

Funktionen erkennen und darstellen

Wenn jedem x-Wert genau ein y-Wert zugeordnet wird, dann ist eine Zuordnung eindeutig und heißt Funktion. Funktionen können in Wortform, durch Funktionsterme, Funktionsgleichungen, Wertetabellen und Graphen dargestellt werden.

Wortform: Eine Eiskugel kostet 1,50 €. Eine Waffel kostet 1 €.

Funktionsgleichung: $y = 1{,}50 \cdot x + 1$

Funktionsterm: $1{,}50 \cdot x + 1$

Wertetabelle:

Anzahl Eiskugeln	0	1	2	3
Preis (in €)	1,00	2,50	4,00	5,50

Graph:

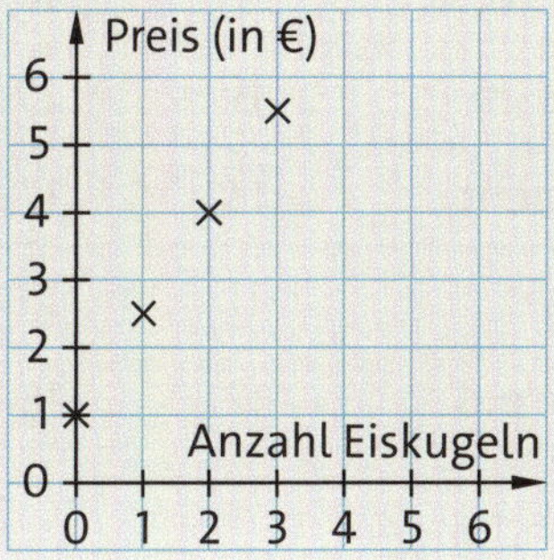

1 Beantworte die Fragen zu den Funktionen.

a) *Fallhöhe h (in m) → Fallzeit t (in s)*

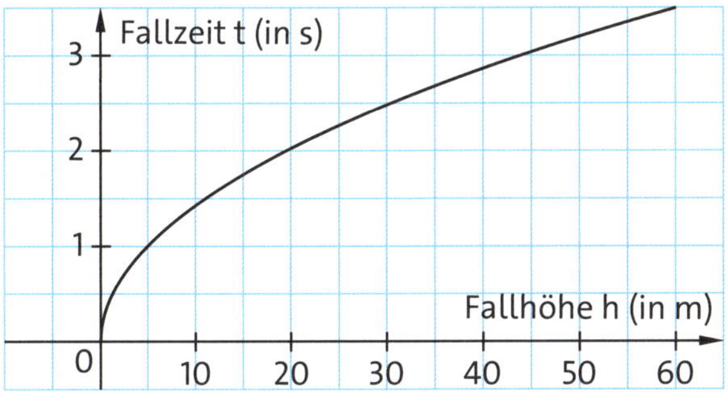

Wie lang ist die Fallzeit bei einer Fallhöhe von 20 m? ____________

Wie groß ist die Fallhöhe bei einer Fallzeit von 2,5 s? ____________

b) *Kind → Taschengeld je Monat*

Name	Nia	Sina	Kemal	Lea
Taschengeld (in €)	15	30	25	20

Name	Omran	Kevin	Tim	Ben
Taschengeld (in €)	20	15	15	20

Wer bekommt das meiste Taschengeld?

____

Wie viele Kinder erhalten 20 € oder mehr?

____

2 Gegeben ist die Funktionsgleichung $y = -0{,}5 \cdot x + 1$.

a) Ergänze die Wertetabelle.

x	–1	0	1	2	3
y					

b) Zeichne den Graphen der Funktion.

c) Lies den x-Wert zu y = 2 am Graphen ab.

____

d) In welchem Punkt schneidet der Graph die x-Achse?

____

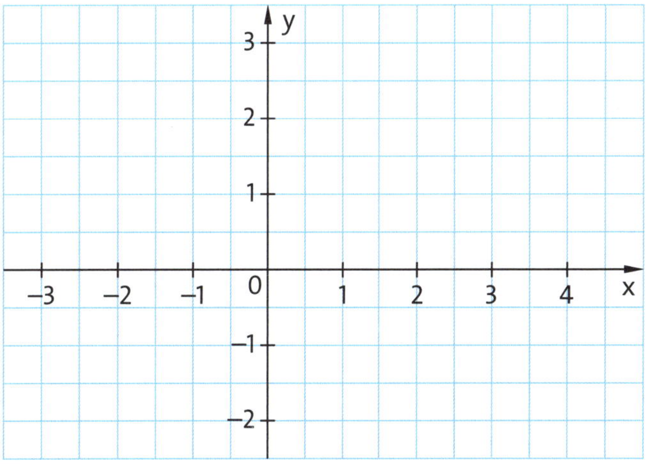

Funktionen erkennen und darstellen ☒

1 Kreuze an, ob die Zuordnung eine Funktion ist oder nicht. Begründe, wenn sie keine Funktion ist.

Verein	Platz	Punkte	Tore	Siege
Blau-Weiß	1	34	49	10
Borussia	6	25	25	8
Eintracht	13	17	21	4
1. FC	11	18	22	5
Rot-Weiß	12	18	25	5

a) *Anzahl Tore → Anzahl Siege*
☐ Funktion ☐ keine Funktion

b) *Verein → Anzahl Punkte*
☐ Funktion ☐ keine Funktion

c) *Platz → Anzahl Siege*
☐ Funktion ☐ keine Funktion

d) *Anzahl Siege → Verein*
☐ Funktion ☐ keine Funktion

Begründungen:

2 Gegeben ist die Funktionsgleichung $y = 1{,}5 \cdot x - 2$.

a) Ergänze die Wertetabelle.

x	−2	0	2	3	4
y					

b) Zeichne den Graphen der Funktion.

c) Lies den x-Wert zu $y = -0{,}5$ am Graphen ab.

d) Prüfe das Ergebnis aus c) rechnerisch. Setze dafür den abgelesenen x-Wert in die Funktionsgleichung ein.

e) Zeichne auch den Graphen der Funktion mit der Funktionsgleichung $y = -1{,}5 \cdot x$ ein. Nutze die Wertetabelle.

x					
y					

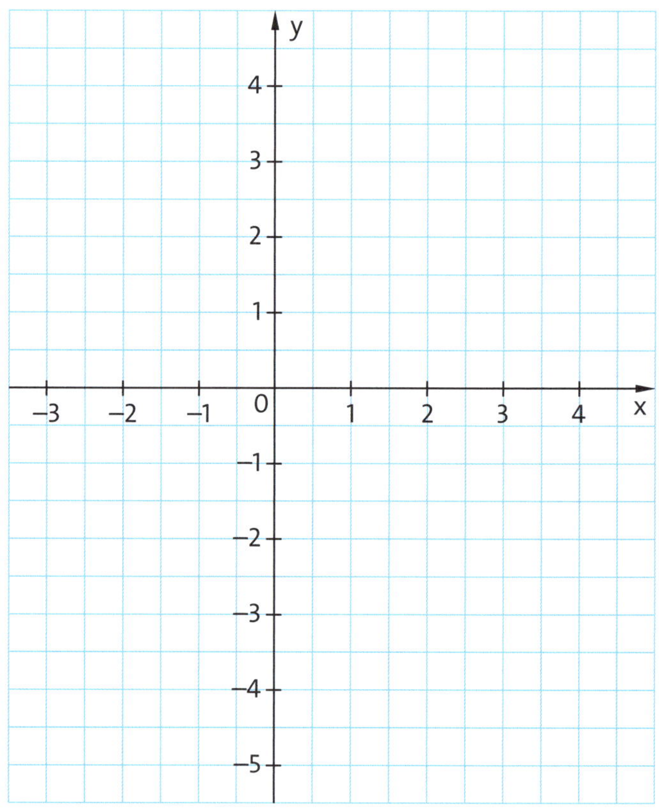

3 Die Funktion *Seitenlänge eines gleichseitigen Dreiecks → Umfang des Dreiecks* wird betrachtet. Ergänze zuerst die Wertetabelle zur Funktion. Kreuze dann Zutreffendes für gleichseitige Dreiecke an.

Seitenlänge (in cm)	1	2	3					20	30	
Umfang (in cm)				15	21	24	45			300

Die Zuordnung *Seitenlänge → Umfang* ist eine Funktion. ☐ wahr ☐ falsch

Die Zuordnung *Umfang → Seitenlänge* ist keine Funktion. ☐ wahr ☐ falsch

Steigung von Geraden

1 Ordne die Geraden nach ihrer Steigung.

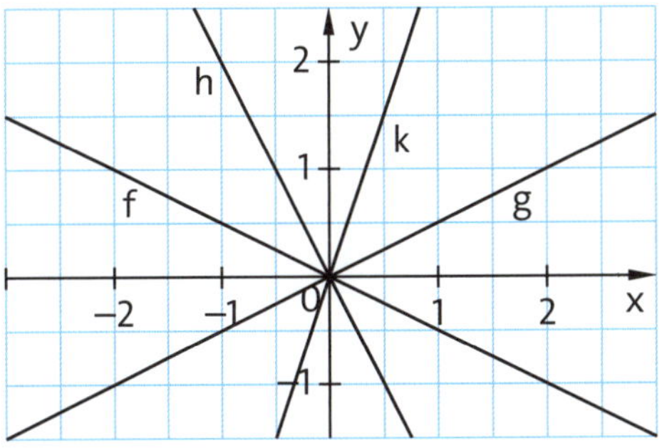

positive Steigung	negative Steigung

Tipp
Verläuft eine Gerade von links nach rechts gesehen ...
- nach oben, dann ist es eine steigende Gerade. Die Steigung m ist positiv.
- nach unten, dann ist es eine fallende Gerade. Die Steigung m ist negativ.

2 Tom macht eine Bergwanderung. Notiere zu den einzelnen Abschnitten ① bis ⑦, ob die Steigung positiv, gleich null oder negativ ist.

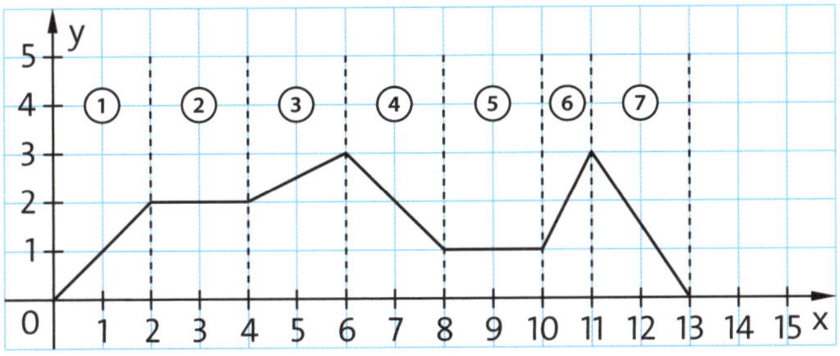

Tipp
Wenn eine Gerade parallel zur x-Achse verläuft, dann ist die Steigung gleich null.

Abschnitt	Steigung
①	
②	
③	
④	
⑤	
⑥	
⑦	

3 Verbinde die Geraden f, g, h und k mit der passenden Steigung. Eine Steigung bleibt übrig.

f g h k

m = 2 m = 3 m = 1 m = 0,5 m = −2

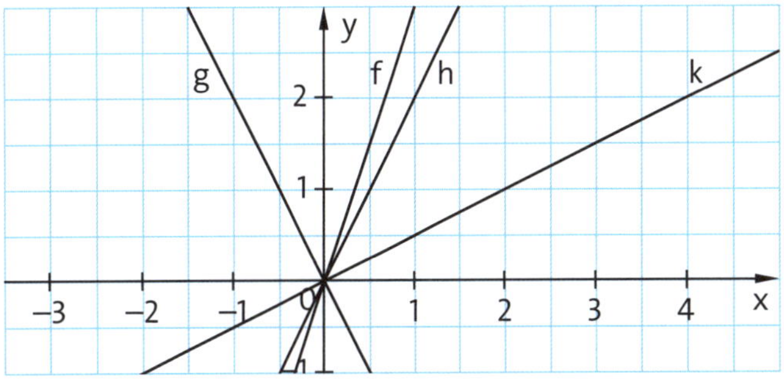

4 Ergänze zuerst die Koordinaten von P_2 und Q_2. Berechne dann die Steigungen der Geraden f und g.

Gerade f: Punkte $P_1(0|1)$ und $P_2($ ____ | ____ $)$,

$m = \frac{y_2 - y_1}{x_2 - x_1} = \frac{}{} =$ ____

Gerade g: Punkte $Q_1(0|4)$ und $Q_2($ ____ | ____ $)$,

$m = \frac{y_2 - y_1}{x_2 - x_1} = \frac{}{} =$ ____

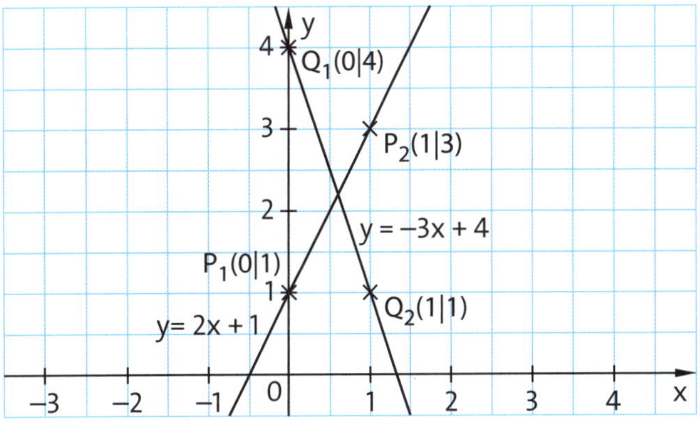

Steigung von Geraden ☒

Verläuft eine Gerade von links nach rechts gesehen nach oben, dann ist es eine steigende Gerade. Die Steigung m der Geraden ist positiv.

Beispiel:

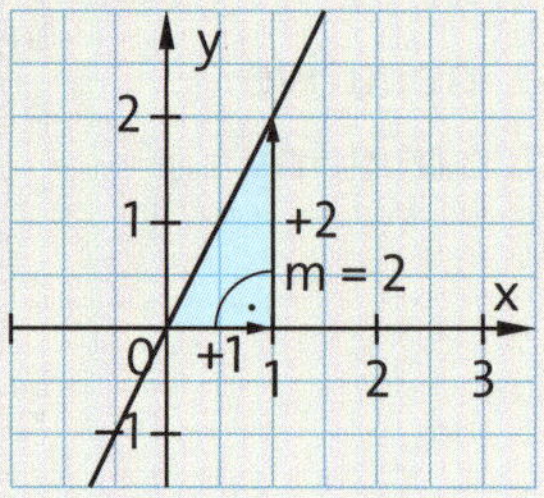

Verläuft eine Gerade von links nach rechts gesehen nach unten, dann ist es eine fallende Gerade. Die Steigung m der Geraden ist negativ.

Beispiel:

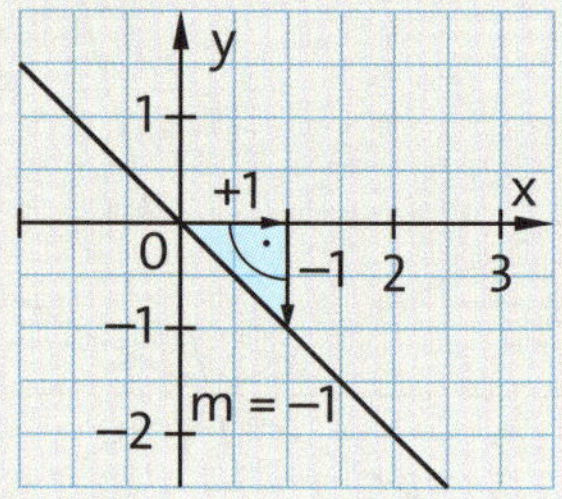

Mit den Koordinaten von zwei verschiedenen Punkten $P_1(x_1|y_1)$ und $P_2(x_2|y_2)$ auf der Geraden g lässt sich die Steigung m berechnen: $m = \frac{y_2 - y_1}{x_2 - x_1}$.

1 Zeichne zuerst je ein Steigungsdreieck ein. Verbinde dann mit der dazugehörigen Steigung.

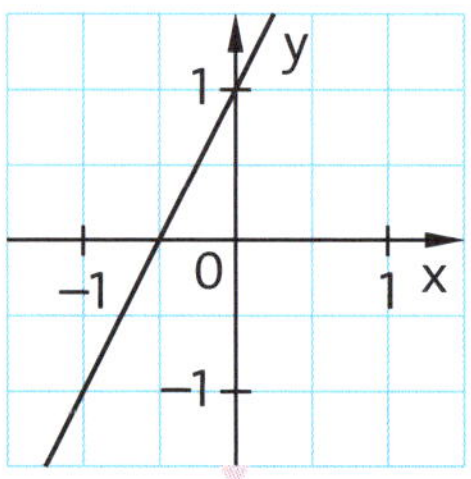

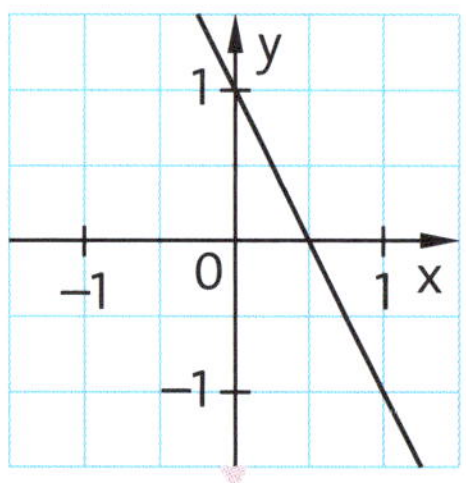

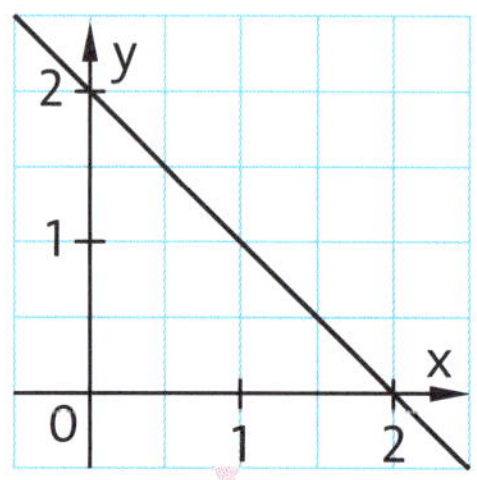

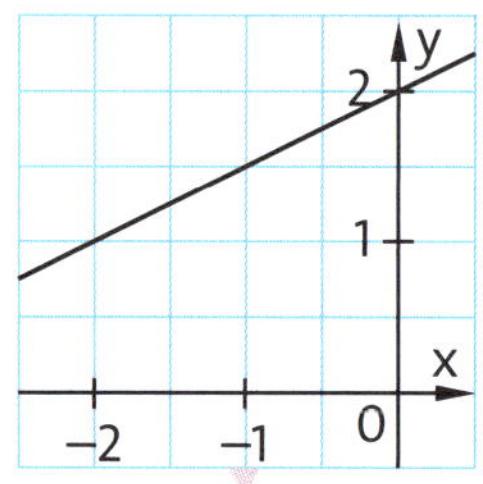

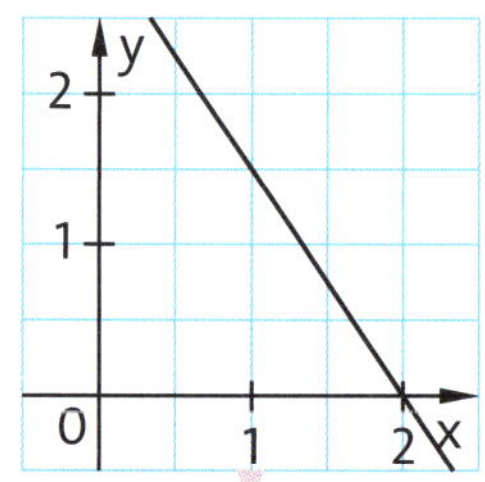

m = 0,5 | m = 2 | m = −2 | m = 1 | m = −1 | m = −1,5 | m = 3

2 Kreuze Zutreffendes für Geradensteigungen an.

Wenn eine Gerade steigt, dann ist $m < 0$.	☐ wahr	☐ falsch
Tim geht bei einem Steigungsdreieck 1 Einheit nach rechts und 3 Einheiten nach unten. Die Steigung m beträgt −3.	☐ wahr	☐ falsch
Eine Gerade verläuft durch die Punkte A(3 | 3) und B(5 | 1). Die Steigung m ist gleich 1.	☐ wahr	☐ falsch
Eine Ursprungsgerade verläuft durch den Punkt C(3 | 6). Dann ist die Steigung m = 2.	☐ wahr	☐ falsch
Es gibt keine Gerade mit der Steigung m = 0.	☐ wahr	☐ falsch

3 Die Skizze zeigt vereinfacht den Anlauf einer Skisprungschanze. Berechne die Steigung des Anlaufs. Runde auf zwei Nachkommastellen.

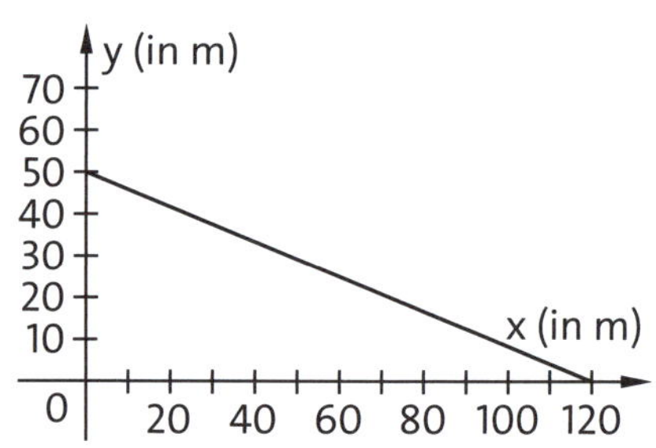

Steigung von Geraden ☒

1 Zeichne zuerst zu jeder Geraden ein Steigungsdreieck ein.
Verbinde dann mit der passenden Steigung.

f g h i k

m = −2 m = −1,5 m = −0,5 m = 2 m = 3

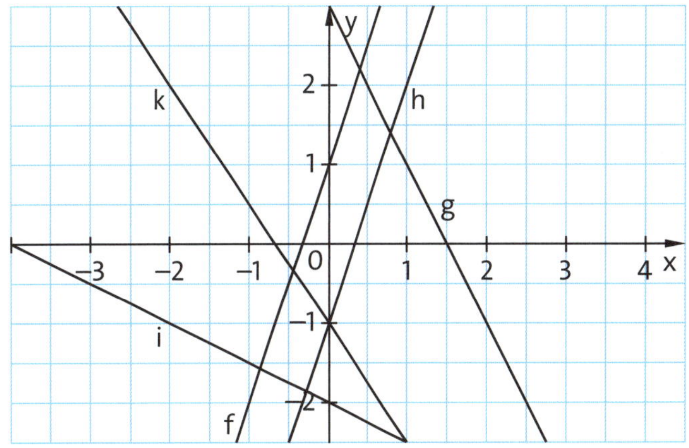

2 Kreuze die Steigungsdreiecke mit der Steigung $m = -\frac{4}{3}$ an.

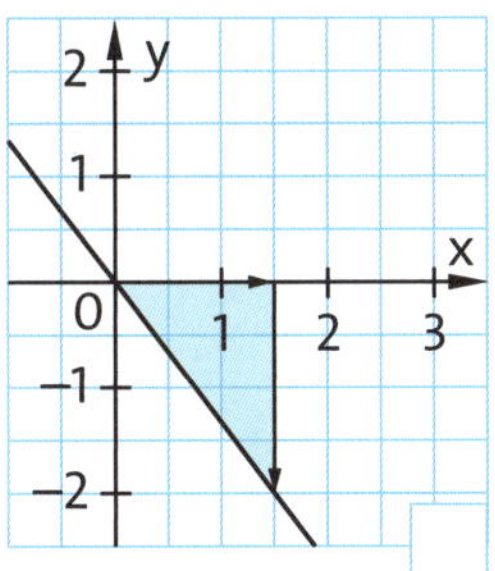
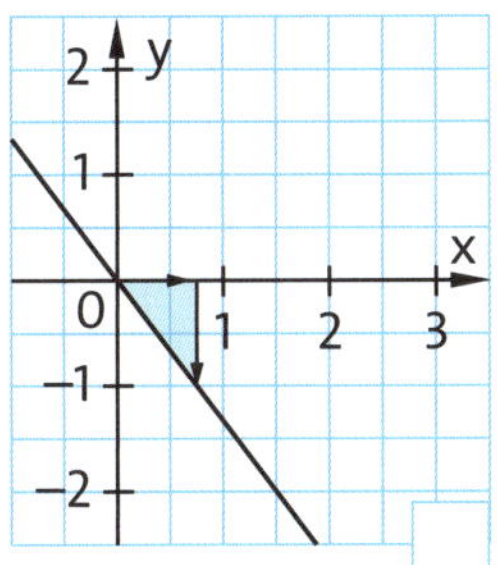
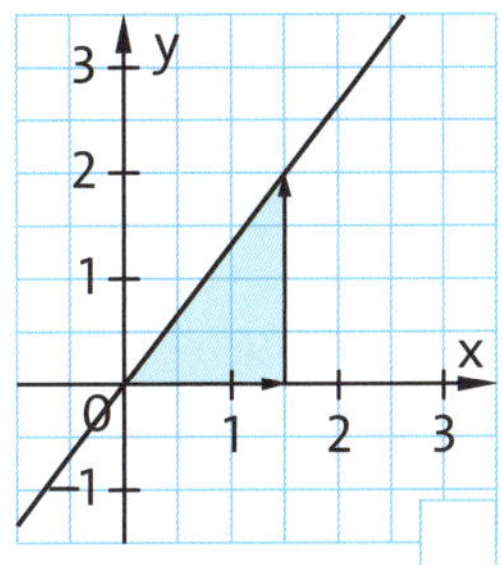
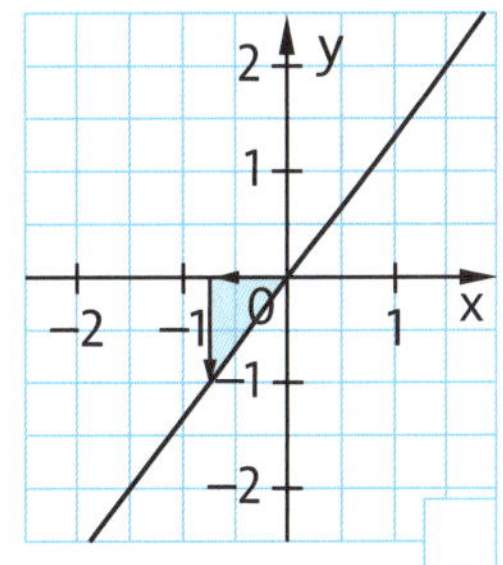
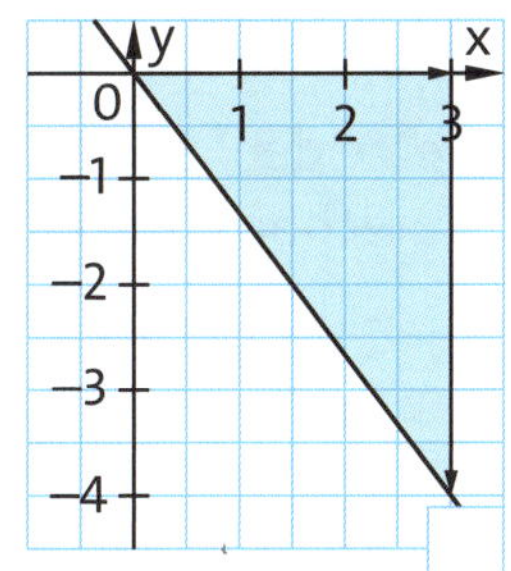

3 Berechne die Steigung der Geraden, die durch die Punkte P_1 und P_2 verläuft.

a) $P_1(3|4)$ und $P_2(4|3)$

b) $P_1(2|5)$ und $P_2(4|6)$

c) $P_1(-4|-3)$ und $P_2(-2|-7)$

d) $P_1(0|0)$ und $P_2(5|-2)$

4 Ergänze die Tabelle, sodass die Steigung immer gleich ist.

$y_2 - y_1$	200		120	5	30	
$x_2 - x_1$	800	40				4

5 Die Skizze zeigt eine Skiabfahrt. Berechne die durchschnittliche Steigung. Runde auf zwei Nachkommastellen.

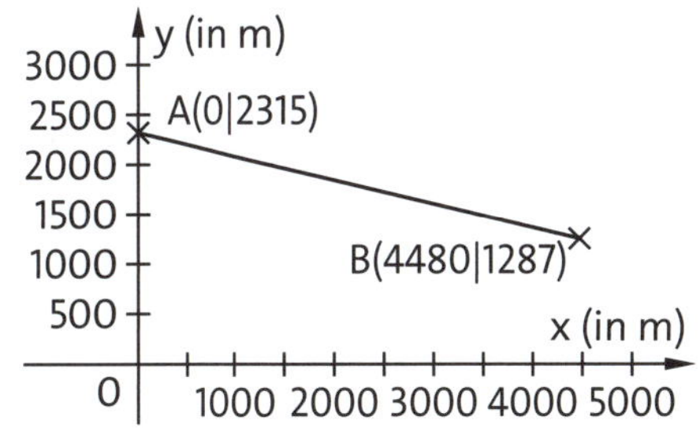

Proportionale Funktionen

1 Ergänze zuerst die Wertetabelle. Zeichne dann den Graphen in das Koordinatensystem.

a) $y = 2{,}5x$

x	−1	0	1	2
y				

b) $y = -1{,}5x$

x	−1	0	1	2
y				

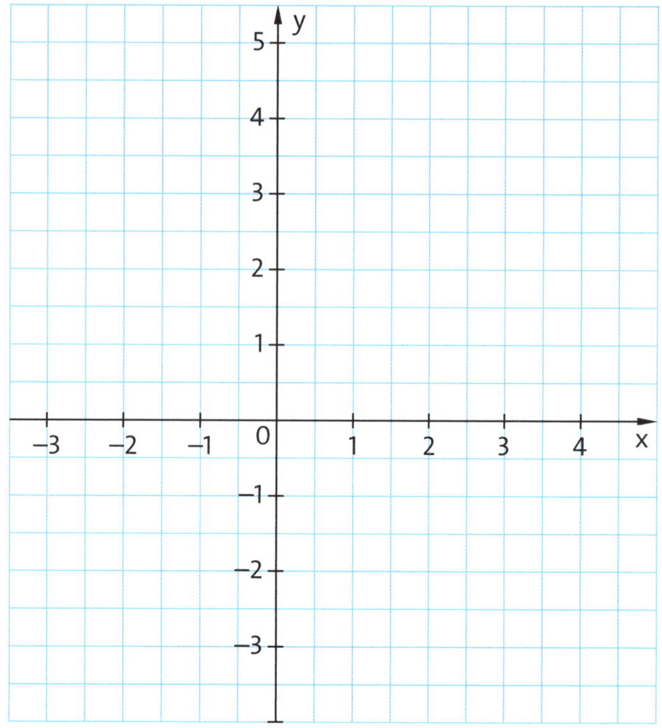

Tipp
Setze den x-Wert in die Funktionsgleichung ein. Berechne dann den y-Wert.

$y = 2 \cdot x$ und $x = 5$
$y = 2 \cdot 5 = 10$

2 Notiere zuerst die Steigung der proportionalen Funktion. Zeichne dann den Graphen mithilfe eines Steigungsdreiecks.

a) $y = 3{,}5x$ m = ______

b) $y = -x$ m = ______

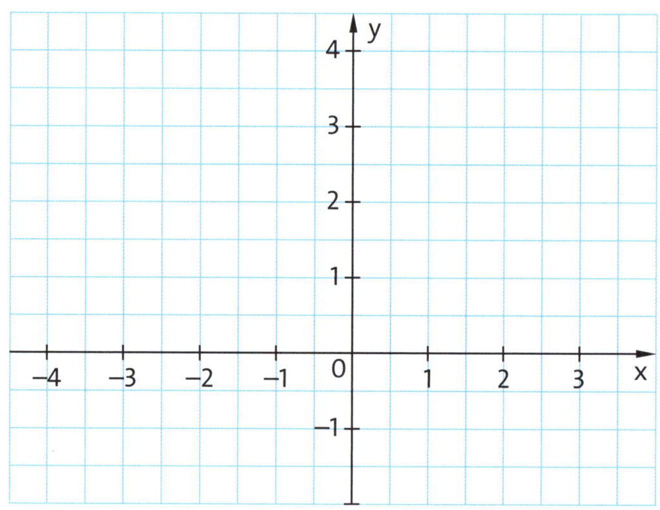

Tipp
Starte beim Ursprung (0 | 0).
- Ist die Steigung $m > 0$, gehe eine Einheit nach rechts und m Einheiten nach oben.
- Ist die Steigung $m < 0$, gehe eine Einheit nach rechts und m Einheiten nach unten.

3 Zeichne für die Geraden zuerst je ein Steigungsdreieck. Berechne dann ihre Steigungen.

f:

g:

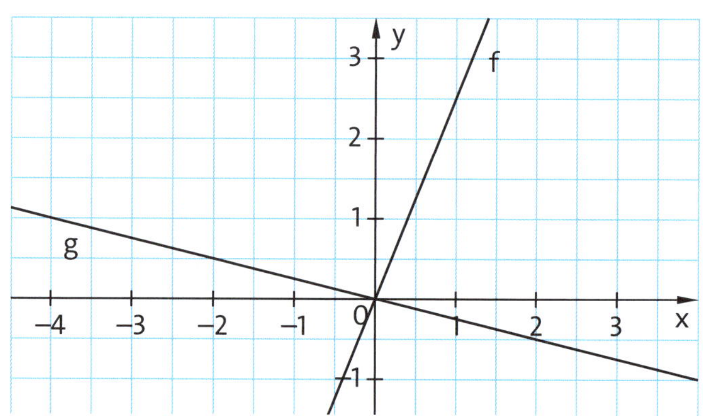

Proportionale Funktionen

Eine proportionale Funktion hat eine Gleichung der Form $y = m \cdot x$. m heißt Steigung.

Der Graph ist eine Gerade. Die Gerade verläuft immer durch den Ursprung (0 | 0).

Beispiel:
Funktionsgleichung:
$y = -2 \cdot x$

Wertetabelle:

x	−1	0	1	3
y	2	0	−2	−6

Graph:

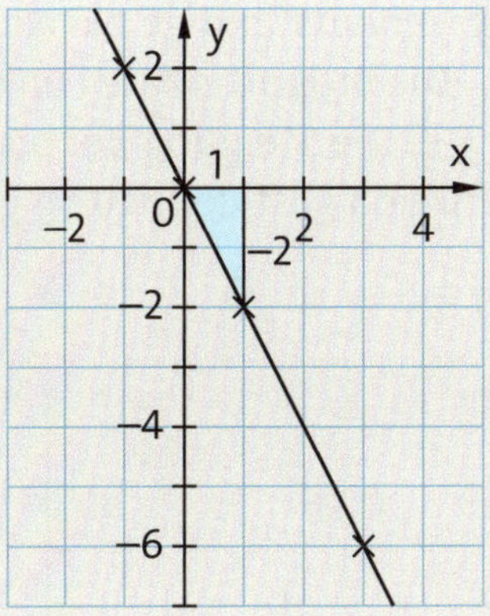

Aus den Koordinaten zweier Punkte $P_1(x_1 | y_1)$ und $P_2(x_2 | y_2)$ lässt sich die Steigung m berechnen und die Funktionsgleichung aufstellen:

$m = \frac{y_2 - y_1}{x_2 - x_1}$ → $y = m \cdot x$.

1 Graphen mithilfe von Wertetabellen zeichnen

a) Ergänze zuerst die Wertetabelle. Zeichne dann den Graphen in das Koordinatensystem.

Funktionsgleichung: $y = 0{,}5x$

x	−2	0	2	4
y				

Funktionsgleichung: $y = -1{,}5x$

x	−2	0	2	3
y				

b) Zeichne zu den Geraden je ein Steigungsdreieck ein.

c) Prüfe zeichnerisch, auf welchem Graphen die Punkte A(3 | 1,5) und B(5 | 2,5) liegen.

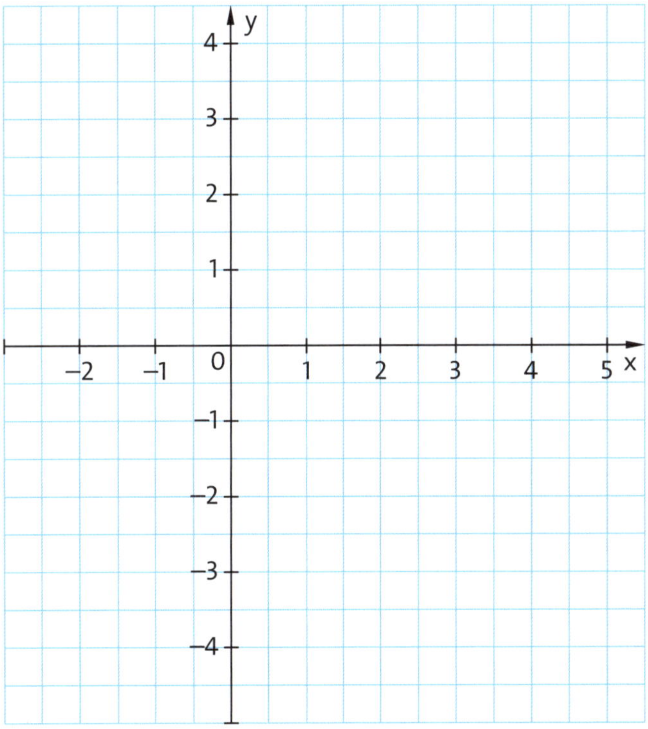

2 Graphen mithilfe weiterer Punkte zeichnen

a) Zeichne die Graphen mithilfe der Punkte.
proportionale Funktion f: Q(4 | −3)
proportionale Funktion g: R(−3 | −1)

b) Bestimme zu den Funktionen f und g die Steigungen m. Stelle die Funktionsgleichungen auf.

f: g:

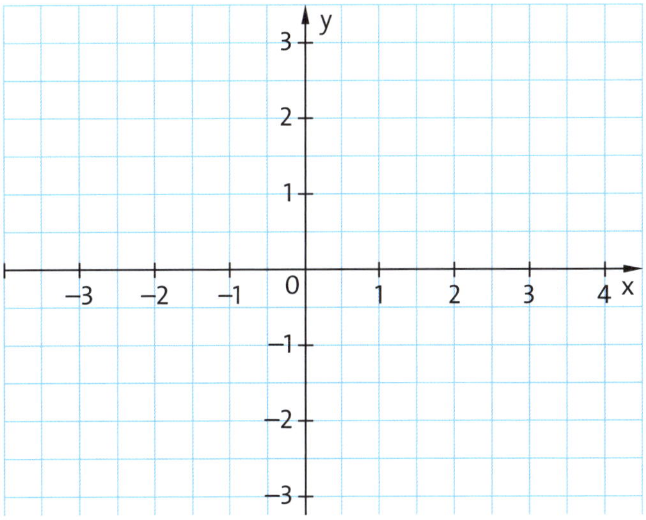

Proportionale Funktionen ☒

1 Vervollständige zuerst die Funktionsgleichungen. Zeichne dann die Graphen.

a) Die proportionale Funktion f hat die Steigung $m = \frac{1}{4}$. Die Steigung der proportionalen Funktion g ist doppelt so groß.

f: y = ________ g: y = ________

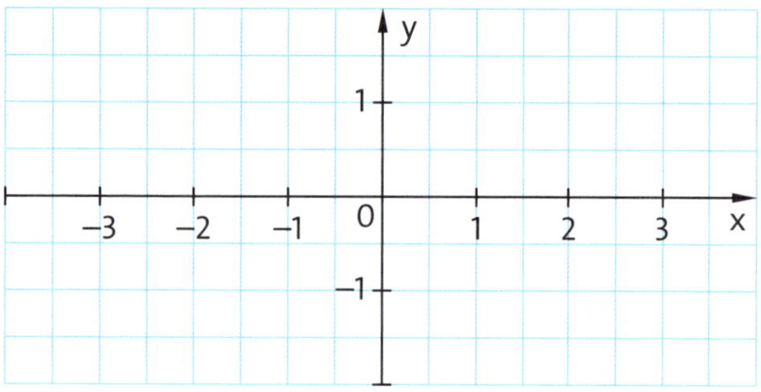

b) Die proportionale Funktion h hat die Steigung $m = -\frac{3}{2}$. Die Steigung der proportionalen Funktion i ist halb so groß.

h: y = ________ i: y = ________

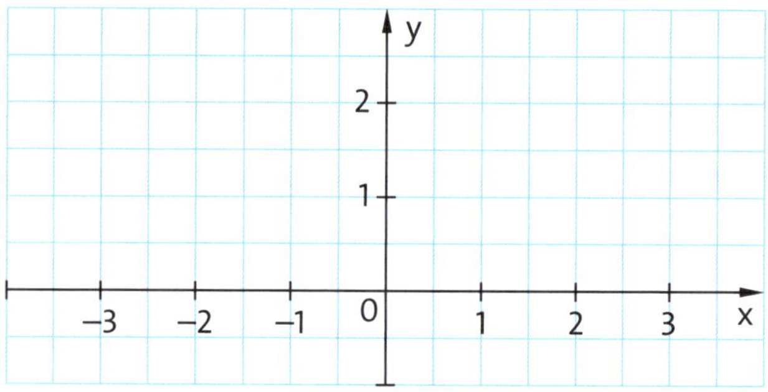

2 Kreuze Zutreffendes für die abgebildeten Graphen an.
Zeichne Steigungsdreiecke und Punkte in das Bild ein, wenn nötig.

Die Funktion f hat die Steigung m = 1,5.	☐ wahr	☐ falsch
Der Punkt P(−2 | 3) liegt auf dem Graph von f.	☐ wahr	☐ falsch
Der Punkt Q(1 | 1,5) liegt auf dem Graph von h.	☐ wahr	☐ falsch
Die Steigung von g ist größer als die von h.	☐ wahr	☐ falsch
Die Funktion f hat eine negative Steigung.	☐ wahr	☐ falsch
Die Funktion h hat eine Steigung von 0,5.	☐ wahr	☐ falsch

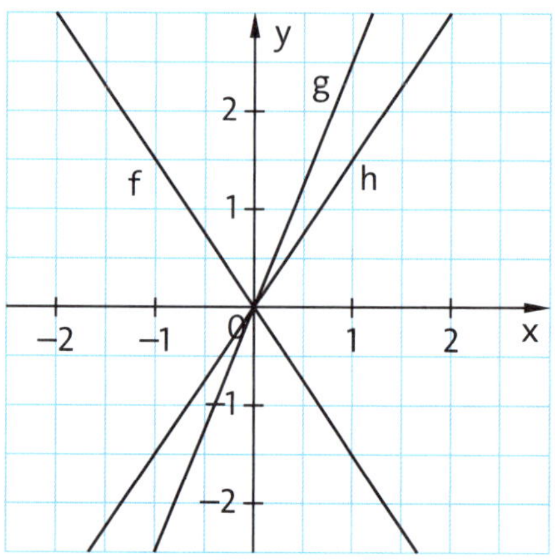

3 Ein Fisch schwimmt an der Wasseroberfläche.
Er taucht pro Sekunde 0,50 m tief.

a) Stelle den Sachverhalt im Koordinatensystem dar.

b) Notiere die Funktionsgleichung.

____

c) Bestimme, wie tief der Fisch nach 4 Sekunden getaucht ist.

____

d) Bestimme, wann der Fisch eine Tiefe von −3 m erreicht hat.

____

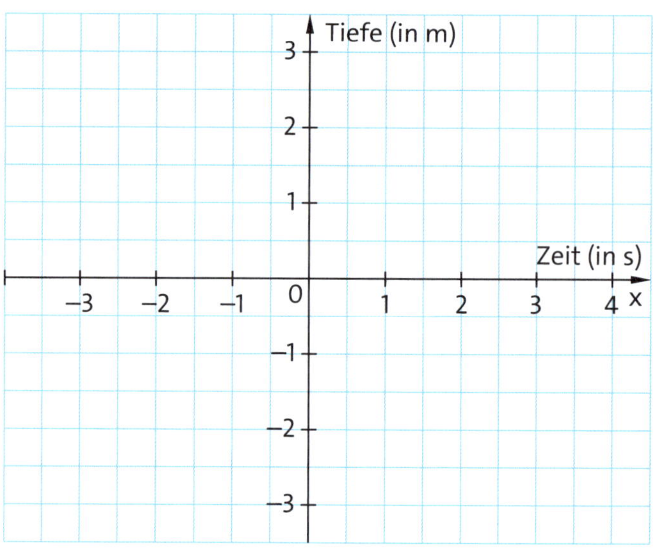

e) Begründe, warum der y-Wert zu x = −2 in dieser Situation keine sinnvolle Bedeutung hat.

____

____

Lineare Funktionen

1 Kreuze an, ob der Graph eine lineare Funktion darstellt.
Wenn ja, markiere den Schnittpunkt mit der y-Achse und notiere den y-Achsenabschnitt.

a)

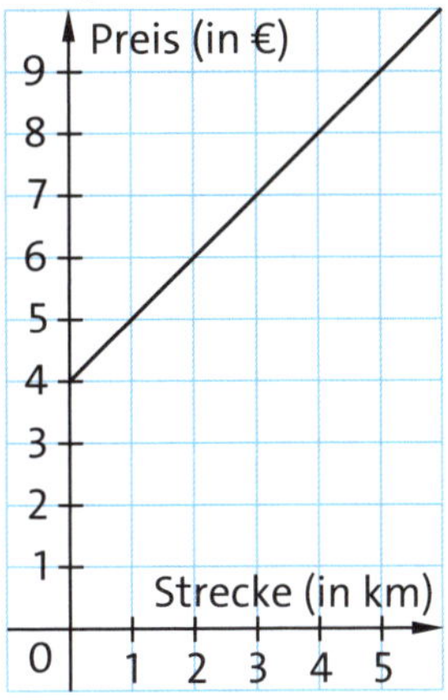

☐ linear, b = ____

☐ nicht linear

b)

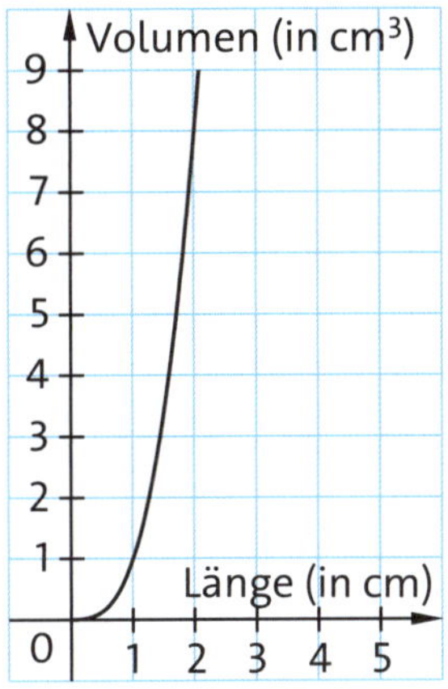

☐ linear, b = ____

☐ nicht linear

c)

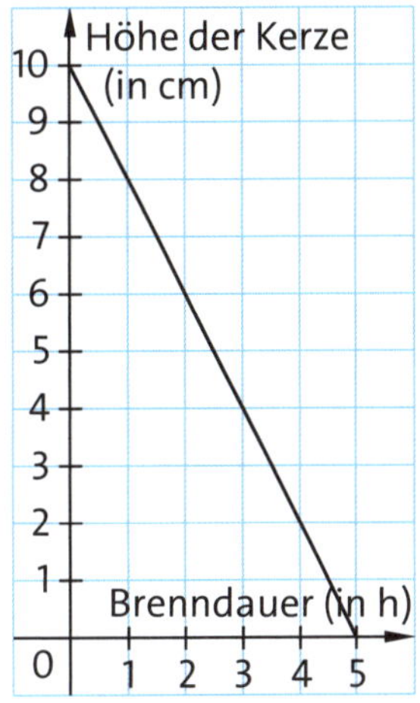

☐ linear, b = ____

☐ nicht linear

Tipp
Wenn bei einer Funktion alle Punkte des Graphen auf einer Geraden liegen, dann ist die Funktion linear.

2 Gegeben sind die Wertetabellen von zwei linearen Funktionen.

a) Zeichne die Graphen. Finde dann die fehlenden Werte in der Wertetabelle.

①

Zeit (in h)	0	1	2	3	4	
Höhe (in cm)	5	5,5	6	6,5		7,5

②

Zeit (in h)	0	1	2	3	4	
Höhe (in cm)	10	8	6	4		0

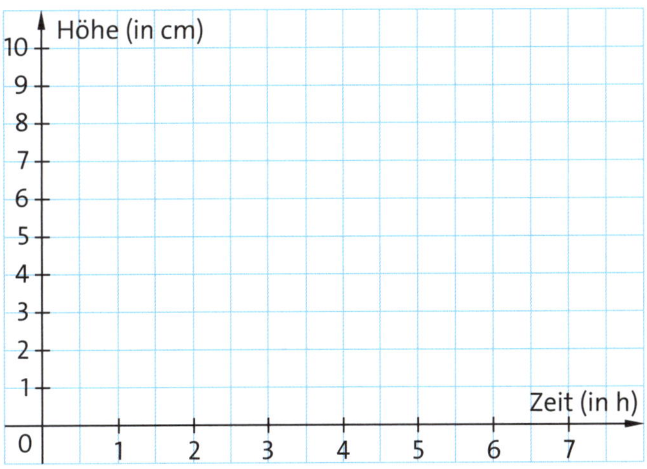

b) Notiere den Schnittpunkt der Graphen.

____

3 Verbinde die Graphen mit den passenden Funktionsgleichungen. Eine Gleichung bleibt übrig.

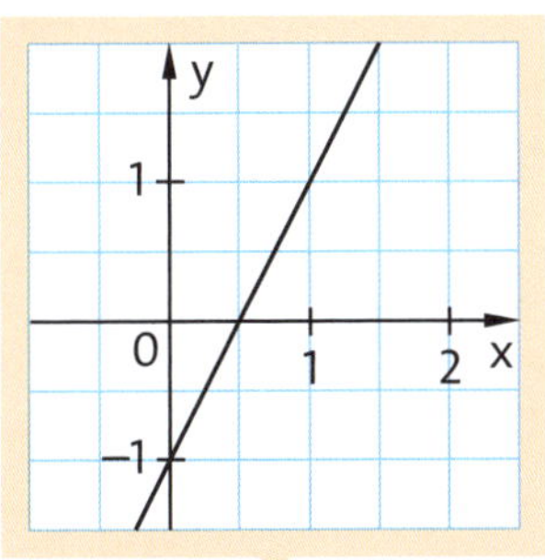

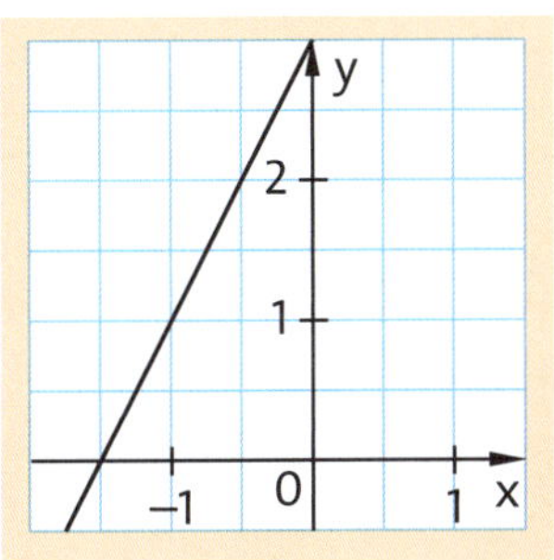

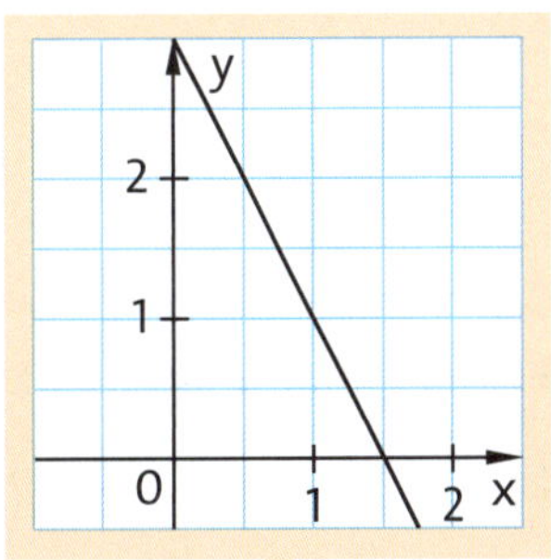

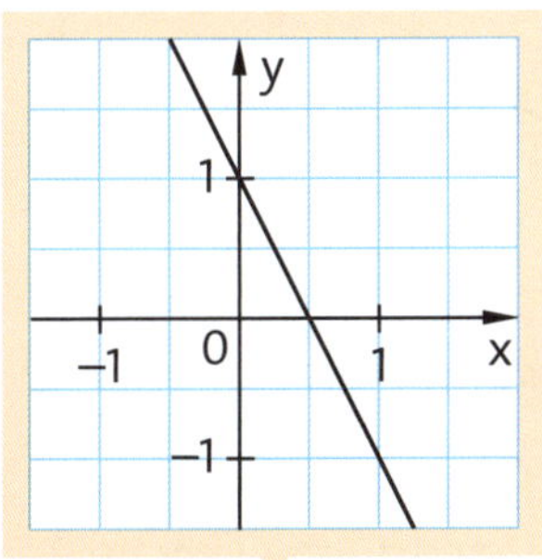

$y = 2x + 3$ | $y = -2x + 1$ | $y = 2x - 1$ | $y = -2x + 3$ | $y = 2x - 3$

Lineare Funktionen ☒

Eine lineare Funktion hat die Funktionsgleichung $y = m \cdot x + b$.
m heißt Steigung, b heißt y-Achsenabschnitt.
Alle Punkte des Graphen liegen auf einer Geraden. Die Gerade muss nicht durch den Ursprung (0 | 0) gehen. Den Graphen einer linearen Funktion kannst du zeichnen:

- mit einer Wertetabelle,
- einem Steigungsdreieck oder
- dem y-Achsenabschnitt b und einem weiteren Punkt.

Beispiel:
Funktionsgleichung
$y = 0{,}5 \cdot x - 1$
(Steigung $m = 0{,}5$ und y-Achsenabschnitt $b = -1$)

x	−1	0	1
y	−1,5	−1	−0,5

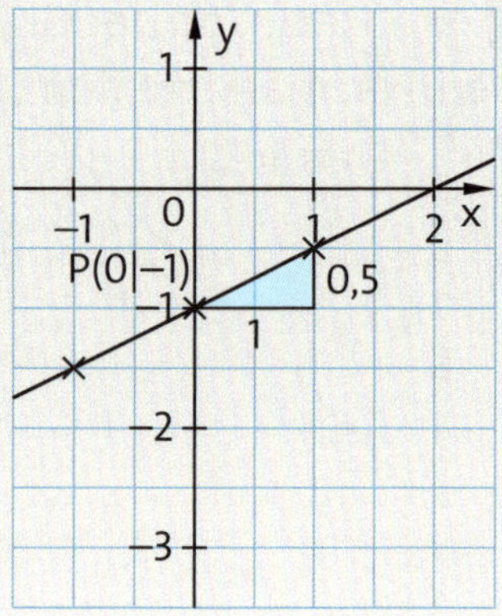

1 Kreuze an, ob der Graph eine lineare Funktion oder eine nicht lineare Funktion.

a)
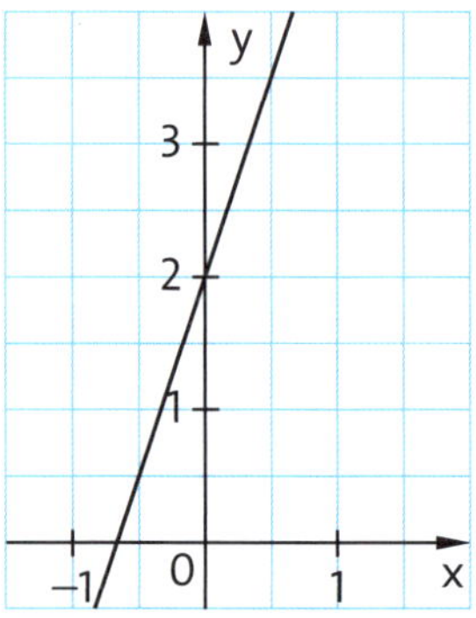

☐ linear
☐ nicht linear

b)
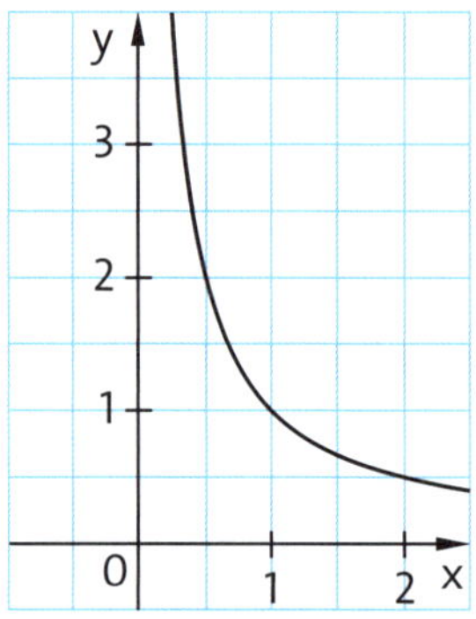

☐ linear
☐ nicht linear

c)
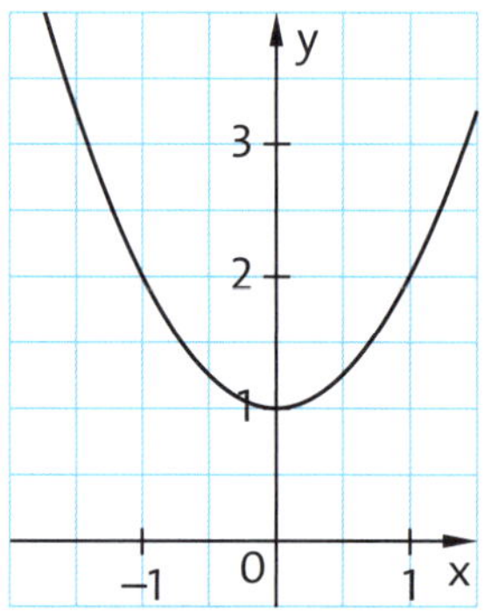

☐ linear
☐ nicht linear

d)
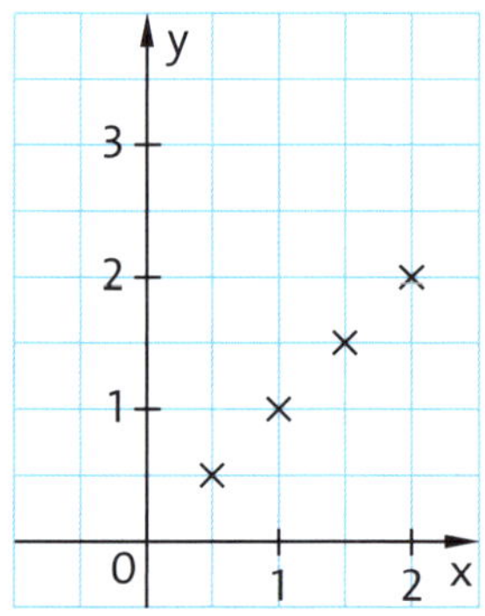

☐ linear
☐ nicht linear

2 Kreuze zuerst Zutreffendes zur Funktionsgleichung $y = 2x - 5$ an.
Wenn Aussagen falsch sind, dann begründe, warum dies so ist.

a) Die Funktion ist proportional. ☐ wahr ☐ falsch

b) Die Funktion ist linear. Die Steigung ist $m = 5$. ☐ wahr ☐ falsch

c) Der y-Achsenabschnitt ist −5. ☐ wahr ☐ falsch

d) Der Graph ist eine Gerade. ☐ wahr ☐ falsch

Begründungen: ______________________________

____

3 Kreuze die passende Funktionsgleichung zur Situation an.

a) Nica hat 10 € in der Spardose.
Er spart jede Woche 2 €.
☐ $y = 2x + 10$ ☐ $y = 10x + 2$ ☐ $y = 2x + 2$

b) Lena hat 25 € in der Spardose.
Sie gibt jede Woche 3 € aus.
☐ $y = 3x + 25$ ☐ $y = 3x - 25$ ☐ $y = 25 - 3x$

c) Eine Kerze ist 45 cm lang.
Jede Stunde brennen 5 cm ab.
☐ $y = 45 - 5$ ☐ $y = 45 - 5x$ ☐ $y = 45 + 5x$

Lineare Funktionen ☒

1 Kreuze Zutreffendes zu den abgebildeten Graphen an (Funktionsgleichung $y = m \cdot x + b$).

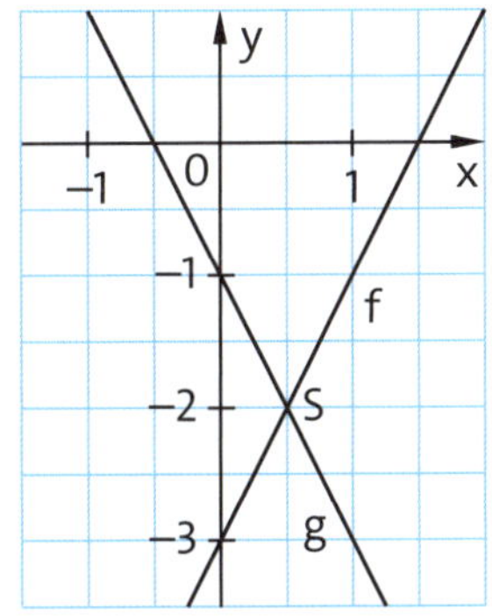

Für die Funktion f ist $b = -3$.	☐ wahr	☐ falsch
Für die Funktion f ist $m = 2$.	☐ wahr	☐ falsch
Für Funktion g ist $b = -1$.	☐ wahr	☐ falsch
Für Funktion g ist $m = -2$.	☐ wahr	☐ falsch
Die Graphen schneiden sich im Punkt $S(0{,}5 \mid -2)$.	☐ wahr	☐ falsch

2 Gegeben sind Wertetabellen von zwei linearen Funktionen.

a) Zeichne die Graphen und ergänze die Wertetabellen.

①

x	0	1	2,5	4
y	4	6		

②

x	0	1	4	7
y	12		8	

b) Notiere die Funktionsgleichungen.

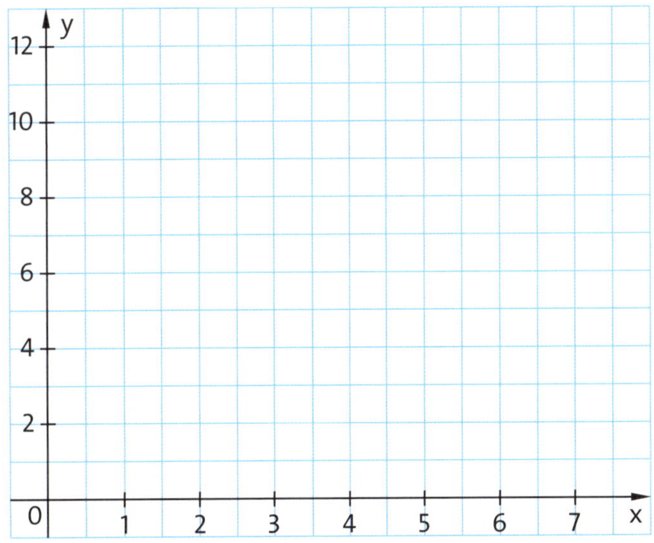

3 Zwei Behälter für eine Flüssigkeit haben die gleiche Form und Größe.
Der Behälter ① wird befüllt. Das Füllen wird durch die Funktionsgleichung $y = 30x + 90$ beschrieben.
Der Behälter ② wird entleert. Das Leeren wird durch die Funktionsgleichung $y = 120 - 10x$ beschrieben.
(x: Zeit in h; y: Füllhöhe in cm)

a) Zeichne die Graphen.

b) Lies die Füllstände nach 2 h ab.

c) Lies ab, nach welcher Zeit der Behälter ① 300 cm hoch gefüllt ist.

d) Lies Schätzwerte ab: Nach welcher Zeit haben beide Behälter die gleiche Füllhöhe? Wie groß ist dann die Füllhöhe?

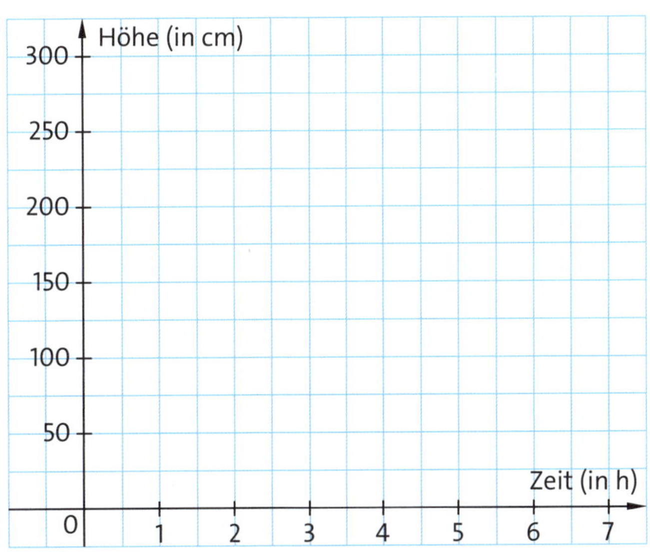